职业技术·职业资格培训教材

制冷工

ZHILENGGONG

（初级）

主　编　陈维刚　谢　晶

编　者　傅秀丽　高增权　王开元

袁　进　谈向东　韩　志

徐　倩

主　审　陈邓曼　徐世琼

中国劳动社会保障出版社

图书在版编目(CIP)数据

制冷工：初级/陈维刚，谢晶主编. —北京：中国劳动社会保障出版社，2007
职业技术·职业资格培训教材
ISBN 978-7-5045-5682-0

Ⅰ.制…　Ⅱ.①陈…　②谢…　Ⅲ.制冷工程-职业技能鉴定-自学参考资料　Ⅳ.TB6

中国版本图书馆CIP数据核字(2006)第061645号

中国劳动社会保障出版社出版发行
(北京市惠新东街1号　邮政编码：100029)
出 版 人：张梦欣
*
新华书店经销
北京地质印刷厂印刷　北京密云青云装订厂装订
787毫米×1092毫米　16开本　19印张　411千字
2007年2月第1版　　2007年2月第1次印刷
定价：31.00元
读者服务部电话：010-64929211
发行部电话：010-64927085
出版社网址：http：//www.class.com.cn

内 容 简 介

本教材由劳动和社会保障部教材办公室、上海市职业培训指导中心依据上海 1＋X 职业技能鉴定考核细目——制冷工（国家职业资格五级）组织编写。本教材从强化培养操作技能，掌握一门实用技术的角度出发，较好地体现了本职业当前最新的实用知识与操作技术，对于提高从业人员基本素质，掌握初级制冷工的核心知识与技能有直接的帮助和指导作用。

本教材在编写中根据本职业的工作特点，以能力培养为根本出发点，采用模块化的编写方式。全书分四个单元，包括制冷电气、制冷设备、制冷系统、制冷工的基本技能。

为便于读者掌握本教材的重点内容，教材在每单元后附有单元测试题及答案，全书后附有知识考核模拟试卷和技能考核模拟试卷及答案，用于检验、巩固所学知识与技能。

本教材为制冷工（国家职业资格五级）职业技能培训与鉴定考核教材，也可供全国中、高等职业技术院校相关专业师生，以及相关从业人员进行岗位培训、就业培训使用。

前　言

职业资格证书制度的推行，对广大劳动者系统地学习相关职业的知识和技能，提高就业能力、工作能力和职业转换能力有着重要的作用和意义，也为企业合理用工以及劳动者自主择业提供了依据。

随着我国科技进步、产业结构调整以及市场经济的不断发展，特别是加入世界贸易组织以后，各种新兴职业不断涌现，传统职业的知识和技术也愈来愈多地融进当代新知识、新技术、新工艺的内容。为适应新形势的发展，优化劳动力素质，上海市劳动和社会保障局在提升职业标准、完善技能鉴定方面做了积极的探索和尝试，推出了1＋X的鉴定考核细目和题库。1＋X中的1代表国家职业标准和鉴定题库，X是为适应上海市经济发展的需要，对职业标准和题库进行的提升，包括增加了职业标准未覆盖的职业，也包括对传统职业的知识和技能要求的提高。

上海市职业标准的提升和1＋X的鉴定模式，得到了国家劳动和社会保障部领导的肯定。为配合上海市开展的1＋X鉴定考核与培训的需要，劳动和社会保障部教材办公室、上海市职业培训指导中心联合组织有关方面的专家、技术人员共同编写了职业技术·职业资格培训系列教材。

职业技术·职业资格培训教材严格按照1＋X鉴定考核细目进行编写，教材内容充分反映了当前从事职业活动所需要的最新核心知识与技能，较好地体现了科学性、先进性与超前性。聘请编写1＋X鉴定考核细目的专家，以及相关行业的专家参与教材的编审工作，保证了教材与鉴定考核细目和题库的紧密衔接。

职业技术·职业资格培训教材突出了适应职业技能培训的特色，按等级、分模块单元的编写模式，使学员通过学习与培训，不仅能够有助于通过鉴定考核，而且能够有针对性地系统学习，真正掌握本职业的实用技术与操作技能，从而实现我会做什么，而不只是我懂什么。每个模块单元所附单元测试题和答案用于检验学习效果，教材后附本级别的知识考核模拟试卷和技能考核模拟试卷，使受培训者巩固提高所学知识与技能。

本教材结合上海市对职业标准的提升而开发，适用于上海市职业培训和职业资格鉴定考核，同时，也可为全国其他省市开展新职业、新技术职业培训和鉴定考核提供借鉴或参考。

新教材的编写是一项探索性工作，由于时间紧迫，不足之处在所难免，欢迎各使用单位及个人对教材提出宝贵意见和建议，以便教材修订时补充更正。

劳动和社会保障部教材办公室

上海市职业培训指导中心

目　录

1

第 1 单元

制 冷 电 气

在制冷技术中，电气部分占据着举足轻重的地位。首先，制冷系统运转所需动力的主要来源是电，其次，现代制冷系统的自动调节和控制更是建立在电工电子基础之上，离开了电，制冷系统将不能发挥作用。因此，要想维护和管理好制冷系统设备，打好电工电子知识方面的基础是十分必要的。

电能与制冷系统的连接是通过电路来实现的。所谓电路，就是电流可在其中流通的器件或媒质的组合，是由各种电气元件或设备为了实现能量的传输和转换，或者实现信号的传输和处理而组成的设备总称。

在电路中，如果电流的大小和方向不随时间变化，称之为直流电，相应的电路为直流电路；如果电流的大小和方向随时间变化，称为交流电，相应电路为交流电路。在直流和交流电路中，主要的研究对象是电路中电压和电流之间的相互关系和能量转换问题。随着半导体技术的应用和发展，越来越多的制冷机组或系统开始采用计算机编程控制，自动化程度大大提高。

在本单元，将介绍直流电、交流电和电子学的基础知识，并在此基础上分析制冷设备和系统常用的电气电路。

第一节　电工学基础

一、直流电的基础

直流电路是学习电工和电子技术的基础，在直流电路中的一些概念、理论和计算方法，稍加扩展，即可用来分析交流电路。

1. 电流与电阻

(1) 电流。电荷（带电粒子）有规则的定向运动，称为电流。

导体内的电流（见图 1—1）是由于导体内部的自由电子在电场力的作用下有规则地运动而形成的。电流的大小取决于在一定时间内通过导体横截面电荷量的多少，设在时间 Δt 内通过导体横截面 S 的电荷量为 Δq，则电流可表示为：

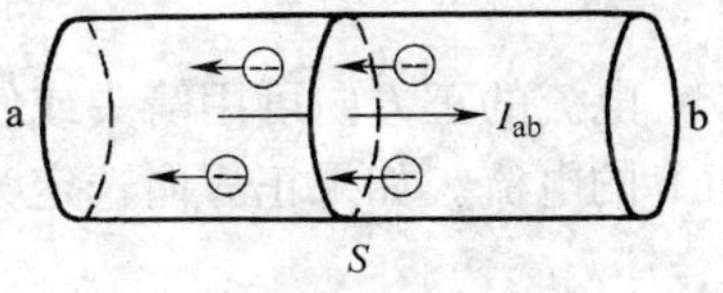

图 1—1　导体内的电流

$$i=\frac{\Delta q}{\Delta t}$$

上式表示电流是一个与时间有关的量。如果导体内的电流不随着时间而变化，即$\frac{\Delta q}{\Delta t}$为常数，则这种电流称为恒定电流，简称直流电。直流电常用大写字母 I 表示，所以上式可改写为：

$$I=\frac{q}{t}$$

式中　q——在时间 t 内通过导体横截面的电荷量。

电荷量的单位为库仑（C），1 C 负电荷量相当于 6.25×10^{18}个电子所带的电荷量。

电流的单位为安培（A），简称安。对于直流电，如果在 1 s 内通过导体横截面积的电荷量为 1 C 时，则导体中的电流为 1 A，即 1 A=1 C/s。计量微小电流时，经常以毫安（mA）或微安（μA）为单位。

$$1\ \text{mA}=\frac{1}{1\ 000}\ \text{A}=10^{-3}\ \text{A}$$

$$1\ \mu\text{A}=\frac{1}{1\ 000}\ \text{mA}=10^{-3}\ \text{mA}=10^{-6}\ \text{A}$$

电流不仅有大小，而且有方向。习惯上规定正电荷运动的方向或负电荷运动的相反方向为电流的方向（实际方向）。电流的方向是客观存在的，但在分析较为复杂的直流电路时，往往难于事先确定某支路中电流的实际方向；对交流电路来讲，其方向随时间而变，在电路图上也无法用一个箭头来表示它的实际方向。为此，在分析与计算电路时，常选定某一方向作为电流的正方向（或者称为参考方向）。电流的参考方向与实际方向如图 1—2 所示。所选的电流的正方向不一定与电流的实际方向一致，当电流的实际方向与其正方向一致时，则电流用正值表示（见图 1—2a）；反之，当电流的实际方向与其正方向相反时，则电流用负值表示（见图 1—2b）。在电流的正方向选定之后，电流的值才有正负之分。

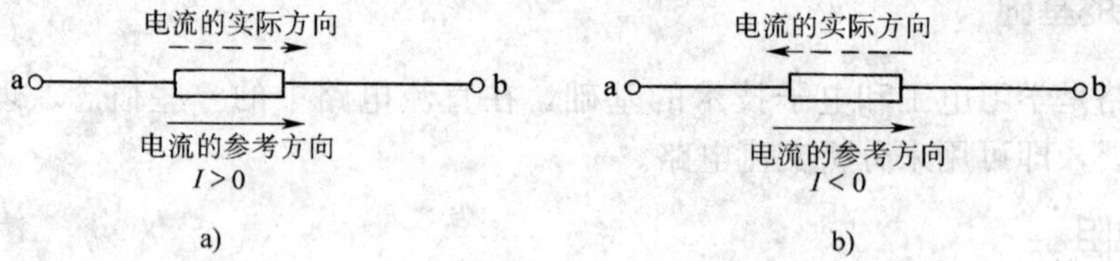

图 1—2　电流的参考方向与实际方向

电流的正方向可用箭头或使用双下标表示。如图 1—1 中的 I_{ab} 即表示正方向是由 a 指向 b 的电流。如果正方向选定为由 b 指向 a，则为 I_{ba}，两者之间相差一个负号，即：

$$I_{ab}=-I_{ba}$$

（2）电阻。物体对所通过的直流电流的阻碍作用称为电阻。电阻通常用 R 表示，电阻的单位是欧姆（Ω），简称欧。当电路两端的电压为 1 伏特（V），通过的电流为 1 A 时，则该段电路的电阻为 1 Ω。计量高电阻时，常以千欧（kΩ）或兆欧（MΩ）为单位。

$$1\ \text{k}\Omega=1\ 000\ \Omega=10^{3}\ \Omega$$

$$1\ \text{M}\Omega=1\ 000\ \text{k}\Omega=10^{6}\ \Omega$$

实验证明，金属导体的电阻与导体的长度成正比，与导体截面积成反比，而且还与金属导体材料的性质有关。其计算公式为：

$$R=\rho\frac{l}{S}$$

式中　R——导体的电阻，Ω；

l——导体的长度，m；

S——导体的截面积，m^2；

ρ——电阻率，Ω·m，电阻率与材料性质有关。

(3) 导体、绝缘体和半导体。物质中可以自由移动的带电粒子越多，其导电性能越好，由此可将物质分为导体、绝缘体和半导体3类。

1）导体。导体是指导电性能很好的物体，其电阻率 $\rho<10^{-6}$ Ω·m。所有的金属，含酸、碱、盐的电解液，大地，人体等均属于导体。

2）绝缘体。绝缘体通常指电阻率 $\rho>10^{8}$ Ω·m 的物体。所有的非金属、玻璃、云母、橡胶、塑料、陶瓷、纸等均属于绝缘体，它们几乎不存在可以自由移动的带电粒子。

3）半导体。所谓半导体，就是指它们的导电性能介于导体与绝缘体之间。如锗、硅、硒和许多金属的氧化物、硫化物等，都属于半导体。半导体之所以引起人们的注意并得到广泛应用，主要原因不是因为它们的电阻率在数值上与导体和绝缘体有差别，而在于它们的电阻率在各种因素（温度、光照、压力、掺杂、电压等）作用下将出现非常大的差别。例如，对温度敏感的半导体材料可以用来制作测量温度的传感元件。

2. 电压与电动势

(1) 电压。电荷的定向运动形成电流，是在电场力的作用下实现的。在这个过程中，电场力推动电荷运动而做功。在如图1—3所示的电荷的回路中，a和b是电源的两个电极，a带正电荷，b带负电荷，电极a和b之间产生电场，其方向由a指向b。如果在电源外部用导体（导线和负载）将a和b连接起来，则正电荷就会在电场力的作用下从电极a经导体流向b。为了衡量电场力对电荷做功的能力，引入电压这一物理量，用字母 U 表示。

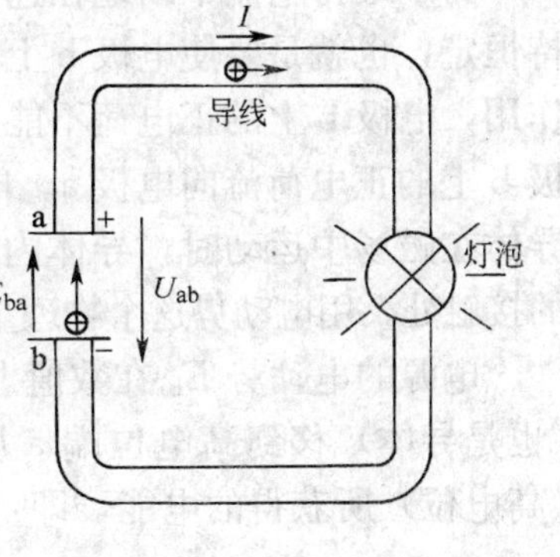

图1—3　电荷的回路

a和b两点间的电压 U_{ab} 在数值上等于电场力把单位正电荷从a点移到b点所做的功，也就是单位正电荷从a点（高电位）移到b点（低电位）所失去的电能，即：

$$U_{ab}=\frac{W_{ab}}{q}$$

式中　W_{ab}——电场力所做的功；

q——电荷量。

电压的单位为伏特（V），简称伏。当电场力把1 C的电荷量从一点移到另一点所做的功为1焦耳（J）时，则这两点之间的电压为1 V。即：1 V=1 J/C。

计量高电压时，常以千伏（kV）为单位；计量微小的电压时，则以毫伏（mV）或微伏（μV）为单位。它们之间的关系为：

$$1\ kV=10^{3}\ V$$

$$1\ \text{mV}=10^{-3}\ \text{V}$$

$$1\ \mu\text{V}=10^{-6}\ \text{V}$$

在电路中两点间的电压也常称为这两点间的电位差，即：

$$U_{\text{ab}}=V_{\text{a}}-V_{\text{b}}$$

式中　V_{a}——a 点的电位；

V_{b}——b 点的电位。

电工学对电位的描述是这样的：在电路中指定某点作为参考点（参考点可任意选取），规定其电位为零，电路中其他点与参考点之间的电压称为该点的电位。对于电位，可以理解为一根直尺，其长度是客观存在的，如果在上面按照一定的长度单位画上刻度，则其上任意两点的距离就可以用刻度来表示。在这里，电路中两点间的电压好比直尺上两点间的距离，而电位就是直尺上的刻度。

(2) 电动势。在图 1—3 中，正电荷在电场力的作用下，从高电位向低电位移动。这样，电极 a 因正电荷的减少而使电位逐渐降低，电极 b 因正电荷的增多而使电位逐渐升高，其结果是 a 和 b 两电极间的电位差逐渐减小到等于零，与此同时，连接导体中的电流也相应地减小到等于零。

为了维持电流不断地在连接导体中流通，并保持恒定，则必须使 a，b 间的电压 U_{ab} 保持恒定，也就是要使电极 b 上所增加的正电荷经过另一路径流向电极 a。但由于电场力的作用，电极 b 上的正电荷不能逆电场而上，因此，必须要有另一种力能克服电场力而使电极 b 上的正电荷流向电极 a。电源就能产生这种力，称它为电源力。例如在发电机中，当导体在磁场中运动时，导体内便出现这种电源力；在电池中，电源力存在于电极与电解液的接触处。用电动势这个物理量衡量电源力对电荷做功的能力，电动势常用字母 E 来表示。

电源的电动势 E_{ba} 在数值上等于电源力把单位正电荷从电源的低电位端 b 经电源内部（也是导体）移到高电位端 a 所做的功，也就是单位正电荷从 b 点（低电位）移到 a 点（高电位）所获得的电能，即：

$$E_{\text{ba}}=\frac{W_{\text{ba}}}{q}$$

式中　W_{ba}——电荷由 b 到 a 所得到的能量；

q——电荷量。

电动势的单位与电压相同。

在电源力的作用下，电源不断地把其他形式的能量转换为电能。

电压和电动势都是标量，但在分析电路时，认为它们具有方向。电压的方向规定为由高电位端指向低电位端，即为电位降低的方向。电动势的方向规定为在电源内部由低电位端指向高电位端，即为电位升高的方向。

与电流一样，在分析与计算电路时，常可任意选定某一方向作为电压或电动势的正方向（或称为参考方向）。电压的参考方向与实际方向如图 1—4 所示。当电压（或电动势）的实际方向与其正方向一致时，则电压用正值表示（见图 1—4a）；反之，当电压（或电动势）的实际方向与其正方向相反时，则电压用负值表示（见图 1—4b)。

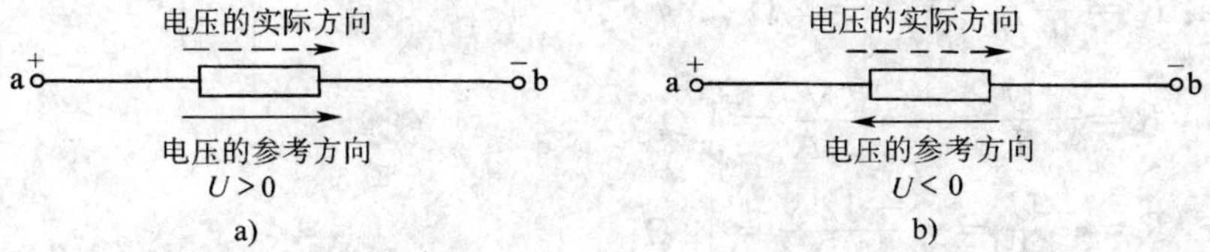

图 1—4　电压的参考方向与实际方向

电压或电动势的正方向也用箭头或双下标表示。也有用参考极性“+”和“−”来表示电压的正方向的，但“+”和“−”更多地用来表示电源的实际极性。在正方向选定之后，电压或电动势的值才有正负之分。

3. 欧姆定律

欧姆定律是电路分析中最基本、最重要的定律之一。欧姆定律的基本内容是：流过电阻的电流与电阻两端的电压成正比。欧姆定律可表示为下式：

$$\frac{U}{I}=R\text{ 或 }U=IR$$

由上式可知，如果在电压 U 一定时，电阻 R 越大，则电流 I 越小。显然，电阻是具有对电流起阻碍作用的物理量。

欧姆定律在电路中的应用如图 1—5 所示，由于所选电流、电压的参考方向的不同，欧姆定律的表达式可能需要带有正号或负号。当电压和电流的正方向一致时（见图 1—5a 和 d)，欧姆定律表示为：

$$U=IR$$

当两者的正方向选得相反时（见图 1—5b 和 c)，欧姆定律表示为：

$$U=-IR$$

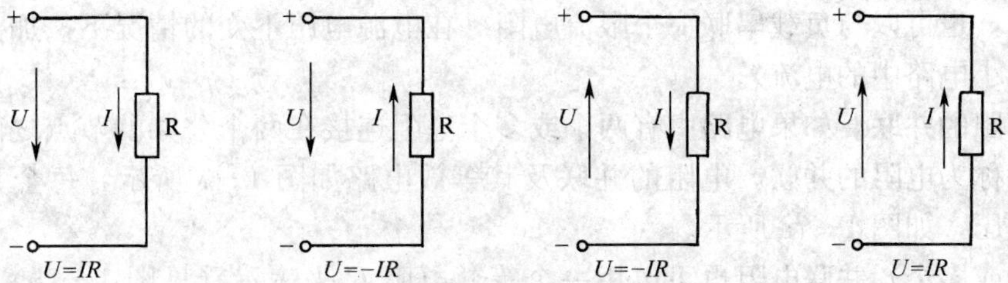

图 1—5　欧姆定律在电路中的应用

在欧姆定律公式里面加入负号，是为了保证电阻两端电压的实际方向与所通过电流的实际方向是相同的，也就是保证计算出来的电阻为正值。

【例 1—1】在如图 1—5 所示的电路中，设电压为 12 V，电流为 3 A，试用欧姆定律求电阻 R（图中的“+”和“−”表示电源的正、负极）。

解：

图 1—5a：$R=\frac{U}{I}=\frac{12\ \text{V}}{3\ \text{A}}=4\ \Omega$

图 1—5b：$R=-\frac{U}{I}=-\frac{12\ \text{V}}{-3\ \text{A}}=4\ \Omega$

图 1—5c：$R=-\frac{U}{I}=-\frac{-12\ \text{V}}{3\ \text{A}}=4\ \Omega$

图 1—5d：$R=\frac{U}{I}=\frac{-12\ \text{V}}{-3\ \text{A}}=4\ \Omega$

4. 电阻的串联、并联及混联

（1）电阻的串联。如果电路中有两个或更多个电阻一个接一个地顺序相连，并且在这些电阻中通过同一电流 I，则这样的连接方法称为电阻的串联。电阻的串联及其等效电路如图 1—6 所示，图 1—6a 为两个电阻串联的电路。

两个（或多个）串联电阻可以用一个等效电阻 R 来替代（见图 1—6b），等效电阻等于各个串联电阻之和，即：

$$R=R_1+R_2$$

根据欧姆定律，每个串联电阻上的电压分别为：

$$U_1=IR_1=\frac{R_1}{R_1+R_2}U$$

$$U_2=IR_2=\frac{R_2}{R_1+R_2}U$$

$$U=U_1+U_2$$

由上式可知，串联电阻上电压的分配与电阻的阻值成正比。即电阻阻值大，则分得电压值高。电阻串联的应用很多，例如，在负载的额定电压低于电源电压的情况下，通常需要与负载串联一个电阻，共同负担电源电压，以降低负载电压；有时为了限制负载中通过过大的电流，也可以与负载串联一个限流电阻（在电源电压不变的情况下，加大电路电阻值，可以减小电路中的电流）。

（2）电阻的并联。如果电路中有两个或多个电阻连接在两个公共的节点之间，则这样的连接方法称为电阻的并联。电阻的并联及其等效电路如图 1—7 所示，每个并联电阻上受到同一电压，如图 1—7a 所示。

两个（或多个）并联电阻也可以用一个等效电阻 R 来表示（见图 1—7b）。等效电阻的倒数等于各个并联电阻的倒数之和，即：

$$\frac{1}{R}=\frac{1}{R_1}+\frac{1}{R_2}$$

上式可转化为：

$$R=\frac{R_1R_2}{R_1+R_2}$$

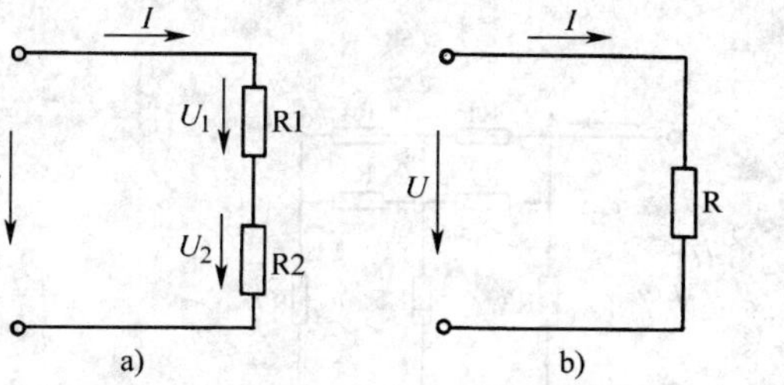

图 1—6　电阻的串联及其等效电路

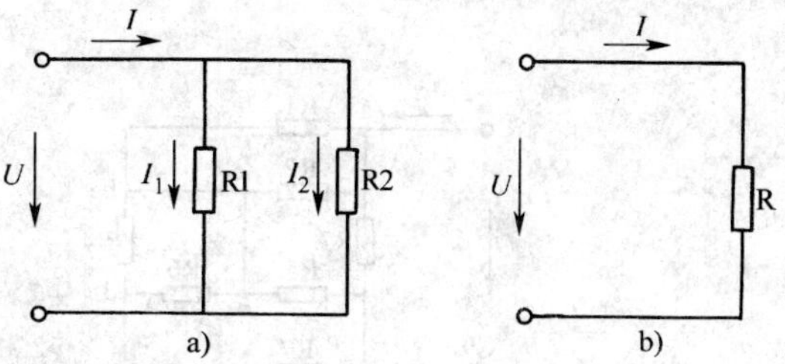

图 1—7　电阻的并联及其等效电路

每个电阻上流过的电流为：

$$I_1=\frac{U}{R_1}=\frac{IR}{R_1}=\frac{R_2}{R_1+R_2}I$$

$$I_2=\frac{U}{R_2}=\frac{IR}{R_2}=\frac{R_1}{R_1+R_2}I$$

$$I=I_1+I_2$$

由上式可知，并联电阻上电流的分配与电阻阻值成反比，即阻值大，通过的电流小。

一般负载都是并联使用的，它们处于同一电压之下，任何一个负载的工作情况基本上不受其他负载的影响。并联的负载电阻越多，则总电阻越小，电路中总电流和总功率也就越大。但每个负载的电流和功率却没有变动（严格地讲，基本上不变）。有时为了某种需要，可将电路中的某一段与电阻或变阻器并联，起到分流或调节电流的作用。

（3）电阻的混联。如果电路中既有串联电阻又有并联电阻，这种电阻的连接方法称为电阻的混联。简单的混联电阻也可以通过电阻的串、并联分析简化为一个等效电阻。下面通过一个例子加以说明。

如图 1—8 所示为混联电路（一）。在图 1—8a 中，为了分析方便，将各个电阻之间的公共连接点分别标上编号 a，b，c，d。然后将图 1—8a 所示的电路进行变形，得到图 1—8b。在图 1—8b 中可以清楚地看出，R1 与 R2 并联，R4 与 R6 并联，分别计算出它们的等效电阻 R_{12} 与 R_{46}，电路图转换成图 1—8c。在图 1—8c 中，R46 与 R7 串联，计算出其等效电阻 R_8，电路转换成图 1—8d，……，如此转换，直至得到 a，b 两点的等效电阻 R。

【例 1—2】混联电路（二）如图 1—9 所示，图中各电阻的阻值均为 1 Ω。求 a，b 之间的等效电阻。

解：在图 1—9a 中，各电阻之间的混联关系为：R1 与 R2 并联、R3 与 R4 并联、R5 与一导线并联（导线电阻视为 0，即 R5 被短路）后再串联在一起。可得等效电阻为：

$$R=\frac{1\times1}{1+1}+\frac{1\times1}{1+1}+\frac{1\times0}{1+0}=1\ \Omega$$

在图 1—9b 中，各电阻之间的混联关系为：将 R1，R2 并联与 R4，R5 并联后，串联在一起，再与 R3 并联。

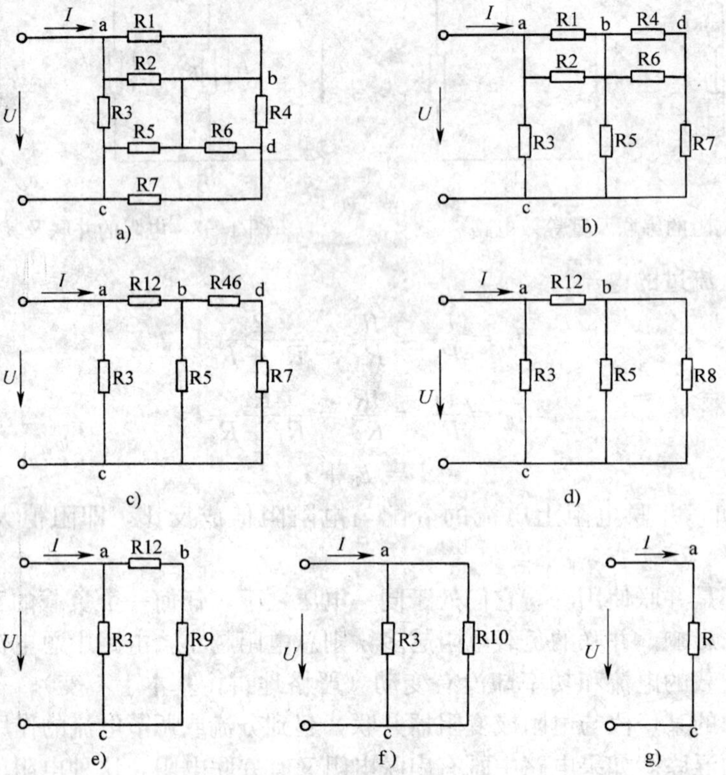

图 1—8　混联电路（一）

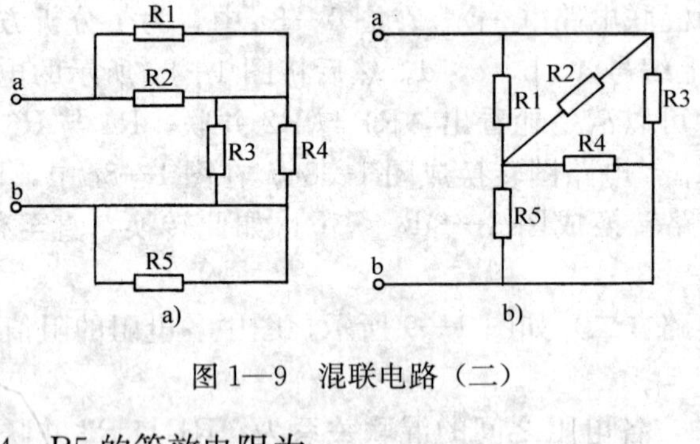

图 1—9　混联电路（二）

计算 R1，R2，R4，R5 的等效电阻为：

$$R' = \frac{1 \times 1}{1+1} + \frac{1 \times 1}{1+1} = 1\ \Omega$$

将 R1，R2，R4，R5 的等效电阻与 R3 并联后的总等效电阻为：

$$R = \frac{1 \times 1}{1+1} = 0.5\ \Omega$$

5. 电功、电功率及电热

在电场力的作用下，电荷流经电气元件或设备，电场对电荷做功，转化成其他能量。电场力所做的功被称为电功。

设有一段导线，电阻为 R，两端间的电压为 U_{ab}。导体内的电荷受电场力的作用，在导体内从 a 移动到 b，电流为 I，如图 1—10 所示为计算电功率的示意图。根据电流和电压的定义，在时间段 t 内，电场对电荷做功的数值为：

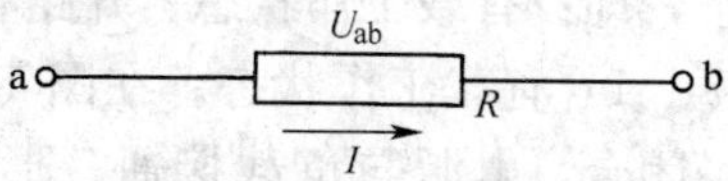

图 1—10 计算电功率的示意图

$$W = qU_{ab} = ItU_{ab}$$

其功率为：

$$P = \frac{W}{t} = IU_{ab} = I^2R = \frac{U^2}{R}$$

式中 P——电流的功率，简称电功率，亦即单位时间内电流所做的功。

电功的单位为焦耳（J），简称焦：

$$1\ \text{J} = 1\ \text{A} \times 1\ \text{V} \times 1\ \text{s}$$

有时采用千焦（kJ）为单位，1 kJ=1 000 J。

电功率的单位为瓦特（W），简称瓦：

$$1\ \text{W} = 1\ \text{J/s} = 1\ \text{A} \times 1\ \text{V}$$

电功是电源供给的能量的量度，根据能量转化和守恒定律，电源所供给的电能应转变为其他形式的能量。事实上，当一电阻 R 通有电流时，它的温度会升高，并以热量传递的方式向周围环境传递，电能转化成热能，并有如下关系式：

$$Q = I^2Rt$$

式中 Q——热量，J；

t——通电时间，s。

电流通过电阻发出的热量被称为电热。电热与电阻的导电机理相关，虽然在电路中电能会转变成机械能、光能、化学能等其他形式的能量，但是电流与电阻之间的电热量关系总成立，即：只要电路中存在电阻 R 并通过电流 I，就会消耗掉 I^2R 的电功率，转化成相应的热能。

6. 电路的组成、工作状态及电气设备的额定值

（1）电路的组成。 一个完整的、处于正常工作状态下的实际电路，通常包含电源、负载和中间环节 3 个组成部分。

电源是提供电能的设备，它将其他形式的能量转换成电能，如发电机、电池等；负载是利用电能的设备，可将电能转换成其他形式的能，如电灯、电动机等；中间环节是连接电源和负载的部分，起传输和分配电能的作用，如导线、开关、变压器等。

在如图 1—11 所示的简单电路中，左边虚线框内为电源（电动势为 E，内阻为 R_0），它为电路提供电能；电阻 R 为负载，它消耗电能，将电能转化成热能；开关 S 和导线为中

间环节，负责连接电源和负载。

(2) 电路工作状态。电路通常有 3 种工作状态，即：有载工作状态、开路状态和短路状态。

1）有载工作状态。在图 1—11 中的开关 S 已经闭合，电源与负载接通，形成通路，这就是电路的有载工作状态。根据欧姆定律，电路中的电流为：

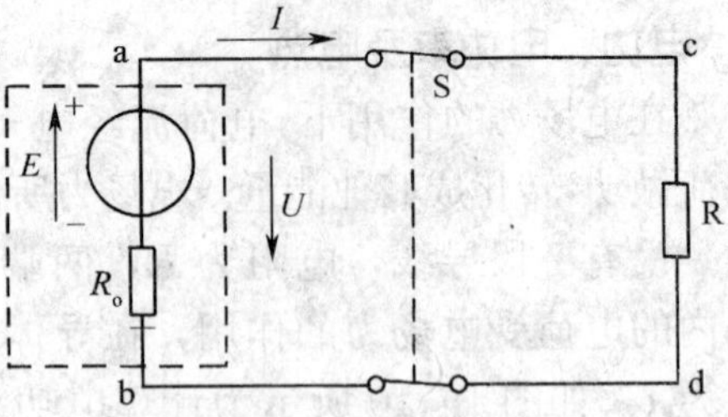

图 1—11　简单电路

$$I=\frac{E}{R_0+R}$$

通常电源的电动势 E 和内阻 R_0 是一定的，由上式可知，负载电阻 R 越小，电流越大。

负载电阻两端的电压为：

$$U=IR$$

以上两式合并，则得：

$$U=E-IR_0$$

式中　U——电源的端电压，即电源两端实际输出电压，也是电源以外的电路从电源得到的电压。

由上式可知，电源端电压小于电动势，两者之差为电源内阻所产生的电压降 IR_0，电流越大，电源端电压下降得越大。表示电源端电压 U 与输出电流 I 之间关系的曲线称为电源的外特性曲线，如图 1—12 所示。电源的内阻一般很小，当电路的电流不是很大时，$U\approx E$。

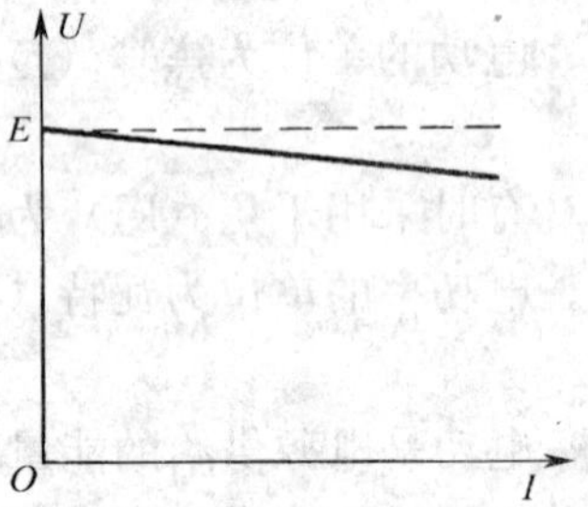

图 1—12　电源的外特性曲线

将式 $U=E-IR_0$ 的各项乘以电流 I，即得到功率平衡式：

$$UI=EI-I^2R_0$$

即：

$$P=P_E-\Delta P$$

式中　P_E——电源产生的功率，$P_E=EI$；

ΔP——电源内阻上损耗的功率，$\Delta P=I^2R$。

P——电源输出的功率，也就是负载电阻得到功率，$P=UI$。

【例 1—3】在图 1—11 中，已知电源电动势 $E=220$ V，内阻 $R_0=10$ Ω，负载 $R=100$ Ω，求：(1) 电路电流；(2) 电源端电压；(3) 负载上的电压；(4) 电源内阻上的电压；(5) 试说明功率平衡。

解：(1) 电路电流 $I=\frac{E}{R_0+R}=\frac{220}{10+100}=2$ A

(2) 电源端电压 $U=E-IR_0=220-10\times2=200$ V

(3) 负载上的电压 $IR=2\times100=200$ V

(4) 电源内阻电压 $IR_0=2\times10=20$ V

（5）由功率平衡式 $UI=IE-I^2R_0$，得：

$$UI = I^2R = 2^2 \times 100 = 400\ \text{W}$$
$$IE = 220 \times 2 = 440\ \text{W}$$
$$I^2R_0 = 2^2 \times 10 = 40\ \text{W}$$

即：

$$IE - I^2R_0 = 440 - 40 = 400\ \text{W} = UI$$

其中，$IE=440$ W，是电源产生的功率；$UI=400$ W，是负载取用的功率，即单位时间内由电能转换成的热能的值；$I^2R_0=40$ W，是电源内阻上损耗的功率，也转化为相应的热能。

可见，在一个电路中，电源产生的功率和负载取用的功率以及内阻上所损耗的功率是平衡的。

2）开路状态。当图 1—11 中的开关 S 处于断开位置时，电路就处于开路状态（也叫断路或空载）。开路时电路中电流为零，外电路的电阻对电源来讲等于无穷大。这时电源的端电压（又称开路电压或空载电压 U_0）等于电源电动势，电源不输出电能。即：

$$I = 0 \qquad U = U_0 = E \qquad P = 0$$

3）短路。当电源的两端由于某种原因被电阻值接近为零的导体连接在一起，则电源处于短路状态。当电源处于短路状态时，因为在电流的回路中只有很小的电源内阻 R_0，因此回路中的电流很大，这个电流称为短路电流，用 I_S表示。电源短路时由于外电路电阻为零，所以电源的端电压也为零，电源的电动势全部降在内阻上。

电源短路时有以下特征：

$$U = 0 \qquad I = I_S = \frac{E}{R_0} \qquad P_E = \Delta P = I^2R_0 = \frac{E^2}{R_0}$$

由上式可知，电源处于短路状态时，电源发出最大功率（$P_E=E^2/R_0$），并全部加在其内阻上，其危害性是很大的，它会使电源因严重发热而烧毁，因此应该积极预防。

造成电源短路的原因主要有绝缘损坏或接线不当，因此，在实际工作中要经常检查电气设备和线路的绝缘情况。此外，在电源侧接入熔断器和自动断路器，当发生短路故障时，能迅速切断故障电路，防止电气设备的进一步损坏。

（3）电气设备的额定值。电源输出的功率和电流决定于负载的大小，那么有没有一个最合适的数值呢？对负载而言，它的电压、电流和功率又是怎样确定的呢？要回答这些问题，先要引出额定值这个术语。

额定值是电气设备制造商为了使产品能在给定的工作条件下正常运行而规定的正常容许值。大多数电气设备（例如电动机、变压器等）的使用寿命与绝缘材料的耐热性能及绝缘强度有关。当电流超过额定值过多时，由于发热量过大，绝缘材料将遭受损坏；当所加电压超过额定值过多时，绝缘材料也可能被击穿。反之，如果电压和电流远低于其额定值时，不仅得不到正常合理的工作状态，而且设备也得不到有效地利用。

因此，制造厂在确定产品的额定值时，要全面考虑其使用的经济性、可靠性以及寿命等因素，特别要保证设备的工作温度不超过规定的容许值。

电气设备或元件的额定值常标在铭牌上或写在其他说明中，在使用时应充分考虑额定数据。额定电压、额定电流和额定功率分别用U_N，I_N和P_N表示。

例如，一台直流发电机的铭牌上标有40 kW，220 V，174 A，这些就是它的额定值。实际值不一定等于额定值。在实际使用时，这台发电机在一定电压下并不总是发出40 kW的功率和174 A的电流。发电机发出多大功率和电流，完全决定于负载的需要，但是一般不应超过额定值。对电动机也是这样，它的实际功率和电流决定于其轴上所带的机械负载的大小，通常电动机也不一定处于额定工作状态。又如一把电烙铁，标有220 V，45 W，这也是额定值，使用时不能接到380 V的电源上。

用来衡量电功的一个常用单位为“千瓦时”（kW·h），即平常所说的“度”，1度电等于1个功率为1 kW的用电设备运转1 h所消耗的电能。很显然：

$$1\ \text{kW}\cdot\text{h}=3\ 600\ \text{kJ}$$

【例1—4】 有一额定值为5 W，阻值为500 Ω的绕线电阻器，求：(1) 其额定电流和额定电压；(2) 在额定电压下工作1天消耗多少电能。

解：(1) 根据功率和电阻值可以求出额定电流为：

$$I_N=\sqrt{\frac{P_N}{R}}=\sqrt{\frac{5}{500}}=0.1\ \text{A}$$

在使用时电压不能超过：

$$U_N=I_N R=0.1\times 500=50\ \text{V}$$

(2) 每日消耗电能

以度为单位：

$$W=Pt=0.005\ \text{kW}\times 24\ \text{h}=0.12\ \text{kW}\cdot\text{h}=0.12\ \text{度}$$

采用国际单位：

$$W=Pt=5\ \text{W}\times 3\ 600\ \text{s}\times 24\ \text{h}=432\ 000\ \text{J}=432\ \text{kJ}$$

二、交流电的基础

1. 电磁感应

在电工技术的应用中，电与磁密切相关，如发电机、变压器、电动机、电磁铁和电工测量仪表等，都是根据电磁相互作用的原理工作的。

闭合电路的一部分导体在磁场中做切割磁感应线运动时，导体中就产生感应电流，这种现象叫做电磁感应，产生的电流叫做感应电流。在电磁感应现象中机械能转化为电能。发电机是根据电磁感应原理制成的，它使人们大规模获得电能成为现实。产生感应电流的必要条件是：电路要闭合，闭合电路中一部分导体做切割磁感应线运动，缺一不可。若是闭合电路的一部分导体，但不做切割磁感应线运动，则无感应电流；若导体做切割磁感应线运动，但电路不闭合，导体上仍无感应电流，而导体两端有感应电压。

2. 线圈与电感

线圈是由导线绕制而成的电感元件，线圈具有两个特性：第一，当电流通过线圈时，将建立磁场，具有磁场的特性，如两端出现磁极，磁极处可吸铁等；第二，当通过线圈的磁场变化时，线圈将产生感应电动势，具有电源的特性，如可将小灯泡点亮等。

当交流电流 i 通过线圈时，将产生交变的磁通 Φ（即磁通的大小和方向随着电流 i 的变化而变化），而交变的磁通又会在线圈中产生感应电动势 e_L。线圈的电感与线圈的匝数有关，匝数多，则其电感大，产生的感应电动势相对较大；匝数少，则电感小，产生的感应电动势相对较小。

根据基尔霍夫电压定律可知，线圈两端的感应电动势 e_L 与线圈两端所加的电压 u 的关系为：

$$u+e_L=0$$

线圈内所储藏的磁场能量为$\frac{1}{2}Li^2$，这说明当线圈（电感元件）中的电流增大时，磁场能量增大，在此过程中电能转换为磁能，即电感元件从电源取用能量；当电流减小时，磁场能量减小，磁能转换为电能，即电感元件向电源释放能量。

3. 单相交流电与三相交流电

(1) 单相交流电。在生产上和日常生活中所用的交流电一般都是指正弦交流电，所谓正弦交流电路，是指含有正弦电源而且电路各部分所产生的电压和电流均按正弦规律变化的电路。

正弦电压和电流是按照正弦规律周期性变化的，其波形如图 1—13 所示。由于正弦电压和电流的方向是周期性变化的，在图中所标的电压和电流方向是指它们的正方向，即代表正半周时的方向。在负半周时，由于所标的正方向与实际方向相反，则其值为负。图中的虚线箭头代表电流的实际方向；“+”和“−”代表电压的实际方向（电源极性）。

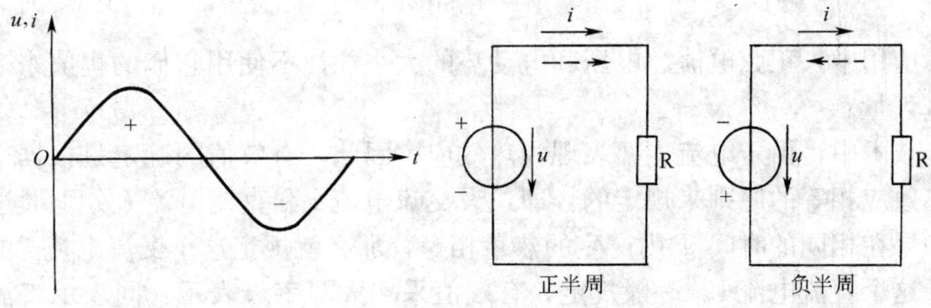

图 1—13　正弦电压和电流的波形

按正弦规律变化的电压、电流和电动势等物理量，常统称为正弦量。正弦量的特征表现在变化的快慢、大小及初始值 3 个方面，它们分别由频率、幅值和初相位来确定。因此，频率、幅值和初相位又称为正弦量的三要素。

1）频率、角频率与周期。正弦量重复变化一次所需要的时间称为周期，用 T 表示，单位为秒（s）。每秒内变化的周期数称为频率，用 f 表示，单位为赫兹（Hz），简称为赫。角频率 ω 是正弦量在 1 s 内变化的角度，单位为弧度/秒（rad/s）。它们之间的关系为：

$$f=\frac{1}{T} \qquad \omega=\frac{2\pi}{T}=2\pi f$$

上式表达了 ω，T，f 三者之间的关系，只要知道其中一个量，另两个量均能求出。这说明 ω，T，f 的实质是一样的，都是反映正弦量变化快慢的量。因此，在画正弦量波形时，既可用时间 t 作为横坐标，也可用 ωt 作为横坐标（一圆周角的弧度为 2π，即 2π 相当于 360°）。如图 1—14 所示为正弦交流电一个周期的波形。

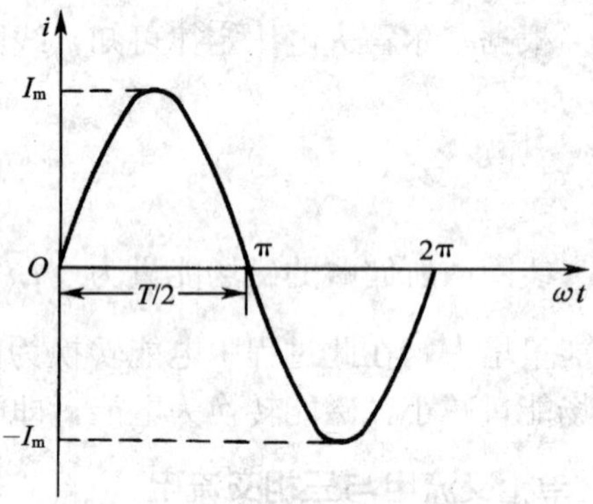

图 1—14　正弦交流电一个周期的波形

【例 1—5】 我国电力系统的标准频率（称为工频）为 50 Hz，求其周期和角频率。

解：周期 $T=\frac{1}{f}=\frac{1}{50}=0.02$ s

角频率 $\omega=2\pi f=2\times3.14\times50=314$ rad/s

2）瞬时值、幅值与有效值。正弦量在任一瞬间的值称为瞬时值，用小写字母表示。如电流 i、电压 u 和电动势 e。正弦量在交变过程中的最大瞬时值称为幅值（又称极大值、最大值），用带有下标“m”的大写字母表示，如电压幅值 U_m、电流幅值 I_m 和电动势幅值 E_m 等。

图 1—14 所示的正弦波形可用下式表示：

$$i=I_m\sin\omega t$$

在实际应用中，正弦电流、电压和电动势的大小往往不使用它们的幅值来表示，而是用有效值来计量。

在电工技术中，由于电流主要表现为热效应，因此，有效值的确定是根据交流电流和直流电流热效应相等的原则来规定的，即：设交流电流 i 和直流电流 I 分别通过阻值相同的电阻，如果在相同的时间 T 内产生的热量相等，那么就规定这个交流电流 i 的有效值在数值上等于这个直流电流 I。一般规定，有效值采用大写字母表示，同表示直流电的字母一样。

正弦交流电的有效值 I，U，E 与其对应的幅值之间的关系为：

$$I = \frac{I_m}{\sqrt{2}} \approx 0.707 I_m \qquad U = \frac{U_m}{\sqrt{2}} \approx 0.707 U_m \qquad E = \frac{E_m}{\sqrt{2}} \approx 0.707 E_m$$

通常所说的正弦电压或电流的大小均是指它的有效值。例如交流电压 220 V 就是指有效值。交流电流表和电压表的刻度也是根据有效值来确定的。

【例 1—6】已知交流电压 $u=311\sin 314t$ V，试求电压有效值。

解：电压有效值为：

$$U = \frac{U_m}{\sqrt{2}} = 0.707 U_m = 0.707 \times 311 = 220 \text{ V}$$

从本例可以看出，目前使用的 220 V 交流电，其电压的最大瞬时值为 311 V。

3）相位、初相位与相位差。正弦量是随时间而变化的，要确定一个正弦量，还须从计时起点（$t=0$）上看。所取的计时起点不同，正弦量的初始值就不同，到达幅值或某一特定值的时间也不同。当初始值 i 为零（$t=0$）时，正弦量 $i=I_m\sin\omega t$；对于如图 1—15 所示的初相位不为零的正弦波，则要用下式表示：

$$i = I_m \sin(\omega t + \varphi)$$

这时它的初始值为 $i=I_m\sin\varphi$。

上述两式中的角度 ωt 和（$\omega t+\varphi$）称为正弦交流电的相位角或相位。相位的单位是弧度，也可用度表示，它反映出正弦量变化的进程。$t=0$ 时的相位称为初相位。

在一个正弦交流电路中，电压 u 和电流 i 的频率是相同的，但初相位不一定相同。对于如图 1—16 所示的 u 和 i 的初相位不相同的波形可用下式表示：

$$u = U_m \sin(\omega t + \varphi_1)$$
$$i = I_m \sin(\omega t + \varphi_2)$$

它们的初相位分别为 φ_1 和 φ_2。

两个同频率正弦交流电的相位之差称为相位差，用 φ 表示。图 1—16 中 u 和 i 的相位差为：

$$\varphi=(\omega t+\varphi_1)-(\omega t+\varphi_2)=\varphi_1-\varphi_2$$

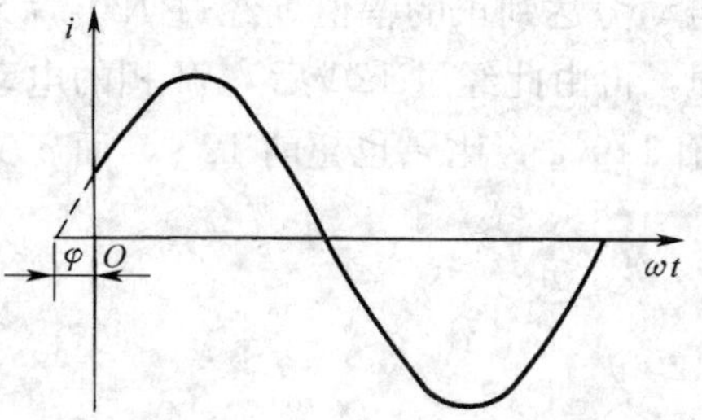

图 1—15　初相位不为零的正弦波

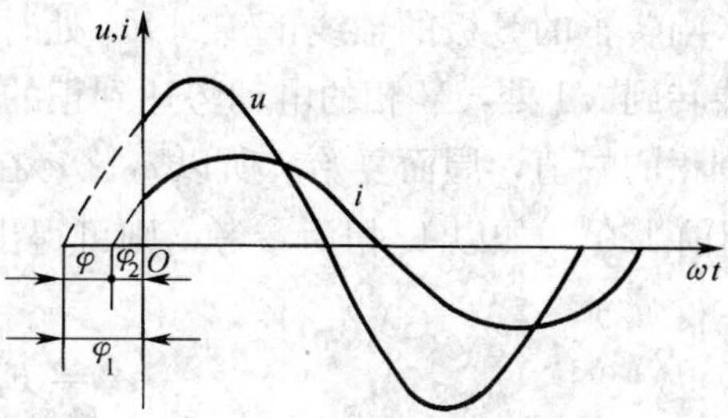

图 1—16　u 和 i 的初相位不相同的波形

即两个同频率正弦量之间的相位差等与它们的初相位之差。

从图 1—16 可以看出，u 和 i 的初相位不同，它们的变化步调是不一致的。u 比 i 先到达正的幅值，即在相位上，u 比 i 超前 φ 角，或 i 比 u 滞后 φ 角。

（2）三相交流电。 电力系统所采用的供电方式绝大多数是三相制，即采用 3 个频率相同而相位不同的电压源（或电动势）向用电设备供电。

三相电路在生产上应用最为广泛，发电和输配电一般都采用三相制。在用电方面最主要的负载是交流电动机，而交流电动机多数是三相的。

如图 1—17 所示为三相交流发电机的原理图，它的主要组成部分是电枢和磁极。

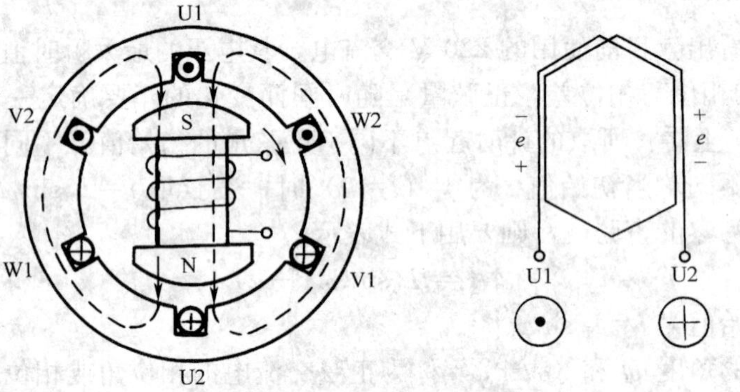

图 1—17　三相交流发电机的原理图

电枢是固定的，亦称定子。定子铁心的内圆周面冲有槽，用以放置三相电枢绕组，每相绕组是同样的，它们的始端标以 U1，V1，W1，末端标以 U2，V2，W3。每相绕组的两边放置在相应的定子铁心的槽内，绕组的始端之间或末端之间都彼此相隔 120°。

磁极是转动的，亦称转子。转子铁心上绕有励磁绕组，用直流励磁。选择适当的极面形状和励磁绕组的布置情况，可使空气隙中的磁感应强度按正弦规律分布。

当转子由原动机带动，并以匀速按顺时针方向转动时，则每相绕组依次切割磁感应线，其中产生频率相同、幅值相等的正弦电动势 e_1，e_2 及 e_3，电动势的正方向选定为自绕组的末端指向始端。

当转子的 S 极的轴线正转到 U1 处时，U 相的电动势达到正的幅值。经过 120°后 S 极轴线转到 V1 处，V 相的电动势达到正的幅值。同理，再由此经过 120°后，W 相的电动势达到正的幅值，周而复始。所以 e_1 比 e_2 在相位上超前 120°，e_2 比 e_3 也超前 120°，而 e_3 又比 e_1 超前 120°，如以 U 相为参考，则可得出：

$$e_1 = E_m \sin \omega t$$

$$e_2 = E_m \sin(\omega t - 120°)$$

$$e_3 = E_m \sin(\omega t - 240°) = E_m \sin(\omega t + 120°)$$

转子旋转一周，完成一个交流电周期。

三相交流电出现正幅值（或相应零值）的顺序称为相序。在此，相序是 U→V→W。如图 1—18 为三相交流电正弦波图。三相电动势的幅值相等、频率相同，彼此间的相位差也相等（120°），这种电动势称为对称电动势。

三相发电机（或变压器）的三相绕组通常采用如图 1—19 所示的星形连接向负载供电。即将 3 个末端（U2，V2，W2）连接在一起，这一连接点成为中点（或零点），用 N 表示。从中点引出的导线称为中线，从端点 U1，V1，W1 引出的导线称为相线，俗称火线。

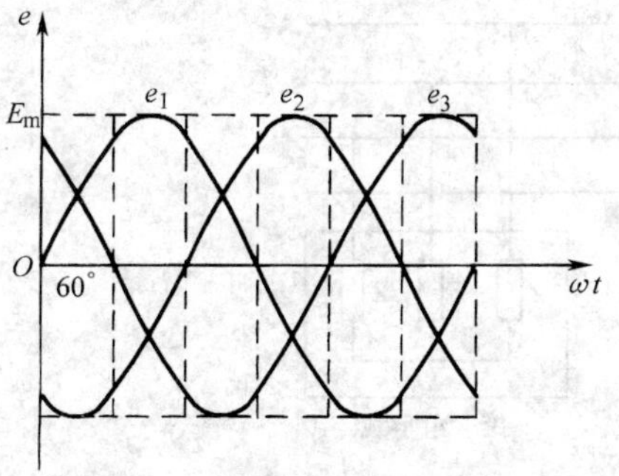

图 1—18　三相交流电正弦波图

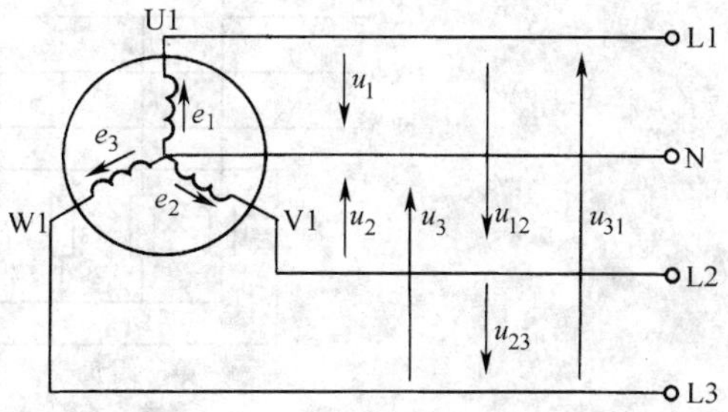

图 1—19　三相发电机星形连接

在图 1—19 中，每相始端与末端间的电压，亦即相线与中线间的电压，称为相电压，其有效值用 U_1，U_2，U_3 表示，或用 U_p 表示。任意两始端的电压，亦即两相线间的电压，称为线电压，其有效值用 U_{12}，U_{23}，U_{31} 表示，或用 U_l 表示。

当电源（或变压器）采用星形连接时，线电压 U_l 与相电压 U_p 之间有以下关系：

$$U_l = \sqrt{3}\,U_p = 1.732U_p$$

大多数发电机（或变压器）的三相绕组连成星形，并引出 4 根导线向负载供电，此即三相四线制供电。这种供电方式可给负载提供两种电压：相电压和线电压。在我国的低压配电系统中，相电压为 220 V，线电压为 380 V（$380=\sqrt{3}\times 220$ V）。

（3）三相负载连接。在三相四线制电路中，负载的连接方式应视负载额定电压而定。有些电气设备如三相交流电动机（三相负载）需要三相交流电源才能工作，三相电动机的 3 个接线端总是与电源的 3 根相线连接。而有些电气设备如照明灯、各种家用电器（单相负载）的额定电压为 220 V，只需要单相电源，可以接在三相电源的任一相线与中线之间。至于另外一些单相负载（如继电器吸引线圈等），接在火线之间还是火线与中线之间，应视这些负载的额定电压是 380 V 还是 220 V 而定。从总的线路来说，它们应当尽可能均匀地分配在各相之中，以使供电电网平衡，所以对电源来说，这些单相负载的总体也可以看成是三相负载。

根据构成三相负载的各相负载是否完全相同，三相负载可分为对称三相负载和不对称三相负载。如果各相负载完全相等，称为对称三相负载，例如三相电动机是三相对称负载，而通常照明电路的负载是不对称的三相负载。

在三相供电系统中，三相负载的接法有星形（Y）接法和三角形（△）接法两种。不管采用哪种接法，都应保证电源作用在负载上的电压等于负载的额定电压，以使负载正常工作。

1）三相负载的星形连接。若将三相负载的 3 个末端连在一起，接到三相电源的中线上，将三相负载的 3 个起端分别接到三相电源的相线上，这样的连接方法称为负载星形连接，如图 1—20 所示。图中两组负载都采用星形连接。第一组负载为不对称负载，采用三相四线制供电，第二组负载为三相对称负载，采用为三相三线制供电。

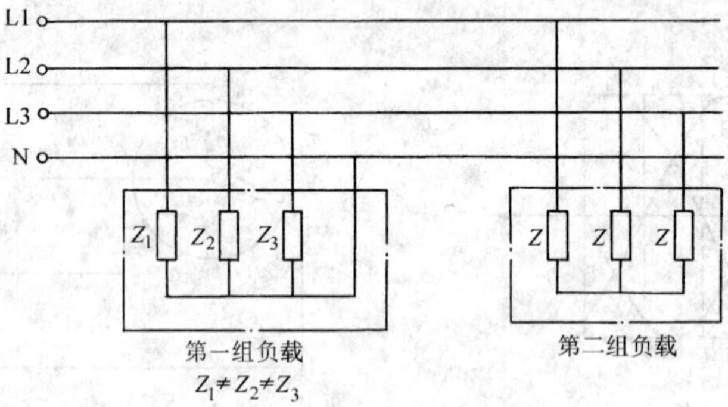

图 1—20　负载星形连接

在三相电路中，流经各端线（相线）的电流叫做线电流，一般用 I_l 表示；流经各相负载的电流叫做相电流，一般用 I_p 表示；流经中线的电流叫中线电流，用 I_N 表示。

当负载三相四线星形连接时，负载上的电压等于相电压，相电流等于线电流，即：

$$I_p = I_l$$

当三相负载对称时，其中线的电流等于零。既然中线没有电流通过，中线就不需要了，这就是三相三线制电路。三相三线制电路在生产上应用极为广泛，因为生产上三相负载（如三相电动机）一般都是对称的，只需将三根相线引入即可，不需要再将中线接入。

2）三相负载的三角形连接。在负载三角形连接（见图 1—21）的三相电路中，各相负载都直接接在电源的线电压上，所以负载的相电压与电源的线电压相等，即：

$$U_p = U_l$$

如果三相负载对称，如图 1—21 所示的第二组负载，则线电流是对称的，其有效值相等，并且线电流是相电流的$\sqrt{3}$倍。即：

$$I_l = \sqrt{3}\, I_p$$

三相电动机的绕组可以连接成星形，也可连接成三角形。在这两种连接方式中，电动机的绕组要承受不同的电压：星形连接时为相电压，三角形连接时为线电压。

（4）三相功率

1）交流电路中基本元件及其电路特征。在电路中，一般存在着电能的消耗、磁场能量和电场能量的储存这 3 种基本的能量转换过程，可分别用电阻 R、电感 L 和电容 C 这 3

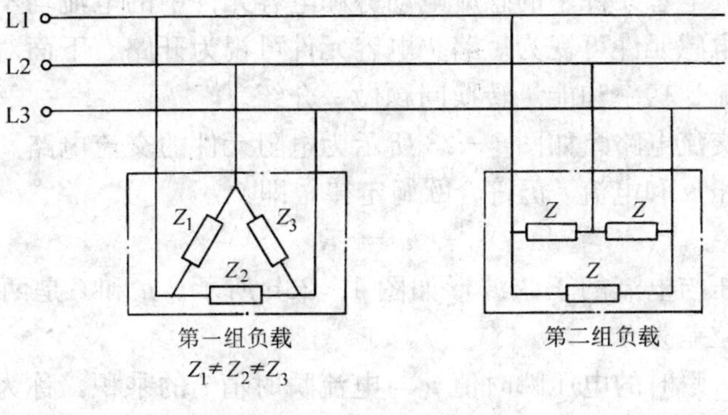

图 1—21　负载三角形连接

个基本参数来表征。

电阻具有消耗电能转换成热能的属性，电感具有储存磁场能的属性，电容具有储存电场能量的属性。与其相应的只含有一个电路参数的元件分别称为电阻元件、电感元件和电容元件，它们都是理想元件，实际并不存在。在实际应用中，电气元件按其主要电磁特性可分为电阻器、电感器和电容器，常简称为电阻、电感和电容。在制冷空调电气控制电路图中，常用电气元件（如电阻、电感和电容元件等）的图形符号如图 1—22 所示。

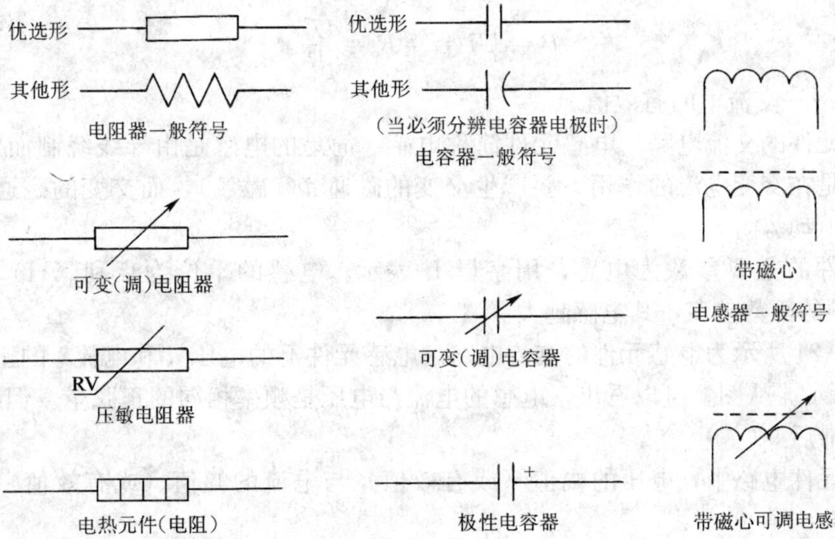

图 1—22　常用电气元件的图形符号

在直流电路中，当所加电压和电路参数不变时，电路中的电流、功率以及电场和磁场中所储存的能量也都不发生变化。在交流电路中则不然，由于所加的电压是随时间而交替变化的，因此，电路中的电流、功率以及电场和磁场中所储存的能量也都是随时间而变化的。在交流电路中，电感元件中的感应电动势和电容元件中的电流均不等于零，但在直流电路稳定状态下，电感元件可视为短路，电容元件可视为开路。下面对电阻、电感和电容在交流电路中的电流、功率和能量转换问题做一介绍。

①电阻元件的交流电路。如图 1—23 所示为电阻元件的交流电路。在交流电的任一瞬时，电阻两端的电压 u 和电流 i 仍符合欧姆定律，即：

$$u = iR$$

电阻元件的电压与电流的正弦波形如图 1—23b 所示。u 和 i 是两个频率相同的正弦量，它们之间的相位差为 0。

在电路中，任一瞬时的电压瞬时值 u 与电流瞬时值 i 的乘积，称为瞬时功率，用小写字母 p 表示，即：

$$p = ui$$

电阻的瞬时功率波形如图 1—23c 所示。

由于在电阻元件的交流电路中 u 与 i 同时为正，同时为负，所以瞬时功率总是正值，即 $p \geqslant 0$。瞬时功率为正，表示外电路从电源取用能量，在这里就是电阻元件从电源取用电能而转换为热能，这是一种不可逆的能量转换过程。在一个周期内，转换成的热能相当于图 1—23c 中被功率波形与横轴所包围的那块面积。

一个周期内电路消耗电能的平均速率（即瞬时功率的平均值）称为平均功率，常用 P 来表示。在电阻元件电路中，平均功率为：

$$P = UI = I^2R = \frac{U^2}{R}$$

式中　U，I——交流电的有效值。

②电感元件的交流电路。电感元件简称电感，简易的电感是由导线绕制而成的线圈。电感的特性是在交变电流的作用下要产生交变的磁通 Φ（磁场），而交变的磁通又在线圈中产生感应电动势 e_L。

电感元件的主要参数为电感，用字母 L 表示。电感的单位为亨利（H）或毫亨利（mH）。线圈的匝数越多，其电感越大。

如图 1—24 所示为电感元件的交流电路。电感元件上的电压 u 和电流 i 的正弦波形如图 1—24b 所示。从图上可以看出，电感的电流与电压是频率相同的正弦量。但在相位上，电流比电压滞后 90°。

在电感元件电路中，电压的幅值（或有效值）与电流的幅值（或有效值）的比值为 ωL，即：

$$\frac{U_m}{I_m} = \frac{U}{I} = \omega L$$

ωL 所起的作用同电阻相似，它的单位为欧姆（Ω）。当电压 U 一定时，ωL 越大，则电流 I 越小，可见它具有对交流电流起阻碍作用的物理性质，称为感抗，用 X_L 表示，即：

$$X_L = \omega L = 2\pi fL$$

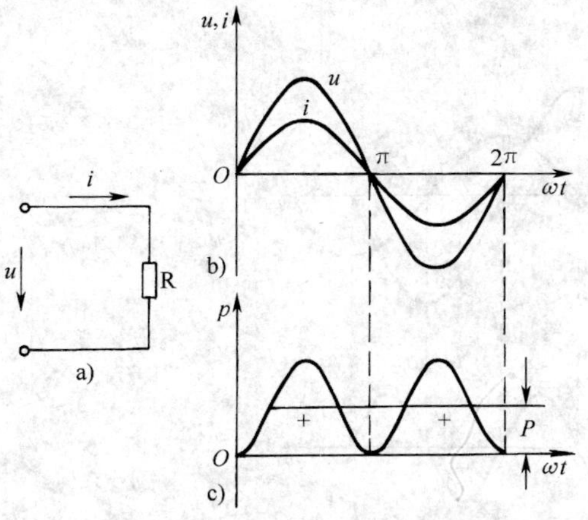

图 1—23　电阻元件的交流电路

a）电路图　b）电压与电流的正弦波形

c）功率波形

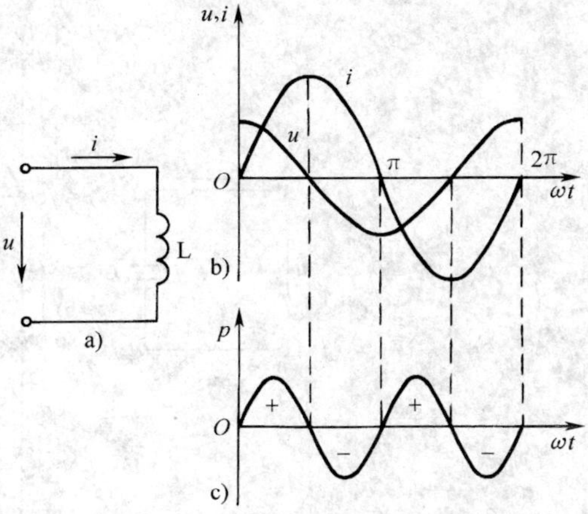

图 1—24　电感元件的交流电路

a）电路图　b）电压与电流的正弦波形

c）功率波形

线圈的感抗 X_L 与电感 L、交流电频率 f 成正比。对于一固定线圈来说，通过的交流电的频率越高，其感抗越大。因此，电感线圈对高频电流的阻碍作用很大，而对直流则可视为短路（当 $f=0$，$X_L=0$）。

电感元件的瞬时功率 p_L 的功率波形如图 1—24c 所示。从图中可以看出，电感元件的瞬时功率一会儿为正，一会儿为负，其平均功率 $P=0$。电感元件的平均功率为零，表示其本身没有能量消耗，只有电源与电感之间的能量互换：当 $p_L>0$ 时，从电源取用能量，转化为磁场能；当 $p_L<0$ 时，将磁场能转化为电能，返还给电源。这种互换的规模，可用无功功率 Q 来衡量。一般规定无功功率等于瞬时功率 p_L 的幅值。无功功率的计算公式为：

$$Q=UI=I^2X_L$$

式中　U，I——交流电的有效值。

无功功率的单位是乏（var）或千乏（kvar）。

电感元件和后面所要讲述的电容元件都是储能元件，它们与电源间进行能量互换是工作的需要，虽然不消耗能量，但对电源来说也是一种负担。由于储能元件没有消耗能量，故将往返于电源与储能元件之间的功率命名为无功功率。因此，平均功率也称为有功功率。

③电容元件的交流电路。如图 1—25 所示为电容元件的交流电路。电容元件上的电压 u 和电流 i 的正弦波形如图 1—25b 所示。从图上可以看出，电容的电压与电流也是频率相同的正弦量。但在相位上，电流比电压超前 90°，与电感元件正好相反。

在电容元件的电路中，电压的幅值（或有效值）与电流的幅值（或有效值）之比为 $\frac{1}{\omega C}$，即：

$$\frac{U_m}{I_m}=\frac{U}{I}=\frac{1}{\omega C}$$

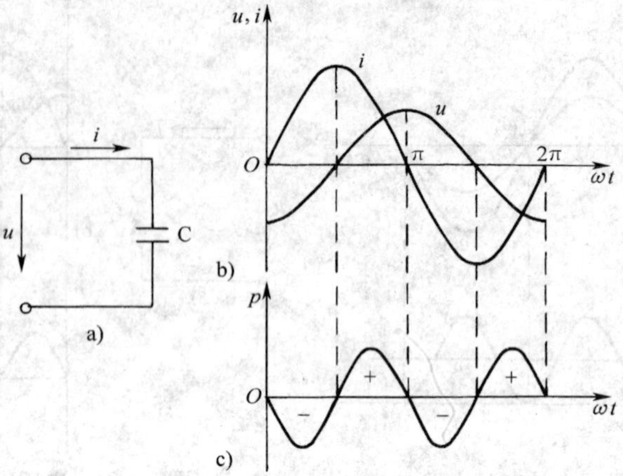

图 1—25　电容元件的交流电路

a）电路图　b）电压与电流的正弦波形　c）功率波形

显然，它的单位还是欧姆（Ω）。当电压 U 一定时，$\frac{1}{\omega C}$越大，则电流 I 越小，可见它对电流也起阻碍作用，称之为容抗，用 X_C表示。

$$X_C=\frac{1}{\omega C}=\frac{1}{2\pi fC}$$

容抗 X_C与电容 C、频率 f 成反比。因此，对直流电路（$f=0$）来讲，X_C趋向于无穷大，因此，电容元件对直流有隔断作用，可视为开路状态。

电容元件的正弦交流电路的瞬时功率 p_C波形见图 1—25c。从图中可以看出，电容元件的平均功率 $P=0$。这表明，电容元件的正弦交流电路中，像电感电路一样，没有能量的消耗，只有电源与电容元件间的能量互换。其能量互换的规模也用无功功率来衡量，其大小等于瞬时功率 p_C的幅值。对比图 1—25c 和图 1—24c 可以看出，在相同电流下，当电感的瞬时功率为正值时，电容的瞬时功率为负值，所以电容的无功功率取负值表示，即：

$$Q=-UI=-I^2X_C$$

式中　U，I——交流电的有效值。

2）R，L，C 交流电路功率计算。从前面的分析可知，在交流电流中，除了存在有功功率外，还存在无功功率。在实际电路中，一般负载都是电阻、电感和电容同时存在的。例如，一个单相电容启动的电动机，电路中电阻、电感和电容同时存在。对于该种电路，可分别计算各元件的功率，然后汇总。

如图 1—26 所示为 R，L 和 C 串联的正弦交流电路，设这 3 个元件流过同一个电流 $i=I\sin\omega t$，其功率可按以下方法计算：

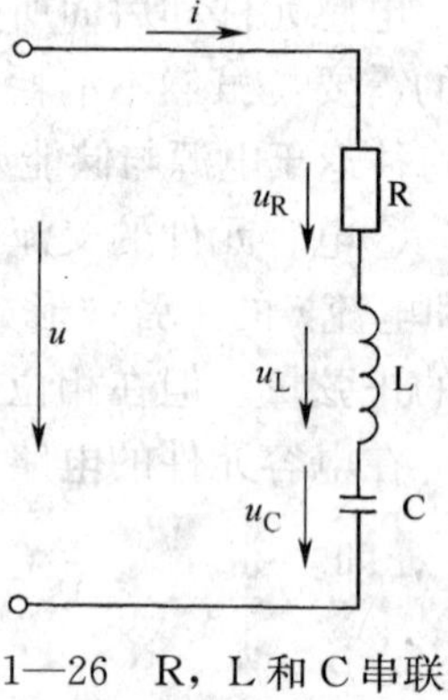

图 1—26　R，L 和 C 串联的正弦交流电路

①有功功率。该电路中，只有电阻是耗能元件，因此，该

电路的有功功率即为电阻元件的功率。其计算公式为：

$$P = U_R I = I^2 R$$

②无功功率。该电路中，无功功率为电感和电容的无功功率之和。

电感元件的无功功率为：

$$Q_L = U_L I = I^2 X_L = I^2 \omega L$$

式中，$U_L = IX_L = I\omega L$，为电感上的电压有效值。

电容元件的无功功率为：

$$Q_C = -U_C I = -I^2 X_C = -\frac{I^2}{\omega C}$$

式中，$U_C = X_C I = \frac{1}{\omega C} I$，为电容上的电压有效值。

电路中总的无功功率为：

$$Q = Q_L + Q_C = U_L I - U_C I = I^2 (X_L - X_C)$$

从上式可以看出，在该电路中，如果电感的感抗和电容的容抗相等时，那么电路中的无功功率为零，即：

当 $X_L - X_C = 0$ 时，$Q = Q_L + Q_C = U_L I - U_C I = I^2 (X_L - X_C) = 0$

3）功率因数。在交流电路中，由于电感和电容的存在，交流电路中的有功功率并不一定等于电路两端的电压和电流有效值的乘积，可将电压和电流有效值的乘积称为视在功率 S，即：

$$S = UI$$

视在功率的单位是伏安（V·A）或千伏安（kV·A）。

交流电气设备是按照规定的额定电压 U_N 和额定电流 I_N 来设计和使用的，变压器的容量也是以额定电压和额定电流的乘积，即额定视在功率 $S_N = U_N I_N$ 来表示的。

由于有功功率 P、无功功率 Q 和视在功率 S 三者所代表的意义不同，为了区别起见，分别采用不同的单位：瓦（W）、乏（var）和伏安（V·A）来表示。

在交流电路中，有功功率 P、无功功率 Q 和视在功率 S 之间的关系是：

$$P = UI\cos\varphi$$

$$Q = UI\sin\varphi$$

$$S = UI = \sqrt{P^2 + Q^2}$$

式中，$\cos\varphi$ 为功率因数，它是有功功率与视在功率之比，即：

$$\cos\varphi = \frac{P}{S}$$

功率因数的取值范围为：$0 \leqslant \cos\varphi \leqslant 1$。功率因数的高低反映了能量的利用率问题。当负载的功率因数 $\cos\varphi < 1$ 时，发电机所发出的功率没有充分利用，发电机所输出的有功功率减小，无功功率就增大，意味着有一部分能量是在负载和电源之间进行互换，没有被利用。

例如，S_N=1 000 kV·A 的发电机，当负载的功率因数 $\cos\varphi=1$ 时，能输出的最大有功功率为：

$$P=S\cos\varphi=1\,000\times1=1\,000\ \text{kW}$$

当负载的功率因数 $\cos\varphi=0.6$ 时，发电机能够输出的最大有功功率为：

$$P=S\cos\varphi=1\,000\times0.6=600\ \text{kW}$$

由此可见，同样的电源设备，负载的功率因数越低，电源设备输出的最大有功功率越小，电源设备的容量就越不能充分利用。在以上两种工况下，输电线路中电流并未减小，这是因为：

$$I_N=\frac{S_N}{U_N}$$

输电线路上的功率损耗并未减少（因为输电线路中存在电阻，通过电流时要发热，消耗掉一部分电能）。因此，在使用中要尽可能提高交流电路的功率因数，以提高电能的利用率。

如果交流电路中的负荷全部是电阻元件，则功率因数为 1。交流电路中功率因数小于 1 的原因主要是因为在交流电路中，最大部分的负荷是电动机，而电动机的绕组就是一个相当于电阻和电感串联的线圈。由于电动机线圈电感的存在，便存在一定的无功功率往返于电源与电动机线圈之间，因此，电动机的有功功率总是小于其视在功率。可以通过在电路中接入补偿电容的方法，提高电路的功率因数。

4）三相电路功率的计算。平时所讲的交流电功率，主要是指有功功率，也就是平均功率。三相电路的功率，不论负载是星形连接还是三角形连接，总的有功功率必定等于各相有功功率之和，即：

$$P=P_1+P_2+P_3$$

其中 $P_1=U_pI_p\cos\varphi_1$ $P_2=U_pI_p\cos\varphi_2$ $P_3=U_pI_p\cos\varphi_3$

式中，$\cos\varphi_1$，$\cos\varphi_2$ 和 $\cos\varphi_3$ 分别为三相电路中各相电路的功率因数。

当负载对称时，每相负载的有功功率是相等的。因此，三相负载的总有功功率为：

$$P=3U_pI_p\cos\varphi$$

当对称负载是星形连接时，有：

$$U_l=\sqrt{3}U_p,I_l=I_p$$

当对称负载是三角形连接时，有：

$$U_l=U_p,I_l=\sqrt{3}I_p$$

因此，无论对称负载是星形连接还是三角形连接，当三相有功功率用线电压和线电流表示时，计算公式为：

$$P=\sqrt{3}U_lI_l\cos\varphi$$

以上两式都是用来计算三相对称负载有功功率的，但通常多采用下式，因为线电压和线电流的数值容易测量，或者是已知的。

4. 变压器

变压器是一种常见的电气设备，它具有变换电压和变换电流的功能，在电工技术、电子技术、自动控制等诸多领域中有着广泛的应用。

如在输电方面，当输送功率 $P=UI\cos\varphi$ 为一定值时，电压 U 越高，则线路电流 I 越小，这不仅可以减小输电线的截面积，节省材料，同时还可减小线路的功率损耗（I^2R），因此，在输电时必须利用变压器将电压升高。在用电方面，为了保证用电的安全和用电设备的不同电压要求，要利用变压器将电压降低，将电流供应到不同的用电场合。

变压器的结构如图 1—27 所示。它由闭合铁心和绕组两大部分构成，普通的双绕组变压器有心式和壳式两种结构形式。心式变压器的特点是绕组包围铁心；壳式变压器的特点是绕组被铁心包围，适用于容量较小的变压器。

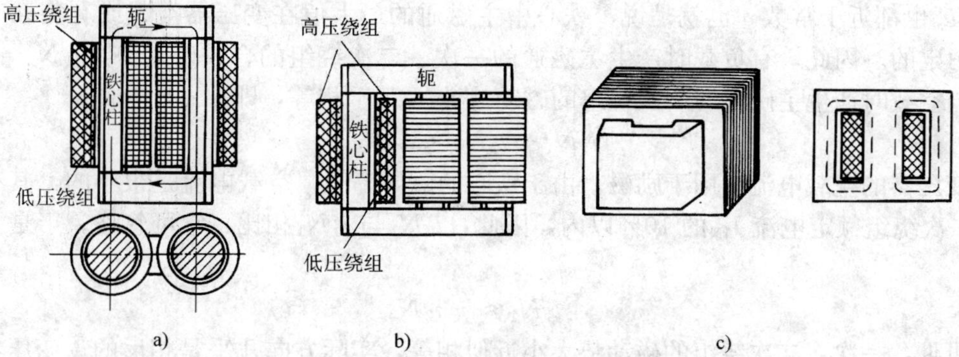

图 1—27　变压器的结构

a）单相变压器（心式）　b）三相变压器　c）壳式变压器（壳式）

变压器的绕组分为一次绕组和二次绕组。一次绕组与电源相连，二次绕组与负载相连，其原理图如图 1—28 所示。为了便于分析，将这两个绕组分别画在两个铁心柱上。一次绕组、二次绕组的匝数分别为 N_1 和 N_2。

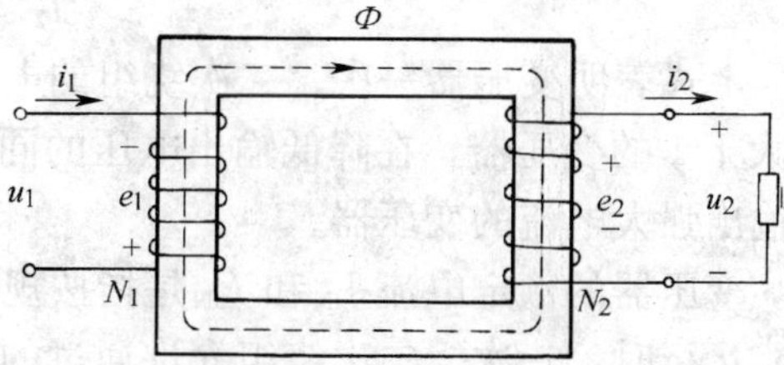

图 1—28　变压器原理图

（1）电压变换。在图 1—28 中，当匝数为 N_1 的一次绕组接上交流电源 u_1 时，一次绕组中将产生电流 i_1，磁动势 i_1N_1 产生的交变磁通 Φ 大部分通过铁心而闭合，因此，将同时在一次、二次绕组中产生感应电动势 e_1 和 e_2，由公式 $U\approx E=4.44fN\Phi_m$ 可知，一次、二次绕组内产生的电动势有效值分别为：

$$E_1=U_1=4.44fN_1\Phi_m$$

$$E_2=4.44fN_2\Phi_m$$

在变压器空载时，有：

$$I_2=0\quad U_{20}=E_2$$

式中 U_{20}——空载时二次绕组的端电压。

变压器一次、二次绕组电压之比为

$$\frac{U_1}{U_{20}} \approx \frac{E_1}{E_2} = \frac{N_1}{N_2} = K$$

式中 K——变压器的变比。

变压器铭牌上常注明变比和一次、二次绕组的额定电压，例如，“6 000/400 V”（$K=15$），这表明一次绕组的额定电压 $U_{1N}=6\ 000$ V，二次绕组的额定电压 $U_{2N}=400$ V。所谓二次绕组的额定电压是指一次绕组加上额定电压时的空载电压。对负载固定的电源变压器，二次绕组的额定电压有时是指额定负载下的输出电压，二次绕组的空载电压一般比满载时的电压高 5%～10%。

（2）电流变换。由公式 $U_1 \approx E_1 = 4.44\ fN_1\Phi_m$ 可知，当电源电压 U_1 和频率 f 不变时，E_1 和 Φ_m 也都近于常数。也就是说，铁心中主磁通的最大值在变压器空载或有负载时差不多是恒定的。因此，有负载时产生主磁通的一次、二次绕组的合成磁动势（$i_1N_1+i_2N_2$）应该与空载时产生主磁通的一次绕组的磁动势 i_0N_1 几乎相等，即：

$$i_1N_1 + i_2N_2 \approx i_0N_1$$

变压器的空载电流 i_0 用于励磁。由于铁心的磁导率高，空载电流是很小的，其有效值 I_0 在一次绕组额定电流 I_{1N} 的 10%以内。因此，i_0N_1 与 i_1N_1 相比，常可忽略。于是上式可写成：

$$i_1N_1 \approx -i_2N_2$$

可见，一次、二次绕组的磁动势大小近似相等，实际方向几乎是相反的。变压器在有载工作时，一次、二次绕组电流有效值的关系为：

$$\frac{I_1}{I_2} \approx \frac{N_2}{N_1} = \frac{1}{K}$$

上式表明变压器一次、二次绕组的电流之比近似等于它们的匝数比的倒数。对于变比 K 大于 1 的变压器，在降低输出电压的同时，放大了输出电流。交流电弧焊机就是一种能够输出强大电流的变压器。

变压器的额定电流 I_{1N} 和 I_{2N} 是指按规定工作方式（长时连续工作、短时工作或间歇工作）运行时，一次、二次绕组允许通过的最大电流，它们是根据绝缘材料允许的温度确定的。

二次绕组的额定电压与额定电流的乘积称为变压器的额定容量，即：

$$S_N = U_{2N}I_{2N} \approx U_{1N}I_{1N}\text{（单相）}$$

它是视在功率 S（V·A），与输出功率 P（W）不同。对于三相变压器，则其总额定容量为三相之和。

三、常用电子元器件

1. 低压电器及电工图符号

电器是根据外界特定的信号和要求，自动或手动接通和断开电路，断续或连续地改变电路参数，实现对电路或非电对象的切换、控制、保护、检测和调节用的电气设备。按我国现行标准规定，低压电器通常是指工作在交、直流 1 200 V 及以下的电器。低压电器品种繁多，应用也极其广泛。

习惯上，按照电器与使用系统之间的关系，可以把低压电器分成两部分：一是配电电器，主要用于配电电路，对电路及设备进行保护，以及通断、转换电源或负载；二是控制电器，主要用于控制受电设备，使其达到预期要求的工作状态。

现分别简单介绍制冷设备中常用的低压电器及应用。

(1) 刀开关。 刀开关广泛应用于各种配电线路中，用于非频繁地接通和分断配电线路，隔离电源，或者直接用来接通或切断小容量用电设备。刀开关按其在电路中的功能和用途主要分为两类：

1）隔离开关。电流容量大，主要用于配电线路中，将设备或配电系统电路与电源隔离，不宜带负荷操作。当开关带有灭弧装置并用杠杆操作时，也可用来接通或切断负荷电流，如 HD，HS 系列开启式板用刀开关等。

2）负荷开关。具有一定的切断负荷电流的能力，往往带有专门的灭弧装置，以确保切断电流时不至于产生过大的电弧，可直接用来接通或切断小容量用电设备，如 HK 系列开启式负荷开关（胶盖瓷底闸刀开关）和 HH 封闭式负荷开关（铁壳开关）等。

刀开关的外形及电气图形符号、文字符号如图 1—29 所示。

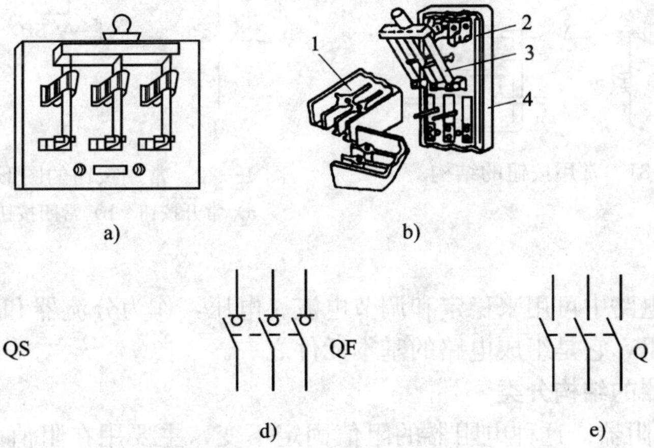

图 1—29　刀开关的外形及电气图形符号、文字符号

a）HD 系列　b）HK 系列　c）隔离开关　d）负荷开关　e）一般符号（三相）

1—胶盖　2—刀座　3—刀片　4—瓷座

（2）组合开关。组合开关（俗称转换开关）具有体积小、接线方式多、使用方便等特点。常用于交流 50 Hz，380 V 及以下；直流 220 V 及以下的电气线路中，供手动不频繁地接通或分断电路，换接电源，测量三相电压，改变负载的连接方式，控制小容量交、直流电动机的正反转和变速换向等。

组合开关的外形及电气图形符号、文字符号如图 1—30 所示，常用的组合开关有 HZ 系列。3LB 和 3ST 系列组合开关系引进德国西门子公司的产品。

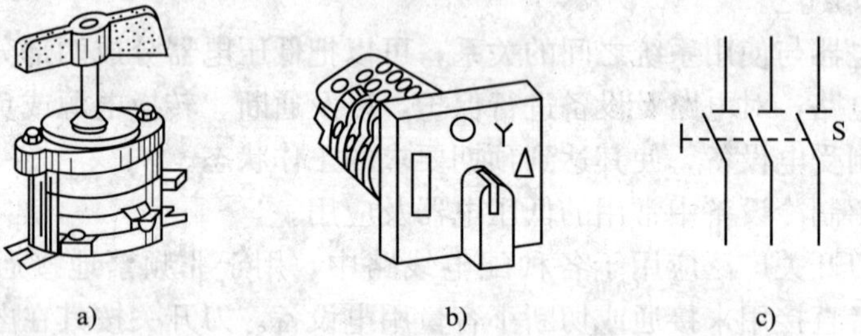

图 1—30　组合开关的外形及电气图形符号、文字符号

a）HZ 系列　b）3LB 和 3ST 系列　c）图形符号及文字符号

（3）按钮。按钮是一种短时接通或分断小电流电路的电器，它不直接控制主电路的通断，而是在控制电路中发出“指令”控制接触器、继电器等电器，再由它们去控制主电路，实现电路的联锁或转换，所以按钮又称“主令电器”。按钮有常开、常闭或组合式。

按钮种类繁多，常用按钮的结构如图 1—31 所示，其图形符号及文字符号如图 1—32 所示。

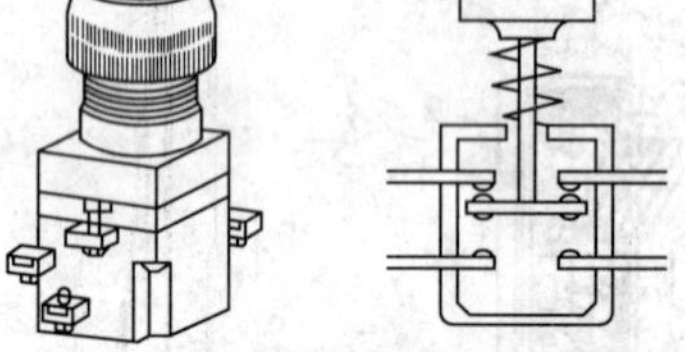

图 1—31　常用按钮的结构

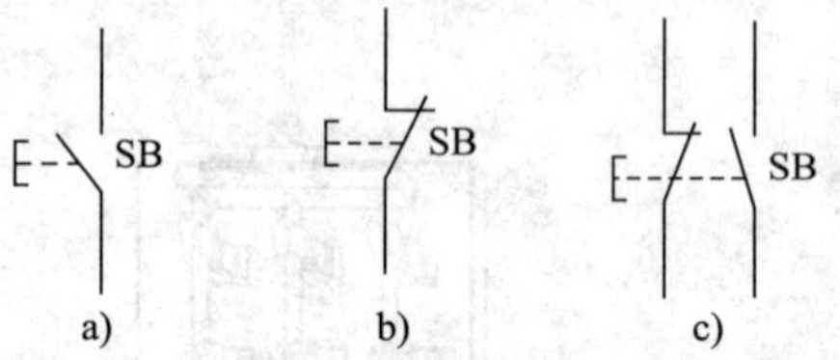

图 1—32　常用按钮的图形符号及文字符号

a）常开按钮　b）常闭按钮　c）组合按钮

2. 电阻器

电阻器在电路中可用来稳定和调节电流、电压，作为分流器和分压器，并可作为消耗能量的负载电阻，它是组成电路的基本元件之一。

（1）电阻器的结构分类

1）固定电阻器。这种电阻器的阻值固定不变，主要用在阻值固定而不需要变动的电路中，起限流、分流、分压、降压、负载或匹配等作用。

2）可变电阻器。这种电阻器的阻值可以在一定范围内变化，又称为变阻器或电位器。在电路中，用来调节音量、音调、电压、电流等。

3）敏感电阻器。这种电阻器是指其电阻值对于某种物理量（如温度、电压、光通、机械力、磁通、湿度等）表现敏感的元件。它是以某种材料对这些外界物理量作用的敏感特性为基础而制成的。由于它们所用的材料几乎都是半导体材料，这类电阻器也称为半导体电阻器。

（2）电阻器的阻值判定与质量鉴定。电阻器的标称阻值和偏差一般都标在电阻体上，标志方法有以下 3 种：

1）直标法。即直接在产品表面标出其主要参数和技术性能的方法。

2）文字符号法。即将需要标出的主要参数与技术性能用文字、数字符号有规律地组合标志在产品表面上的方法。

3）色标法。即用不同颜色的带或点在产品表面上标志出主要参数的方法。色环所代表的数字和误差见表 1—1。

表 1—1　色环所代表的数字和误差

颜色	第一环 a	第二环 b	第三环 c	第四环 d
	第一位数	第二位数	乘数	误差
本色	—	—	—	±20%
银	—	—	10^{-2}	±10%
金	—	—	10^{-1}	±5%
黑	—	0	10^{0}	—
棕	1	1	10^{1}	±1%
红	2	2	10^{2}	±2%
橙	3	3	10^{3}	—
黄	4	4	10^{4}	—
绿	5	5	10^{5}	±0.5%
蓝	6	6	10^{6}	±0.2%
紫	7	7	10^{7}	±0.1%
灰	8	8	10^{8}	—
白	9	9	10^{9}	5%～20%

电阻器的质量可用万用表的欧姆挡来鉴定，一般来说，电阻器的标称阻值如果与测出的实际阻值不符合，则可认为电阻器性能不佳。

3. 电容器

电容器是一种能储存电能的元件，常用于调谐回路、耦合回路、隔直流电路、滤波和交流旁路等电路中，它也是组成电路的基本元件之一。

(1) 电容器的结构。电容器是储存电荷的容器，其结构是用绝缘物质隔开的两个导体的组合，如图 1—33 所示为一个简单的平板电容器，它由两块同样大的平行金属板组成，两板之间充满了绝缘物质（电介质）。

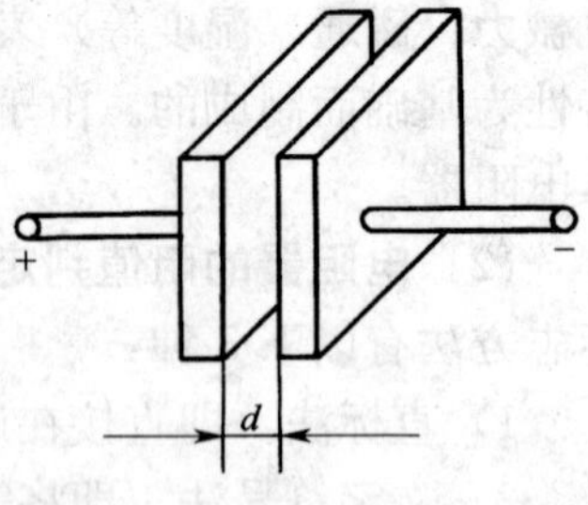

图 1—33　电容器

若把电容器接到直流电源上，它的两个极板（两块金属板）就分别产生数量相等、符号相反的电荷，即电源正极连接的极板产生正电荷，电源负极连接的极板产生负电荷。两极板之间建立起一个电场，其电场强度为：

$$E=\frac{U}{d}$$

式中　E——电场强度，V/m；

U——两极板之间的电压，V；

d——两极板之间的距离，m。

实际使用的电容器大都是由两条金属箔中间隔以空气、纸、云母、塑料薄膜等绝缘物质构成的。

电容按其结构特点可以分为以下几类：

1）固定电容器。固定电容器有卷包式电容器、纸介电容器、有机质薄膜电容器、瓷介电容器、云母电容器、用于 SMD（表面安装器件）技术的电容器以及电解电容器等。对于电解电容器还有正、负电极之分，有极性的电解电容器只允许按电容器标注的极性施加直流电压，一般正极接电位高的位置，负极接电位低的位置。电解电容器的特点是容量较大。

2）可变电容器。可变电容器有转动式电容器和微调电容器两种。前者常在广播和电视技术中作为振荡回路的调谐用。后者又可分为片式微调电容器和管形微调电容器，在广播、电视和测量设备中用于微调。

(2) 电容器的串、并联。在实际使用中，电路中的电容器往往和电阻一样，具有串联、并联和混联的连接方式。它们也可用一个等效电容器来表示。

1）电容器的串联。几只电容器无分支的连接叫做电容器的串联。这和电阻的串联含义是相同的。电容器的串联如图 1—34 所示。从图 1—34a 可看到，当串联电容器接在直流电源上时，电容器被充电，C_1和C_2的电荷量相等，各极板上的电压如图 1—34 所示。

则有：

$$U_1=\frac{q}{C_1},\ U_2=\frac{q}{C_2},\ U=U_1+U_2$$

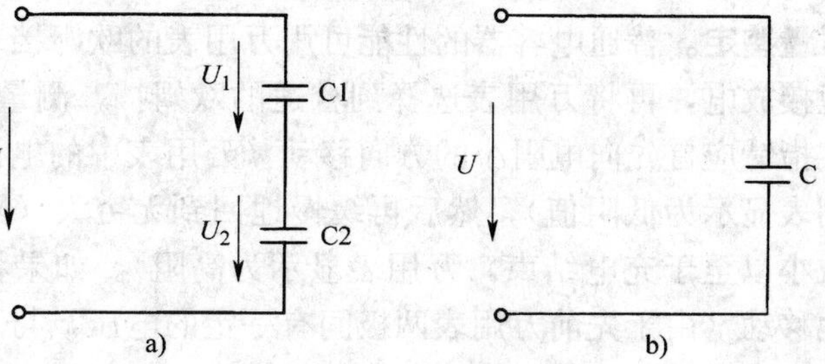

图 1—34　电容器的串联

即：

$$U=\frac{q}{C_1}+\frac{q}{C_2}=\frac{(C_1+C_2)q}{C_1C_2}=\frac{q}{\frac{C_1C_2}{C_1+C_2}}=\frac{q}{C}$$

式中，$C=\frac{C_1C_2}{C_1+C_2}$。可以看出，电容器的串联可以用一个等效电容来表示，其等效电容的计算公式与电阻的并联相同，如图 1—34b 所示。

2）电容器的并联。如果电路中有两个或多个电容器连接在两个公共的节点之间，则这样的连接方法称为电容器的并联。每个并联电容器上电压相同。电容器的并联如图 1—35 所示，在图 1—35a 中两只并联电容接在直流电源 U 上，当充电结束后，各电容器上的电压等于电源电压 U，而每个电容器极板上的电荷量分别为：

$$q_1=C_1U, q_2=C_2U$$

总电荷量为每个电容器上电荷量之和，即：

$$q=q_1+q_2=(C_1+C_2)U=CU$$

式中，$C=C_1+C_2$。可以看出，电容器的并联可以用一个等效电容来表示，其等效电容的计算公式与电阻的串联相同，如图 1—35b 所示。

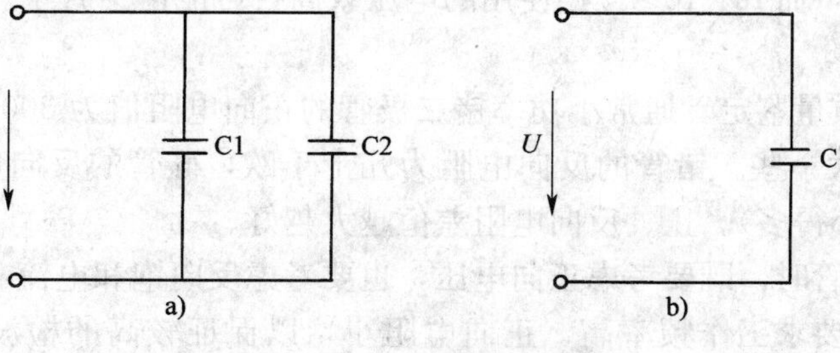

图 1—35　电容器的并联

电容器的混联电路可通过串、并联的方法逐步化简，最后得到等效电容。

在使用电容器时，需要注意的是其两端所加的电压不能超出电容器的额定电压，否则，电容器会因为电介质的电击穿而损坏。另外，当选用电解电容器时，要特别注意电容的正负极不要接反。

(3) 电容器的质量鉴定。普通电容器的性能可用万用表的欧姆挡来鉴定。首先用金属导体将电容器两极短接放电，再将万用表选择到合适的欧姆挡，测量电容器的两极电阻。正常情况下，万用表指针应首先向电阻小的方向移动（万用表中的电池向电容充电，有一定的电流流过，万用表显示为低阻值），然后再缓慢地回到无穷大（电容器两极间电压逐渐升高，充电电流减小以至于充电结束，万用表显示为高阻）。如果将表棒换接，则指针将更快、更大幅度地移动（由于先前万用表两极间有一定的电压，与万用表中电池的电压叠加，形成更大的充电电流）。

如果在欧姆挡上，无论表棒如何换接，测得电容器的阻值都显示为无穷大，则可判定该电容器已损坏，可能的原因是内部断路；反之，如果测得电容器的阻值都显示为零，则可判定该电容器也已损坏，可能的原因是被击穿。

4. 二极管与三极管

(1) 二极管。晶体二极管简称二极管，是用半导体材料（硅或锗等）制成的。纯净的半导体材料的导电性介于导体与绝缘体之间，若将某种微量杂质掺入半导体材料中，则可大量增加能够自由移动的载流子（带电粒子），从而提高它的导电性能。

半导体二极管是具有单向导电特性或非线性伏安特性的半导体两极器件。二极管的应用范围很广，主要是利用它的单向导电性。根据二极管的结构，可将二极管分为点接触型和面接触型两大类。在使用二极管前，通常先要判别极性，还要检查它的质量，否则电路不仅不能正常工作，甚至可能烧毁二极管和其他元件。

1）半导体二极管的极性判别。一般情况下，二极管有色点的一端为正极，如 2AP1～2AP7，2AP11～2AP17 等。如果是透明玻璃壳二极管，可直接看出极性，即内部连触丝的一端是正极，连半导体片的一端是负极。如果既无色点，管壳又不透明，则可根据二极管正向电阻小、反向电阻大的特点，用万用表的欧姆挡来判定其正、负极。一般用 $R\times100\ \Omega$ 或 $R\times1\ \mathrm{k}\Omega$ 挡，不要使用 $R\times1\ \Omega$ 或 $R\times10\ \mathrm{k}\Omega$ 挡，因为 $R\times1\ \Omega$ 挡使用的电流太大，容易烧坏管子，而 $R\times10\ \mathrm{k}\Omega$ 挡使用的电压太高，可能击穿管子。晶体二极管的简易测试方法见表 1—2。

2）二极管的质量鉴定。通常小功率锗二极管的正向电阻值为 300～500 Ω，硅管的电阻值为 1 kΩ 或更大一些。锗管的反向电阻为几十千欧，硅管的反向电阻在 500 kΩ 以上（大功率二极管要小得多）。正、反向电阻差值越大越好。

选用整流二极管时，既要考虑正向电压，也要考虑反向饱和电流和最大反向电压。选用检波二极管时，要求工作频率高、正向电阻小，以保证较高的检波效率；伏安特性要好，避免引起过大的失真。

用万用表可以检验二极管的好坏，其方法与用万用表判别二极管的极性相同。晶体二极管质量的简易判断见表 1—3。若测得反向电阻很小，说明管子内部短路；若测得正向电阻很大，说明管子内部断路。这两种情况下管子都不能用了。

表 1—2　　晶体二极管的简易测试方法

测试项目	测试方法	正常数据		极性判断
		硅管	锗管	
正向电阻	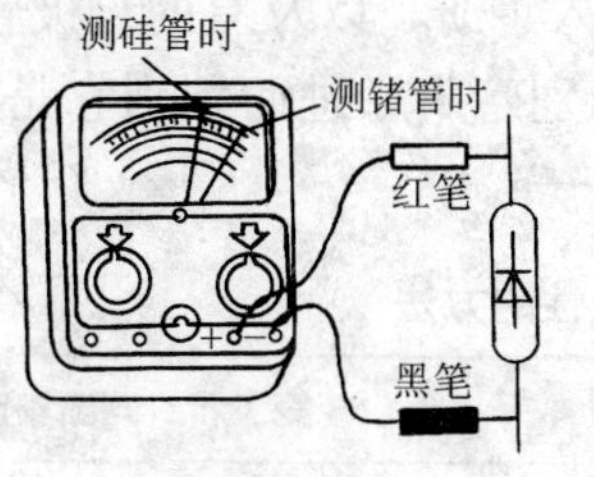	表针指示在中间偏右一点	表针偏右靠近满度，而又不到满度	万用表黑笔连接的一端为二极管的正极（或阳极）
		几百欧～几千欧		
反向电阻	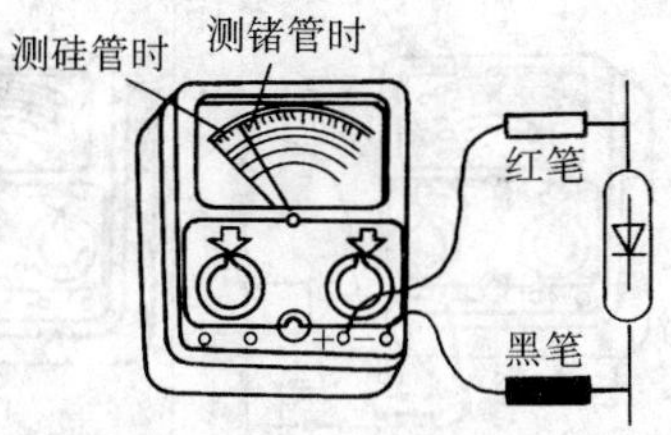	表针一般不动	表针将移动一点	万用表黑笔连接的一端为二极管的负极（或阴极）
		大于几百千欧		

表 1—3　　晶体二极管质量的简易判断

正向电阻	反向电阻	管子好坏
较小	较大	好
0	0	短路损坏
∞	∞	开路损坏
正反向电阻比较接近		管子质量不好

注：正、反向阻值的比较参照“二极管的极性判别”。

（2）三极管。 晶体三极管又称晶体管、三极管。三极管的种类很多，按工作频率分为高频管、低频管；按功率分为小功率管、中功率管、大功率管；根据结构的不同，三极管可分为 NPN 型和 PNP 型两类；在制作工艺上又分平面型和合金型两类。硅管主要是平面型，锗管主要是合金型。硅管多数为 NPN 型管，锗管多数为 PNP 型管。

半导体三极管对信号具有放大及开关控制作用，也用于振荡、调制等，具有体积小、质量轻、坚固耐振、使用寿命长、耗电低等优点，它是电子设备的关键器件之一。

1）三极管的管脚和极性判别

①根据管脚排列识别。多数金属封装的小功率管的管脚是等腰三角形排列。顶点是基极，左边为发射极，右边为集电极。此外，也有少量三极管的管脚是一字形排列，中间是

基极，集电极管脚较短，或用集电极与其他电极距离较远来区别。有的高频三极管有 4 根引出电极，这是为了屏蔽高频电磁场干扰而增加一根接地极。大功率三极管一般直接用金属外壳作为集电极。

②用万用表判别管脚和极性。虽然晶体管手册中对三极管的管脚和极性都有标注，但有时查阅手册不方便，或者有些生产厂的产品未载入手册，以及有的三极管标志不清。在这些情况下，可以用测量各管脚间电阻的方法来判别管脚，进而判别它是 PNP 型管还是 NPN 型管。判断三极管的管脚和极性的方法见表 1—4。

表 1—4　　判断三极管的管脚和极性的方法

内容	第一步　判断基极		第二步　判断集电极	
	PNP 型	NPN 型	PNP 型	NPN 型
方法	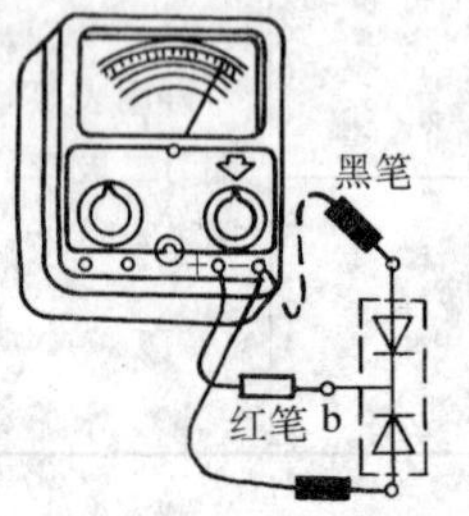 	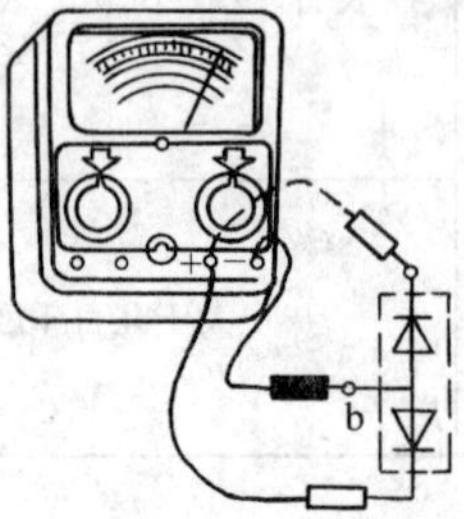 	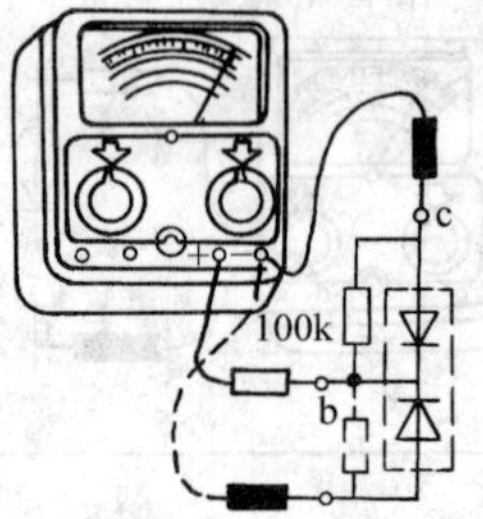 	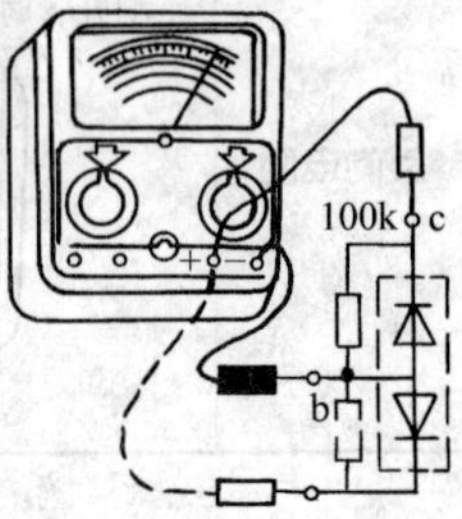
读数	两次读数阻值均较小 以红笔为准，黑笔分别测另两个管脚。当测得两个阻值均较小时，红笔所接管脚为基极	两次读数阻值均较小 以黑笔为准，红笔分别测另两个管脚。当测得两个阻值均较小时，黑笔所接管脚为基极	红笔接基极，黑笔连同电阻分别按图示方法测试，当指针偏转角度最大时，黑笔所接的管脚为集电极	黑笔接基极，红笔连同电阻分别按图示方法测试，当指针偏转角度最大时，红笔所接的管脚为集电极

2）三极管的质量鉴定。根据 PN 结的单向导电性，我们可以检查三极管内各极间 PN 结的正反向电阻。如果相差较大，说明三极管基本上是好的；如果正反向电阻都很大，说明三极管内部有断路或 PN 结性能不好；如果正反向电阻都很小，说明三极管极间短路或被击穿了。三极管有 3 个电极，用万用表测试电极之间的电阻共有 6 种不同接法，三极管的质量鉴定见表 1—5。

3）穿透电流和放大系数的估测。用万用表检查三极管的穿透电流 I_{CEO} 时，是通过测量集电极与发射极之间的反向阻值来估计的，如果穿透电流大，阻值就较小。按照测量三极管穿透电流的方法，还可以估测三极管的放大系数 β 值，其方法见表 1—6。此外，有的万用表上有 h_{FE} 挡，也可以用来测定小功率管的 h_{FE} 值。

表 1—5　　　　　三极管的质量鉴定　　　　　（R×100 或 R×1 k）

类型		NPN 型	PNP 型
方法		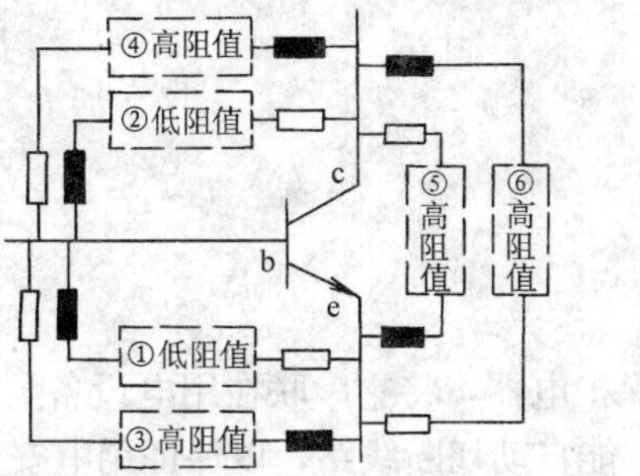	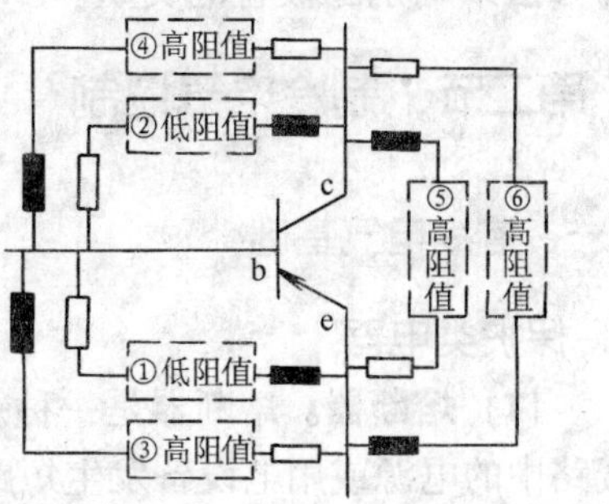
说明	接法①②	测发射结、集电结正向电阻，均为低阻值 硅管：表针在表面中间或偏右；锗管：表针在表面右端，近满刻度又不到满刻度	
	接法③④	测发射结、集电结反向电阻，均为高阻值 硅管：表针基本不动；锗管：表针在表面左端，且移动很小	
	接法⑤⑥	测发射结、集电结之间电阻，均为高阻值，接法⑥实际是测 I_{CEO} 硅管：表针在表面中间或偏右；锗管：表针在表面右端，近满刻度又不到满刻度	

表 1—6　　　　　估测三极管放大系数的方法

内容	方法	说明	
穿透电流 I_{CEO}	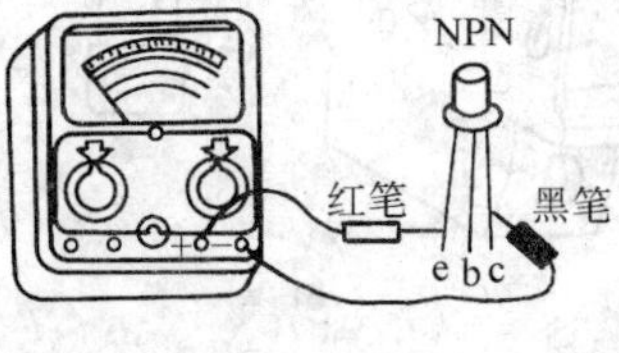	小功率三极管 R×100 Ω 或 R×1 kΩ	测集电极—发射极间反向电阻，阻值越大，则 I_{CEO}越小 1. 硅管比锗管阻值大；高频管比低频管阻值大（高频管阻值约几十千欧以上，低频管约几千欧至几十千欧） 2. 小功率管比大功率管阻值大 3. 用手捏住管壳，如表针摇摆不定或阻值迅速减小，则管子热稳定性差
		大功率三极管 R×10 Ω	
共发射极电流放大系数 β	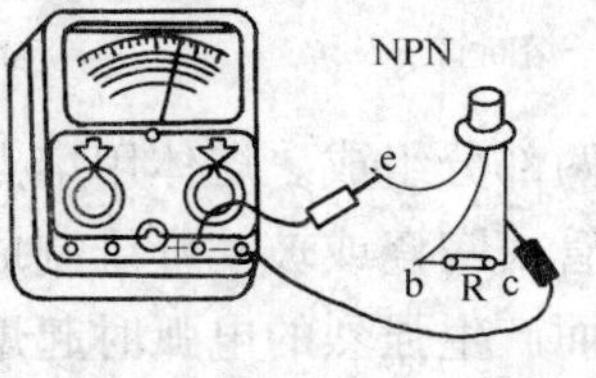	小功率三极管 b—c 间接电阻： R=100 kΩ	在基极—集电极间接接入电阻 R，或用手同时捏住基极和集电极（但这两极不能短接），万用表表针偏转角度越大，说明 β 越大 此法可判定集电极，当基极确定后，测得 β 大的那一脚为集电极
		小功率三极管 b—c 间接电阻： R=10 kΩ	

4）硅管与锗管的判别。一般 PNP 型大多数为锗管，NPN 型大多数为硅管，但并非绝对如此。由于硅管的 U_{BE} 约为 0.7 V 左右，锗管的 U_{BE} 约为 −0.3 V 左右。可用测 U_{BE} 值的方法来判别三极管的类型。

第二节　制冷电气控制

一、制冷电气基础

1. 保护类电器

(1) 熔断器。熔断器是一种短路保护电器，将它串联在用电设备与电源间的线路中，当线路中的电源或用电设备发生短路时，能自动切断线路，以保证用电安全。

常用的低压熔断器有无填料熔断器（封闭管式）和有填料熔断器（螺旋式和封闭管式）两种。有填料熔断器中常用的有 RL1 系列和 RT18 系列，其结构如图 1—36 所示。

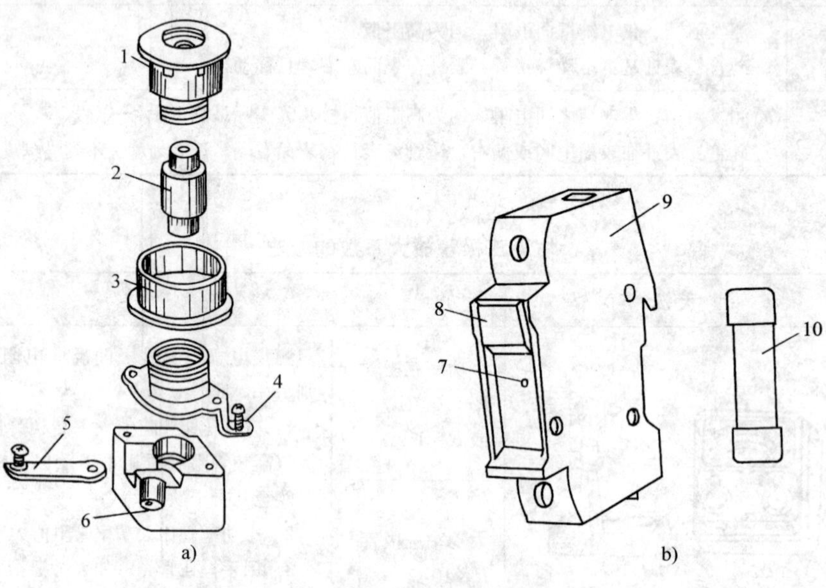

图 1—36　常用有填料熔断器的结构

a）RL1 系列　b）RT18 系列

1—瓷帽　2—熔断管　3—瓷套　4—上接线端　5—下接线端　6—底座　7—指示灯　8—可动熔座盖　9—熔座　10—熔断管

熔断器主要由熔体和安装熔体的熔管（或熔座）两部分组成。熔体用熔点较低的金属如铅、锡、锌、银、铜及其合金制成丝状和片状。熔管由陶瓷或玻璃纤维制成。熔座除了有合适的结构方便地插入熔体外，还具有当熔体熔断而产生强烈的电弧时起熄灭电弧的作用。

熔体与被保护电路相串联。在电路正常工作时，熔体允许通过一定大小的电流而不熔断。当电路发生短路时，熔体中流过很大的短路电流，其产生的热量达到熔体的熔点时，熔体便熔断而切断电路，实现了保护功能。电流越大，熔体熔断的时间越短。这一特性称为熔断器的安秒特性。

RL1 系列螺旋式熔断器的熔断管内熔丝的周围填满石英砂，作为熄灭电弧之用。熔断管上还有一小红点作为熔断指示，若熔丝已熔断，则小点会自动脱落，通过瓷帽上的玻璃小窗可以进行观察。熔断管中熔丝熔断后，只需更换新的熔断管，熔断器即可恢复作用。熔断器接线时，为了保证用电安全，应将电源线接到瓷底座上的下接线端，负载线接到连接金属螺纹壳的上接线端，这样，RL1 系列螺旋式熔断器在更换熔断管时，旋出瓷帽后螺纹壳上不会带电。

RL1 系列熔断器的分断能力大、体积小、安装面积小、更换熔体方便。在额定电压为 500 V、额定电流为 200 A 以下的照明或动力线路中，用其作为短路保护之用。

如图 1—37 所示为 RM10 系列无填料封闭管式熔断器。它由熔断管和夹座两部分组成，其中熔断管由钢纸管、黄铜套管、黄铜帽、熔体和插刀组成。熔体用冲有宽窄不均匀截面的锌片制成，当短路电流通过它时，其两个狭处首先熔断，形成很大间隙以熄灭电弧。额定电流为 15 A 和 60 A 的熔断器不用插刀。

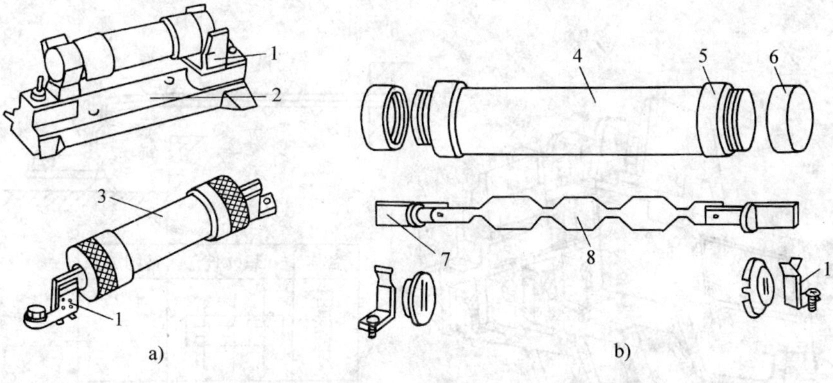

图 1—37　RM10 系列无填料封闭管式熔断器

a）外形　b）结构

1—夹座　2—底座　3—熔断管　4—钢纸管　5—黄铜套管　6—黄铜帽　7—插刀　8—熔体

RM10 系列熔断器常在额定电压交流 500 V 或直流 440 V 的各电压等级的电网或成套配电设备中用于进行短路保护或防止连续过载。

新型 NT 系列高分断能力熔断器主要用于低压配电系统的短路保护。RS4 系列快速熔断器主要用于在大功率整流电源装置、半导体整流元件中进行短路保护。

熔断器在使用中应选用恰当的规格，才能既保证电路正常工作又起到保护作用。要注意熔断器类型、额定电压、额定电流和熔体额定电流的选择。对于电炉、照明等电阻性负载，熔体的额定电流应等于或稍大于电路的工作电流；对于单台电动机，应考虑电动机的启动冲击电流的影响，熔体的额定电流应等于 1.5～2.5 倍的电动机额定电流；对于多台电动机，熔体的额定电流应等于 1.5～2.5 倍的最大单台电动机额定电流与其余电动机额定电流之和。

另外，在间冷式冰箱中常用一种温度熔丝，也称化霜过热保护熔断器。它卡装在蒸发器上，直接感受蒸发器的温度，当化霜温控器失灵（如触头粘连）不能断开化霜加热器，蒸发器继续被加热到 65～70℃时，化霜过热保护熔断器就会将熔丝熔断，强行切断电热器电路停止加热，防止蒸发器温升过高，使蒸发器管路超过允许的最大工作压力而爆裂，从而起到保护作用。熔丝熔断后，化霜定时器停止动作，这时需要更换新的保护熔断器。

(2) 热继电器。 热继电器是利用电流的热效应使触头动作的电器，它在控制电路中作为长期过载保护之用。热继电器的结构如图 1—38 所示，它主要由下列 5 个部分组成：

1）热驱动器件。这是热继电器的主要部分，由双金属片及绕在外面的电阻丝组成。

2）常闭触头。它由动触头和静触头组成。

3）传动机构。可将双金属片的动作传到动触头。

4）复位按钮。用来使动作后的动触头复位。

5）调整电流装置。调整过载保护电流的大小。

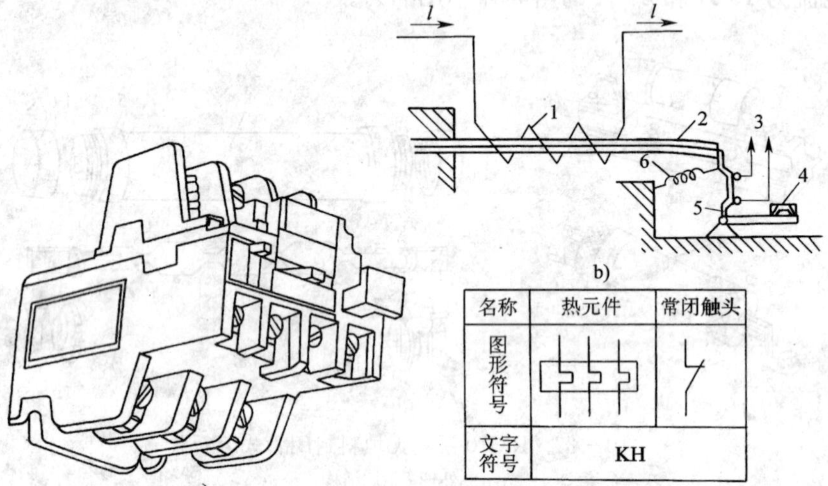

图 1—38 热继电器的结构

a）T 系列外形 b）工作原理图 c）符号

1—热元件 2—双金属片 3—常闭触头 4—复位按钮 5—扣板 6—弹簧

使用热继电器时，应将热驱动器件的电阻丝串联在主电路中，将常闭触头串联在具有接触器线圈的控制电路中。

当电动机过载时，主电路流过的电流超过了额定值，使双金属片过热。因为上面一片金属的热膨胀系数比下面一片金属大，双金属片向下弯曲，推动滑杆，使人字拨杆顶向动触头。当双金属片弯曲后的推力超过弹簧的拉力时，使动触头脱开静触头，从而切断了控制电路，迫使电动机断电停转，实现过载保护。电动机断开后，双金属片散热冷却，经过一段时间，在弹簧的拉力下动触头又恢复和静触头接触。只有在热继电器的常闭触头复位后，才能重新启动电动机。目前新系列产品均为手动复位。

热继电器的工作电流可以在一定范围内调整，称为整定。要根据电动机的额定电流来确定热继电器的型号及整定电流值。整定电流值应是被保护电动机的额定电流值的 1.05～1.1 倍，其大小可通过旋动整定电流旋钮来实现。由于热驱动件的热惯性，当流过热继电器的过载电流超过整定电流时，必须经过一定时间，热继电器才动作（这种特征正符合电动机过载保护的需要），因此热继电器不能做短路保护用。过载电流的大小和热继电器动作时间的关系见表 1—7。

表 1—7　　过载电流的大小和热继电器动作时间的关系

整定电流倍数	动作时间	备注
1.0	长期不动作	
1.2	＜20 min	热态开始
1.5	＜2 min	热态开始
6.0	＜5 s	冷态开始

注：热态是指热元件已被加热到稳定状态。

热继电器符号见图 1—38c，左面是它的热驱动器件符号，右面是它的常闭触头符号。因二者分别接在主电路和控制电路中，故分开画出。文字符号均为 KH。

热继电器有 JR16，T 等系列。热继电器的额定电压为交流 380 V，额定电流（指热元件）为 10，20，40，60，150 A 等，触头的额定电流为 5 A。

(3) 断路器。断路器又称自动空气开关，是一种既有手动开关作用，又能自动进行欠电压、失电压、过载和短路保护作用的电器。在正常情况下，也可用于不频繁地接触和断开电路及控制电动机。以下介绍应用广泛的塑料外壳式断路器的结构和工作原理。

断路器主要由 3 个基本部分组成：即触头和灭弧系统；各种脱扣器，包括过电流脱扣器、失电压（欠电压）脱扣器、热脱扣器和分励脱扣器；操作机构和自由脱扣机构。如图 1—39 所示为断路器的外形和符号。如图 1—40 所示为断路器的工作原理图。

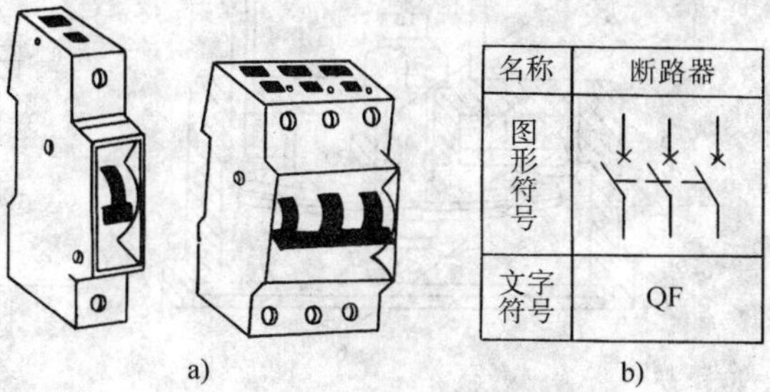

a)　　b)

图 1—39　断路器的外形和符号

在图 1—40 中，开关的主触头 1 是靠操作机构手动或电动合闸的，主触头闭合后，自由脱扣机构 2 将主触头锁在合闸位置上。过电流脱扣器（电磁脱扣器）7 的线圈和热脱扣器的热元件 6 与主电路串联，失压脱扣器 4 的线圈与主电路并联。当电路发生短路或严重过载时，过电流脱扣器的热元件产生的热量增加，加热双金属片，使之向上弯曲，推动自由脱扣机构动作。当电路失压时，失压脱扣器的衔铁释放，也使自由脱扣机构动作。自由脱扣机构动作时自动脱扣，使开关自动跳闸，主触头断开分断电路。分励脱扣器 3 则作为远距离控制分断电路之用。

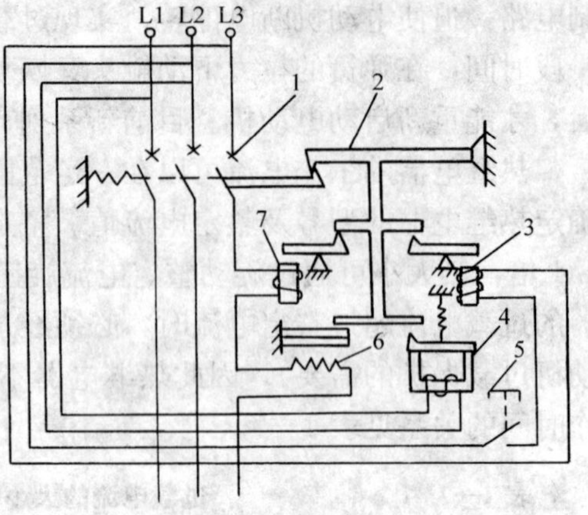

图 1—40　断路器的工作原理图

1—主触头　2—自由脱扣机构　3—分励脱扣器　4—失压脱扣器　5—按钮　6—热脱扣器的热元件　7—电磁脱扣器

近年来，国内已生产智能型万能断路器（如 DW45 系列，均为大电流系列），其结构紧凑、体积小、分断能力强，采用封闭的触头，不产生电弧（所谓零飞弧）。智能脱扣器具有自检、试验监控、数显及通信等功能。

断路器的选择要根据额定电压和额定电流、热脱扣器的整定电流和电磁脱扣器的瞬时脱扣整定电流进行考虑。

(4) 热保护器。热保护器常用于家用冰箱及空调器的压缩机电动机的过载过热保护。其作用是:当电压太高或太低时,通过电动机的电流会增大,如果电流超过了额定电流的范围,过电流保护器就能有效地切断电路,保护电动机不会因负载过大而烧毁。若制冷系统发生故障,电动机长时间运转,其温度就会升高,当温升超过允许范围时,过热保护器就会切断电源,使电动机不会被烧毁。电冰箱使用的保护器大多具有过电流保护和过热保护的双重功能。常用的热保护器有双金属碟形保护器和内埋式保护器。

1）碟形保护器。其结构如图 1—41 所示。

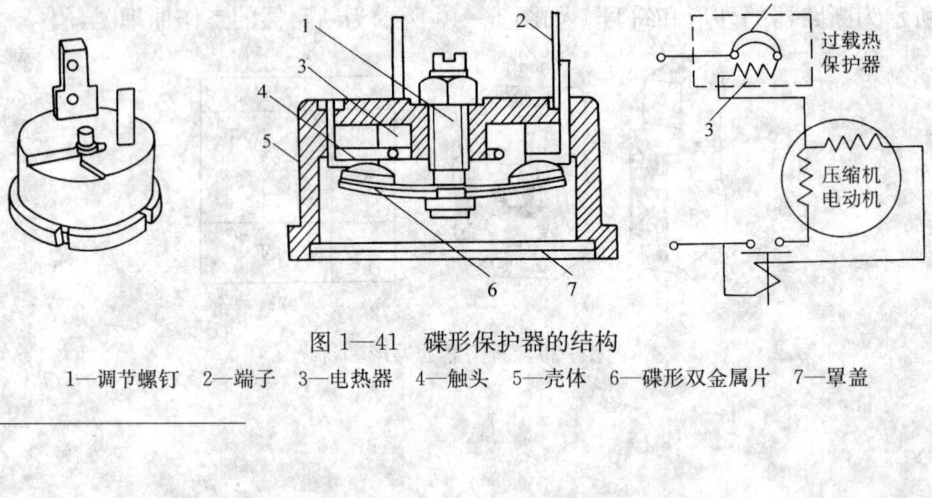

图 1—41　碟形保护器的结构

1—调节螺钉　2—端子　3—电热器　4—触头　5—壳体　6—碟形双金属片　7—罩盖

正常情况下，触头为常闭导通状态。当电流过大时，电阻丝发热，碟形双金属片受热向反方向拱起，使触头断开，切断电源；当电流正常，而机壳温升较高时，由于双金属片安装在紧贴机壳的侧壁上，感受壳温比较灵敏，双金属片也会因受热变形而拱起，触头断开，切断电源。因此，这种保护器具有过电流和过热两种保护作用。

2）内埋式保护器。其结构如图 1—42 所示。这种保护器置于压缩机机壳内，埋装在电动机的定子绕组中。当电动机电流过大或温升过高时，保护器内的双金属片就会变形拱起而断开电动机的电路。

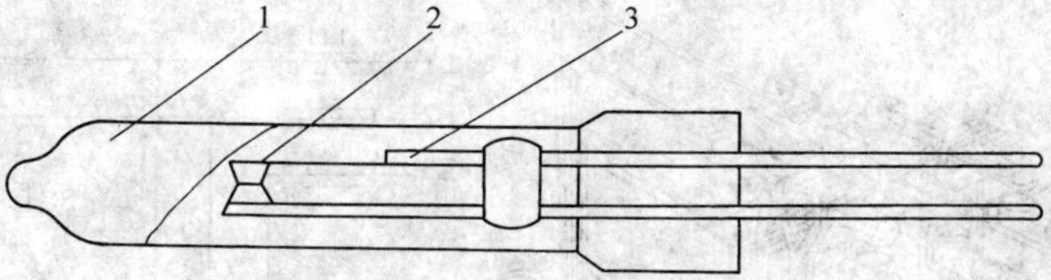

图 1—42　内埋式保护器的结构

1—绝缘套　2—触头　3—双金属片

内埋式保护器的特点是体积小，对电动机的过热保护作用好，密封的绝缘外套可防止润滑油和制冷剂的渗入。但其一旦发生故障，检修比较困难。

2. 接触器与继电器

（1）接触器。接触器是将电磁铁和刀开关的作用综合起来，作为接通或断开电路的装置。它便于集中控制和远距离操作，具有频繁地接通和切断大电流电路的能力，并有失压或欠压保护的功能，是制冷控制系统中最常用的电器之一。接触器依靠电磁力和弹簧反作用力的作用使触头自动闭合或断开。如图 1—43 所示为典型交流接触器的外形、结构示意图和符号。

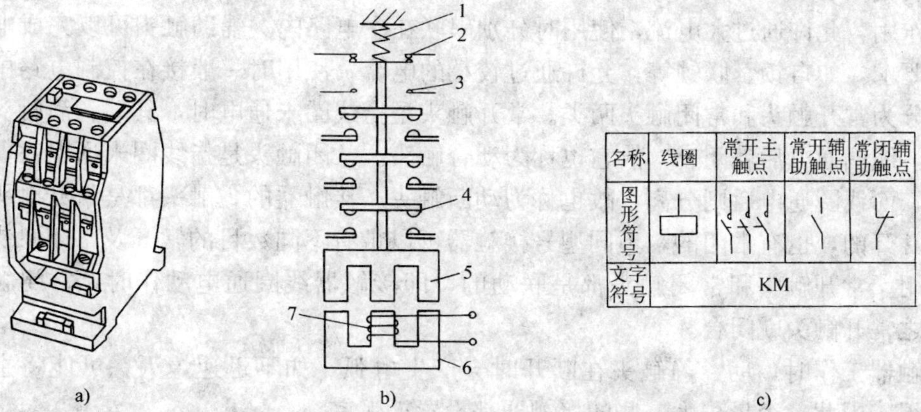

图 1—43　典型交流接触器的外形、结构示意图和符号

a）3TB，3TH 系列外形　b）结构示意图　c）符号

1—弹簧　2—常闭辅助触头　3—常开辅助触头　4—常开主触头　5—动铁心　6—静铁心　7—线圈

如图 1—44 所示为接触器的工作原理图。接触器的主要结构由电磁系统（铁心与线圈）和触头系统组成。线圈与静铁心（下铁心）固定不动，当线圈通电时，铁心线圈产生电磁吸力，将动铁心（上铁心）吸合，由于动触头和动铁心固定在同一根轴上，因此，使常开触头闭合，常闭触头断开，此时接触器处于工作状态。当线圈断电时，电磁吸力消失，动铁心与静铁心依靠弹簧的作用而分离，触头回复原位（即常开触头重新断开，常闭触头重新接通），这称为接触器的释放状态。

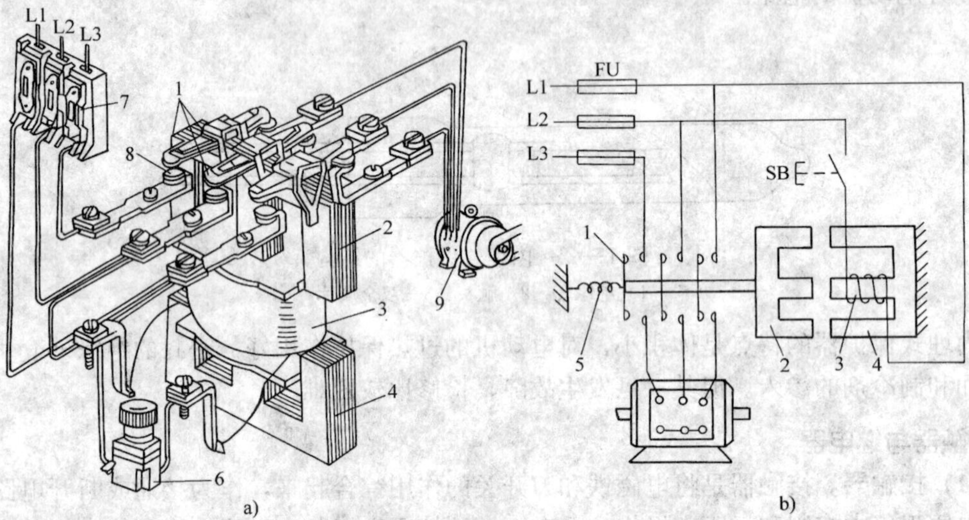

图 1—44　接触器的工作原理图

a）结构图　b）原理图

1—桥式动触头　2—动铁心　3—线圈　4—静铁心　5—复位弹簧　6—按钮　7—熔断器　8—静触头　9—电动机

控制电路通断的接触器触头包括 3 副主触头和 4 副辅助触头。主触头起接通和断开主电路的作用，允许通过大电流，使用时分别串联在主电路内。辅助触头可以完成电路的各种控制要求，如自锁、联锁等，允许通过较小的电流，使用时一般接在控制电路中。触头又可以分为常开触头和常闭触头两类。常开触头是指线圈未通电时，其动、静触头处于分离状态，线圈通电后就闭合，故它也称为动合触头。常闭触头是指线圈未通电时，触头是闭合的，而线圈通电后则分离，故也称为动断触头。接触器的主触头都是常开触头，辅助触头有常开的，也有常闭的，不同型号接触器可以带有不同数目的常开及常闭触头，视需要而选用。常开触头和常闭触头都是联动的，即接触器线圈通电动作时，常闭触头先断开，随之常开触头就闭合。

接触器工作时，动、静触头在断开时会产生电弧，如不迅速熄灭，可能将主触头烧蚀、熔焊，因此，容量稍大一些的接触器都设置灭弧室。

交流接触器的吸引线圈接通电源后，主要是靠线圈电感形成的交流电抗限制其电流。在接通电源的瞬间，动铁心和铁心未吸合时，磁路中有气隙存在，磁路的磁阻较大，因而磁通较小，电抗也较小，这时吸引线圈的电流很大。这时的电流称为接触器的启动电流，它可为线圈工作（即动铁心吸合后）电流的十余倍。为此，交流接触器不宜用于动作太频繁的场所。在使用时应注意，如静铁心和动铁心的接触面之间有异物存在，使它们不能良好闭合而形成气隙时，吸引线圈将有较大的电流通过，时间长了线圈发热，可能烧毁。

选择接触器时应根据控制线路的要求，正确地选用控制对象的电流类型、主触头的额定电压、主触头的额定电流、线圈额定电压、触头数量和是否具备插接组合功能等。在电动机需要正反转的场合，其主电路的交流接触器主触头的容量应比电动机的额定电流大 1 倍以上。

目前常用的交流接触器有 3TB，3TH 等系列，广泛用于控制中、小型电动机以及在配电板上使用。

（2）继电器。继电器是一种能把时间、速度、温度、压力、过电流和欠电压等信号转换成电信号的电器。它一般不直接控制主电路，而是通过其他电器线圈的小电流电路进行控制，因此触头的额定电流不大，一般为 5～10 A，不需要灭弧装置。由于继电器的电磁系统和触头的形状较小，所以它动作迅速，反应灵敏。

继电器的种类很多，各有不同的用途。中间继电器用于控制接触器或电磁阀；热继电器用于过载保护（在保护类电器中已讲到）；时间继电器用于按时间顺序动作的场合；温度和压力继电器用于根据温度与压力值控制电动机；过电流继电器用于过电流保护；欠电压继电器用于欠电压保护。

1）中间继电器。它是一种能把一个电信号同时传给几个控制元件或能把电信号比放大的电器。其工作原理与交流接触器相同。

中间继电器的用途是信号放大或实现多路控制。例如，某些温度继电器的触头允许通过的电流较小，不足以通断电磁阀或接触器的线圈电路时，可以让温度继电器先控制中间继电器（它的线圈通过的电流较小），再由中间继电器控制电磁阀或接触器等其他电器。这种电器放在中间环节中，所以被称为中间继电器。

常用的交流中间继电器为 JZ7 型，它适用于交流电压 500 V，电流 5 A 以下的控制电路中。它的工作原理和交流接触器相同，只是结构较为小巧，触头的数量较多。中间继电器的结构与电路符号如图 1—45 所示。

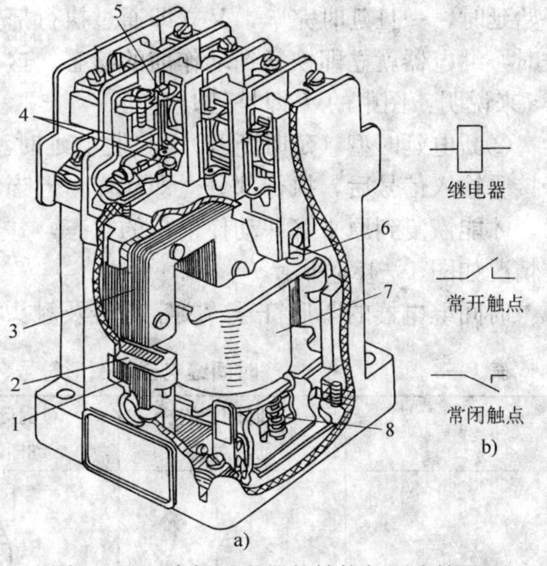

图 1—45　中间继电器的结构与电路符号

a）结构　b）符号

1—静铁心　2—短路环　3—动铁心

4—常开触头　5—常闭触头　6—复位弹簧

7—线圈（电压为 380 V，线径为 0.19 mm，匝数为 9 200 匝）

8—反作用弹簧

JZ7 型继电器触头共有 8 对，其中 JZ7—44 型为 4 对常开，4 对常闭；JZ7—62 型为 6 对常开，2 对常闭；JZ7—80 型的 8 对均为常开触头。线圈额定电压分别为交流 12，36，127，220，380 V 等。在电流小于 5 A 的电路中，继电器和接触器可以通用。

2）时间继电器。时间继电器是接受到输入信号后延长一段时间进行响应的电气设备。时间继电器种类繁多，大致有空气阻尼式、电磁式、电动式、晶体管式等。目前应用最广的是空气阻尼式和晶体管式两种。

时间继电器还可按延时方式来分类，其延时方式如图 1—46 所示。

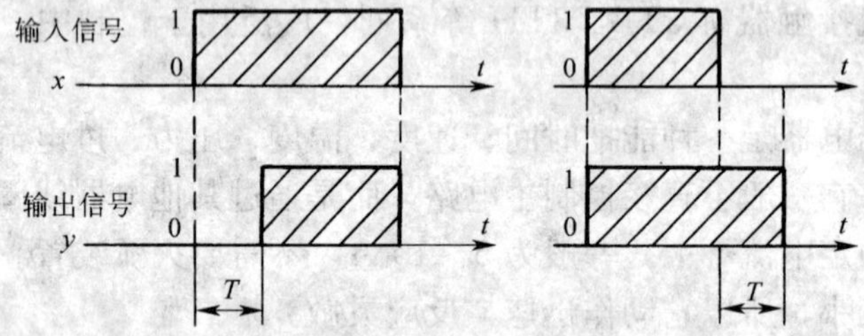

a)　　b)

图 1—46　时间继电器的延时方式

a）通电延时型　b）断电延时型

①通电延时型（延时闭合）。通电延时型时间继电器在其感测部分接受信号后，立即开始延时，一旦延时完毕，又立即通过执行部分输出信号以操纵控制回路。当输入信号消失时，继电器就立即恢复到动作前的状态。这种类型的时间继电器的动作情况可用图 1—48a 来说明，图中的 T 即是延时时间。

②断电延时型（延时断开）。与通电延时型相反，断电延时型时间继电器在其感测部分接受输入信号后，执行部分立即动作，但当输入信号消失后，继电器必须经过一定的延时，才能恢复到原来（即动作前）的状态，并且有信号输出。这种类型的时间继电器的动作情况如图 1—48b 所示。

时间继电器的图形符号、文字符号及触头类型见表 1—8。

表 1—8　时间继电器的图形符号、文字符号及触头类型

线圈	延时闭合的动合触头	延时闭合的动断触头	延时断开的动合触头	延时断开的动断触头
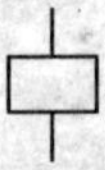 KT	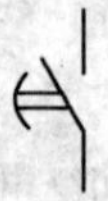 或 	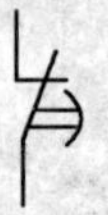 或 	 或 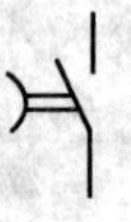	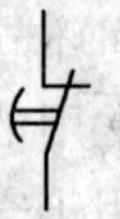 或 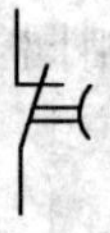

3. 温度控制器

为保持制冷对象（电冰箱、冷库）内储藏食物的鲜度，库温必须维持在一定的温度范围内。不同的食物冷藏保鲜所需的温度不同，夏季和冬季环境温度相差较大，箱内热负荷也不同，箱内温度应可根据需要进行调节。因此，需要设置温度控制装置——温度控制器。

温度控制的工作方式有两种。一是根据室内温度的变化控制制冷压缩机的运转时间，在允许的温度波动范围内，当室内达到设定的低温时，令压缩机停车，从而停止制冷；室内温度回升到设定的高温时，令压缩机重新启动，恢复制冷。二是根据室内温度的变化控制室内冷空气的流量，这种方式用于间冷式电冰箱。

温度控制器可分为压力式、机械式、双金属片和电子式等各种类型。其中压力式温度控制器较为多用，它有普通型与风门型等几种。

温度控制器又称温度继电器，是受温度控制的电开关，常用做温度保护或温度的双位控制。制冷空调中最常用的压力式温度控制器用感温包感温，将温度信号转变成压力信号与设定弹簧力相比较，在幅差范围内给出电气通断信号。温度控制器的结构、种类繁多，下面以 WT 型温度控制器予以介绍，其结构原理图如图 1—47 所示，压力式温度控制器主要由感温包 21、波纹管 20、主弹簧 6、幅差弹簧 2 及相应的调节机构、电触头、接头等组成。在感温包内充有液体 R12，R13，R22 或 R40 等工质，受到周围介质温度影响后，液体工质的饱和蒸气压力通过毛细管作用于波纹管 20，并对杠杆 16 产生顶力矩，当顶力矩与主弹簧 6 和幅差弹簧 2 的反力矩之间的作用失去平衡时，则通过拨臂 15、跳簧 14 改变电触头的位置，以控制电路的工作。

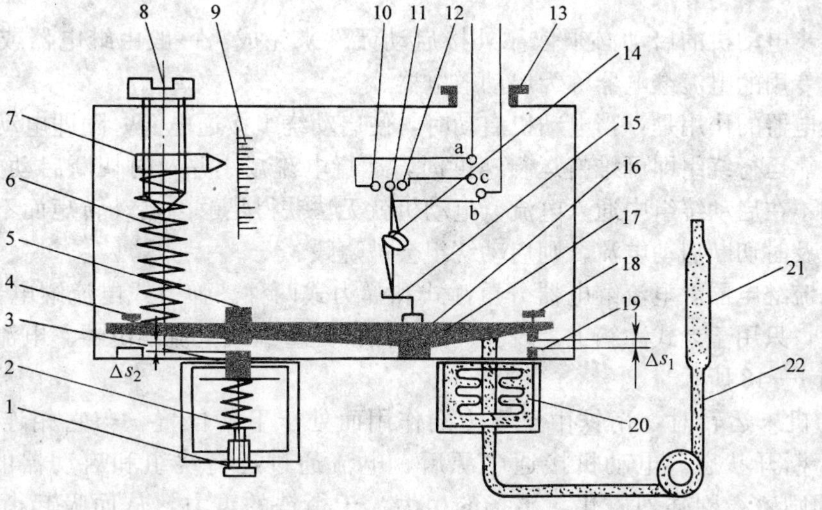

图 1—47　WT 型温度控制器的结构原理图

1—幅差旋钮　2—幅差弹簧　3—幅差弹簧座　4—限位螺钉　5，8—调节螺钉　6—主弹簧　7—调节螺母　9—主标尺　10，12—静触头　11—动触头　13—接线引出孔　14—跳簧　15—拨臂　16—杠杆　17—支点　18—止动螺钉　19—顶杆　20—波纹管　21—感温包　22—毛细管

WT 型温度控制器有两个静触头 10 和 12，一个动触头 11，分别与接线柱 a，b，c 连接，组成控制回路和一个指示灯回路。a 和 b 为控制回路接点，与制冷装置供液阀配合使用；b 和 c 为指示灯回路接点（未接）。如果把感温包置于制冷装置中，当温度在给定控制温度范围内时，触头 a 和 b 断开，控制电路不断，供液电磁阀关闭。此时，控制器的止动螺钉 18 及调节螺钉 5 的调节间隙 $\Delta s_1=0$，$\Delta s_2>0$。当所控制的制冷装置温度升高时，感温包 21 内温度上升，并通过毛细管 22、波纹管 20，经顶杆 19 推动杠杆 16，同时克服弹簧 6 的拉力，使杠杆逆时针方向转动，又迫使调节螺钉 5 与幅差弹簧座 3 接触。此时 $\Delta s_2=0$，$\Delta s_1>0$，动触头 11 与静触头 12 闭合。如果介质温度继续上升，则杠杆不但克服主弹簧 6 的拉力，而且要克服幅差弹簧 2 的弹力而继续转动。当温度升高到其控制温度上限时，杠杆通过拨臂 15、跳簧 14 使动触头 11 从静触头 12 跳至 10，回路触头 a 和 b 被接通，供液电磁阀开启。相反，制冷装置温度下降后，杠杆将做顺时针方向转动，至温度降到控制温度下限时，动触头 11 从静触头 10 跳回静触头 12，回路 a 和 b 再一次被切断，供液电磁阀关闭。

据上述分析可知，温度控制器主弹簧的拉力决定了温度控制器的断开值（由主标尺 9 指示），即控制了温度的最低值。当温度降至给定值下限时，主弹簧把杠杆拉在水平位置，控制触头 10 和 11 跳开，切断回路点 a 和 b。因此，若转动调节螺钉 8，改变主弹簧的拉力，就可以改变温度控制器的断开温度值。幅差弹力决定了温度控制器的闭合值，即控制温度的最高值。幅差弹簧的弹力越大，即温度控制器的值越高。通过幅差旋钮 1 调节幅差弹簧的预紧力，即可改变控制温度的幅差值（由幅差调节刻度盘指出）。

4. 启动器

单相异步电动机的启动必须依靠外接启动元件来完成，一般由继电器或电容器来承担。电冰箱专用的电流继电器称为启动继电器。

启动继电器的作用是：当电动机启动时，使启动绕组接通电源，随即电动机转子加速旋转。当只靠运行绕组即可维持运行速度时，运行电流减小并及时切断启动电路。所以，启动时，如不在启动绕组中通入电流，电动机就无法获得足够的启动转矩而不能旋转，运转后若不能及时切断启动电流，则启动绕组会被烧毁。

（1）电流继电器。电流继电器分重锤式和弹力式两种。弹力式电流继电器构造复杂，启动噪声大，只用于老式冰箱上。现在广泛采用的是重锤式电流继电器。电流继电器的工作原理如图 1—48 所示。

当电动机未运转时，衔铁由于重力的作用而处于下落位置，与它相连的动触头与静触头处于断开状态。电动机接通电源后，电流通过运行绕组和启动器的励磁线圈，使启动器的励磁线圈强烈磁化，磁场的引力大于衔铁的重力，从而吸起衔铁，使动触头与静触头闭合。将启动绕组的电路接通，电动机开始旋转，随着电动机转速的加快，当达到额定转速的 75%以上时，运行电流迅速减小，使励磁线圈的磁场引力小于衔铁的重力，衔铁因自重而迅速落下，使动、静触头脱开，启动绕组的电路被切断，电动机进入正常工作状态。

重锤式电流继电器的优点是体积较小、可靠性强。但当电压波动较大时，容易因触头接触不良或粘连而使电动机产生故障或损坏。

(2) PTC 启动器。PTC 启动器又称半导体启动器，是一种具有正温度系数的热敏电阻器件。它采用了一种在陶瓷原料中掺入微量稀土元素烧结后制成的半导体晶体结构。因为它具有随温度的升高而电阻值增大的特点，所以这种启动继电器有着无触头开关的作用。PTC 启动器的原理如图 1—49 所示，PTC 元件与启动绕组串联，电动机开始启动时，PTC 元件的温度较低，电阻值也较小，可近似地认为是通路。因为电动机启动时电流很大，是正常运转电流的 5～7 倍，PTC 元件在大电流的作用下温度升高，至临界温度（约 100℃）以后，元件的电阻值增大至数万欧，使电流难以通过，可近似地认为断路。这样，与之串联的启动绕组也相当于断路，而运行绕组继续使电动机正常运行。

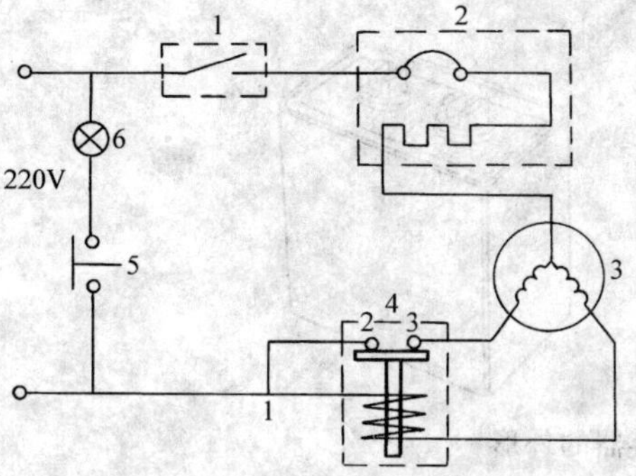

图 1—48　电流继电器的工作原理

1—温控器　2—热保护器　3—压缩机

4—重锤式启动器　5—门开关　6—门灯

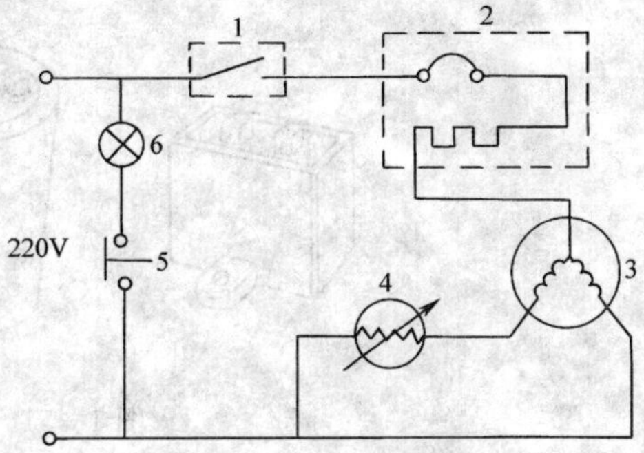

图 1—49　PTC 启动器的原理

1—温控器　2—热保护器　3—压缩机

4—PTC 启动器　5—门开关　6—门灯

PTC 启动器的优点是没有触头、可靠性好、无噪声、成本低、寿命长，对电压波动的适应性强。但由于 PTC 元件的热惯性，必须等待其温度降至临界温度以下时才能重新启动。

(3) 电容器。电容器可用于单相压缩机电动机和风扇电动机的启动与运行。在电容启动式和电容运转式中都采用电容器作为启动元件，如图 1—50 所示为电容启动器运行电路图。

可以采用的电容器有：金属膜电容器和低电解电容器。但是除了个别型号以外，电冰箱和空调器主要用金属膜电容器。典型启动电容器的外形如图 1—51 所示。

维修时应先让电容器放电，否则手碰到电容器时可能会受电击，用万用表检查也会使电表损坏。

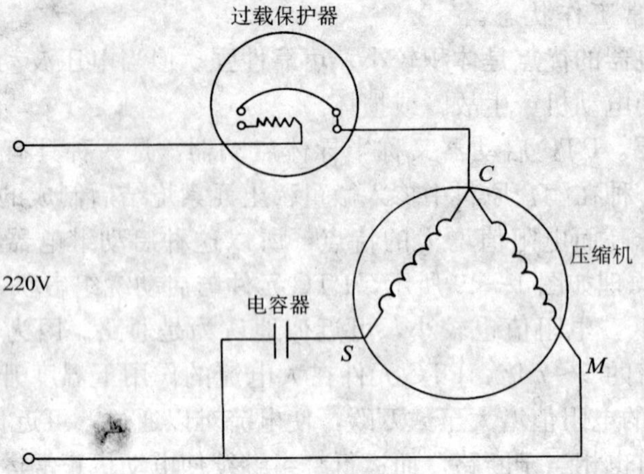

图 1—50　电容启动器运行电路图

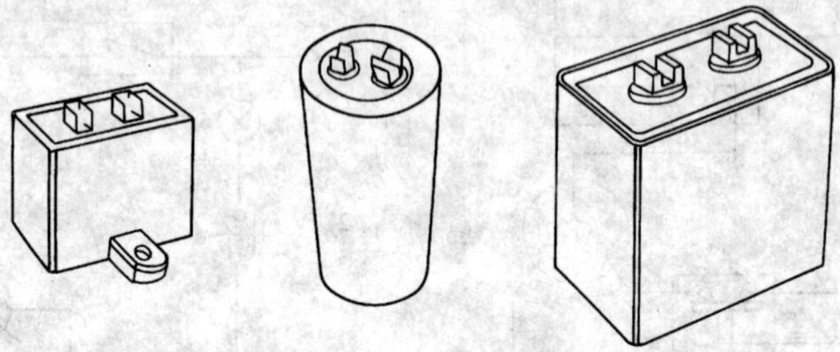

图 1—51　启动电容器的外形

5. 压力控制器

在制冷系统中，压力控制器常用做压缩机的高低压保护，即排气压力过高或吸气压力过低时，压力继电器会自动切断电路，保护压缩机的运行安全。另外，在小型制冷设备中，也直接利用压力继电器来控制压缩机的开停，实现温度控制。国内外普遍采用高低压组合控制器来控制高压和低压，也有分别用单体的压力控制器来分别控制高压和低压。

压力继电器的形式很多，结构也略有区别，但工作原理基本相同。常用的 KD 型压力继电器是以波纹管气箱为动力室，接受压力信号后使气箱产生移位，从而推动触头的通与断。

高、低压气箱用接管与压缩机的吸、排气腔连接，气箱接受压力信号后产生移位，通过顶杆直接与弹簧的弹力联合作用，使传动杆直接推动微动开关，省去了杠杆机构。高、低压部分用两只微动开关分别控制电路，因而结构紧凑，调节方便。

KD 型高低压控制器的结构如图 1—52 所示，其接线图如图 1—53 所示。这种压力控制器的动作原理是：低压气体作用于低压波纹管 10，当低压压力值高于给定值上限时，通过传动心棒 9、传动杆 4，克服压力调节弹簧 3 的压力，按下低压微动开关 1 的按钮，此时电路接通，压缩机正常运行。低压低于给定值时，如果继续下降，低压调节弹簧 3 的弹力克服来自波纹管的压力，把传动杆抬起，使微动开关断路，电路断开，压缩机停车。

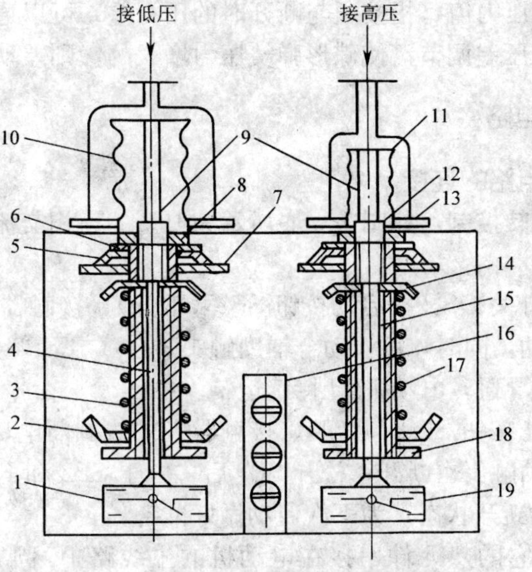

图 1—52　KD 型高低压控制器的结构

1—低压微动开关　2—压力调节盘　3—压力调节弹簧　4—传动杆　5—碟形弹簧　6—调整垫圈　7—压差调节盘　8—压盖调节座　9—传动心棒　10—低压波纹管　11—高压波纹管　12—传动螺钉　13—垫圈　14—弹簧座　15—高压传动杆　16—接线架　17—高压调节弹簧　18—支架　19—高压微动开关

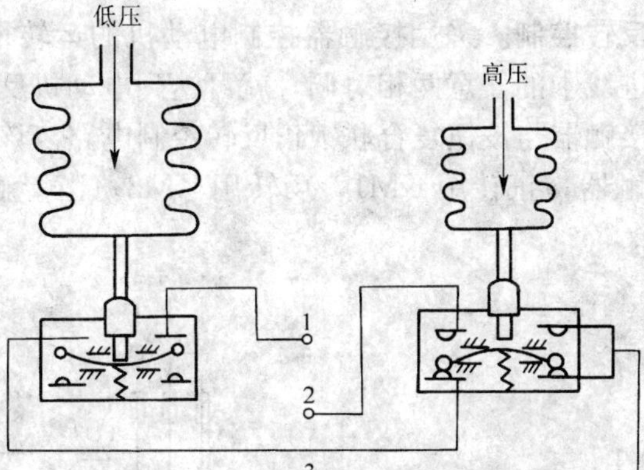

图 1—53　KD 型高低压控制器的接线图

1—接接触器线圈　2—接事故报警灯（铃）　3—接电源进线

高压气体作用于高压波纹管 11，当高压压力低于高压给定值时，高压调节弹簧 17 克服来自波纹管 11 的压力，将传动螺钉 12、高压微动开关 19 的按钮抬起，电路接通，压缩机正常运转；当高压值超过高压给定值上限时，高压波纹管压力克服弹簧力把传动螺钉 12 压下，按下高压微动开关 19 的按钮，电路断开，压缩机停车。

高压及低压的断开压力值可通过高压或低压的调节盘进行调节，凡是加大调节弹簧压力的，则断开压力值就相应增大；反之，则减小。

高压或低压的差动压力值（指接通与断开时的压力差）可以通过高压或低压压差调节盘进行调节，凡是转动压差调节盘使碟形弹簧压力增大的，则差动值就相应增大。

二、常用电动机控制电路

1. 三相直接启动控制电路的连接

（1）三相电动机正转控制。如图 1—54 所示为典型的三相交流电动机的控制线路，其工作原理如下：

1）启动。先合上开关 QS，按启动按钮 SB2（常开），接触器 KM 线圈通电，其主触头闭合，电动机 M 启动，同时，KM 动合辅助触头闭合（与 SB2 并联的常开触头）；松开 SB2 后，控制电路继续导通，电动机 M 持续运转。

2）停止。按下停止按钮 SB1（常闭），接触器 KM 线圈断电，KM 主触头断开，电动机 M 停转，同时，辅助触头也断开；松开 SB1 后，由于 SB2 和 KM 辅助触头处于断开状态，控制线路仍然处于断开状态，为下次启动做好准备。

KH 为热继电器，它的热元件串接在电动机的主线路中，常闭触头串接在控制电路中。如果电动机由于某种原因过载或其负载电流超过额定值，经过一定时间后，串接在主电路中的热继电器的双金属片就会受热弯曲，使串接在控制回路中的常闭触头断开，切断控制线路电源，接触器 KM 的线圈断电，主触头断开，电动机 M 由于失电而停转，达到了过载保护控制的目的。

（2）三相电动机正反转控制。采用接触器控制电动机的运转很容易实现正反转控制。只要将电动机三相电源进线中的任意两相对调，就可达到电动机反转的目的。

如图 1—55 所示为接触器与按钮复合联锁正反转控制电路。该电路安全可靠，操作方便。电路中采用两个接触器，正转用 KM1，反转用 KM2。当接触器 KM1 的主触头接通

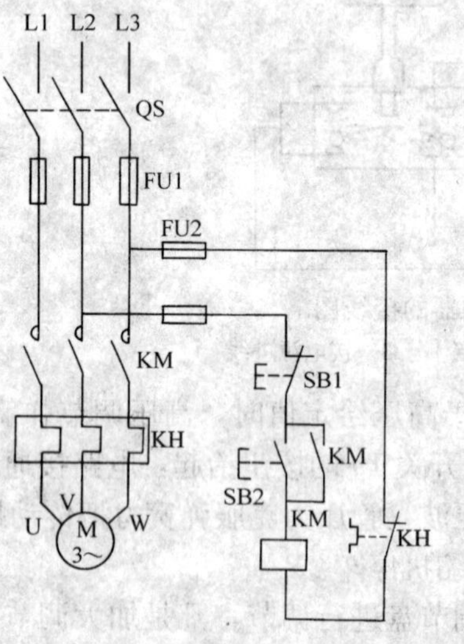

图 1—54　典型的三相交流电动机的控制线路

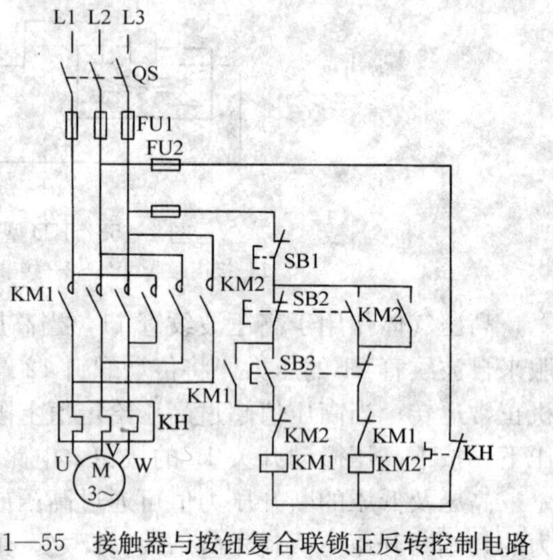

图 1—55　接触器与按钮复合联锁正反转控制电路

时，三相电源相序按 L1—L2—L3 接入电动机，电动机正转；KM2 接通时，相序按 L3—L2—L1 接入电动机，电动机反转。

控制中要求 KM1 和 KM2 不能同时接通，否则主触头同时闭合会形成 L1 和 L3 两相之间短路。为此在 KM1 和 KM2 线圈支路中相互串联了对方的一副常闭辅助触头，以保证接触器 KM1 和 KM2 不会同时通电。KM1 和 KM2 两对辅助触头在线路中所起的作用称为联锁或互锁，触头称为联锁触头。SB1 为常闭按钮，SB2 和 SB3 为组合按钮。合上开关 QS，接通电源，其工作原理如下：

1）正转控制过程。按 SB3→常闭触头断开，继续按下，常开触头闭合→KM1 线圈通电→KM1 自锁触头闭合、主触头闭合，电动机 M 正转启动；KM1 联锁触头断开，KM2 线圈开路，不能得电动作。

2）反转控制过程。按 SB2→常闭触头断开→KM1 线圈断电，KM1 自锁触头复位断开，KM1 联锁触头复位闭合，主触头断开，电动机 M 断电停止→继续按下 SB2，常开触头闭合→KM2 线圈通电→KM2 自锁触头闭合、主触头闭合，电动机 M 反转启动；KM2 联锁触头断开，KM1 线圈开路，不能得电动作。

在任何时候，按下 SB1，则 KM1 或 KM2 线圈断电，控制电路进入等待状态。当同时按下 SB1 和 SB2 时，组合按钮互相联锁，KM1 和 KM2 线圈都不能带电，电动机不动作。热继电器 KH 在电路中起电动机过载保护的作用。

2. 单相电动机启动控制线路

分相式单相电动机在运转中主要有两种运转方式：

第一种方式，电动机的启动绕组在完成启动任务后，继续和电容器参与电动机的运转。按如此方式运转的电动机称为电容运转电动机。这种电动机接上电源就可以运转，不需额外的外部启动控制电路。

第二种方式，电动机的启动绕组完成启动任务后，需要退出电路系统。家用冰箱、空调器的压缩机主要属于这一类型，需要启动控制电路来控制启动绕组是否运转。在实际工作中能确定启动绕组工作与否的控制器件通常称为启动继电器。单相电动机启动控制和过载保护电器线路原理图如图 1—56 所示。

（1）电流式启动继电器。图 1—56a 和 c 所示是电流式启动继电器的工作原理图。启动继电器的工作线圈串联在运转绕组回路中，当电动机接入电源后，其工作绕组通过较大的电流，在启动继电器工作线圈中感应出较大的磁场，吸引衔铁，使继电器上的一对常开触头闭合，将启动绕组接入电路，电动机开始转动。随着转速的逐渐增加，工作绕组内的电流开始减小，启动继电器工作线圈内的感应磁场也随之减小，衔铁复位，常开触头断开，启动绕组成开路状态，退出工作，电动机进入正常运转状态。图 1—56a 为电容分相，图 1—56c 为电阻分相，启动绕组的电阻要比工作绕组大。

（2）电压式启动继电器。图 1—56b 所示为电压式启动继电器的工作原理图。启动继电器的工作绕组并联在运行回路上，它所控制的接点为常闭触头。当电动机接入电源后，

A，B 两点之间的电压比较低，这时启动继电器线圈的磁场强度较小，不能吸引衔铁动作，启动电容器和运转电容器并联在一起，参与电动机的启动。随着电动机转速的增大，启动绕组两端的电压逐渐升高，迫使 A，B 两端的电压开始升高，控制继电器工作线圈内磁场强度增大，吸引衔铁，使常闭触头断开，启动电容器就从回路中自行解离，电动机进入正常运转状态。

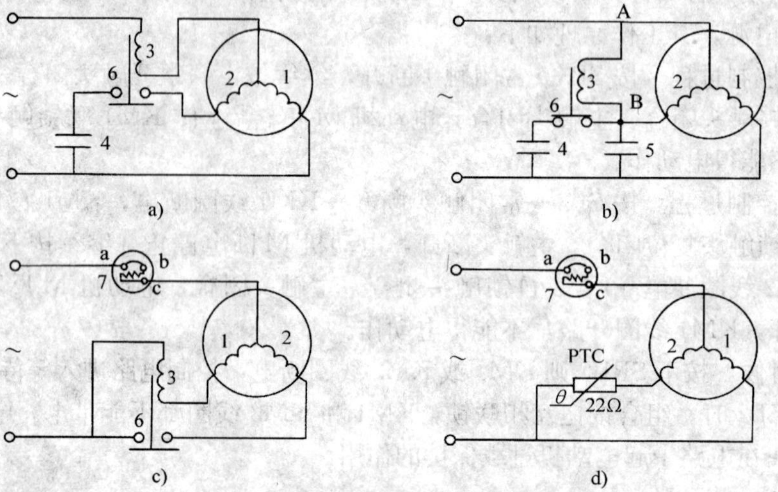

图 1—56　单相电动机启动控制和过载保护电器线路原理图

a）电流式启动继电器　b）电压式启动继电器　c）过载保护　d）PTC 启动继电器

1—工作绕组　2—启动绕组　3—启动继电器工作线圈　4—启动电容　5—运转电容

6—启动控制器的常开（常闭）接点　7—过载保护器

（3）PTC 启动继电器。PTC 启动继电器是利用 PTC（正温度系数热敏电阻）元件随着电阻温度的升高，其自身阻值变大的特点，来控制电动机的启动的，其控制电路如图 1—56d 所示。在接通电源后，开始时，PTC 的温度较低，电阻较小，启动绕组和运转绕组同时通电，电动机开始运转。由于 PTC 内通过启动绕组电流，温度开始升高，电阻值急剧上升，电流大幅度下降，最后达到稳定状态，此时所通过的电流很小，启动绕组近似断路，电压几乎全部加在 PTC 电阻上，维持其高阻值状态。

（4）过载保护。考虑到压缩机的电动机可能出现超负荷运转，或电动机不能正常运转而导致电流过大等不安全因素，可在线路上设置过载保护器，以避免发生意外情况。

过载保护器是根据“电热—热变形”原理进行设计的，在线路上和运转绕组串联在一起，一旦电流超过正常值，电热丝就会散发出比通常更高的热量，使双金属变形，常闭触头断开，切断电动机电流，保护电动机。如图 1—56c 和 d 所示。

3. 三相异步电动机控制电路

(1) 三相异步电动机点动控制电路。如图 1—57 所示，点动控制是最基本的控制环节之一。在图 1—57 中有两个部分，一个是三相电源经开关 Q、熔断器 FU 和接触器 KM 的 3 对主触头到电动机 M 的工作电路，也称主电路或主回路；主电路的特点是工作电流大，一般画在电路图左边。另一个是按钮 SB1 与接触器线圈 KM 组成的电路，它是控制主电路的通或断的，称为控制电路或控制回路；控制电路的电流较小，一般画在电路图右边。

在电气线路中，同一接触器是用同一字母表示的（如图中的 KM），应注意，虽然接触器的线圈与触头不画在一起，其实这两部分是表示接触器的整体，只要该线圈一通电，它的触头就动作（闭合或断开）。

从控制电路可见，当按钮 SB1 接通时，线圈 KM 通电，接触器 KM 动作，三对主触头闭合，电动机 M 就转动；当按钮 SB1 断开时，线圈 KM 断电，使主触头断开，电动机 M 就断电停转。所以把该控制电路称为点动控制电路。

(2) 三相异步电动机有自锁的控制电路。如图 1—58 所示，它和点动控制电路相比，在启动按钮 SB1 的两端并联了接触器 KM 的常开辅助触头，按下 SB1 后，接触器 KM 的线圈通电，KM 的主、辅触头都闭合，电动机转动；松开 SB1 时，KM 的线圈并不断电，而是通过 KM 的辅助触头通电。这个常开辅助触头对接触器 KM 来说具有自锁作用，又称为自锁触头。为了便于停车，线路装有停止按钮 SB2，按下 SB2，KM 的线圈失电，它的主触头断开，电动机即停车。而当松开 SB2 时，因 SB2 是个常闭按钮，它重新闭合，但这时因为 SB1 和 KM 的常开辅助触头断开着，KM 的线圈不能再通电了。可见自锁环节的作用有两个：一是当按下启动按钮，发出启动指令后，电动机即启动，松开 SB1 也不会使电动机停车；二是起到失压保护作用，即当电源断电后又恢复供电时，电动机停转后不能自动启动，而必须重新按一下启动按钮才能重新启动。

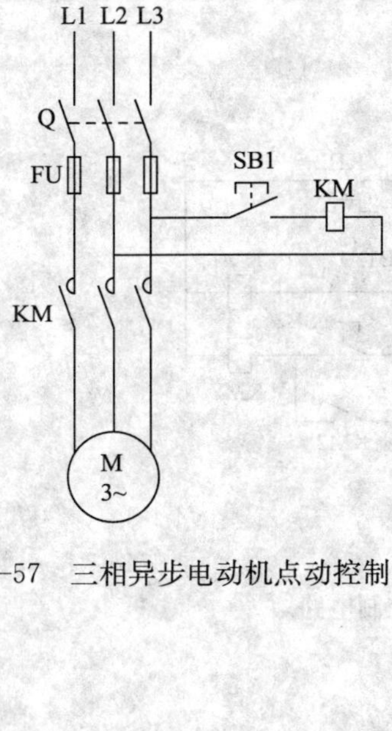

图 1—57　三相异步电动机点动控制电路

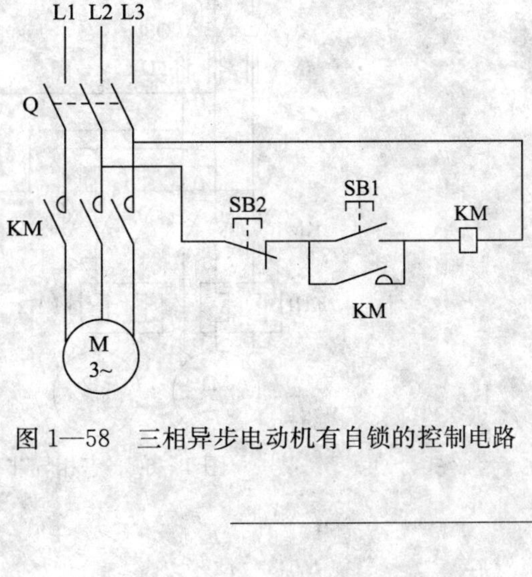

图 1—58　三相异步电动机有自锁的控制电路

（3）三相异步电动机两地点控制电路。在冷库制冷系统中，有时需要在水泵房和机房控制室两地都能控制冷却水泵的开和停。为此，要在两个地方都装有开停按钮，两组按钮的接线原则是：启动按钮并联，停车按钮串联，构成如图 1—59 所示的三相异步电动机两地点控制电路。

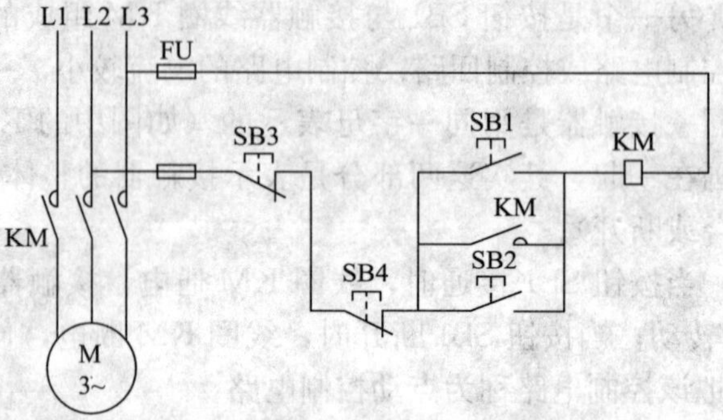

图 1—59　三相异步电动机两地点控制电路

（4）三相异步电动机顺序控制线路。实际工作中，一台电动机先启动，另一台电动机延时一段时间后启动，有时经常要求几台电动机配合工作，才能满足设备运行的要求。例如，在大型制冷装置中常常需要先启动水泵电动机，然后才能启动压缩机电动机，按一定顺序来完成设备的运转。这些要求反映了几台电动机或几个动作之间的顺序关系。按照上述要求实现的控制，称为顺序控制。

如图 1—60 所示为三相异步电动机顺序控制电路，此电路能使 M1 先启动后，M2 才能启动，并具有过载保护和短路保护作用。为了确保 M1 不启动则 M2 无法启动的要求，图中把接触器 KM1 的常开辅助触头串在接触器 KM2 线圈的支路里。KM1 常开辅助触头的闭合不仅起到对 KM1 的自锁作用，而且为 KM2 线圈的通电准备好通路。

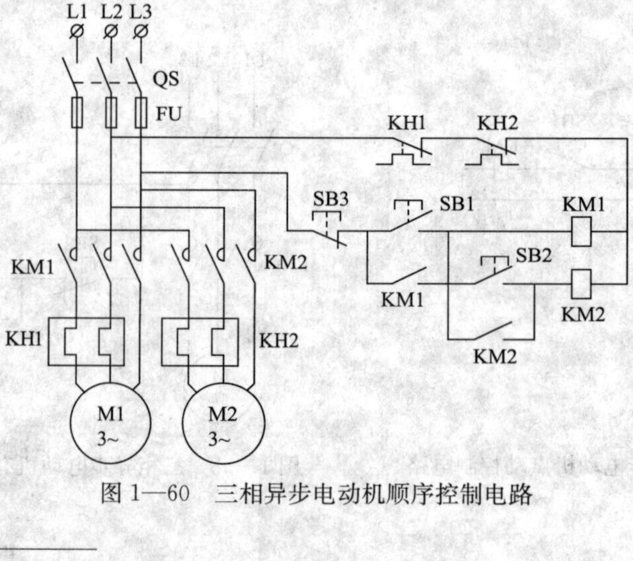

图 1—60　三相异步电动机顺序控制电路

控制线路的工作原理如下：

合上 QS 后，按下启动按钮 SB1，接触器 KM1 线圈通电，主触头 KM1 闭合，电动机 M1 启动运转；与此同时，常开辅助触头 KM1 闭合形成自锁。然后按下启动按钮 SB2，接触器 KM2 线圈通电，主触头 KM2 闭合，电动机 M2 启动运转；同时，常开辅助触头 KM2 闭合自锁。

停机时，只需按动停止按钮 SB3，两台电动机会同时停止。

如果事先不按下 SB1，KM1 线圈不通电，常开辅助触头 KM1 不闭合，这时即使按下 SB2，线圈 KM2 也不会通电，所以电动机 M2 既不能先于 M1 启动，也不能单独停止。图中的两个热继电器常闭触头 KH1 和 KH2 都串接在两个并联控制电路的公共电路中，两台电动机之中只要有一台发生过载现象，均可使两台电动机断电，得到过载保护。

(5) 三相异步电动机按时间原则控制的电路。如图 1—61 所示为按时间原则控制的电路原理图，其控制线路的功能为：一台电动机先启动，另一台电动机延时一段时间后再启动，并保持同时运转。

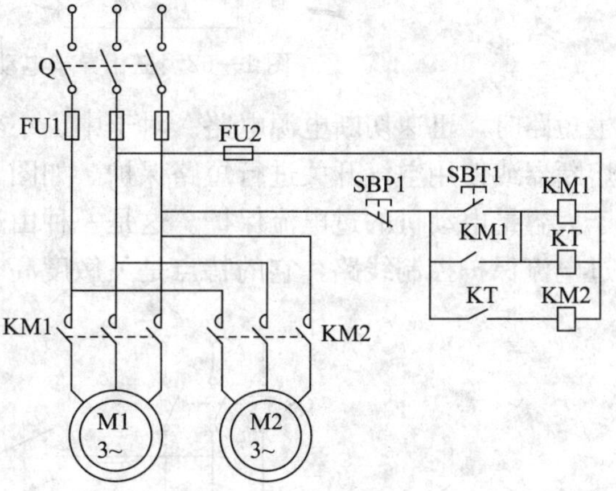

图 1—61　按时间原则控制的电路原理图

该线路的工作原理与上述按先后顺序启动的控制电路基本相同，只是用时间继电器延时闭合的常开触头 KT 代替了第 2 台电动机的启动按钮。合上电源开关 Q，然后按下启动按钮 SB2。此时时间继电器得电，接触器 KM1 同时得电吸合并自锁，电动机 M1 先转。时间继电器 KT 延长一定时间后，延时闭合的常开触头 KT 闭合，接触器 KM2 得电吸合，其主触头闭合，电动机 M2 开始运转，电动机 M1 和 M2 保持同时运转。

(6) 三相异步电动机失压保护电路。三相异步电动机失压保护电路的功能是在三相电源断相时自动切断电源，实现断相保护。其原理图如图 1—62 所示，在有自锁的控制电路中增加了一个利用零序电压对电动机进行断相保护的电路。

合上电源开关 Q，按下启动按钮 SBT，接触器 KM 得电吸合并自锁，主触头闭合，电动机即正常运转。遇断相时，电动机内三相绕组电压不平衡，于是绕组星点对零线产生一定的零序电压，驱使继电器 KA 动作，与 KM 串联的继电器 KA 的常闭触头断开，从而切断了接触器 KM 的控制回路，使接触器 KM 失电释放，电动机立刻停止转动。

注意：为了提高线路的灵敏度，具体使用时，不同电动机应选配不同电压的继电器。

(7) 三相异步电动机短路保护电路。三相异步电动机短路保护电路的功能是在电路发

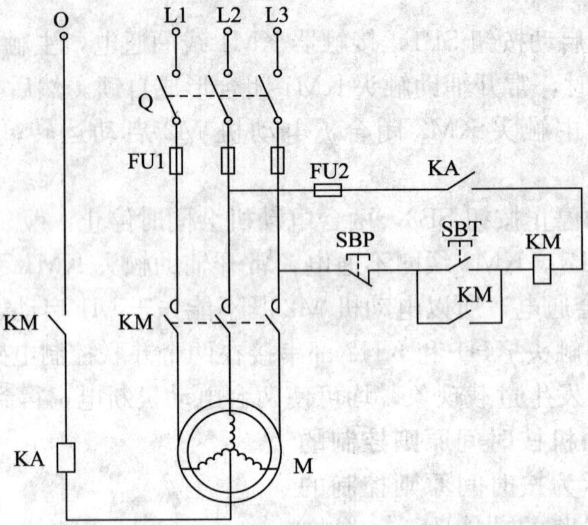

图 1—62　三相异步电动机失压保护电路的原理图

生短路时，迅速切断电源电路。对于中、小容量电动机，通常可以采用在电源电路中串联熔断器或使用空气开关进行短路保护。如图 1—63 所示为短路保护电路的原理图，主要用于大容量电动机的过电流保护。这是一种由过电流继电器和电流互感器配合组成的电动机过电流保护控制线路，它的特点是灵敏度高、可靠性强、电路切断速度快。

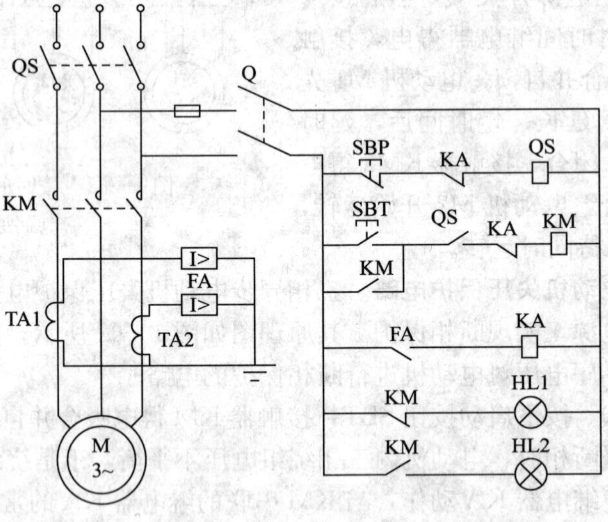

图 1—63　短路保护电路的原理图

三相异步电动机短路保护电路的工作原理是：合上空气开关 QS 及开关 Q，空气开关 QS 线圈得电，QS 常开触头吸合，这时按下启动按钮 SBT，接触器 KM 得电吸合，接通主电路，使电动机 M 运转。

当电动机电流增大到某一数值时（约 10 倍的动作电流），过电流继电器 FA 迅速动作，其常开触头 FA 闭合，中间继电器 KA 得电吸合，中间继电器常闭触头断开，同时切断空气开关 QS 和接触器 KM 的控制回路，从而使电动机 M 即刻停止。

（8）三相异步电动机过载保护电路。如图 1—64 所示，其功能是当电动机超载时，在一定的时间内及时切断主电源电路，实现过载保护。图 1—64 中采用热继电器进行过载保护，热继电器 KH 的发热元件串接在主电路上，紧贴热元件处装有双金属片，当电动机过载，双金属片受热弯曲到一定程度时便将脱扣器打开，从而使热继电器常闭触头 KH 断开，于是接触器 KM 失电释放，电动机立即停止运转，达到过载保护的目的。

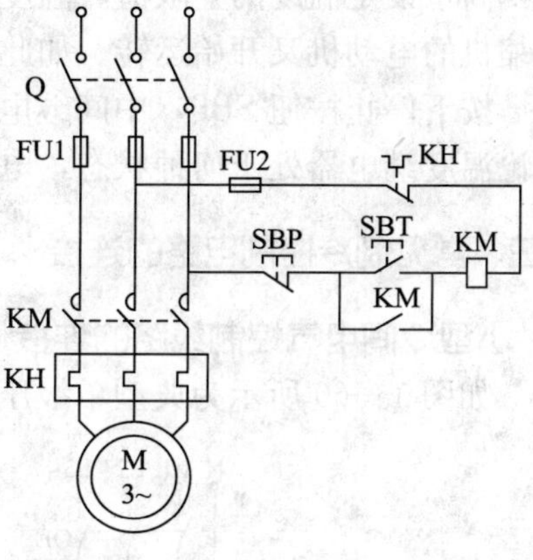

图 1—64　三相异步电动机过载保护电路

（9）三相异步电动机温度控制电路。温度控制电路可将冷库温度控制在设定的温度范围内，其原理图如图 1—65 所示，控制电路主要分为两个部分，一部分是一个有自锁的控制电路，另一部分是一个温度控制电路。合上电源开关 Q，由于温度控制回路中串联了一个中间继电器 KA 的常开触头，在启动按钮 SBT 按下之前，无论温度继电器处于何种状态，制冷压缩机电动机 M 都不会启动。

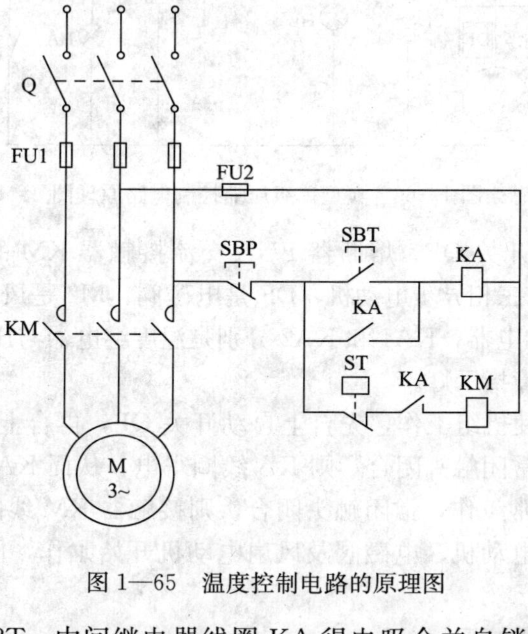

图 1—65　温度控制电路的原理图

当按下启动按钮 SBT，中间继电器线圈 KA 得电吸合并自锁，同时 KA 常开触头闭合。若此时冷库温度高于设定温度的上限值，温度继电器 ST 的常闭触头是闭合的，接触器 KM 得电吸合，主回路常开触头（主触头）闭合，电动机运转，开始制冷。经一段时间后，冷库温度降低到设定温度的下限值时，温度继电器 ST 的常闭触头断开，接触器 KM 失电释放，其常开主触头断开，电动机 M 停止运转。再经过一段时间后，当冷库温度上升到高于设定温度的上限值，温度继电器的常闭触头又闭合，接触器 KM 再次得电，制冷压缩机的电动机又开始运转。如此周而复始，即可将冷库温度控制在一定的范围内。

按下停止按钮 SBP，中间继电器 KA 释放，串联在温度控制回路中 KA 的触头断开，无论温度继电器处于何种状态，电动机 M 都将停止运转。

三、常见制冷控制电路的连接

1. 小型冷间电气控制线路的连接

如图 1—66 所示为典型单级压缩控制电路原理图。

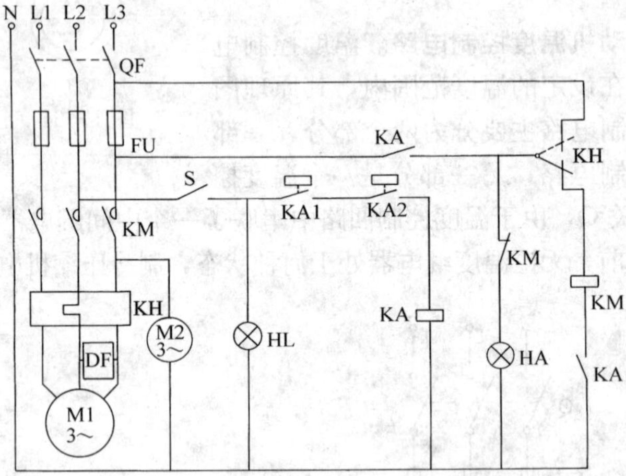

图 1—66　典型单级压缩控制电路原理图

主电路有空气自动开关 QF、熔断器 FU、交流接触器 KM 的主触头以及热继电器 KH。压缩电动机 M1 是三相异步电动机，DF 是电磁阀，M2 是风扇电动机。控制回路中 S 是开关，KA 是中间继电器，KA1 和 KA2 分别是温度继电器与压力继电器。HL 与 HA 分别是电源指示灯与故障指示灯。

当电源正常时，若使机组工作，先合上自动开关 QF，再合上控制开关 S，则 HL 灯亮，若 KA1 与 KA2 的常闭触头闭合，则 KA 线圈得电，从而 KA 的两个常开触头闭合。此时若热继电器 KH 正常工作，常闭触头闭合，则接触器 KM 线圈得电，从而 KM 的常开主触头闭合，压缩机电动机、电磁阀及风扇电动机开始工作，同时 KM 的常闭触头跳开，HA 灯不会亮。

（1）正常停机的两种情况

1）冷间温度到达设定下限值时，KA1 触头断开而自动停机。

2）当断开开关S时，可以手动停机。

（2）非正常停机的三种情况

1）主电路或辅助电路发生短路时，熔断器FU中的一个或几个熔断，从而切断电路而使机组停机。

2）当压力不正常时，压力继电器KA2的常闭触头会保护性断开而使机组停止工作。

3）当压缩机或风扇由于某种原因过载时，热继电器KH保护性动作，常闭触头断开而常开触头闭合，则KM线圈失电，KM常开主触头断开，机组停止工作；同时KM常闭触头闭合，故障指示灯HA电路接通（从KH的常开触头闭合处）点亮。

2. 冷柜启动线路的连接

如图1—67所示为玻璃门冷柜的结构示意图。

冷柜的中空玻璃门是由镶嵌在铝合金门框上的3层无色透明的有机玻璃构成的，四周边用硅橡胶密封粘合。它的温度控制范围为0～12℃，有效容积为110～350 L，输入功率为180～230 W，耗电量约为1.5～2.90度/天，多用于冷藏饮料。

玻璃门冷柜顶部装有一盏8～15 W的日光灯，以增强柜内食品陈列的效果。铝合金门框边上安装一把精巧的暗锁，可以将柜门锁住。如图1—68所示为玻璃门冷柜的电气线路原理图。

日光灯（包括镇流器和启辉器）与蒸发风扇电动机并联，在通电后即行亮灯和打开风扇。依靠蒸发风扇电动机的运转，使冷气从吹出口吹出，在箱内使食品冷却后，再从冷气吸入口吸回，形成冷气强制循环。它的冷凝

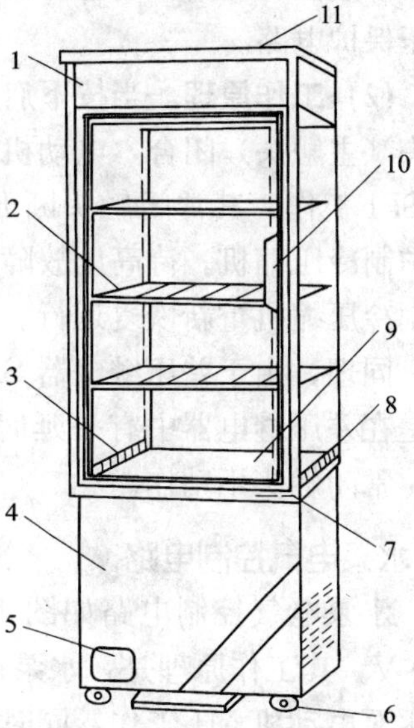

图1—67　玻璃门冷柜的结构示意图

1—日光灯反射板　2—网架　3—冷气吸入口　4—冷凝器（内藏）　5—照明灯开关盒（内藏）　6—轮子　7—钥匙孔　8—冷气吹出口　9—箱内接水盘　10—门　11—顶台

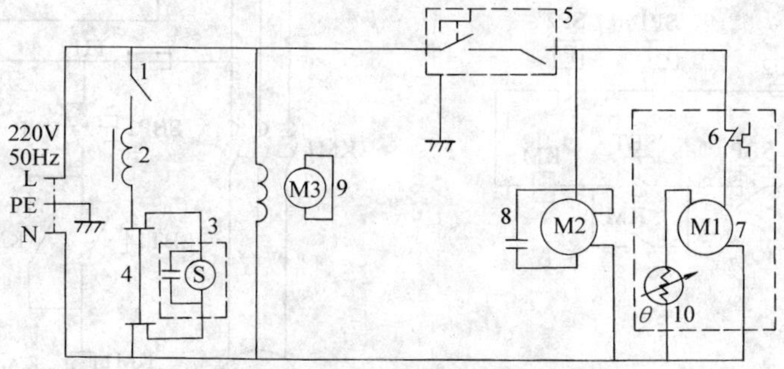

图1—68　玻璃门冷柜的电气线路原理图

1—灯开关　2—镇流器　3—启辉器　4—日光灯　5—温控器　6—热保护器　7—压缩机　8—冷凝风扇电动机　9—蒸发风扇电动机　10—PTC启动器

器为内藏式，冷凝器与压缩机并联，由温控器控制开和停。冷凝风扇电动机的运转促使冷凝管中的热量向周围空间散发。

3. 制冷压缩机的高压保护和油压保护

（1）功能。当制冷压缩机排气压力高于额定值，或当润滑油压力与曲轴箱压力之差小于某一数值时，则切断电动机的主电源，保护制冷压缩机。如图 1—69 所示为制冷压缩机高压保护电路。

（2）工作原理。当按下启动按钮 SBT 时，接触器 KM 得电吸合并自锁，主电路常开触头（主触头）闭合，电动机 M 运转。当制冷压缩机排气压力超过设定值时，高压继电器 SP1 工作，其常闭触头断开，接触器 KM 失电释放，切断主电路，电动机停止运转，保护制冷压缩机。待高压故障排除后，压力恢复到调定值以内时，按下启动按钮 SBT，能使制冷压缩机重新恢复运行。

同理，由于差压继电器 SP2 与高压继电器 SP1 串联在电路中，能起到油压保护作用。只是在差压继电器中有一延时机构，在电动机开始启动、油泵尚未建立正常油压的 60 s 内，常闭触头不动作。

4. 水泵电气控制电路

水泵电气控制电路如图 1—70 所示，主电路采用 380 V 交流电，辅助电路的电压为 220 V。其工作原理是：水泵启动时按下 SBT1，使 KM1 线圈得电，KM1 的主触头闭合，使水泵电动机 M1 工作，同时也使 KM1 的常开辅助触头闭合，KA4 线圈得电。KA4 为控制制冷压缩机的中间继电器，只有当冷却水泵先运行、KA4 线圈得电后，控制电路中 KA4 常开触头闭合，压缩机才具备了开机条件，而且一旦水泵电路出现故障或人为停机时，水泵电动机不工作，都将使制冷压缩机停机。SBP1 为水泵停止按钮，HL1 为水泵运行指示灯，HL2 为水泵电气控制电路电源指示灯。

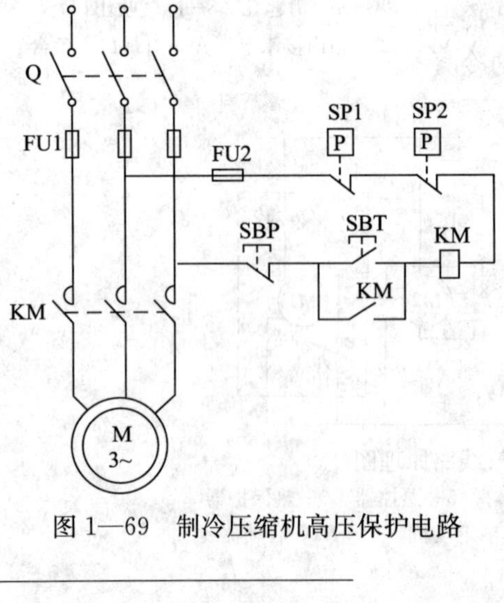

图 1—69　制冷压缩机高压保护电路

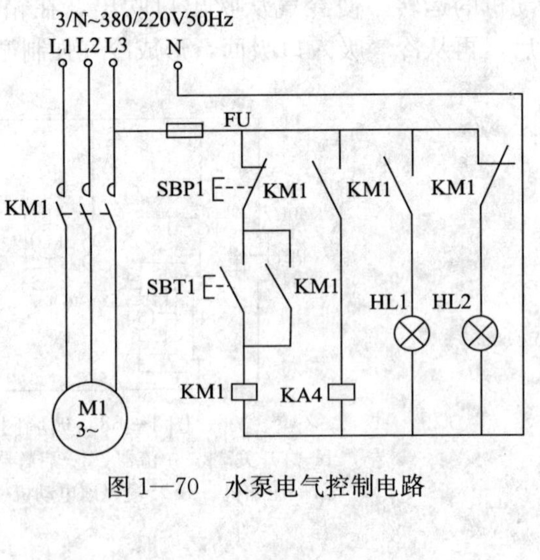

图 1—70　水泵电气控制电路

5. 单相电动机自动化霜电气控制电路

小型自动化霜冷藏箱是靠强迫箱内空气流动进行冷却的。因此，应在冷藏箱控制电路的基础上设置风扇控制和融霜控制电路。典型的间冷式冷藏箱自动化霜电气控制原理图如图 1—71 所示。

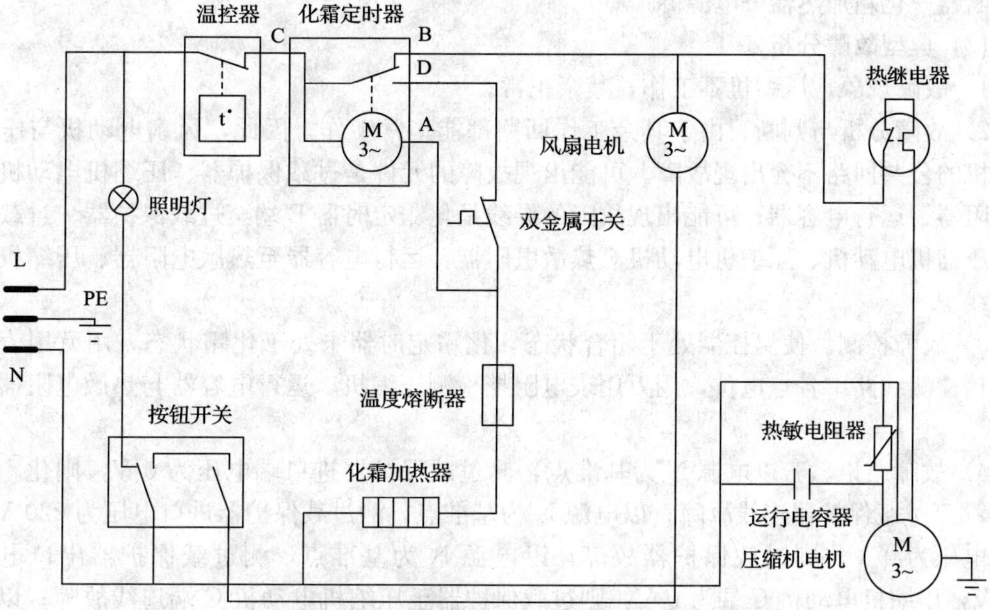

图 1—71　间冷式冷藏箱自动化霜电气控制原理图

（1）工作原理。关上冷藏箱箱门，当冷藏箱内温度没到设定值时，温控器触头闭合，风机运转，压缩机工作，开始制冷。此时若打开冷藏箱箱门，按钮开关断开风机的运转，但压缩机继续工作，同时接通照明灯。当冷藏箱内温度达到设定值时，温控器触头断开，压缩机与风机停止工作。按钮开关安装在冷藏箱门与箱体的交接处，当门打开时，按钮开关不受压，触头恢复常闭状态，接通照明灯工作；当门关闭时，按钮开关受压，触头断开，切断照明灯工作。融霜控制电路主要由融霜定时器、加热器、融霜温控器等电气元件组成。当融霜定时器累计压缩机运行时间到设定值时，触头动作，切断压缩机电动机电路，接通融霜电路，融霜加热器开始融霜。当蒸发器表面达到一定温度后（约 13℃±3℃），双金属开关动作，切断融霜加热器，此时融霜定时器开始计时，约 2 min 后，定时器触头动作，切断融霜加热器电路，接通压缩机电动机电路，开始制冷。

（2）工作回路

1）压缩机电动机工作回路。电源 L→温控器→化霜定时器 C 端→化霜定时器 B 端→过载保护器→压缩机电动机→热敏电阻器、运行电容器→电源 N。

2）风扇电动机工作回路。电源 L→温控器→化霜定时器 C 端→化霜定时器 B 端→风扇电动机→按钮开关→电源 N。

3）照明灯工作回路。电源 L→照明灯→按钮开关→电源 N。

4）化霜加热器工作回路。电源 L→温控器→化霜定时器 C 端→化霜定时器 D 端→双金属开关→温度熔断器→化霜加热器→电源 N。

5）化霜定时器工作回路。电源 L→温控器→化霜定时器 C 端→化霜定时器 A 端→温度熔断器→化霜加热器→电源 N。

(3) 典型故障分析

1）故障现象。压缩机不工作，其余正常。

2）故障分析与判断。由于其余工作回路都能正常工作，因此，风扇电动机与压缩机电动机的公共回路不会出现故障。可能出现故障的元件是过载保护器、压缩机电动机、热敏电阻器、运行电容器；可能出现故障的导线是化霜定时器 B 端至过载保护器、过载保护器至压缩机电动机、压缩机电动机至热敏电阻器、运行电容器至热敏电阻器、压缩机电动机零线。

3）故障检测。使温控器处于闭合状态，化霜定时器未处于化霜状态，用万用表交流电压挡检测线路中各点电位，用万用表电阻挡检测压缩机、运行电容器与热敏电阻器的好坏。

4）故障结论。若以电源 N 为基准点，测过载保护器进口端电压为 0 V，则化霜定时器 B 端至过载保护器连线故障；以电源 N 为基准点，测过载保护器进口电压为 220 V，其出口电压为 0 V，则过载保护器故障；以电源 N 为基准点，测过载保护器出口电压为 220 V，压缩机电动机 C 端为 0 V，则过载保护器至压缩机电动机 C 端连线故障；以电源 N 为基准点，测压缩机电动机 C 点电压为 220 V，测压缩机电动机 M 点电压为 0 V，则压缩机电动机、运行电容器或热敏电阻器故障。可在断电后将压缩机电动机、运行电容器与热敏电阻器拆下，用万用表电阻挡分别检测，以电源 N 为基准点，测压缩机电动机 C 点电压为 220 V，测压缩机电动机 M 点电压不是 0 V，则压缩机零线故障。

单元测试题

一、单项选择题（下列每题的选项中，只有 1 个是正确的，请将其代号填在横线空白处）

1. 在国际单位制中电流的单位用符号________表示。

A. I　　B. V　　C. A　　D. F

2. 描述电路中电流大小的参量叫________。

A. 安培　　B. 伏特　　C. 库仑　　D. 电流强度

3. 金属对电流通过而表现出的阻力称为电阻，电阻用符号________表示。

A. V　　B. I　　C. Ω　　D. R

4. 导体中________运动的方向为电流的方向。

A. 电子　　B. 正电荷　　C. 负电荷　　D. 离子

5. 一个 100 Ω 的电阻流过 0.5 A 的电流时，此电阻两端的电压是________ V。

A. 200　　B. 5　　C. 50　　D. 20

6. 一个接在 220 V 电源上的灯泡，通过灯丝的电流是 40 mA，此时灯丝的电阻为________。

A. 5.5 Ω　　B. 5.5 kΩ　　C. 8.8 Ω　　D. 8.8 kΩ

7. 阻值分别为 5 Ω 和 2 Ω 的电阻，串联后的总阻值为________ Ω。

A. 3　　B. 3.5　　C. 7　　D. 10

8. 电功率常用字母________表示。

A. P　　B. W　　C. VA　　D. kW

9. 对平板电容器来说，其极板间的距离越小，电容量________。

A. 越大　　B. 越恒定　　C. 越小　　D. 越不稳定

10. 照明电压 220V 是指交流电的________。

A. 瞬时值　　B. 最大值　　C. 平均值　　D. 有效值

11. 用万用表欧姆挡测量二极管的好坏时，主要测量二极管的正、反向电阻，两者电阻相差________。

A. 越大越好　　B. 越小越好　　C. 零　　D. 无穷大

12. 硅材料稳压二极管的正向电阻应为________。

A. 几十欧姆　　B. 几千欧姆　　C. 零　　D. 无穷大

13. 隔离开关的主要作用是________。

A. 断开负荷电路　　B. 断开无负荷电路

C. 保护电动机　　D. 断开短路电流

14. 按钮一般是用来控制________的。

A. 接触器　　B. 热保护继电器

C. 空气开关　　D. 压力继电器

15. 热保护继电器中的双金属片弯曲是由于________。

A. 强度不同　　B. 金属片的热膨系数不同

C. 温差效应　　D. 受到外力的作用

16. 交流电接触器的额定电流指________的额定电流。

A. 主触头　　B. 辅助触头

C. 线圈　　D. 主触头、线圈

17. 电流单位之间的换算关系正确的是________。

A. 1 A=100 mA　　B. 1 A=10 mA

C. 1 mA=0.001 A　　D. 1 mA=100 μA

18. 常用单相全封闭压缩机电动机的运行绕组比启动绕组________。

A. 线径细　　B. 电阻小

C. 线圈匝数少　　D. 线圈匝数多

19. PTC启动器的温度急剧升高是因为电动机启动时________。

A. 电阻很强所致　　B. 转速很高所致

C. 电流很大所致　　D. 温升很高所致

20. 电阻单位之间的换算关系正确的是________。

A. 1 MΩ=100 kΩ　　B. 1 kΩ=10 Ω

C. 1 kΩ=0.001 MΩ　　D. 1 MΩ=10 kΩ

21. 测量设备的绝缘电阻时应该用________。

A. 欧姆表　　B. 万用表　　C. 兆欧表　　D. 电桥

22. 将一段均匀的阻值为 R 的导线均匀拉长到原来的两倍，其阻值为________。

A. $1/4R$　　B. $1/2R$　　C. $2R$　　D. $4R$

23. 在电阻电路中，通过电阻的电流与电阻两端的电压成________关系。

A. 正比　　B. 反比　　C. 对数　　D. 指数

24. 阻值分别为 1 Ω 和 4 Ω 的电阻并联后的总阻值为________Ω。

A. 0.8　　B. 1.25　　C. 2.5　　D. 5

25. 电动势是描述电源能力大小的参数，用字母________表示。

A. U　　B. V　　C. E　　D. q

26. 电压的单位用________表示。

A. E　　B. U　　C. V　　D. I

27. 在我国三相四线制供电线路中，若将电动机绕组接成星形，电动机每相绕组的电压为________V。

A. 110　　B. 220　　C. 311　　D. 380

28. 变压器二次侧开路时，经过一次绕组的电流称为________。

A. 空载电流　　B. 负载电流

C. 有效电流　　D. 输出电流

29. 36 V，40 W 安全灯泡变压器初级电压为 380 V，初级电流约为________A。

A. 1.1　　B. 0.1　　C. 10.5　　D. 0.094

30. 导体中________运动的方向为电流的方向。

A. 电子　　B. 正电荷　　C. 电荷　　D. 离子

31. 角频率 ω 与频率 f 之间的关系为________。

A. $\omega=2\pi f$　　B. $\omega=1/f$　　C. $\omega=\pi f$　　D. $\omega=f$

32. 在三相四线供电系统中线电压是相电压的________倍。

A. $\sqrt{2}$　　B. $\sqrt{3}$　　C. $1/\sqrt{3}$　　D. $1/3$

33. 变压器是一种将交流电压升高或降低，并且能保持其频率________的电气设备。
A. 升高　B. 不变　C. 降低　D. 升高或降低
34. 硅材料晶体三极管导通电压为________。
A. $U_{be}<0.5$　B. $U_{be}=0.6\sim0.7$
C. $U_{be}<0.7$　D. $U_{be}=0.8\sim0.9$
35. 锗材料晶体三极管导通电压为________。
A. $U_{be}<0.2$　B. $U_{be}=0.2\sim0.3$
C. $U_{be}=0.6\sim0.7$　D. $U_{be}=0.7\sim0.8$
36. 热继电器从热态开始通过 1.2 倍整定电流的动作时间是________ min 以内。
A. 5　B. 10　C. 20　D. 30
37. 触器触的额定电压是指________的额定电压。
A. 主触头　B. 辅助触头　C. 线圈　D. A 和 C
38. 交流电接触器的额定电流是指________额定电流。
A. 主触头　B. 辅助触头　C. 线圈　D. A 和 C

二、多项选择题（下列每题有多个选项，其中至少有 2 个是正确的，请将其代号填在横线空白处）

1. 我国三相四线制电路能够输送________V 电压。
A. 110　B. 36　C. 220
D. 440　E. 380
2. 若三相电源的负载为星形连接，则________。
A. 相电压等于线电压　B. 相电流等于线电流
C. 相电压大于线电压　D. 相电流大于线电流
E. 相电压小于线电压
3. 变压器在负载运行时，一次、二次绕组内的电流之比近似等于________。
A. 绕组匝数比　B. 匝数比的倒数　C. 匝数比的平方
D. 电压比的倒数　E. 电压比
4. 晶体二极管按功能可分为________二极管。
A. 开关　B. 检波　C. 放大
D. 整流　E. 稳压
5. 选择二极管时，主要应考虑的参数是________。
A. 最大正向电流　B. 最高反向电压　C. 放大倍数
D. 正向电阻　E. 反向电阻
6. 正弦交流电的三要素是________。
A. 电压　B. 幅度最大值　C. 角频率
D. 电流　E. 瞬时值　F. 初相角

7. 根据实际应用的要求，电流继电器可分为________。

A. 过电流继电器　　B. 欠电流继电器　　C. 过电压继电器

D. 欠电压继电器　　E. 热保护继电器

8. 欧姆定律主要说明了电路中________三者之间的关系。

A. 电动势　　B. 电阻　　C. 功率

D. 电压　　E. 频率　　F. 电流

9. 欧姆定律可以用公式________表示。

A. $U=IR$　　B. $U=I^2R$　　C. $I=\frac{U^2}{R}$

D. $I=\frac{U}{R}$　　E. $R=\frac{U}{I}$　　F. $R=UI$

10. PTC 启动器的优点包括________。

A. 无触头　　B. 无噪声　　C. 无功耗

D. 适应电压波动　　E. 稳定

11. 在制冷压缩机的保护控制中，引起低压继电器动作的原因可能是________。

A. 制冷剂泄漏　　B. 节流装置堵塞　　C. 吸气阀门未打开

D. 排气阀门未打开　　E. 低压系统堵塞

12. 冷库电气控制回路中必要的保护装置是________。

A. 热保护继电器　　B. 温度控制器　　C. 水流量继电器

D. 高低压继电器　　E. 风速继电器

13. 电路由________组成。

A. 电源　　B. 中间环节　　C. 负载

D. 电阻　　E. 电容　　F. 开关

14. 熔体主要的两个参数是________。

A. 额定电压　　B. 熔断电压　　C. 额定电流

D. 熔断电流　　E. 额定电阻

三、判断题（下列判断正确的请打“√”，错误的打“×”）

1. 电压的方向是由电源的负极指向正极。（　）

2. 大小随时间变化的电压称为交流电压。（　）

3. 部分电路欧姆定律是对整个闭合电路中不含电源的一部分支路进行讨论而得出的结论。（　）

4. 正弦交流电的三要素是最大值、频率和周期。（　）

5. 交流电动机额定电压是指电动机在额定工作运行时定子绕组规定使用的线电压。（　）

6. 交流电动机过载时引起定子电流增加，转速升高。（　）

7. 接触器是一种用以接通或切断带有负载的交直流主电路或大容量控制电路的控制电器。（　）

8. 单相三孔插座安装接线时，保护接地与保护接零直接用导线连在一起，可起到安全保护作用。（　）

9. 机械式温度控制器是将温度变化转化为压力变化或转化为金属变形来控制压缩机的开和停。（　）

10. 压缩机启动先轻载后重载，必须有相应的中间继电器进行顺序控制。（　）

11. 电动势与电源端电压之间总是大小相等，方向相反。（　）

12. 用串、并联方式组成的电路叫做混联电路。（　）

13. 几个电阻串联时，通过每个电阻的电流之和等于总电流。（　）

14. 几个电阻并联时，每个电阻两端所承受的电压之和等于总电压。（　）

单元测试题答案

一、单项选择题

1. C　2. D　3. D　4. B　5. C　6. B　7. C　8. A　9. A　10. D　11. A　12. A　13. B　14. A　15. B　16. A　17. C　18. B　19. C　20. C　21. C　22. D　23. A　24. A　25. C　26. C　27. B　28. A　29. B　30. B　31. A　32. B　33. B　34. B　35. B　36. C　37. C　38. A

二、多项选择题

1. CE　2. BE　3. BD　4. ABDE　5. AB　6. BCF　7. AB　8. BDF　9. ADE　10. ABDE　11. ABCE　12. AD　13. ABC　14. CD

三、判断题

1. ×　2. ×　3. √　4. ×　5. ×　6. ×　7. √　8. ×　9. √　10. √　11. ×　12. √　13. ×　14. ×

第 2 单元

制 冷 设 备

第一节　制冷压缩机

在蒸气压缩式制冷机中，制冷剂蒸气压力的提高是利用消耗外功的压缩机来实现的。制冷压缩机性能的优劣直接影响制冷循环的经济性。

根据工作原理的不同，制冷压缩机可以分为容积型和速度型两大类。容积型压缩机中蒸气压力的提高是通过吸入气体容积的强制缩小来实现的，具有强制输气的特性。这类制冷压缩机根据运动部件的运转方式不同，分为往复活塞式和回转式两大类。回转式制冷压缩机又根据运动部件的名称分为多种，如单螺杆式、螺杆式（双螺杆压缩机一般简称为螺杆式）、滚动转子式、涡旋式、旋转叶片式、滑片式等。速度型压缩机中，气体压力的升高是通过气体的速度转化而实现的，即先使气体获得一定的高速度，提高气体的运动动能，然后再将其速度降低，使气体的动能变成位能，从而提高气体的压力。速度型压缩机主要有离心式和轴流式两种。

制冷压缩机的分类与主要使用场合见表 2—1。本节中主要讲述容积型压缩机中的往复活塞式压缩机，简单介绍回转式压缩机。

表 2—1　　　　制冷压缩机的分类与主要使用场合

类别			主要部件示意	封闭特征	容量（kW）	主要应用场合	特点
容积型	往复活塞式	活塞连杆式	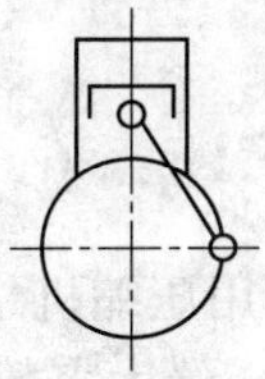	开启	0.4～120	冷却、冷藏和空调设备	容量中等、机型多样、易于生产、价格低
				半封闭	0.75～45		
				全封闭	0.1～15	小型制冷设备	
		活塞斜盘式	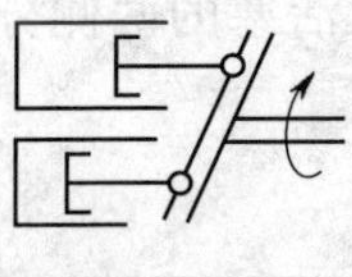	开启	0.75～2.2	轿车空调专用	高速、小容量
	回转式	滚动转子式	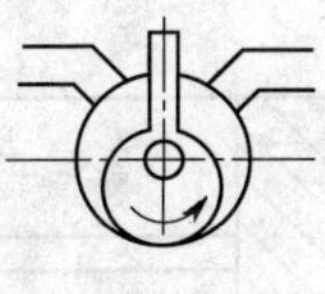	开启	0.75	车辆空调	高速、小容量
				全封闭	0.1～5.5	冷库、冰箱及车辆空调	
		旋转叶片式	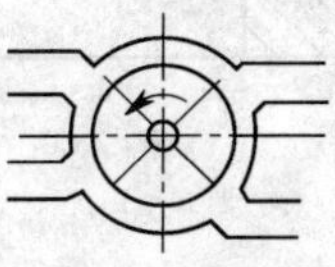	开启	0.75～2.2	轿车空调、热泵	高速、小容量
				全封闭	0.2～1.5	冷库、冰箱、空调	

续表

类别			主要部件示意	封闭特征	容量（kW）	主要应用场合	特点
容积型	回转式	涡旋式	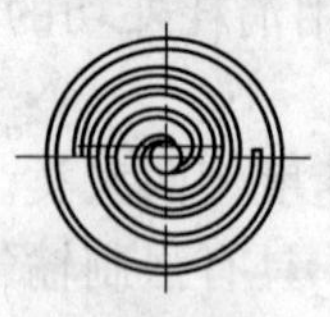	开启	0.75～2.2	车辆空调、热泵	高速、小容量
				全封闭	2.2～7.5	空调	
		螺杆式 双螺杆	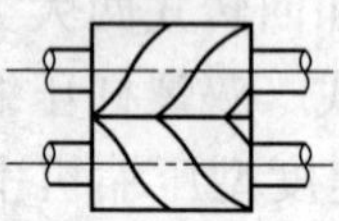	开启	30～150	汽车空调	压缩比大、价格高，可替代小容量
				半封闭	15～300	热泵	
		螺杆式 单螺杆		开启	100～1 100	热泵	
				半封闭	22～90	热泵、车辆空调	
速度型	离心式		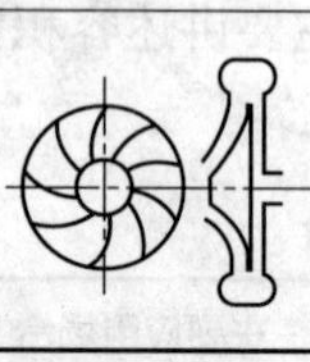	开启	60～1 000	生产工艺用冷却设备、大型建筑空调	单机容量大

一、活塞式制冷压缩机的分类和工作原理

1. 活塞式制冷压缩机的分类

（1）按作用方式分为单作用压缩机（见图 2—1）和双作用压缩机（见图 2—2）。在单作用压缩机中，制冷剂蒸气在活塞的同一侧顶面吸进和排出，绝大多数中、小型压缩机都采用这种形式。在双作用压缩机中，制冷剂蒸气交替地从活塞的两侧分别进入和排出汽缸。

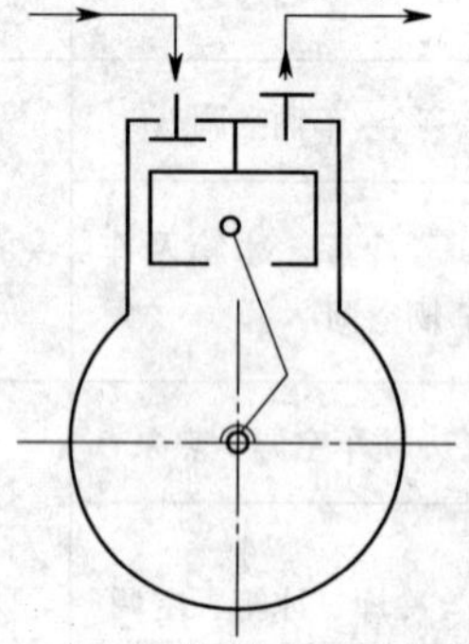

图 2—1　单作用压缩机

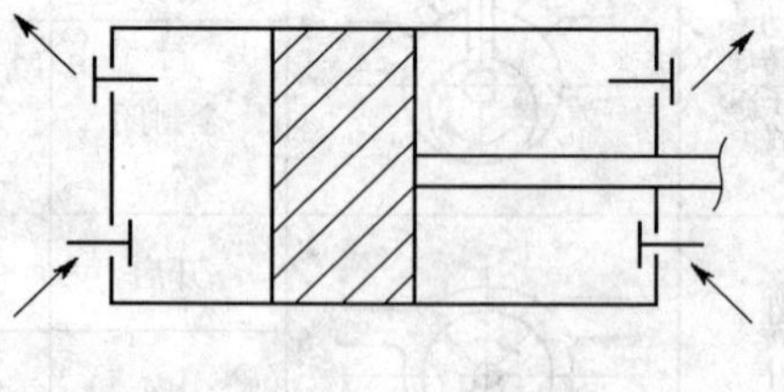
图 2—2　双作用压缩机

（2）按气体的流动方式分为顺流式压缩机（见图 2—3）和逆流式压缩机。在顺流式压缩机中，气体由活塞的一侧（如下部）通过阀门进入汽缸，经压缩后由活塞的另一侧（如顶部）从汽缸中排出，蒸气是沿同一方向进入而又排出的。

所谓逆流式是指气体从活塞的一侧被吸入汽缸，经压缩后，气体在活塞的同一侧反向排出，图 2—1 和图 2—2 均为逆流式压缩机。

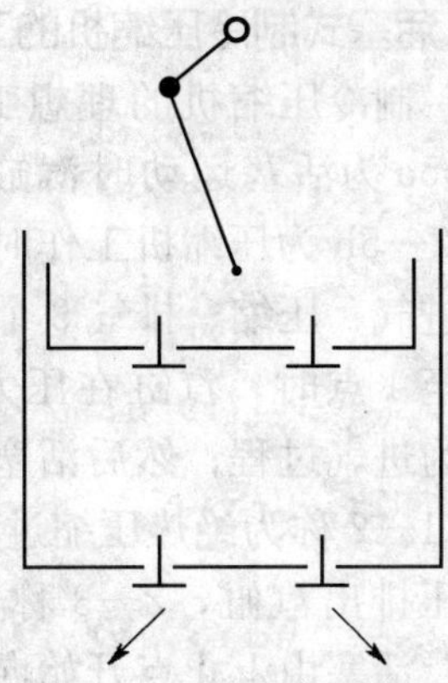

图 2—3　顺流式压缩机

（3）按汽缸的布置形式分为立式、卧式、角度式、对置式和对动式压缩机。如图 2—4 所示为各种布置形式的压缩机，其中立式压缩机如图 2—4a 所示；卧式压缩机如图 2—4b 所示；角度式压缩机又分为 L 形（见图 2—4e）、V 形（见图 2—4f）、W 形（见图 2—4g）、S 形（扇形）（见图 2—4h）、Y 形（星形）（见图 2—4i）等；对置式压缩机如图 2—4d 所示；对动式压缩机如图 2—4c 所示。

（4）按实现压缩的级数分为单级压缩机和双级压缩机。

（5）按使用制冷剂情况分为氨压缩机和卤代烃压缩机。

（6）按封闭程度分为开启式、半封闭式和全封闭式压缩机。

当然还有其他的分类方法，这里就不一一列举了。

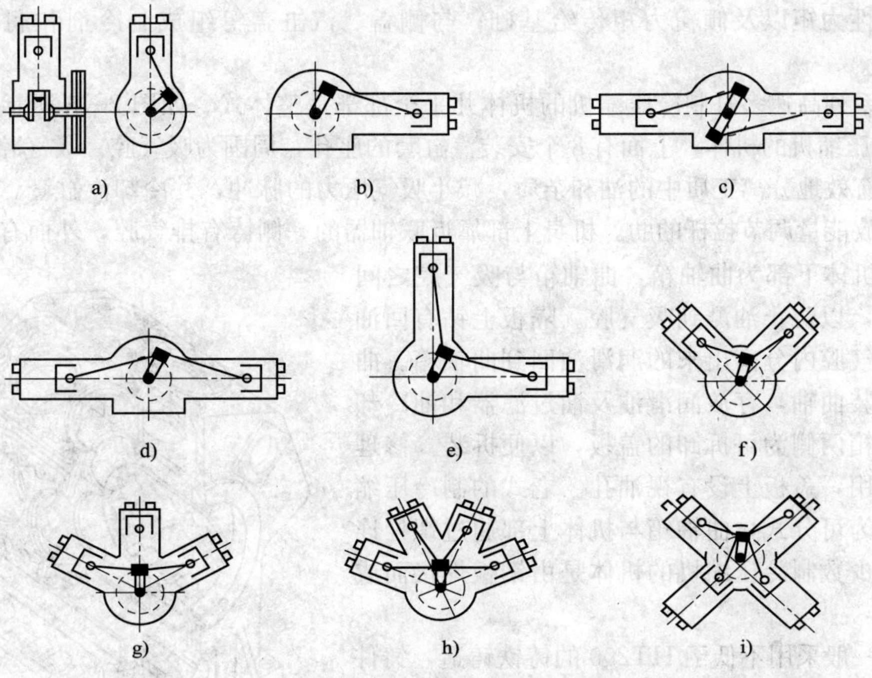

图 2—4　各种布置形式的压缩机

a）立式　b）卧式　c）对动式　d）对置式　e）L 形　f）V 形　g）W 形　h）S 形　i）Y 形

2. 活塞式制冷压缩机的工作原理

制冷压缩机的理想工作过程如图 2—5 所示。图 2—5a 为活塞运动时汽缸内气体压力与容积的变化；图 2—5b 为压缩机工作时活塞的变化。整个工作过程分进气、压缩、排气 3 个过程：当活塞自 4 点向右移动至 1 点时，汽缸在压力 p_1 下等压吸入气体，4—1 称为进气过程；然后活塞向左移动，由 1 绝热压缩到 2，1—2 称为绝热压缩过程；最后将压力为 p_2 的气体等压排出汽缸，2—3 称为排气过程。排气过程结束后，活塞由上止点开始向下止点运动，又重新开始了吸气过程，如此周而复始循环不已。

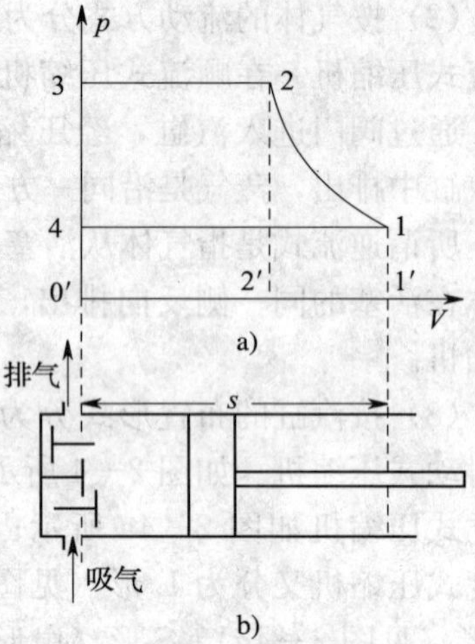

图 2—5　制冷压缩机的理想工作过程

二、活塞式制冷压缩机的构造和拆装

1. 机体

机体是整个压缩机的外壳，它是由壳体、汽缸盖、侧盖及前后轴承座等组成。机体的作用是：支撑各零部件，并保证各零部件正确的相对位置及配合精度；承受安装在其上的所有零部件的质量；实现气体压力的平衡而不传出机体之外；将未被平衡的惯性力、惯性力矩以及倾覆力矩传给基础；与侧盖、汽缸盖等组成制冷剂和润滑油的容器。

国产系列高速多缸制冷压缩机的机体几乎全部都是整体式。如图 2—6 所示为 8AS—17 型制冷压缩机的机体，上面有 8 个安装汽缸套的座孔，周围为吸气腔。吸气腔的尺寸较大，可以有效地分离工质中的油和杂质，减小吸气压力的脉冲，并冷却汽缸套。吸气腔中还铸有安放能量调节拉杆的肋。机身上部靠近联轴器的一侧铸有排气腔，外面有调节油缸的座孔。机体下部为曲轴箱，曲轴箱与吸气腔之间有隔板层，以防止油溅到吸气腔。隔板上钻有回油孔，使吸气腔内分离出来的润滑油回到曲轴箱。曲轴箱内安装曲轴，存放润滑油及油过滤器和油冷却器。曲轴箱两侧为可拆卸的盖板，以便拆装、修理连杆大头用，盖板上设有视油孔。老式的制冷压缩机机体多为可分式，曲轴箱与机体上部通过螺栓连接。也有少数制冷压缩机的机体是由钢板焊接而成的。

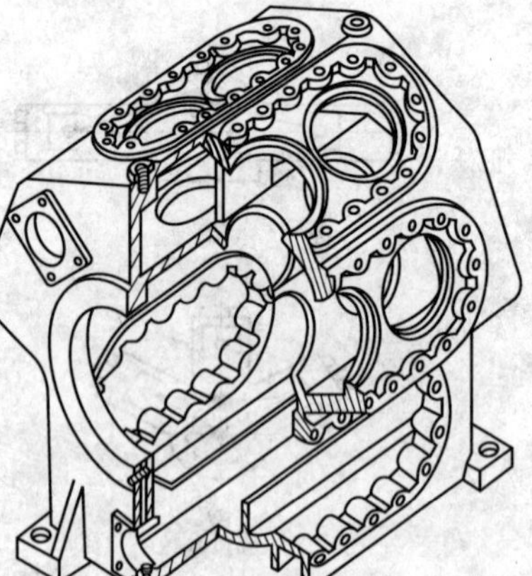
图 2—6　8AS—17 型制冷压缩机的机体

机体一般采用不低于 HT200 的铸铁铸造，铸件应经过时效处理；机体应有足够的刚度和强度，形状设计合理，节省材料；高压腔要经 3 MPa 水压和

2 MPa气压的试验并合格；低压腔要经 1.6 MPa 水压和 1 MPa 气压的试验并合格；水套应经 0.6 MPa 水压的试验并合格；缸孔与轴承孔的轴线垂直度误差不大于 0.02 mm/100 mm；两轴承孔的同轴度误差应不大于 0.01 mm/100 mm；两轴承座孔中心线与其端面垂直度误差应不大于 0.02 mm/100 mm；装配缸套的配合面与主轴承中心的平行度误差应不大于 0.02 mm/100 mm。

2. 汽缸套

汽缸套的作用是与活塞及气阀配合后组成可以变化的容积，在其内部要完成气体的膨胀、吸气、压缩和排气 4 个工作过程。汽缸套的构造如图 2—7 所示。

对汽缸套的要求主要有：

(1) 汽缸套采用 HT200 或 HT250 铸成，并对汽缸套内壁面进行耐磨的镀铬表面处理或氮化处理等。

(2) 工作镜面加工一般在精镗后再研磨，表面粗糙度 R_a 为 0.4 μm，并加工出宽为 10～16 μm、深为 4～6 μm、间距为 20～30 μm、夹角为 22°～23°的网状条纹。

(3) 汽缸的圆度和圆柱度公差均不大于直径公差的一半。汽缸配合面与汽缸轴线的垂直度误差应不大于 0.02 mm/100 mm。

(4) 内壁硬度为 190～241HB。

(5) 汽缸的直径公差一般按常规精度要求。

(6) 应承受住 3 MPa 的水压和 2 MPa 的气压。

(7) 阀口及与外阀座配合的密封面都要研磨到 R_a0.2 μm。

(8) 为了不用胀圈套安装活塞，内壁下部做成下大上小的喇叭口形。

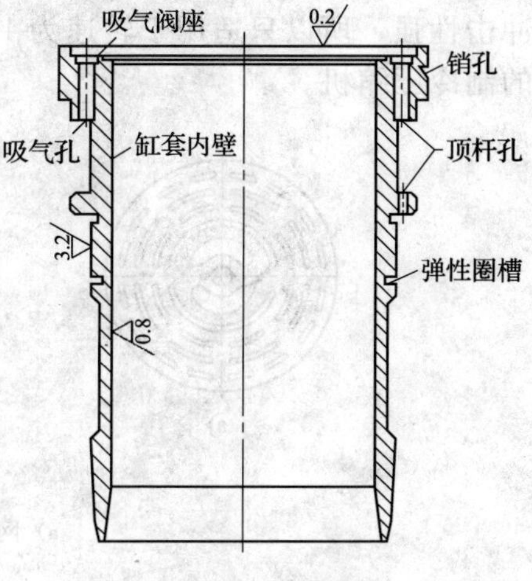

图 2—7 汽缸套的构造

3. 阀门

阀门包括吸气阀门和排气阀门，分别是制冷剂进出汽缸的门户。

(1) 气阀的作用。气阀工作时，当阀片上面的气体压力、弹簧力和阀片重力之和小于阀片下面的气体压力时，阀片开启，开至升程限制器，气体通过；当阀片上面的气体压力、弹簧力及阀片重力之和大于阀片下面的气体压力时，阀片向下运动，紧贴在阀座密封面上，关闭气体通道，将高压腔和低压腔隔离开。

(2) 气阀的构造。气阀主要由阀座、阀片、弹簧和升程限制器组成，其组成示意图如图 2—8 所示。根据阀片的形状（见图 2—9）可分为网状阀、簧片阀及环状阀等。网状阀片如图 2—9a 所示，仅在一些老式产品中采用。簧片阀片（见图 2—9b）的吸气阀片呈舌形，其一端用螺钉固定在阀板上，另一端为有一定升程的自由端，插入相应的凹槽内，凹槽便构成了升程限制器。排气阀片呈弓形，它的升程限制器是翘曲的，其弯曲程度就是排气阀的最大升程。该阀的特点是结构简单，质量轻，惯性小，启闭迅速，噪声小，余隙容积小，适用于小型高速压缩机。但是，阀片工艺要求高，通道面积较小，难于应用在卸载构造上。我国 50 系列开启式和半封闭压缩机多采用簧片阀。环状阀是应用最广的一种阀门，我国中、小系列压缩机，凡缸径在 70 mm 以上的均采用环状阀片，如图 2—9c 所示。环状阀结构紧凑、加工方便、工作可靠，可安装卸载装置的顶杆。但阀片质量大，冲击性强，所以只适用于转速为 1 500 r/min 以下的制冷压缩机。

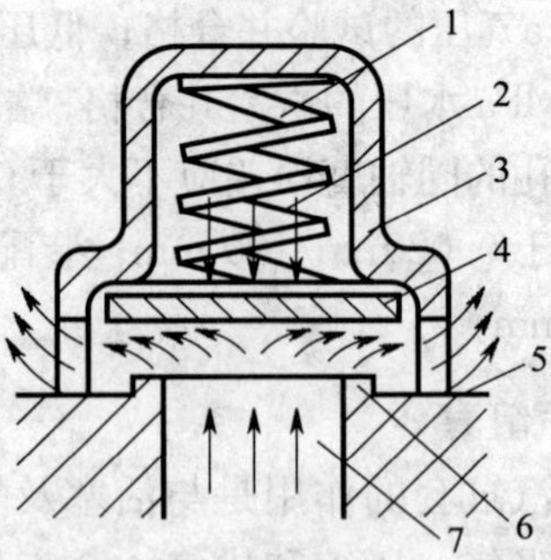

图 2—8　气阀组成示意图

1—弹簧　2—弹簧力　3—升程限制器　4—阀片　5—阀座　6—阀线　7—气体压力

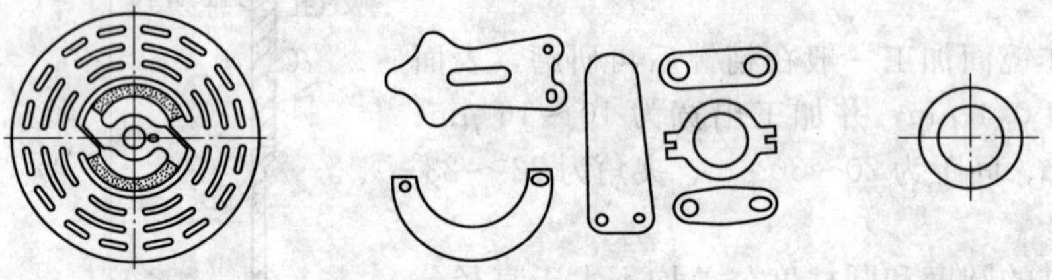

a)　b)　c)

图 2—9　阀片的形状

a）网状阀　b）簧片阀　c）环状阀

阀片要求启闭及时、寿命长、密封性强、阻力损失小。一般用合金钢 30CrMnSiA、不锈钢 3Cr13、碳素工具钢 T8A 和 T10A 制成，经离子氮化处理后其使用寿命长达 10 000 h，未经氮化处理的一般不超过 3 000 h。

阀片表面硬度为 40～56HRC 或更高。阀片表面粗糙度 R_a 为 0.2 μm，其平面度公差应在规定范围内。直径大于 30 mm 的阀片应进行磁粉探伤。组装后用煤油检查密封性，应保证在 10 min 内不渗漏。

4. 活塞组合

活塞组合包括活塞、活塞销及活塞环。活塞组合的作用是：活塞组合在汽缸内做往复运动，改变汽缸内的容积，完成膨胀、吸气、压缩、排气过程；同时承受气体压力、往复惯性及与缸壁的摩擦力，并接受连杆传来的动力。因此，要求活塞组合有足够的强度和较轻的质量及光滑的外壁。

(1) 活塞。活塞为圆筒形，由顶部、环部和裙部组成。环部有环槽，内放置活塞环（包括气环和油环）；裙部里有销座，安装活塞销与连杆小头相接，其结构如图 2—10 所示。

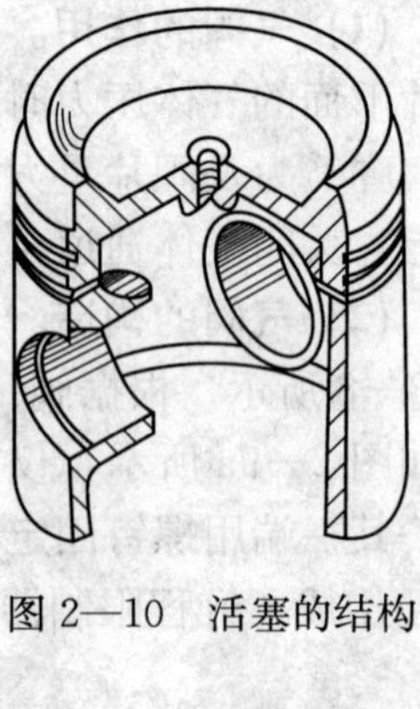

图 2—10　活塞的结构

缸径大于 70 mm 时，其活塞顶部做成凹形的盆状，以减小上止点的余隙。其外侧做成锥形，顶部下边靠近环部的外径略小于裙部外径，防止受热膨胀后与缸壁接触。环槽深度略大于径向高度，使环的伸缩不受阻挡。油环槽内有回油孔通往曲轴箱，或在油环下车一道较浅的油槽，再钻回油孔。

缸径在 40 mm 以下的活塞一般不装活塞环，只是车一道或几道存油槽，靠配合精度达到汽缸与活塞的密封，存油槽内的油对密封和润滑起主导作用。活塞应采用热膨胀系数小的材料制作，带环的活塞可采用轻的铝合金制作。环部受到压缩和拉伸，为保证存油效果好应有一定的厚度。

活塞销一般采用浮动式配合连接，由于铝材的热膨胀系数较大，所以在室温时活塞销在销座孔中应有少量过盈，因此，需把活塞加热到 70～80℃，然后用手将销推进销孔中。销孔轴线对活塞轴线的垂直度误差应不大于 0.035 mm/100 mm。

活塞材料多为铝合金，其优点是质量轻，导热性好，便于铸造，表面氧化处理后有良好的耐磨性；缺点是热膨胀系数大。

(2) 活塞环。活塞环是有开口并有弹性的环，按其作用不同分为气环和油环两种。

1) 气环。气环在自由状态时开口的宽度为环径向宽度的 3～5 倍，当装入汽缸内，因向外的弹力而紧贴在汽缸壁上，此时开口距离缩小，但仍有汽缸直径的 0.004～0.007 倍的间隙。气环通常用铸铁做成，为了使表面耐磨，往往做磷化或镀铬处理。此外，还有全塑料的活塞环。气环的作用一是密封，隔开高压区和低压区，二是起“泵油”作用。

2) 油环。油环与气环的主要区别是在环的横向（径向）有回油孔。老式的油环没有回油孔，但外侧做成斜坡面。前者刮油效果好，后者刮油效果差。如图 2—11 所示为活塞环及其刮油作用。

油环的作用有三方面：其一是刮去汽缸内多余的润滑油；其二是刮去缸壁上的脏物并带走热量，从而清洗汽缸；其三是油环与气环配合起到良好的密封作用。

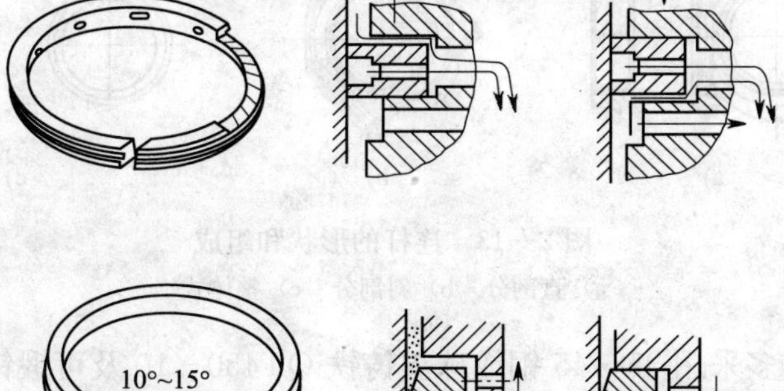

图 2—11 活塞环及其刮油作用

活塞环的装配要求是：各环的开口应沿缸壁均匀分布；切口的间隙要符合要求，如间隙太小可将开口一端锉掉一点，直至合格。活塞环与汽缸壁应有良好的贴合度，可以在曲轴箱内装工作灯，从上面观察其漏光的程度。漏光处不得在开口两侧 30°内存在，其他漏光处每处弧长对应弧度应不大于 30°，总长应不大于 60°，且漏光间隙应不大于 0.03 mm。

(3) 活塞销。活塞销因其受力最大，应有足够的强度、耐磨性、抗疲劳性、抗冲击性能，其形状如图 2—12 所示。当用 20 钢或 20Cr 钢制造时，表面需进行渗碳处理；若用 45 钢时，表面要淬火，使其硬度达到 57～66HRC，并要有一定的韧性。为了减轻质量，在制造活塞销时，可根据力学特性将其中心部分去掉，得到中空的圆柱体。

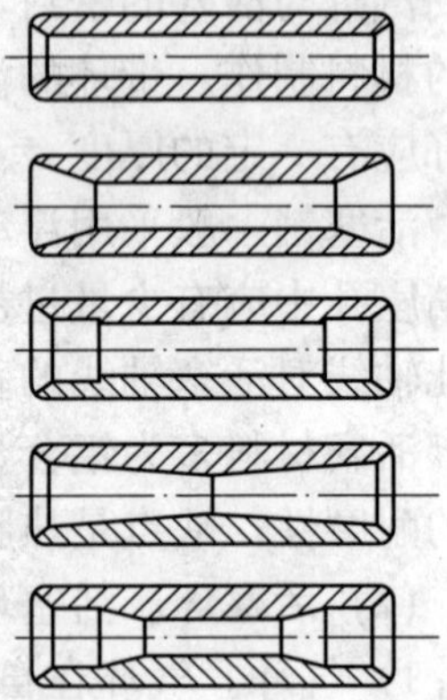

图 2—12　活塞销的形状

5. 连杆

连杆是活塞与曲轴的连接体，它的作用是将曲轴的圆周运动转化为活塞的直线往复运动，同时传递动力。连杆分为剖分式和整体式两类。剖分式连杆由杆体、小头、大头及螺栓组成，在剖分式连杆中有一种斜剖分的，往往用于较大型的压缩机。连杆的形状和组成如图 2—13 所示。

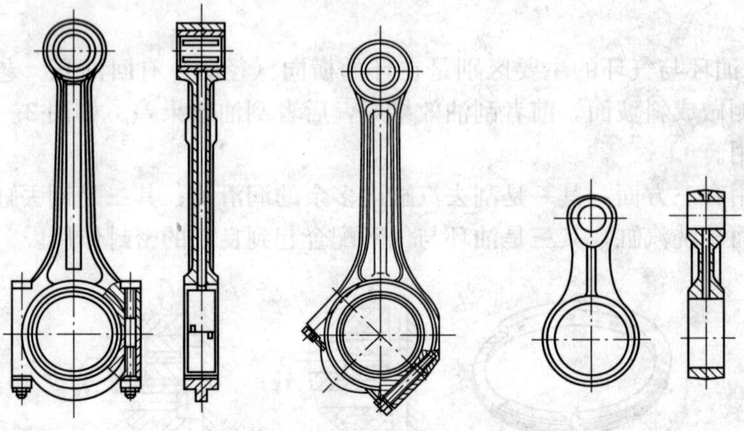

图 2—13　连杆的形状和组成
a) 直剖分　b) 斜剖分　c) 整体式

(1) 杆体。杆体多采用 35～45 钢或球墨铸铁 QT450－10 及可锻铸铁 KTH350－10 等材料制成，连接大头和小头。根据力学特性，为了减轻质量并保证刚度和强度，连杆杆身截面形状应如图 2—14 所示。

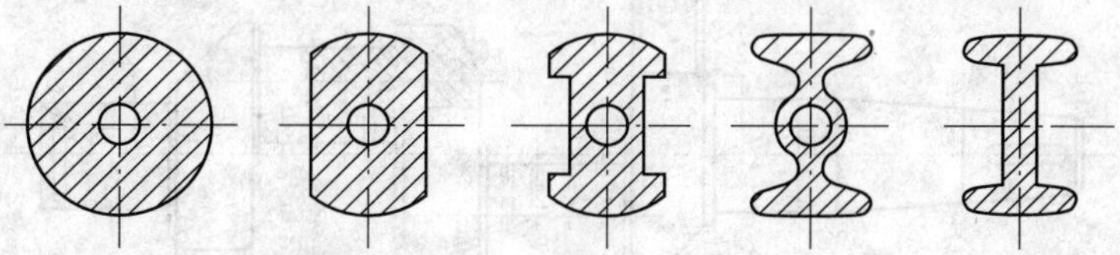

图 2—14　连杆杆身截面形状

(2) 连杆小头。它是与活塞销连接的一端，小头中一般装有轴承套作为轴承用，其材料多为磷青铜、铁基粉末冶金等。其润滑方式有两种：一种是靠从杆体中心油孔送来的润滑油润滑；另一种是小头上部有集油孔，以便承接飞溅来的润滑油并将其引入轴承套。

(3) 连杆大头。小型压缩机多做成整体式，有的在大头孔内装有轴瓦，有的直接将孔内壁加工成轴承面。中型压缩机的连杆大头为剖分式，有横剖的，也有斜 45°剖分的，后者便于拆装。大头孔内上、下有一对轴瓦，轴瓦表面有一层耐磨的合金层，如锡基白合金、巴氏合金或高锡铝合金等，厚度约为 0.3～1 mm。轴瓦有薄型和厚型之分，现在绝大多数采用薄型轴瓦，其优点是一般不经刮削就可以装配运行。为保证轴瓦在大头孔内的位置并限制其移动，在轴瓦背上有凸舌。大头盖不能互换，拆装时应打印钢号，并注意同一副配套的杆体与大头盖配合的方向也不能颠倒。

(4) 连杆螺栓。杆体与大头盖是靠螺栓连接的。螺栓承受连杆的拉力及预紧力的交变载荷，因此多采用较好的材料制造，如 38Cr，40Cr 钢等。连杆螺母装有防松的开口销或垫片卡。连杆螺栓预紧力要合适，最好用力矩扳手紧固，预紧力矩值见表 2—2。

表 2—2　　预紧力矩值

螺栓直径（mm）	8	10	12	15	18
上紧力矩（N·m）	27.5	43.2	94.2	166.8	274.7

连杆大头孔、小头孔的内径以及其轴线平行度公差应符合要求，平行度误差应不大于 0.03 mm/100 mm。弯曲变形的连杆螺栓严禁使用，以防发生重大事故。

6. 曲轴

曲轴是传递动力的主要部件，它周期性地承受气体压力和零部件的惯性力，因此，产生交变的弯曲应力、剪切力及扭转应力。

制冷压缩机的曲轴主要有 3 种类型：用得最多的是单曲拐或双曲拐曲轴（见图 2—15），诸如 3FM4G 型小型压缩机多采用如图 2—16 所示的偏心轴；而一些全封闭小型压缩机则多采用如图 2—17 所示的曲柄轴。

图 2—15 所示的曲轴的曲柄上铸有平衡块，曲柄与曲柄销及主轴颈的过渡处采用内圆角，以减小应力集中并充分利用轴颈的长度。曲轴可用 40，50 钢制造，但采用球墨铸铁（QT600－3）的最多。

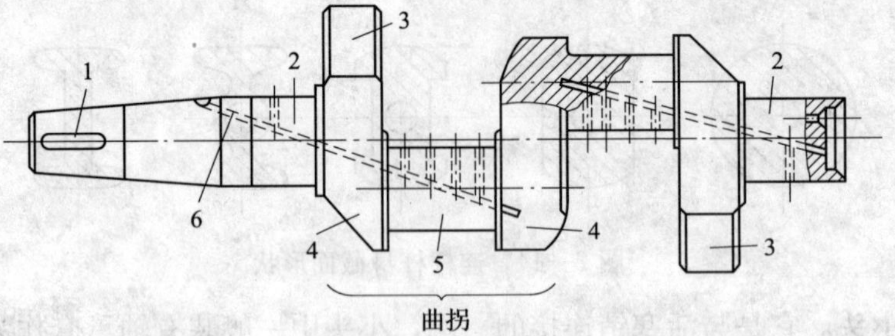

图 2—15　双曲拐曲轴

1—键槽　2—主轴颈　3—平衡块　4—曲柄　5—曲柄销　6—油孔

如图 2—16 所示偏心轴的偏心销上可以套整体式连杆大头，轴的另一半作为电动机的主轴。各轴承的润滑靠主轴处的偏心油孔进油，油在离心力的作用下沿油道进入各轴承间隙。偏心轴上的平衡块为可拆卸式，它是在装好整体连杆大头后再套在偏心销的两端，其方向是在偏心销主要质量的反方向，然后用螺钉紧固。

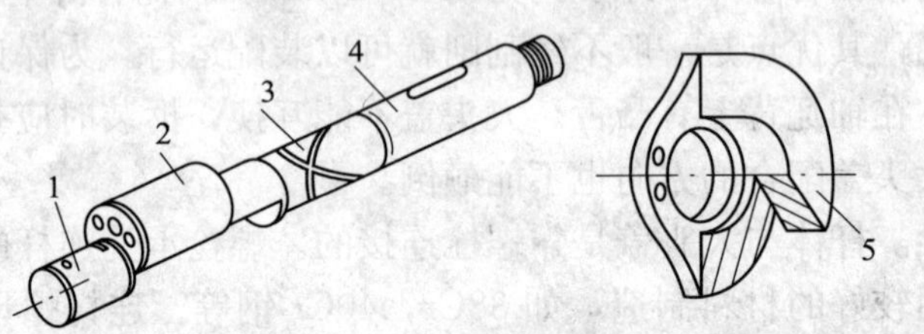

图 2—16　偏心轴

1—下主轴颈　2—偏心销　3—上主轴颈　4—电动机转子轴颈　6—平衡块

图 2—17 所示的曲柄轴中曲柄销的一端与曲柄相连接，另一端呈自由状态，自由端与压缩机的滑块相连，滑块在滑管里的滑动与曲柄的旋转组成活塞的往复直线运动。

曲轴有较高的技术要求，主轴颈轴线和曲柄销中心线平行度误差应不大于 0.02 mm/100 mm，主轴颈表面对中心线的跳动应不大于 0.02 mm，主轴颈和曲柄销的圆度和圆柱度公差应不大于直径允许公差的一半。主轴颈和曲柄销的表面粗糙度不大于 $R_a0.4\ \mu m$。锻钢曲轴的主轴颈及曲柄销表面经热处理后，其硬度达 50～63HRC，而球墨铸铁曲轴应达到 197～269HB。

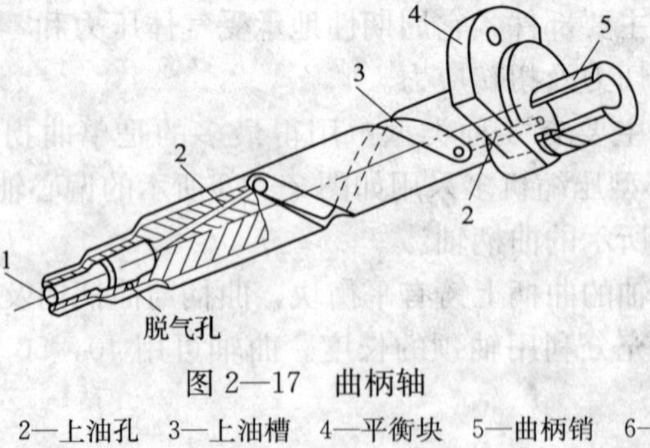

图 2—17　曲柄轴

1—进油孔　2—上油孔　3—上油槽　4—平衡块　5—曲柄销　6—脱气孔

曲轴在装入压缩机前应做静平衡试验。按各自允许的不平衡量配平衡，超过的不平衡量可以在平衡块上钻孔配平衡。

7. 轴封

开启式压缩机曲轴伸出机体外，通过联轴器与电动机连接。为防止制冷剂及润滑油向外泄漏，也防止空气渗入压缩机内，在曲轴伸出机体处设置轴封。目前使用的轴封主要有摩擦环式和波纹管式两种。

（1）摩擦环式轴封。这种轴封的结构如图 2—18 所示，其结构简单，耐磨性、密封性较好，制造和维修方便。它有 3 个密封面。橡皮圈与曲轴颈之间形成轴向的动密封面，因为曲轴在两主轴瓦端面留有一定的间隙，曲轴可能发生轴向窜动，为保证动环与定环之间的贴合，橡皮圈在轴颈上会出现轴向移动。因此，橡皮圈箍在轴上的松紧度要适中，这可以在装配时观察，将全套轴封推进去，松手后，整套轴封在弹性力作用下慢慢地向外移动，则松紧度合适；如果不向外移动，则说明橡皮圈太紧；如果松手后迅速弹出来，说明橡皮圈过松。橡皮圈与石墨环靠弹簧力紧紧压在一起并同时随曲轴做同步转动，形成橡皮圈与石墨环之间的径向静密封；石墨环随曲轴转动，它可被弹簧力压在压板的密封面上，压板通过螺栓固定在机体上不动，则石墨环与压板密封面之间形成动密封。石墨环及压板的密封面的表面粗糙度均应研磨到 $R_a0.2\ \mu m$。

（2）波纹管式轴封。波纹管式轴封主要用于小型开启式压缩机。波纹管是可伸缩的圆柱形的管，其两端分别与动摩擦环和轴封盖用锡焊接起来，弹簧放在波纹管内，使波纹管伸长。波纹管式轴封的结构如图2—19所示，压缩机转动时轴封随着一起转动。它有两个密封

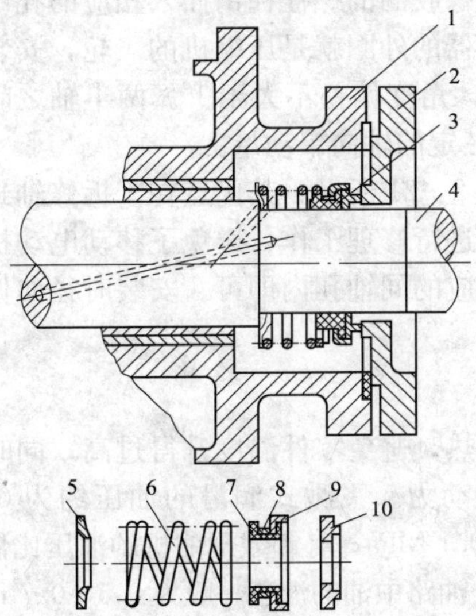

图 2—18　摩擦环式轴封的结构

1—前轴承　2—压板　3—轴封　4—曲轴
5—托板　6—弹簧　7—轴封橡皮　8—紧圈
9—钢壳　10—摩擦环（石墨）

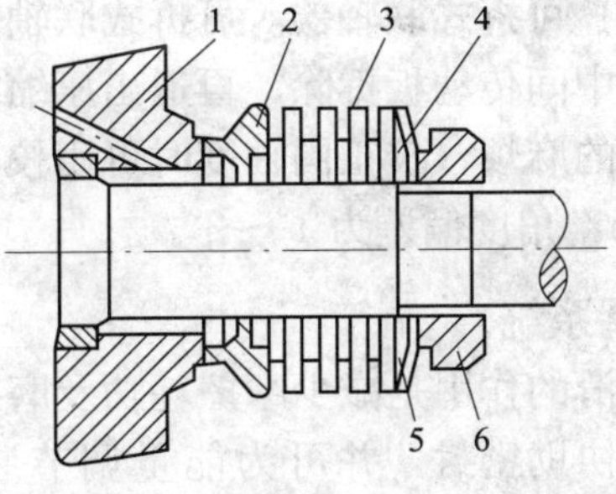

图 2—19　波纹管式轴封的结构

1—机体　2—动摩擦环　3—波纹管
4—弹簧　5—轴封盖　6—压紧螺母

面：一是动摩擦环与压缩机前端盖的密封面之间形成径向的动密封；另一是轴封盖与轴肩紧紧压紧形成静密封。这里的压紧螺母的螺纹旋向与主轴转向相反，拆装时特别要注意。

轴封的橡胶圈浸入油中并与制冷剂接触，容易产生膨胀、硬化、起泡等现象。卤代烃压缩机的橡胶件应采用丁腈、氯乙醇、氯丁等耐腐蚀的橡胶，氨压缩机可用氯丁或乙丙橡胶。

轴封摩擦环的材料和耐磨的副材料以及许用比压和圆周速度是不同的。当副材料为磷青铜时，许用比压约为 0.8～1.4 MPa，许用圆周速度约为 3.5～5 m/s；若为石墨环则许用比压在 0.2～0.6 MPa 之间，许用圆周速度为 25 m/s。

轴的各摩擦面的表面粗糙度均应为 R_a0.2 μm 左右，其平行度误差应不大于 0.01 mm/100 mm，端面对孔轴线的垂直度误差应不大于 0.01 mm/100 mm。

润滑油在轴封中起到润滑、冷却和密封作用，压板与机体间的纸垫片也是重要的密封件。

8. 联轴装置

对于开启式制冷压缩机存在着电动机轴与压缩机曲轴的连接问题。目前常用的有 3 种联轴装置。

（1）带连接。常用于减速传动，其结构简单，拆装方便，缺点是传动效率稍差。传动带为 V 带，安装时应保证两个带轮在同一平面内，传动带的松紧度以其下边部分没有明显的上下跳动为宜。

（2）弹性联轴器。弹性联轴器的结构如图 2—20 所示。电动机轴上装一只半联轴器，压缩机轴上装一只半联轴器，中间由几只套有弹性橡胶圈的螺栓柱销插入相应的孔中来连接，并传递力矩、缓冲及减振。制冷压缩机半联轴器的外圈就是压缩机的飞轮，安装时应进行同轴度的检查，保证径向偏差不大于 0.3 mm，角度偏差不大于 1°。两半轴之间要留有适当的轴向间隙（约几毫米），以保证轴可以有一定的轴向窜动量。

（3）可拆式联轴器。可拆式联轴器的结构如图 2—21 所示。其优点在于拆修轴封时只需先将中间传动板拆除，再退出压缩机半轴，即可进行修理工作，避免了移动电动机和重新校正的麻烦，校正同轴度时可用校验心棒插入相应的同轴孔内即可。安装时径向偏差为 0.5 μm，角度偏差为 1°～2°。

9. 润滑系统

润滑的作用是减少摩擦耗功及磨损，带走摩擦热，避免零件温度升得过高，同时冲走磨屑及协助密封，并可为能量调节装置提供液压动力。飞溅式润滑的油压约为 0.01～0.02 MPa，无卸载压缩机的油压比低压高约 0.05～0.1 MPa，有卸载压缩机的油压比低压高 0.15～0.3 MPa。一般润滑油的温度不应超过 70℃，油路中油的流速一般为 0.5～0.7 m/s。

（1）润滑系统的分类。制冷压缩机的润滑分为飞溅润滑和压力润滑两种。飞溅润滑是靠曲柄连杆机构的运动把曲轴箱内的润滑油甩向需要润滑的表面，或是让甩起来的油按加工好的路线流到需要润滑的表面。这种润滑方式虽然效果没有油泵压力润滑好，但制造简单、价格低廉，且可在负压下正常进行润滑，保证压缩机正常运转。

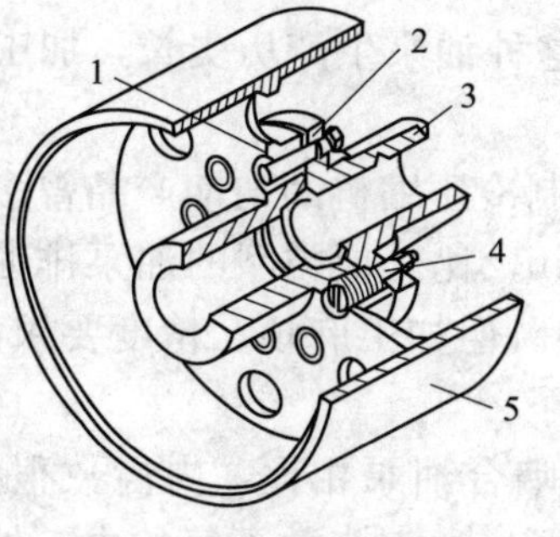

图 2—20　弹性联轴器的结构

1—弹性圈　2—挡圈　3—电动机半联轴器
4—柱销　5—压缩机半联轴器

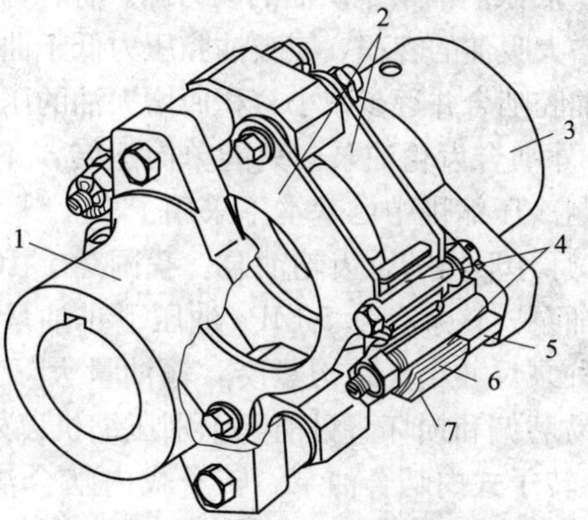

图 2—21　可拆式联轴器的结构

1—压缩机半联轴器　2—传动板
3—电动机半联轴器　4—套筒　5—垫块
6—弹性元件　7—传动块

压力式润滑系统如图 2—22 所示。利用油泵的压力，通过输油管路将油送到需要润滑的各个摩擦面，并且通过油管向卸载油缸提供动力。

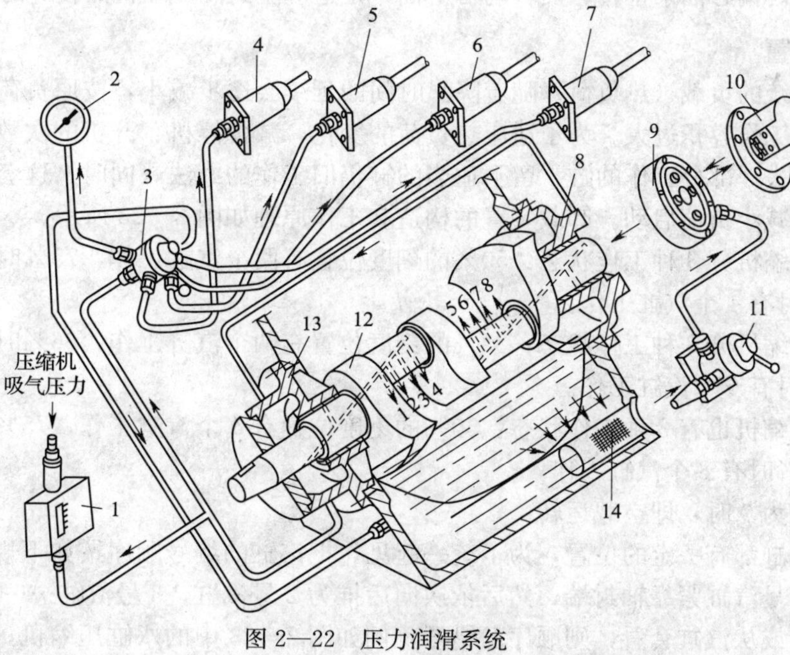

图 2—22　压力润滑系统

1—压差继电器　2—油压力表　3—油分配阀　4—第一卸载油缸　5—第二卸载油缸　6—第一卸载油缸
7—第四卸载油缸　8—后轴承座　9—油泵　10—滤油器　11—三通阀　12—曲轴　13—前轴承座　14—油过滤器

（2）油泵。油泵是供油的动力源。各种齿轮油泵的作用原理都是利用相互啮合轮齿的转动逐步增大吸油的容积，使吸油腔压力低于曲轴箱压力，以便自动吸油；而后在转动中，轮齿在排油腔啮合并逐步减小容积而增大油的压力，并将油排出。常用油泵有以下几种：

1）外啮合齿轮油泵。只能单向运转，不能倒转。虽然这种油泵生产历史长，加工方便，但制冷压缩机中已基本不采用了。

2）月牙形内啮合齿轮油泵。我国 70，100，125 等系列制冷压缩机的初期产品曾多采用这种油泵。该泵在 0.5 MPa 油压下排油量不少于 18 L/min，比其他类型的油泵排油量大。这种泵尺寸小，结构紧凑，输油量大，正、反转都上油。但加工麻烦、精度要求高、运行中易磨偏和损坏。目前除个别压缩机以外，均较少采用了。

3）转子式内啮合油泵。转子式内啮合油泵与月牙形内啮合油泵相比，内齿数很少，而且齿形与一般齿轮也不一样，内齿为内转子，外齿为外转子，一对齿数不等的内、外转子啮合转动时，由于存在转速差，内、外转子所包围的容积产生周期性的扩大与缩小，从而实现吸油和压油的作用。目前，我国生产的转子油泵的外转子为 5 齿，内转子为 4 齿。转子式内啮合油泵的特点是加工简单、精度高、耗材少、正反转都上油，是目前采用最多的油泵。

4）偏心油泵。偏心油泵大都用在全封闭的压缩机内，其偏心轴或曲柄轴普遍为竖立式，在轴的下端设偏心油孔进油，轴内有油道，靠离心力的作用连续地把油送到各个需润滑的摩擦面。偏心油泵正转、反转均可上油，是适应全封闭压缩机的较好的泵油机构。

10. 卸载装置

制冷系统的负载（热负荷）随着降温时间的延续会逐步减小，按原负荷配置的制冷压缩机就显得工作容积过大。为了适应热负荷的变化，减少停机、开机的次数，多缸压缩机通常采用卸去一部分工作的缸、留下适当的缸仍旧工作的办法。同时，这套装置也可以实现无负载或减小负荷启动。卸载装置的构造和工作原理如图 2—23 所示。

四缸压缩机分 3 种工作状态：50％的刻度位置有两个汽缸工作，75％时有 3 个汽缸工作，100％时有 4 个汽缸工作。

六缸压缩机分 3 种工作状态：33％的刻度位置有两个汽缸工作，66％时有 4 个汽缸工作，100％时有 6 个汽缸工作。

八缸压缩机也有 3 种工作状态：50％的刻度位置有 4 个汽缸工作，75％时有 6 个汽缸工作，100％时有 8 个汽缸工作。

当刻度为 0 时，即空载运转。

各个汽缸都有一定的位置，为了统一起见，把汽缸的编号顺序按如下规定：从轴封端开始，第一号汽缸紧靠轴封端，然后依次向后推为 2 号汽缸，3 号汽缸……参阅图 2—23。当从外形看或从汽缸套看，则顺序已错开，例如图 2—23 中的八缸压缩机，变成 1 号缸和 5 号缸在一排，3 号缸和 7 号缸在一排。在清洗压缩机时，先把各缸打好钢印号码，与之配套的零部件也打好同号钢印，以便今后维修。

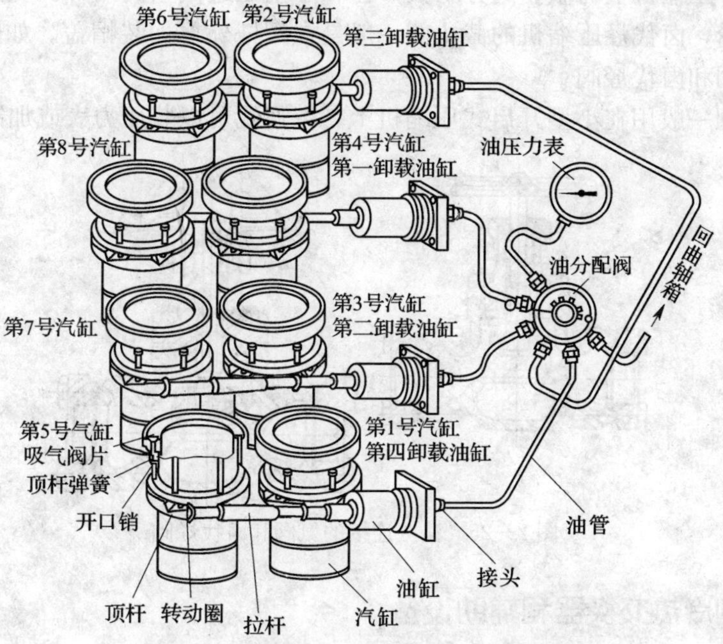

图 2—23　卸载装置的构造和工作原理

卸载的动力来自油压，也就是卸载靠油路通断的控制机构来实现。该控制机构分手动和自动两种，手动控制机构采用一个装在仪表板上的油分路阀，利用手柄调节卸载或加载的程度；自动控制机构利用电磁阀来开启或关闭油路，电磁阀接受温度控制器的信号后动作，即以温度的电压信号达到自动控制的目的。

现在生产的单机双级制冷压缩机也有装卸载装置的，用来卸去和投入低压缸的工作数目，以改变压缩比。如 2/6 八缸单机双级制冷压缩机，如将卸载调节手柄置于 75%的位置，则低压级不是 6 个汽缸工作，而是 4 个汽缸工作，高压级是两个汽缸工作，压缩比为 1∶2。

11. 安全阀、截止阀

制冷压缩机的安全阀装在压缩机的吸、排气腔之间，当因故障原因而使排气压力超过规定值时，安全阀会自动打开，将高压蒸气泄回低压腔，从而降低了高压腔的压力，保证了安全。当高压降到一定程度后，阀芯会自动关闭。安全阀的结构如图 2—24 所示。

制冷压缩机上的安全阀多为弹簧式，可调节弹簧的松紧来确定起跳压差的大小。目前，单级压缩机的安全阀压差调节为 1.6 MPa时起跳，1.3 MPa 时自动关闭。

安全阀若关闭不严，则应拆开清洗或修理，直至能关闭密封为止。安全阀属高压计量仪器，应由专门机构定期（如一年）进行校验，合格后方可使用。安全阀不要随意调节。

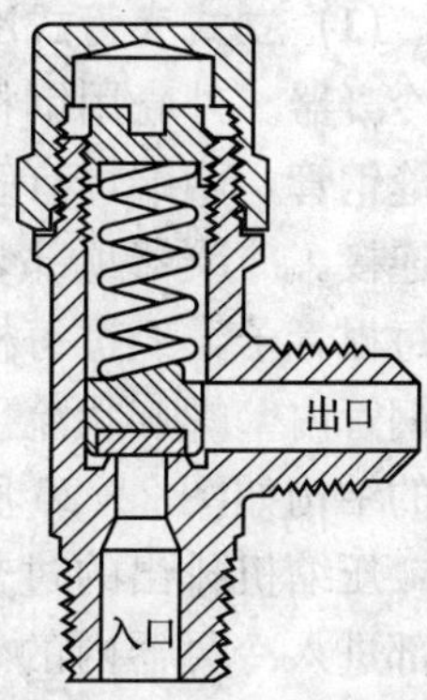

图 2—24　安全阀的结构

安装在制冷压缩机上的截止阀分为大口径和小型三通截止阀两种。氨压缩机的截止阀一般都带有手轮，卤代烃压缩机的截止阀一般是在阀杆外再加装帽盖。如图 2—25 所示为法兰连接的氨阀和卤代烃阀。

小型三通阀一般用在小型开启式压缩机上，旁通孔可以装压力表或加制冷剂用。

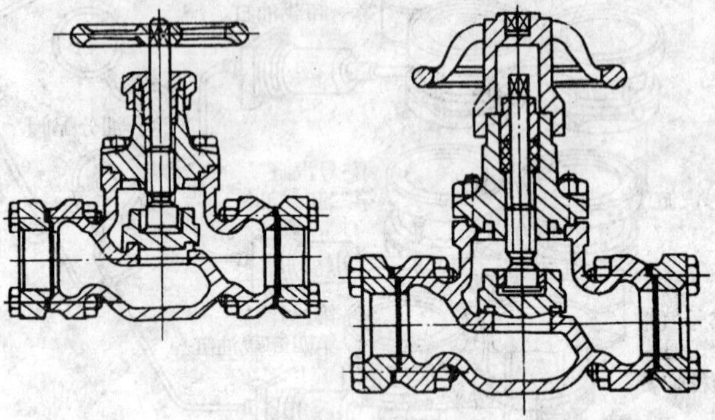

图 2—25　法兰连接的氨阀和卤代烃阀

第二节　制冷热交换器和辅助设备

一、冷凝器

冷凝器按其冷却方式可分为水冷却式、空气冷却式（或称风冷式）、水和空气联合冷却式 3 种类型。

1. 水冷式冷凝器

水冷却式冷凝器中制冷剂放出的热量被冷却水带走。冷却水可以一次流过，也可循环使用。当循环使用时，需设置凉水塔或循环水池。水冷式冷凝器有壳管式、套管式和沉浸式等结构形式。

（1）立式壳管式冷凝器。立式壳管式冷凝器简称为立式冷凝器。外壳用钢板焊制成圆柱形，筒体内装有许多根无缝钢管，两端焊有管板，管子和管板采用胀接法或焊接法连接。冷凝器顶部装有配水箱，使冷却水能均匀地分配到每根管子，经过每根管子上端装设的分水器，使冷却水沿钢管内壁螺旋状流下，提高管子的传热效果。立式冷凝器的结构如图 2—26 所示。

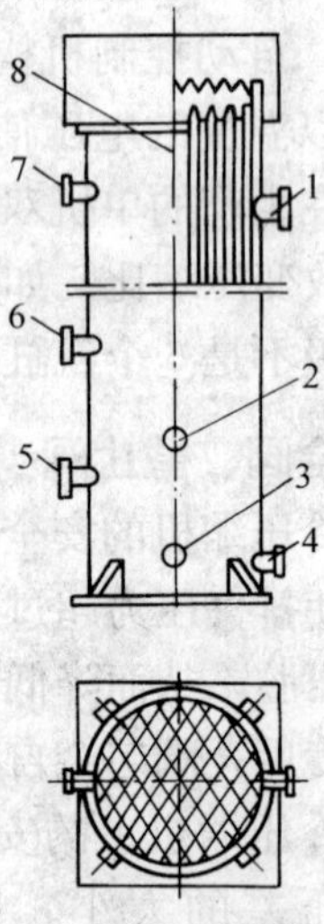

图 2—26　立式冷凝器的结构

1—氨过热蒸气进口　2—压力表接头

3—放油口　4—氨液出口

5—不凝气体出口　6—平衡管接口

7—安全阀口　8—放空口

压缩机排出的过热气体经过油分离器分离后，从壳体上部进入冷凝器内的管外空间，被管内冷却水冷凝成为液体，并从下部出液口排出流入储液器。在冷凝器上装有放空口气、平衡管、安全阀、压力表等接口，以便安装时与系统各部分连接。立式冷凝器的冷凝效果主要取决于冷却水温度和冷却水量。冷却水流量越大，传热系数 K 也提高，但水量过大时，K 值增加的速度减慢，而水量消耗及水泵功率却大大增加，运行的经济性降低。

立式冷凝器的冷却水由上部直通流下，为使冷却水均匀分布并有较好的冷却效果，冷却水量必须充足，因而水量消耗大。立式冷凝器的主要缺点是冷却水消耗量大，水侧表面经常和空气接触，容易生长苔类植物，冷却管腐蚀也较大。

（2）卧式冷凝器。卧式冷凝器主要用于冷却介质为卤代烃与氨的制冷设备上。卧式冷凝器的结构大体上与立式相同，不同的是两端封头铸有隔水条，使冷却水分成数个流程。制冷剂在管外，水从管内沿流程流动。氨用卧式冷凝器的外壳上设有氨进出口、平衡管、放油口、安全阀、压力表等接口，如图 2—27 所示。在进出水管上有放气和放水龙头。作为卤代烃用的冷凝器接头较少，只有进气和出液接头。有的小型冷凝器内部采用紫铜管，铜管外靠制冷剂一侧还套有圆形散热片。在卧式冷凝器中，进出水温差一般为 4～6℃，耗水量比立式冷凝器少。

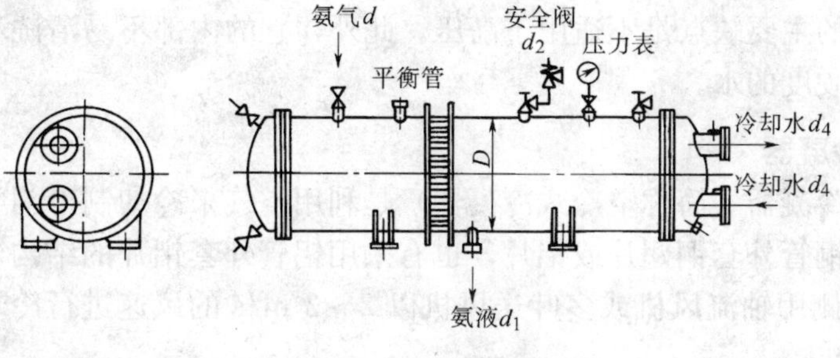

图 2—27　氨用卧式冷凝器

（3）套管式冷凝器。套管式冷凝器如图 2—28 所示。它是由两种直径不同的无缝钢管和铜管所制成的，通常其外管为 ϕ51 mm×2 mm 的无缝钢管，管内套有一根或数根紫铜管或低肋铜管，它们套在一起并用弯管机弯成螺旋形或 U 形。冷却水在内管中自下而上流动，高压卤代烃制冷剂蒸气则由上部进入外套管内，冷凝后的制冷剂液体从下部流出。这种冷凝器的优点是：结构简单，制造方便，能够比较理想地进行逆流式换热，传热效果好，其传热系数可达 1 100 W/(m² · ℃)。此外，它可以套放在压缩机的周围而不占用专门的位置，节省制冷机组的占地面积。它的缺点是：单位传热面积的金属消耗量大，清洗水垢比较困难。套管式冷凝器主要用于制冷量为 17～24 kW 的小型卤代烃机组中。

（4）螺旋板式冷凝器。螺旋板式冷凝器由两个螺旋体加上顶盖和接管构成，两个螺旋体形成两条螺旋形通道，如图 2—29 所示。

两种介质在螺旋形通道内逆向流动，一种介质由螺旋中心流入，从周边流出；另一种介质由周边流入，从中心流出。螺旋板式冷凝器周边处的管接头应切向连接，因径向连接的流动阻力较大。为了增强螺旋板的刚度，在通道内每隔一定的距离便设有支撑。当冷凝器承受的压力较高时，应在其外围焊上加强肋。与壳管式冷凝器相比，螺旋板式冷凝器不

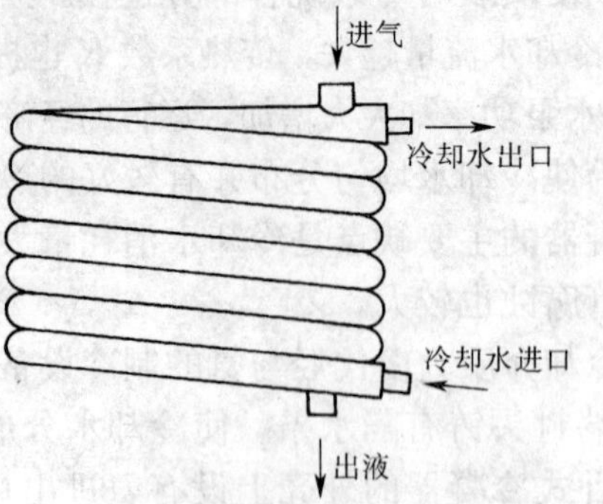

图 2—28　套管式冷凝器

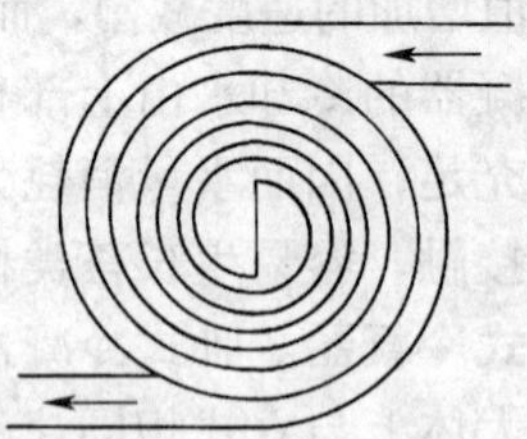

图 2—29　螺旋形通道

但体积小、质量轻，而且传热系数也高。根据试验，当工作条件及介质流速相同时，新的氨螺旋板式冷凝器的传热系数比壳管式冷凝器高 50%左右。使用几年后还可稳定在 950～990 W/(m^2・℃)。

这种冷凝器的主要缺点是不适用于高压。此外，它的内部不易清洗和检修，因此，只能用软水或中等硬度的水。

2. 空气冷却式冷凝器

空气冷却式冷凝器（简称空冷式冷凝器）是利用空气来冷却制冷剂气体的设备。一般空冷式冷凝器用铜管外套铜翅片或铝片，也有采用铝管外套铝片的结构。管内引入高压制冷剂蒸气，管外侧用轴流风机或多叶送风机以 2～3 m/s 的风速进行冷却，管内制冷剂被冷凝成液体后导出。

空冷式冷凝器（见图 2—30）分为自然对流式和强制对流式两种，其中自然对流式是依靠空气自然冷却，强制对流式是采用风机强制空气流动进行冷却。这种冷凝器冷却效果一般，但结构简单，安装方便，通常用于家庭电冰箱、空调器等小型设备上。

空冷式冷凝器适用于没有冷却水的场合，一般都采用 R12 和 R22 制冷剂，也可采用 R21和R114等高温制冷剂。空冷式冷凝器冷凝温度一般都比较高，因此，在制冷量较大

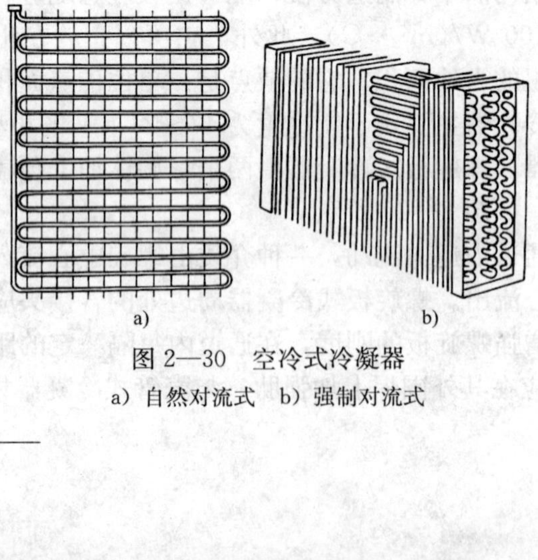

a)　　b)

图 2—30　空冷式冷凝器

a）自然对流式　b）强制对流式

的装置上应用时，功率消耗显著增加。由于传热系数低，冷凝器体积大、造价高，故一般只用于压缩机功率小于 0.75 kW、传热面积小于 7 m^2、送风量为 1 200 m^3/h 左右的制冷装置。小型卤代烃制冷机的空冷式冷凝器和机器组装在一起。在冷却水供应困难的场合，中型卤代烃制冷机也可采用空冷式冷凝器。

3. 水和空气联合冷却式冷凝器

采用水和空气联合冷却方式的冷凝器包括淋水式冷凝器和蒸发式冷凝器两大类。在这两类冷凝器中，制冷剂在管内冷凝，冷却水喷洒在传热管外，传热管均为光滑钢管。

蒸发式冷凝器以水和空气作为冷却介质，以水的蒸发和空气的对流传散热量，因此称为蒸发式冷凝器。蒸发式冷凝器内装有盘形无缝钢管，制冷剂由盘管上部引入，冷却后，由下部排出。冷却水由水泵加压，自上而下喷向盘管，使它冷却。与此同时，利用风机向上吹风，以加速水的蒸发，吸收冷凝器放出的热量。在蒸发式冷凝器中，制冷剂放出的热量主要由水的汽化吸热带走，汽化时产生的蒸气由强制流动的空气带走，少部分热量通过管壁传给管外壁上的水膜，由水膜传给空气。

淋水式冷凝器的工作原理和蒸发式冷凝器基本相同，但不设风机，只用水冷却并结合空气自然对流冷却。在淋水式冷凝器中，制冷剂放出的热量大部分依靠空气自然对流带走，少量的热量是由水的汽化吸热带走。

二、蒸发器

蒸发器按其被冷却的介质种类不同，可分为冷却液体载冷剂的蒸发器和冷却空气用的蒸发器两大类。冷却液体载冷剂的蒸发器又可分为敞开式（包括立管式和螺旋管式）和闭式（包括满液式和干式）两类。冷却空气用的蒸发器又可分为蒸发排管和冷风机。

1. 立管式蒸发器

立管式蒸发器的结构如图 2—31 所示，其外壳为一矩形水箱，内装有纵向排列的多组蒸发排管，不同的组数组成不同的蒸发面积。每组排管有上下两根水平集合管，集合管之

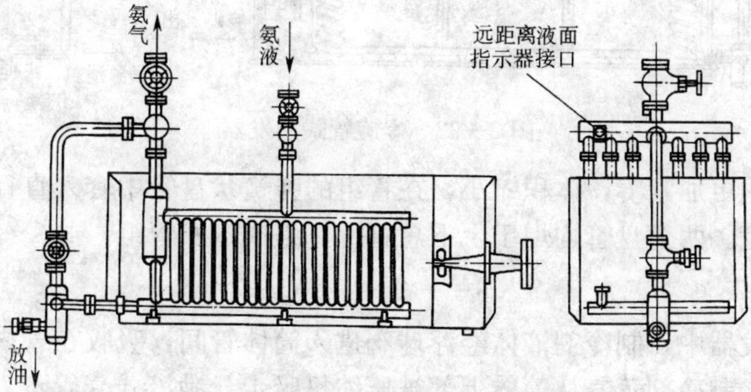

图 2—31　立管式蒸发器的结构

间焊有许多末端微弯的直立管，集合管一端接有简易液体分离器。

为了提高立管式蒸发器的传热效果，在水箱上装有搅拌机，水箱中还设有隔板，以使载冷剂在水箱中循环，流速一般保持为 0.5～0.7 m/s。

搅拌机有卧式和立式两种。由于卧式搅拌机主轴穿过水箱端板，需要采取密封措施，且当修理搅拌机时需要将水箱中的水或盐水放出，因而现在大都不采用卧式搅拌机，而广泛采用立式搅拌机。立式搅拌机结构简单，螺旋形叶轮和主轴通过联轴器直接和电动机轴连接，维修搅拌机时只要将整个搅拌机连同电动机一起取出即可。

立管式蒸发器水箱侧壁上部装有溢流管，当载冷剂过多时，可从溢流管流出。水箱底部设有放水管接口，以便清洗和修理管组时将箱中的剩水放净。为了控制蒸发器排管中的氨液面，在水箱上装有浮球阀或电磁液位控制装置。

立管式蒸发器由于水箱上部开启，便于操作人员观察和修理，载冷剂储量较大，用淡水作为载冷剂时不会有结冰损坏设备的危险，所以被广泛应用于空调和低温系统。其缺点是体积较大，占地面积大，当用盐水作为载冷剂时，由于盐水和空气接触，水箱腐蚀较严重，需在盐水中加入缓蚀剂，且盐水容易吸收空气中的水分而使浓度降低，需经常检查盐水相对密度及时向盐水中补充固体盐。

2. 螺旋管式蒸发器

如图 2—32 所示为螺旋管式蒸发器。螺旋管式蒸发器与立管式蒸发器的主要区别，仅在于它以螺旋管代替了两集合管之间的直立管。这样，当蒸发面积相同时，其外形比立管式蒸发器小，因而其结构紧凑，占地面积小，布液均匀，管子根数大为减少，因而焊接点减少，制造比较方便。

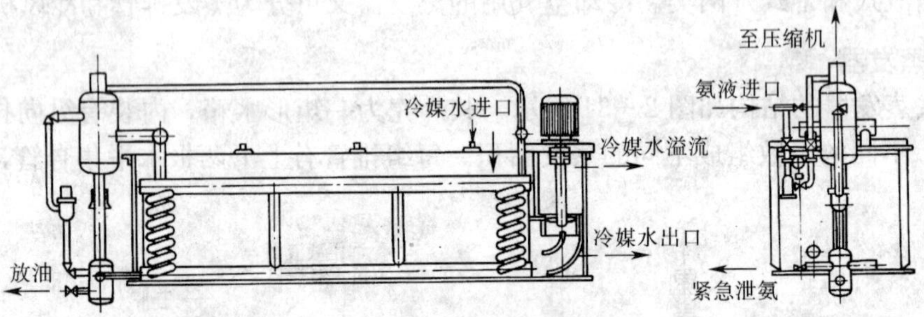

图 2—32　螺旋管式蒸发器

为使产品结构更加紧凑，体积缩小，在管组的弹簧状盘管中套入直径较小的盘管，这被称为双头螺旋管。两个盘管均焊于上下总管上，组成蒸发管组。

3. 壳管式蒸发器

在壳管式蒸发器中，制冷剂液体经浮球阀进入筒体管间，吸收在管内流动的制冷剂液体的热量而蒸发，制冷剂蒸气从筒体上部被压缩机吸走。满液式壳管蒸发器如图 2—33 所示，其外壳为用钢板焊接的圆筒，两端焊有管板，氟利昂的传热管采用紫铜管并胀接于管

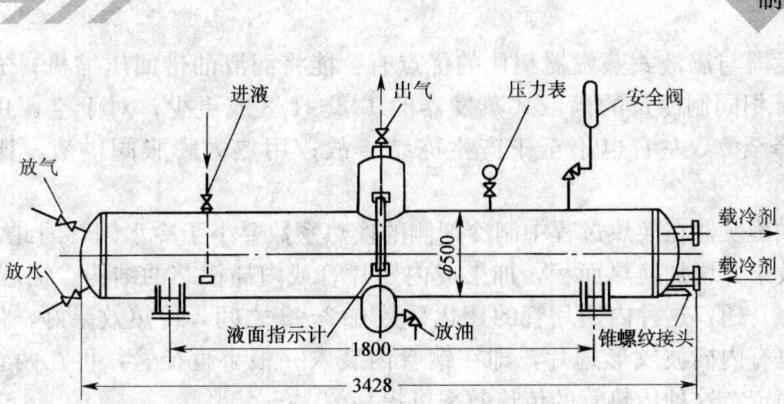

图 2—33　满液式壳管蒸发器

板的孔中，载冷剂在管内的流速由两端盖内的隔板来保证，使载冷剂多程流过蒸发器，一般为 4～8 程，其流速为 1～2 m/s。

在壳体内需充注相当数量的制冷剂液体，其静压液柱的高度为壳体直径的 70%左右。这种蒸发器一般有 1～3 排传热管露出液面，在沸腾时，这些管子被蒸发带上来的液体所润湿，使之吸热而成为饱和蒸气。如果液面太低，传热管就不能充分发挥作用，从而降低了传热效果；若液面太高，则可能会使吸气中带有液滴，使压缩机发生液击。因此，用浮球阀或液位控制器配合电磁主阀来控制蒸发器的液位。

壳管式蒸发器的传热管一般采用低肋螺纹管，为了提高传热效果，最近采用了烧结金属管和高热流传热管（多孔管）。因为这种管增加了液体沸腾时的汽化核心数，使传热温差减小，沸腾换热系数增加，传热效率可提高 30%～40%。

壳管式蒸发器由于充注制冷剂的量较大，所以也被称为满液式蒸发器。

4. 干式蒸发器

壳管式干式蒸发器制冷剂在管内蒸发，为了控制供液量，一般与热力膨胀阀配合使用。载冷剂在管外流动，为了提高管外侧的流速以强化传热效果，在筒内装有若干块折流板。

干式蒸发器如图 2—34 所示，它由筒体、管板、传热管、折流板和端盖等所组成，制冷剂可以下进上出，也可以上进下出，前者分液较均匀，传热效果较好，后者有利于回油。

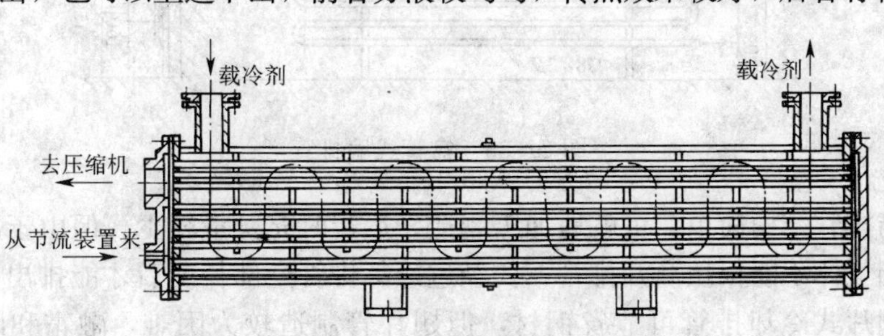

图 2—34　干式蒸发器

干式蒸发器与满液式蒸发器相比的优点有：能将润滑油带回压缩机；充注的制冷剂量较少，只有相同制冷量的满液式蒸发器的1/2～1/3或更少；对于空调用冷水，即使蒸发温度下降至0℃左右也不至于产生冻结事故；用热力膨胀阀供液，比用浮球阀简单、可靠。

由于干式蒸发器在换热过程中制冷剂侧的换热系数要小于冷水侧，因此，为了强化制冷剂的换热效果并增加换热面积，加工成内翅片管或内插铝芯的结构。铝芯可做成5翅、6翅、8翅或10翅，这种内翅片管的翅化系数在2～3之间，传热效果好，但阻力相应增加。近年来也有内插波纹形翅片，即在铜管内装入一根小直径管，再在两管间装波纹翅片，用钎焊固定，这种传热管的传热效率可提高30%～40%。

5. 冷却排管

冷库中应用最多的蒸发管为冷却排管。按其安装位置的不同可分为墙排管、顶排管和搁架排管。

(1) 盘管式墙排管。 这种冷却排管多用ϕ38 mm×2.5 mm的无缝钢管制成，水平置放的无缝钢管用U形螺栓固定在竖立的角钢支架上。管组中每根管子总长一般不超过120 m。横卧管中心线间的距离为110～220 mm，角钢支架的距离为3 m左右。在重力供液系统中，氨液从下部进入，氨气则从上部引出。在氨泵供液系统中，也有采用上部进液、下部出气的连接方法。

盘管式墙排管有单根蛇形盘管和双根蛇形盘管两种形式，前者结构比较简单，后者结构比较紧凑，盘管式墙排管如图2—35所示。除光滑管外，还有采用翅片管式的墙排管，翅片制造方法有绕片和套片两种。

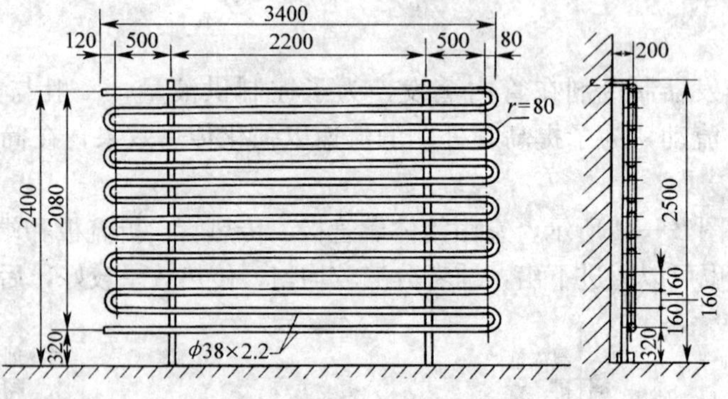

图2—35　盘管式墙排管

盘管式墙排管结构简单，可就地加工制造，运转时充氨量较少。但由于冷却排管内已汽化的制冷剂气体不能很快离开排管，要经过冷却排管全部长度后才能排出，因而降低了传热效果。翅片式冷却排管可节省钢材，但翅片管制造较为困难，融霜和防锈蚀也不方便。卤代烃系统中为了尽可能减少制冷剂充注量，多采用铜管外套翅片，且多采用从管组上部供液、下部出气的方式，以利于排管中润滑油随气流返回压缩机。

(2) 立管式墙排管。 立管式墙排管如图 2—36 所示。一般用 ϕ38 mm×2.2 mm 或 ϕ57 mm×3.5 mm 的无缝钢管，高度为 2 500～3 500 mm，管中心线间距为 110～130 mm，竖管焊于 ϕ76 mm×3.5 mm 或 ϕ89 mm×4 mm 的上下总管上，氨液从下总管中部进入，氨气由上总管排出。

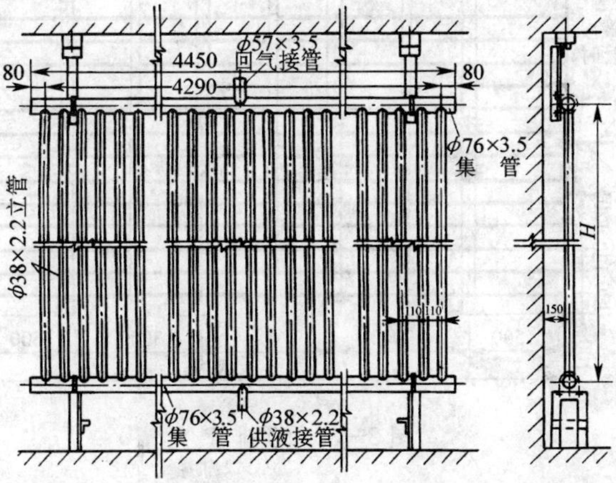

图 2—36 立管式墙排管

立管式墙排管的优点是制冷剂汽化的气体容易排出，传热效果较好。但当排管高度较高时，排管内液柱较高，由于静压力的影响使下部制冷剂的蒸发温度提高，这对蒸发温度较低的系统尤为不利。

(3) 顶排管。 顶排管（见图 2—37）吊装在冷藏间的顶板下，管组多用 ϕ38 mm×2.2 mm的无缝钢管组成，上下两根管子的一端用弯头连接，另一端分别焊接在 ϕ57 mm×3.5 mm 或 ϕ76 mm×3.5 mm 的总管上，供液管在下总管底部，出气管接在上总管的顶部。管组的根数较多时，可装设两个进出口，以便使顶排管供液均匀。

冷库中也有使用光滑盘管式顶排管的，其结构形式与光滑盘管式墙排管基本相同，不过是将其横向吊装在顶板下。为了提高顶排管的传热效果，和墙排管一样，也可采用翅片管制成顶排管。

卤代烃系统中采用的顶排管多为单根蛇形盘管组成的翅片或光滑顶排管。

(4) 搁架式排管。 搁架式排管主要用于冻结盘装食品，它由蛇形盘管组成，如图 2—38 所示。氨液由搁架排管下部进入，氨气从上部排出。需要冷冻加工的食品装在冻盘内，直接放在搁架上进行冷冻。这种排管多用于冷冻鱼类、家禽、蛋品等小块食品的小型冻结间。

搁架式排管钢材消耗较多，搬运冷冻食品时劳动量大，因而使用受到一定限制。

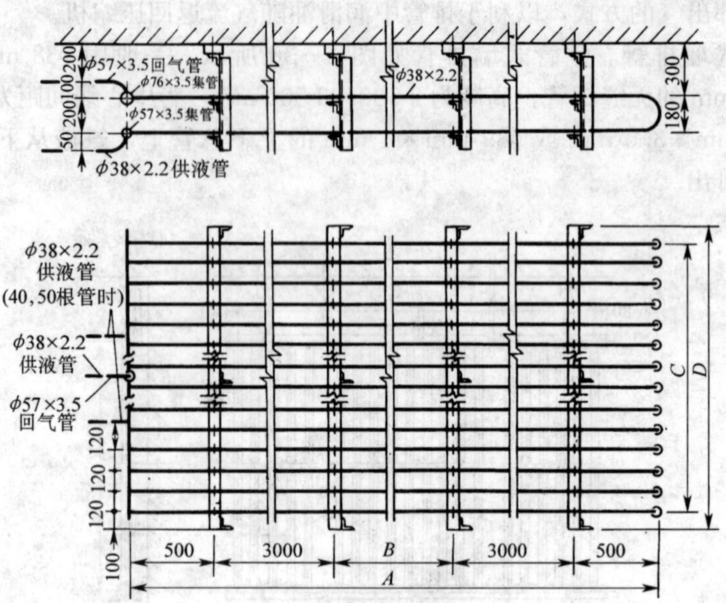

图 2—37　顶排管

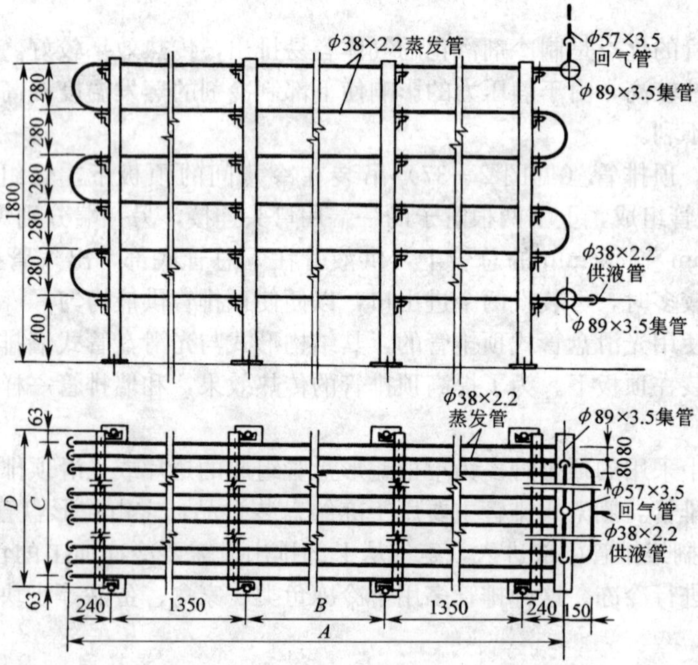

图 2—38　搁架式排管

6. **冷风机**

冷风机又称空气冷却器，主要由蒸发管组和通风机所组成，依靠通风机的强制送风，使库房内的空气以一定的风速流过冷风机的蒸发管组，从而使库房温度降低。

根据冷却空气时所采用的方法不同，冷风机可分为干式、湿式和混合式等类型。用低温载冷剂（如盐水或水）直接和空气接触而降温的称为湿式冷风机，而在冷却管内通入制冷剂直接蒸发，使管外空气得以冷却的冷风机称为干式冷风机。湿式冷风机中盐水对金属材料腐蚀较大，且冷风机体积大，现已很少采用。干式冷风机使用很广泛，依其安装方法又可分为落地式冷风机和吊顶式冷风机。

（1）落地式冷风机。如图 2—39 所示为落地式冷风机结构示意图。

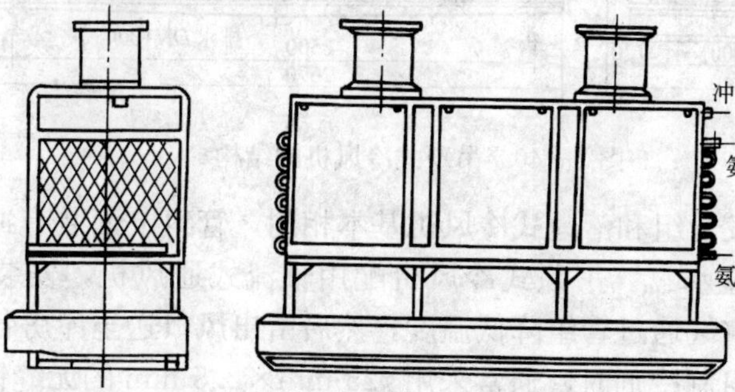

图 2—39　落地式冷风机结构示意图

以氨为制冷剂的冷风机，蒸发管组大都制成上下两组。管组由无缝钢管外绕翅片制成。下部管组翅片间距稍大，避免回风湿度大时翅片间被霜阻塞；上部管组翅片间距稍小，以便增加传热面积。制冷剂液体从管组下部进入，蒸发后制冷剂气体从管组上部被压缩机吸入。管组之上还装有冲霜淋水管，当用热氨冲霜时，同时在管组外喷淋水，使管外积结的霜层很快被冲除。冷风机的最上层是风机室，风机室有一定的高度，使通过翅片管的风速趋于均匀。冷风机的最下部装有盛水盘，承接冷却管组上的凝结水和冲霜水。

运转时通风机从下部侧面吸入空气，以一定的速度通过冷却管组，和管内蒸发的制冷剂液体进行热交换而使温度降低，然后由装在上部的通风机增压排至被冷却物进行冷却。库房面积较大时，为保持库内各处温度均匀，出风口安装有风管，将冷风输送到各处。为便于风管的连接，出风口的方向有顶出风、左出风和右出风等形式。

冷风机配用的通风机有轴流式和离心式两种。轴流式通风机结构简单、使用可靠、维护方便、价格低廉，但噪声较大，风压不能太高。离心式通风机的风压较高，运转时噪声较低，但结构复杂，操作维护技术要求高，价格较高，除在一些特殊场合采用外，现已较少采用。

冷风机的冷却效果与管间风速、管内蒸发温度与库温的温差、翅片管的霜层厚度、库内风的分布情况等因素有关。

落地式冷风机按配用风机的风量和风压的不同，可用于食品速冻、冷藏以及各种低温冷风冷却。

（2）吊顶式冷风机。 吊顶式冷风机的结构如图 2—40 所示。它具有传热效果好、不占用冷库使用面积等优点，在冷库速冻、冷却间应用较多。

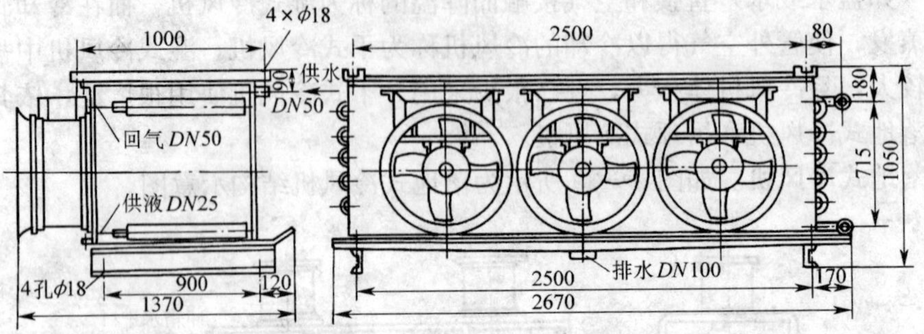

图 2—40　吊顶式冷风机的结构

吊顶式冷风机的蒸发管组和落地式冷风机基本相同，管组上面装有冲霜用淋水盘，管组下面有承接冲霜水的盛水盘。吊顶式冷风机配用轴流式通风机，安装在蒸发管组的一侧，运转时通风机迫使空气通过管组降低温度，然后由出风口送至库房各处。

吊顶式冷风机采用氨制冷剂时，通常采用 ϕ25 mm×2.5 mm 的无缝钢管，管外绕片或套片，制成后的翅片管要镀锌，以提高抗锈蚀能力。采用卤代烃为制冷剂的冷风机，管组多用 ϕ16 mm 的紫铜管，管外套铜或铝翅片。

三、高压储液器

1. 高压储液器的作用

储液器安装在冷凝器液体出口的下方，用来储存由冷凝器来的高压液体，使液体不致淹没冷凝器传热面；它可均匀地向调节站供应液体，并适应工况变动而调节和稳定制冷剂的循环量；它还起液封作用，以防止高压制冷剂气体窜入低压管路中；此外，通过储液器可以看出制冷剂在系统中的盈亏。

储液器的大小视制冷设备的容量与性质而定。储液器能储存整个系统的液量固然很好，但对于运转正常的设备并不必要。当蒸发器为最大液量时，储液器应有 1/3 容积充满液体，其余 2/3 的容积可作为设备中液量过盈的储存处。

2. 高压储液器的结构

高压储液器（见图 2—41）结构简单，用钢板卷焊成筒形，两端用热压成型的封头与筒体焊接，内衬有加强圈。筒体上设有进液管、出液管、平衡管、压力表、安全阀、放空气口等管接头及液面指示器等。高压储液器上的平衡管接头与冷凝器上的平衡管接头之间应由气体平衡管连通（简称平衡管）。平衡管的作用主要是使高压储液器与冷凝器之间的

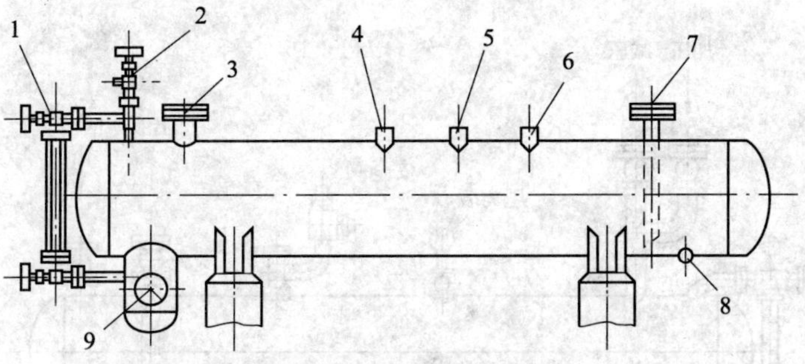

图 2—41　高压储液器

1—液面指示器　2—放空气口　3—氨液进口　4—压力表接头　5—压力平衡管接头
6—安全阀接头　7—氨液出口　8—排污口接头　9—放油口

压力保持平衡，以便使冷凝器中的液体能在重力作用下流入储液器，而且高压储液器中的蒸气也可以通过平衡管返回冷凝器。

四、低压循环储液器

低压循环储液器（桶）装设在氨泵供液系统中，用以取代重力供液系统中设在机房的氨液分离器和低压储液器，如图 2—42 所示。它有 3 个作用：一是保证氨泵所需的低压氨液；二是起着氨液分离器的作用；三是有冲霜系统时，是热氨冲霜回液的暂存装置。其进气管与库房回气管接通，出气管与压缩机的吸气管相连，下部有出液管与氨泵相连，氨液通过浮球阀（或液位控制电磁阀）进入桶内并维持一定的液面。在运行中，立式循环储液器的液面不超过容器高度的 1/4，卧式的不超过 1/3。

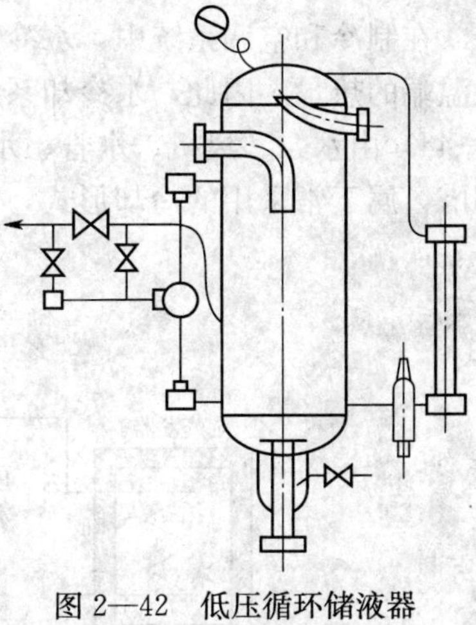

图 2—42　低压循环储液器

五、排液桶

排液桶（见图 2—43）是接纳从蒸发器排出的液体制冷剂的容器，主要用于重力式供液的冷库，当冷却排管或冷风机热氨冲霜时，其中的氨液就排入排液桶，所以，排液桶的容量应当能够储存最大一间库房的冷风机或冷却排管的灌氨量。另外，其他设备需要检修和发生事故要将液态制冷剂排出时，也可排向排液桶暂存。不溶于油的液体制冷剂在排液桶中经沉淀后可分离出润滑油，经放油口放掉。融霜结束后，可用热制冷剂气体加压，将液体制冷剂反送到融霜的蒸发器或向另外的设备和蒸发器供液，排液桶内氨液的最大允许容量为其容积的 70％。

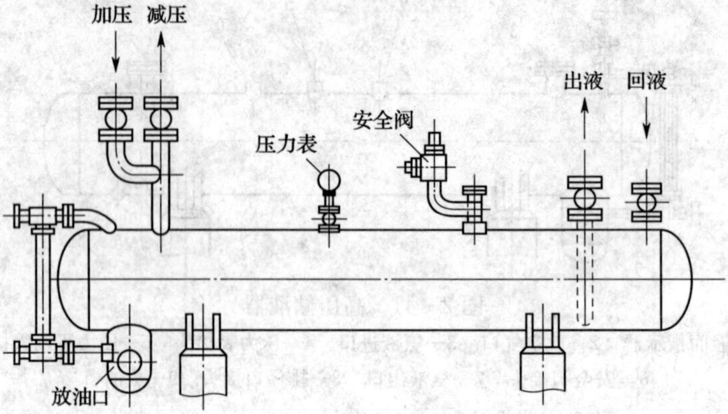

图 2—43　排液桶

六、冷却塔

在制冷和空调系统中，水冷却系统是冷凝器输出热量的专用系统，用以转移制冷系统高温端的热量，因此，水冷却系统的好坏将直接影响制冷装置的运行。水冷却系统（见图 2—44）由水泵、风机、水管、水池及冷却塔组合而成。这一系统中主要的散热设备是冷却塔，属于常采用的冷却形式，特别在水资源紧张的大城市用得最多。

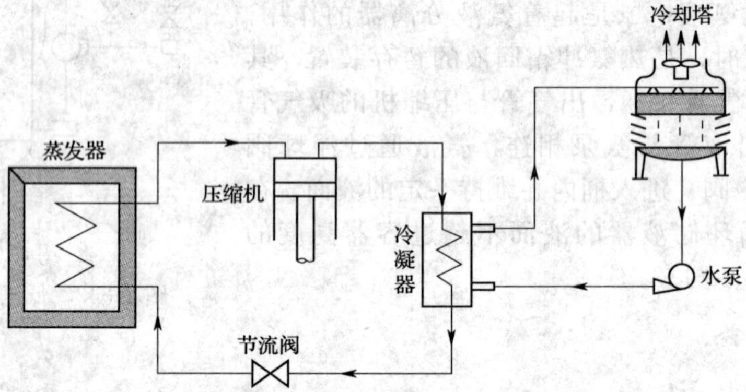

图 2—44　水冷却系统示意图

逆流式机械通风冷却塔如图 2—45 所示，横流式机械通风冷却塔如图 2—46 所示，这种装置用水量少，热交换性能好，它的风机是低转速的轴流风机，特点是风量大、压力低（约为 100～200 Pa）。冷却塔的冷却过程为：冷却水在冷凝器中吸收热量、温度升高，被送到冷却塔，经喷嘴喷出形成细小的水滴，流经填料层时形成薄薄的水膜，水滴和水膜在流经过程中同流动的空气接触。产生的热交换有两个方面：一是水与空气间的温差作用使冷却水放出热量；二是冷却水与空气接触时，一小部分冷却水蒸发到空气中，水蒸发时吸收汽化潜热，也使没有汽化的水温度降低。在整个过程中，部分水滴或水膜吸收汽化潜热

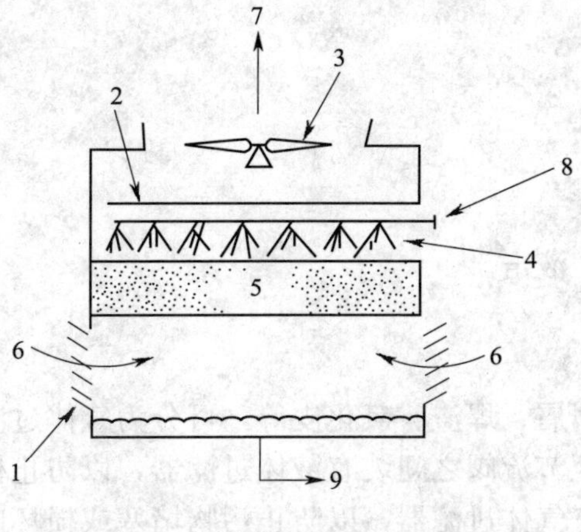

图 2—45　逆流式机械通风冷却塔

1—导风板　2—挡水器　3—轴流风机
4—水喷嘴　5—填料层　6—空气进口
7—空气出口　8—进水　9—出水

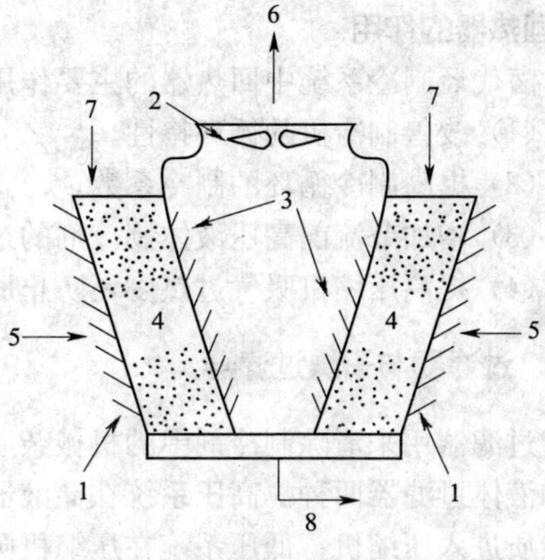

图 2—46　横流式机械通风冷却塔

1—导风板　2—轴流风机　3—挡水器
4—填料层　5—空气进口　6—空气出口
7—进水　8—出水

而蒸发，因此，每次循环总要损失一部分水，约占循环水量的1%～5%左右。这需要给储水池一定量的补充水，补充水量还包括被风吹出去而漂损的部分。

七、回热器

1. 回热器的工作原理

卤代烃系统用回热器（气液热交换器）装在卤代烃制冷系统中热力膨胀阀前的液体管路上，如图 2—47 所示。其外壳是用钢板焊制的圆柱形容器，两端焊有进、出气管接头，容器内装有一组蛇形冷却管组。送进蒸发器的制冷剂液体由蛇形管的一端进入，被冷却后的制冷剂液体从蛇形管的另一端流出，液体的冷却是利用来自蒸发器的制冷剂蒸气来实现的。制冷剂气体由进气管进入容器内与被冷却的液体进行热交换后，从出气管排出，由压缩机吸走。

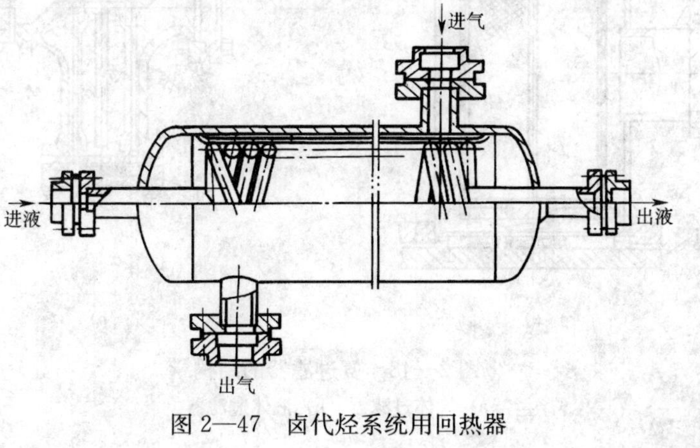

图 2—47　卤代烃系统用回热器

2. 回热器的作用

卤代烃制冷系统中回热器的主要作用是：

（1）改善制冷机的循环特性。

（2）提高制冷循环的制冷系数。

（3）增加节流前高压液体制冷剂的过冷度。

（4）提高压缩机吸气过热度，防止压缩机产生液击。

八、过滤器与干燥过滤器

过滤器用来清除制冷剂中的机械杂质，如金属屑、焊渣、氧化皮等，可分为气体过滤器和液体过滤器两种。高压系统在储液器出液处至节流阀之间装有液体过滤器，以防止机械杂质进入压缩机；低压系统在压缩机吸气口装有气体过滤器，以防止污物堵塞或损坏阀件；润滑油系统在油泵的进油处（往往在曲轴箱内）装有油过滤器。如图 2—48 所示为氨过滤器的结构。

过滤器利用金属丝网来阻挡污物，氨用过滤器采用 2～3 层网孔为 0.4 mm 的钢丝网制成，卤代烃过滤器则由网孔为 0.1～0.2 mm 的铜丝网制成。过滤器的大小可按制冷剂通过过滤网的流速来选用，气体流速可以取 1～1.5 m/s，液体流速可采用 0.07～1 m/s。

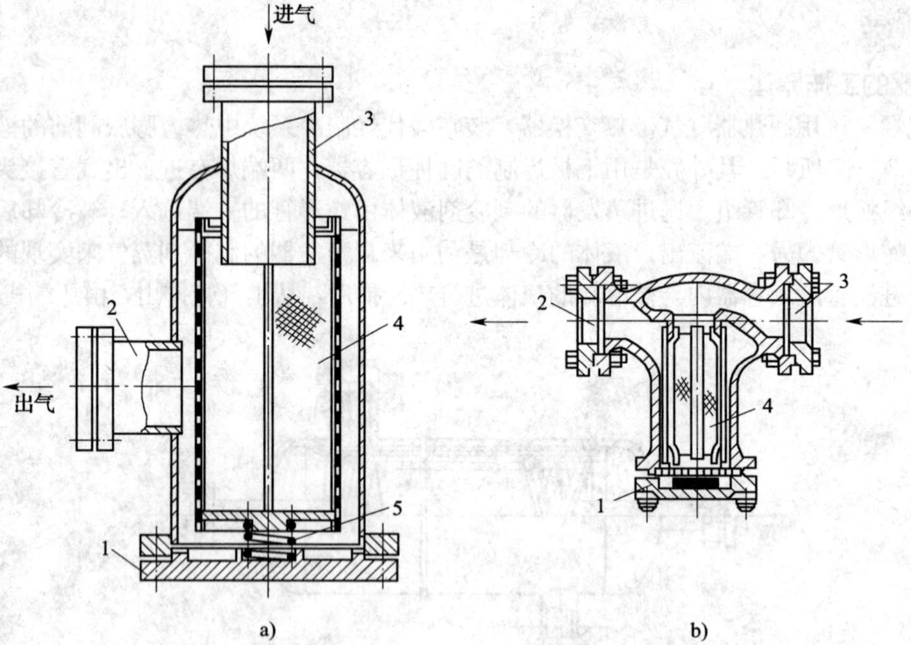

图 2—48　氨过滤器的结构

a）气体过滤器　b）液体过滤器

按流速计算的过滤器规格如果小于被安装处的管径，则可分别按气体和液体管的管径来选择。安装过滤器时，应注意制冷剂的流动方向，使制冷剂从过滤网内向网外流，以便于将过滤网拆下来清洗。

另外，在卤代烃制冷机的液体管路上还装有干燥器，用于吸收制冷剂中的水分，以防止通道产生“冰堵”。干燥器用无缝钢管制成外壳，内装一个由金属网做的内胆，胆内装有吸附剂——硅胶或分子筛。干燥器一般装设在节流阀之前，通常还装有旁通管路，可以使干燥器在停止使用、更换干燥剂或拆下清理时制冷机能够继续工作。小型制冷机中往往不装干燥器，而仅在充灌卤代烃时使其一次通过干燥器即可。干燥器使用一段时间后其含水量增加，因而吸水能力降低，这时需更换干燥剂，将换下的干燥剂在200℃左右的热空气中加热再生。

在卤代烃制冷装置中，有时将过滤器与干燥器合为一体，称为干燥过滤器。为防止干燥剂进入管路系统中，干燥过滤器两端装有铁丝网或铜丝网及纱布和脱脂棉等过滤层。

九、紧急泄氨器

制冷系统中充装的氨较多时，一般应设置紧急泄氨器（见图2—49），以便在紧急情况下，例如发生火灾时，迅速将液氨放掉，以保护设备和人身安全。紧急泄氨器采用钢管和两端的钢板焊制而成壳体，氨液泄出管从壳体顶部伸入，管上钻有许多小孔，壳体侧部焊有进水管，下部为氨水混合物的泄出口。制冷系统中储氨量较大的容器，如高压储液器、蒸发器等，都与紧急泄氨器氨液泄出管连接，当情况紧急必须将系统内的氨液排掉时，可将氨液泄出阀和进水阀打开。在容器内让氨液与水混合稀释后，经泄出口排入下水道中。但在非紧急情况下，严禁使用此设备，以免造成氨的损失。

图2—49　紧急泄氨器
1—氨液入口　2—水入口
3—泄出口

第三节　制冷剂节流与流量控制装置

制冷系统中，制冷剂的节流、流量的控制大多是由各种阀门来完成的。但在小型制冷系统中，也用毛细管作为节流机构。本节主要介绍大、中型制冷系统中的手动节流阀、热力膨胀阀两类节流机构，以及单向阀、电磁阀等流量控制机构。

一、手动节流阀

手动节流阀亦称为手动膨胀阀，在制冷系统中，它起着节流减压和调节流量的作用，使制冷剂由冷凝压力降至蒸发压力，控制进入蒸发器的流量，调节蒸发器的工况。

1. 手动节流阀的构造

（1）氨用手动节流阀。 氨用手动节流阀可分为阀芯呈圆锥形（针形）和开有斜缺口（V字形缺口）的圆筒形两种。如图2—50所示为圆锥形阀芯手动节流阀，它借助于铁与铁之间的密合来保持气密；如图2—51所示为圆筒形阀芯手动节流阀，它借助软金属来保持气密。

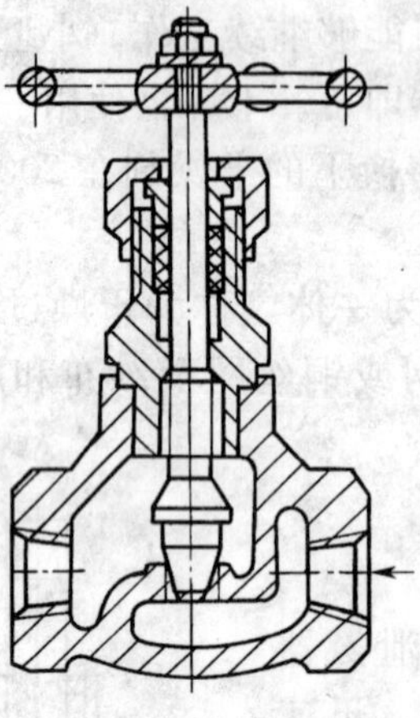

图2—50　圆锥形阀芯手动节流阀

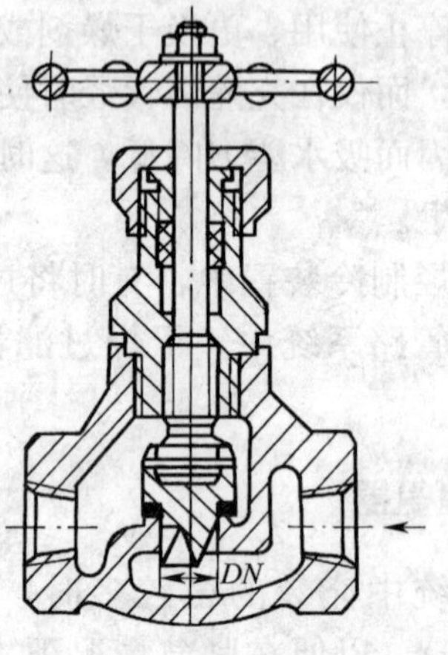

图2—51　圆筒形阀芯手动节流阀

（2）卤代烃制冷装置使用的手动节流阀。 这种阀的阀芯呈圆锥形，节流阀的阀杆采用细牙螺纹，以便对制冷剂的流量进行微调。如图2—52所示为卤代烃用手动节流阀。

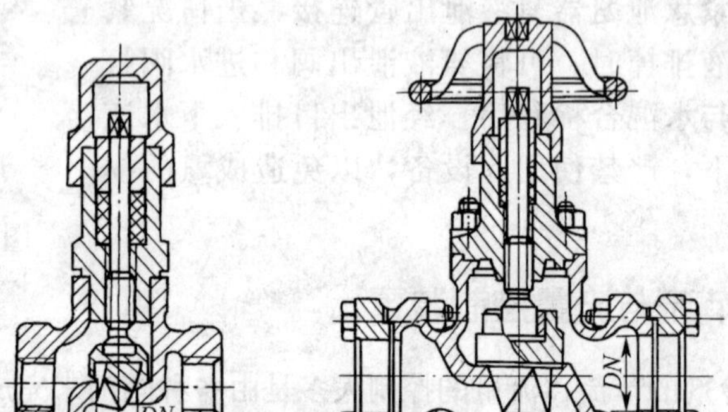

图2—52　卤代烃用手动节流阀

2. 手动节流阀的工作原理

节流过程是一个不可逆的绝热膨胀过程。由于过程进行得很快，制冷剂来不及与周围进行热交换，即没有功和热的交换。因此，认为节流前后的制冷剂焓值不变，但这只是理论上的分析，实际过程是个近似的等焓过程。当制冷剂以高压（冷凝压力）进入节流阀时，由于阀芯的特殊构造，只能从一狭窄的断面通过，阻力很大，于是制冷剂能量受到损失，压力下降，流速上升。通道断面越小，压力下降就越大，流速上升也大，但流量减小了。当压力下降后，制冷剂分子运动平均速度降低，其温度也随之下降，这是因为节流时，制冷剂比体积增大，需要有一部分能量来克服分子间的作用力，使制冷剂分子势能（内势能）增大。内势能增大是靠降低内动能作为代价的，而制冷剂分子动能（内动能）是温度的递增函数，它的减小意味着制冷剂温度下降。所以节流后，制冷剂宏观表现为压力下降，温度也下降。

3. 手动节流阀的工作特点

由于手动节流阀的结构简单，控制液体制冷剂进入蒸发器的方法简单，所以仍在使用。手动节流阀并非一般的截止阀，它的开启度直接影响蒸发器的工况及冷冻机的效率。如果手动调节不当，开启过大时会使压缩机吸入部分液体产生液击；开启过小时会使压缩机吸入过热度较高的气体，造成压缩机过热过载。所以，它适用于（氨系统）制冷负荷相对固定的大型冷库、制冰厂或需冷却的工业设备。换言之，对于制冷负荷变化较大，压缩机断续运转而保持不变温度的场合是不适用的，即小型制冷系统不采用。由于制冷装置自动化程度迅速提高，手动节流阀势必退出其作为主要调节设备的领域，它只能当自动节流装置发生故障时临时起调节作用，即旁通调节，以便顺利调换自动节流阀，或者用于较大型装置在冷冻初期辅助送液，手动节流阀的旁通连接如图 2—53 所示。

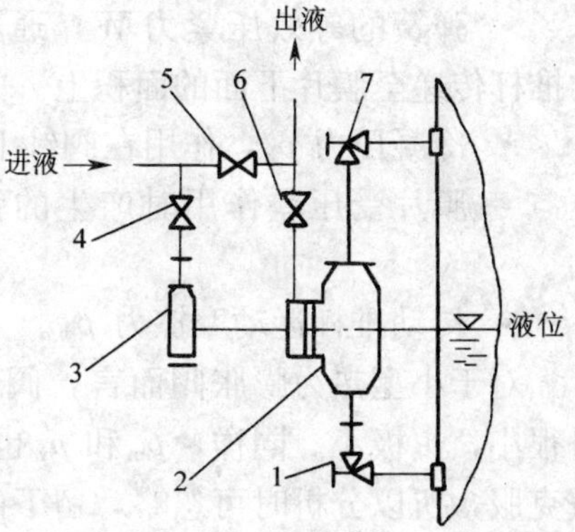

图 2—53　手动节流阀的旁通连接

1，7—角阀　2—浮球阀　3—过滤器

4，6—截止阀　5—手动节流阀

手动节流阀的优点为：结构简单，调节方式简单，价格低廉；缺点为：需熟练的操作员，操作员按制冷负荷变更而随时调节，工作强度高。

二、热力膨胀阀

热力膨胀阀是一种节流装置，它是制冷系统中自动调节制冷剂流量的阀件，广泛地用于各种中、小型制冷设备，特别在干式蒸发器的供液中最常用。热力膨胀阀工作特性的好坏直接影响到整个制冷系统能否正常运转。在制冷系统中，热力膨胀阀安置于蒸发器进液口的供液管中，它借助蒸发器出口端回气管上的感温组件，根据回气过热度的变化自动调节阀的开启度，以改变进入蒸发器的制冷剂流量。与此同时，将来自于高压储液器或冷凝器的过冷液态制冷剂，膨胀降压成低压、低温液态制冷剂输入蒸发器中。

1. 热力膨胀阀的工作原理

流体在管内流动，若遇到突然缩口（如小孔、阀孔），局部就产生阻力，其压力会显著下降，这种现象称为节流。热力膨胀阀是一种节流阀件。

现在分析膨胀阀的受力情况和其动作原理。如图 2—54 所示为内平衡式热力膨胀阀的受力分析图，膨胀阀的膜片受到以下各力的作用：

- 温包工质压力 p，作用在膜片上方，其力的大小由感温包受热情况决定。
- 蒸发压力 p_0，作用在膜片下方。
- 弹簧的等效压紧力 W，通过阀座、传动推杆传递至膜片下面的面积上。
- 冷凝压力 p_k，作用在阀针上。
- 膜片受压差作用时产生的弹性变形力 p_m。
- 传动推杆运动摩擦力 p_w。

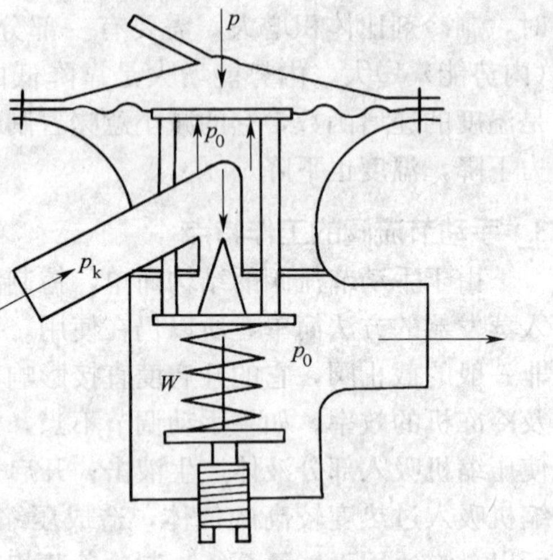

图 2—54　内平衡式热力膨胀阀的受力分析图

对于小型热力膨胀阀而言，阀针的面积相对很小，p_k极小。同样，p_m和 p_w也极小。它们均可由变化过热度的增量产生的力效应而被克服，所以分析时可忽略，留下的主要是 p，p_0，W 三个力。

感温包工质压力 p 企图使阀针脱离阀座，节流后制冷剂压力≈蒸发压力 p_0，它和弹簧力 W 的合力企图使阀针回到阀座上。

当阀针处于静态即阀针保持当前位置时，平衡算式为：

$$p=p_0+W$$

由于膜片不产生位移，传动推杆也不产生位移，则阀针保持原有的开启度。阀针出现的静态现象，说明过热度增量转变时（即过热度增量由正→负，或由负→正），感温包的延迟性造成不能及时传递信号。但是，这个平衡是相对的，也是暂时的，只要 3 个力中某个力发生变化，平衡就会消失。当 $p>p_0+W$，说明阀针有脱离阀座的趋势，向阀开大方向运动；$p<p_0+W$，说明阀针有回到阀座上的趋势，向阀关小方向运动。

p，p_0，W 三个力的改变又有下面 3 种情况：

第一种情况，$p>p_0$，弹簧处于压缩地位，阀针脱离阀座，即阀开启。如果 $p>p_0$很多（相当于让感温包感受环境温度的情况），此时，无法使阀针回到阀座上，阀处于常开位置。

第二种情况，$p=p_0$，相当于蒸发器停止工作，感温包感受到的温度与蒸发器及其出口处制冷剂的温度相同。阀针在弹簧力作用下回到阀座上，即阀关闭。或者蒸发器内液量过多，蒸发器出口过热度等于零，也是如此。

第三种情况，$p<p_0$，此时感温包内无工质，阀始终是关闭的。在实际系统运行中，蒸发压力总是维持在一定值，但蒸发器热负荷又经常不断地变化。这意味着蒸发器出口过热度也由大变小或由小变大地改变着，膨胀阀的膜片两侧压力差和阀的开启度也跟着变化。

因此，热力膨胀阀正是利用温包工质压力 p 的变化来控制阀的开启度，从而自动调节膨胀阀的供液量。

为了充分认识热力膨胀阀的工作情况，用如图 2—55 所示的热力膨胀阀（内平衡式）的工作原理图进行进一步的说明。

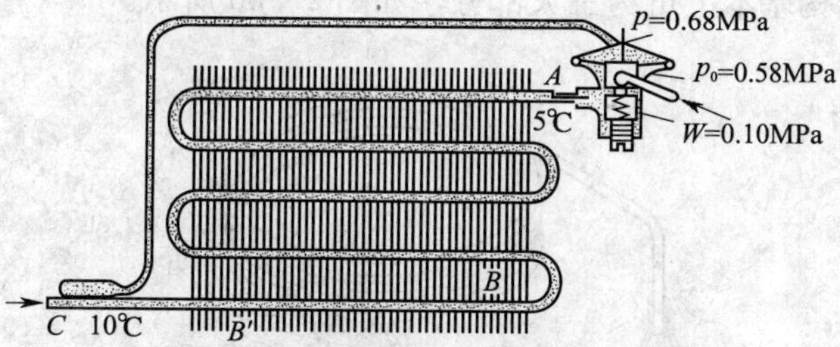

图 2—55 热力膨胀阀的工作原理图

图 2—55 所示为一个使用 R22 的内平衡热力膨胀阀（假设感温包充注的也是 R22）的连接，制冷剂的蒸发温度为 5℃（$p_0=0.58$ MPa）。当制冷剂在蒸发器中由 A 点流至 B 点时，液态制冷剂全部汽化，如果忽略蒸发器中的流动阻力，制冷剂在 AB 两点之间的蒸发温度保持不变，均为 5℃。当制冷剂蒸气由 B 点流至 C 点时，由于继续吸热，其温度将升至 10℃，因此，C 点的过热度为 5℃。感温包内工质感受到的温度为 10℃，从而转换成的压力 p 等于 R22 在 10℃时的饱和压力，即 $p=0.68$ MPa。假设弹簧力 $W=0.10$ MPa。显然，此时膨胀阀膜片上、下部的压力相等，且保持一定开度，制冷系统运行稳定。

当蒸发器热负荷减小时，蒸发器中的制冷剂在 B' 点才能全部汽化结束，这样，蒸发器出口处制冷剂的过热温度将小于 10℃，感温包内的工质压力 p 下降，膨胀阀向关闭方向动作，制冷剂流量减小，蒸发压力 p_0 也稍有降低，C 点温度上升，膨胀阀在新的平衡点工作。相反，当蒸发器的热负荷增加时，制冷剂将在 B 点前汽化结束，蒸发器出口处的制冷剂温度将高于 10℃，感温包内工质压力 p 升高，膨胀阀向打开方向动作，制冷剂流量增加，蒸发压力稍有升高，C 点温度降低，膨胀阀处在另一个新的平衡点工作。

应当指出，当膨胀阀开度增加时，由于蒸发压力 p_0 略有上升，以及膜片和弹簧系数的影响，膨胀阀在新的平衡点工作时，蒸发器出口处制冷剂过热度会稍有增加。相反，在膨胀阀开度关小时，蒸发器出口处制冷剂过热度稍有降低。

2. 热力膨胀阀的特点与作用

（1）热力膨胀阀的结构特点。热力膨胀阀是一种节流装置，它是制冷系统中自动调节制冷剂流量的阀件。热力膨胀阀有各种结构形式，其主要组成部分有：热力头（动力组件）、阀件、过热度调整机构和阀体。若以热力头的动力组件区分，有膜片式和波纹管式。膜片式和波纹管式的功能和原理是一样的，只是阀的升程有差别，在过热度调整机构上有所不同。在热泵中高温（较之冷库蒸发温度）使用的膨胀阀，除了要求耐高压性好外，通常采用膜片式。另外，波纹管式与膜片式就结构比较，显然膜片式要简单得多，因此，目前广泛使用的热力膨胀阀几乎都是膜片式，只有一些大型膨胀阀使用波纹管式。

热力膨胀阀的结构基本上可为三大部分，如图 2—56 所示。

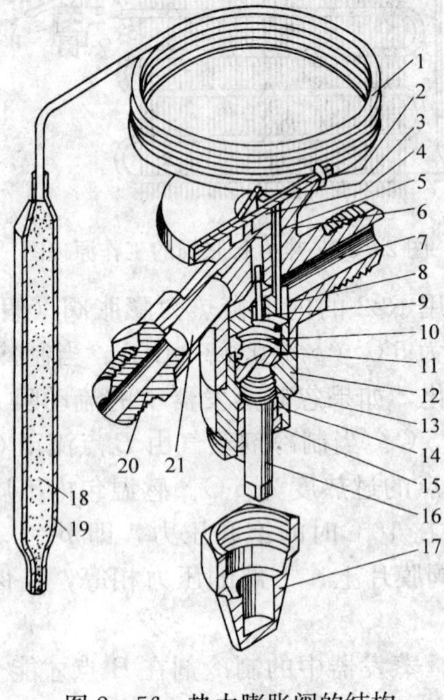

图 2—56　热力膨胀阀的结构

1—毛细管　2—密封盖　3—波纹薄膜　4—传动盘　5—传动推杆　6—阀体　7—阀孔座　8—阀针座　9—阀针　10—弹簧　11—弹簧座　12—调节座　13—垫圈　14—填料　15—压紧螺母　16—调节杆　17—阀帽　18—卤代烃充剂　19—感温包　20—进口接头　21—过滤网

1）热力头。热力头包括感温包（管）、毛细管、膜片、密封盖。感温包主要感受蒸发器出口的过热度；毛细管和密封盖与温包相连，起到把压力传递到膜片上的作用；膜片受到传递压力发生形变（位移），将温包所感受的压力集中传入到阀针座上，使阀的开启度有规律地变化。膜片为 0.1～0.2 mm 厚的不锈钢片或合金片，若用波纹管，则用磷青铜或不锈钢片制成。毛细管多采用外径为 2～3 mm、内径为 0.8～1.2 mm 的铜管。

2）阀体部分。阀体部分包括阀体（座）、阀针孔、传动推杆、过滤网、传动盘、进出管道、阀针座。传动推杆安装在阀针座与膜片下的密封盖之间，由于膜片受压变形，使得传动推杆跟着上下移动，当然阀针座也上下移动，于是阀体上的针孔面积发生变化，即阀的开启度变化。过滤网装在阀的进液端，用来过滤制冷剂的杂质，防止堵塞针孔。

3）手动调节部分。手动调节部分包括手动调节杆、调节弹簧、调节杆座、填料（密封料）、阀帽等。调节杆用于调节阀的开启过热度，以改变弹簧力。填料采用石棉橡胶或耐油、耐低温的橡胶，也可用聚四氟乙烯生料带。阀帽起第二道密封作用，以防泄漏。

（2）内平衡式与外平衡式热力膨胀阀的区别。按使用条件不同，热力膨胀阀可分为内平衡式与外平衡式。凡膜片下的气体压力来自于节流后的气体者称之为内平衡式。而用一根细管将蒸发器出口压力接至膜片下侧的称之为外平衡式。内平衡式热力膨胀阀用于蒸发器压降小或膨胀阀出口管道压降小（例如无分配器）的场合，一般适用于制冷量较小的制冷系统中。外平衡式热力膨胀阀与内平衡式热力膨胀阀相比较，在相同条件下，外平衡式所需过热度要小得多。蒸发器出口过热度小，说明蒸发器有效面积大，利用率高，当然制冷效率也高。但是外平衡式阀的结构复杂、安装难度大。另一方面，较大制冷量设备的蒸发器压降也大，而且同一蒸发器实际上由几组盘管连接而成，为了达到制冷剂分配均匀性，需设分配器，这又会增加压降。所以制冷量较大的制冷系统中应采用外平衡式热力膨胀阀。

（3）热力膨胀阀调节特性。由于热力膨胀阀的温包有热惯性，则导热有延迟过程，使信号传递发生滞后现象。例如，当冷库的冷量需要增加时，而此时进入蒸发器的制冷剂流量相对说少了，所以，蒸发器的出口过热温度就要升高，若温包导热无迟延过程，膨胀阀的阀门就能及时得到调整。由于信号传递滞后，阀门不能及时增大，蒸发器出口过热温度将继续上升，使膨胀阀供液量小于蒸发器需液量。经若干时间后，膨胀阀阀门才开大，系统的蒸发温度升高，出口过热温度下降，供需量趋于平衡。但由于温包信号传递的延迟，阀门还继续开大，导致膨胀阀供液量大于蒸发器需要量。经若干时间后，膨胀阀阀门才关小，蒸发温度又下降，出口过热温度也上升，供需量又趋于平衡。所以，一个膨胀阀在工作时，因传递信号的滞后，它的供液量总是在蒸发器需液量曲线上上下波动，二者不能完全吻合，如图 2—57 所示为热力膨胀阀的供液量曲线。

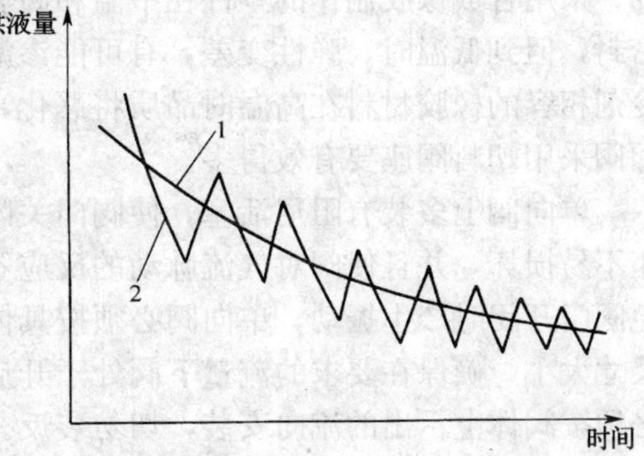

图 2—57　热力膨胀阀的供液量曲线

1—蒸发器的实际需液量　2—膨胀阀的供液量

热力膨胀阀的供液量与它的弹簧力有关，弹簧力的大小决定了膨胀阀的工作性能。

热力膨胀阀的容量必须符合要求，所谓的容量是指在额定工况下，阀门全开时所流过的制冷剂完全蒸发时所产生的制冷量。同一膨胀阀用于不同工况和不同的设计条件时，其容量是不同的。因此，在调换膨胀阀时，应按原来阀的容量配置，即阀容量应与蒸发器产冷量相匹配。容量过大，则系统运行不稳定；容量过小，则系统制冷量减少，蒸发压力过低，压缩机过热运行。

热力膨胀阀之所以能自动调节，其动力源泉是对应的蒸发器出口过热度。当蒸发温度与被冷却物温度相差很小时，膨胀阀的工作过热度也会减小至最低限度，阀门就无能力关闭。如果此时人为地开大手动调节杆（减少弹簧作用力），阀门就会失去控制，使蒸发器的进液量时多时少，从而破坏正常降温。

当蒸发器的热负荷不同时，热力膨胀阀稳定后的开启度也不同，对应的蒸发器出口过热度也就不同。这就是说：一旦压缩机启动，如果冷却温度在下降，阀永远不会关闭。如果压缩机停止运行，蒸发器出口过热度为零，则阀就被关闭。

要使热力膨胀阀能正常工作，系统内的制冷剂必须有足够量。因为只有足够量的制冷剂才有正确的蒸发温度及其对应的蒸发器出口过热度，才能使膨胀阀进行正确的调节。因此，该种装置通常配有储液器。

三、单向阀

1. 单向阀的构造

单向阀的结构如图 2—58 所示。如图 2—58a 所示为多温蒸发器系统中使用的小型单向阀；图 2—58b 所示为大容量的单向阀，采用双筒结构，可以保证阀的动作平稳。单向阀靠正向流动压降克服弹簧力使阀打开，在出现反向压降或者正向压降小于最小开启压降时关闭。压在阀盘上的弹簧提供关闭力，弹簧紧一些能使阀关闭较严，更可靠些，但同时要求开启压降增大。虽然止回阀可以设计成在压降小到 7 kPa 时打开，但它们在－32℃以下的低温下工作时不可靠，因为很弱的关阀力有可能克服不了油的黏性。

为了确保能够可靠地逆向截止，单向阀必须有良好的密封性。高加工精度的金属阀座用在止回阀上是不经济的；采用合成橡胶制作的零件在中温和高温时都能很好地密封，但到低温时，弹性变差，有可能渗漏；大多数与制冷剂相容的橡胶材料在高温时品质将恶化，所以，高温止回阀采用塑料阀座要有效得多。

单向阀上多装有阻尼活塞，使阀门关闭平稳，保证阀座不易损坏，并且使阀对气流脉动的反应不敏感。为了避免阀门开闭时产生振动，单向阀必须按具体的压降值选择尺寸大小，确保在要求的流量下阀处于开启位置。单向阀必须按阀体上示出的流向安装，切勿装反。弹簧作用的单向阀可以水平或者垂直安装，伺服活塞式单向阀必须水平安装。

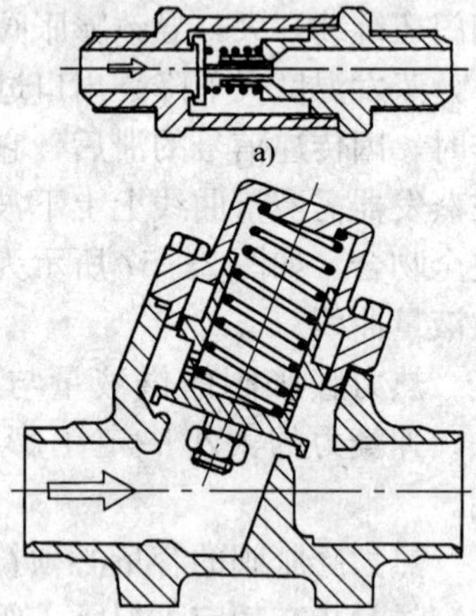

图 2—58　单向阀的结构

a）小型单向阀　b）大容量单向阀

2. 单向阀的作用

单向阀在制冷系统中的应用实例如图 2—59 所示。

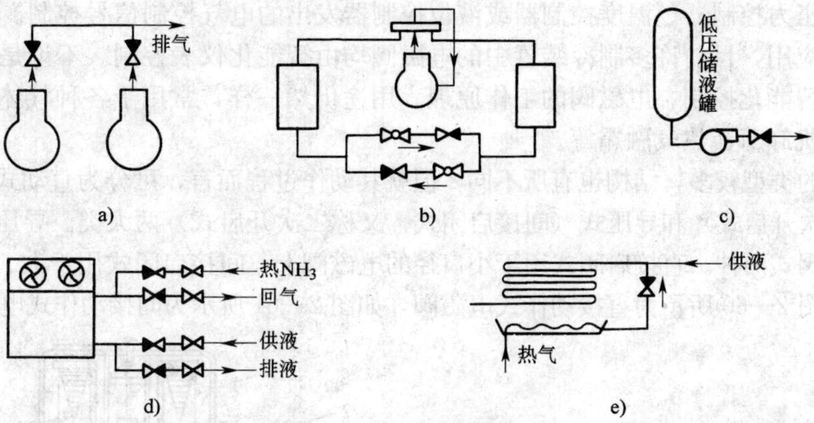

图 2—59 单向阀的应用实例

a）多台压缩机并联 b）防止工质从不用的膨胀元件通过 c）防止逆循环热氨回流

d）防止停泵时液体倒流 e）防止制冷运行时接水盘盘管凝露

（1）用在压缩机排气管上防止停机时制冷剂蒸气从冷凝器倒流回压缩机（如果后者所处的环境温度低于前者），并在压缩机排气阀附近积液，或者防止多台压缩机并联的系统中制冷剂从运行的压缩机流向停止运行的压缩机，如图 2—59a 所示。在这种使用场合，工质流经单向阀的允许压降为 14～41 kPa，阀在结构上应保证有良好的抗气流脉动性、耐高温性和气密性。

（2）在热泵系统中防止工质液体从不用的那只膨胀元件通过，如图 2—59b 所示。在逆循环系统融霜时，防止热氨返回低压液管，如图 2—59c 所示。装在液泵出口管上的单向阀可以防止停泵时液体倒流，如图 2—59d 所示。这种场合，若可以接受 14～41 kPa的压降，则单向阀必须具有很好的密封性。

（3）一机多温蒸发器的系统中，在 t_0最低的蒸发器回气管上安装单向阀，可以防止制冷剂蒸气沿吸气集管向低温蒸发器迁移。在这种场合，单向阀压降必须小于 14 kPa，阀座要相当严密，并且能在低温下可靠工作。

（4）用在热气管上的单向阀接在每个蒸发器的热气支管上，防止制冷时工质交叉供入。为了防止蒸发器接水盘中水结冰，有时在水盘中设热气加热盘管。采用这种布置时，要在热气加热盘管与蒸发器之间的热气支管上安装单向阀，以防止制冷运行时接水盘的盘管上凝露，如图 2—59e 所示。在这类使用场合，单向阀允许压降的典型值为 14～14 kPa，阀座必须气密性好、耐高温。

四、电磁阀

在制冷自动控制系统中，电磁阀用途相当广泛。它是一种由电磁力操纵的自动阀门，其动作可由压力控制器、温度控制器或液位控制器发出的电气控制信号控制。随着智能化仪表的大量应用，目前许多制冷装置中的电磁阀均由智能化仪表控制。不论是经典自动控制还是现代智能化控制，电磁阀的工作原理、用途仍然一样，常用于各种气体、液体、润滑油、压缩机卸荷、热气融霜等。

电磁阀的类型较多，结构也有所不同，但就其动作过程而言，可分为直动式（直接启闭式，又称一次开启式）和导压式（间接启闭式，又称二次开启式）两大类。导压式又可分为继动式和导阀式两种。直接启闭式用于小口径的电磁阀上，间接启闭式用于大、中口径的电磁阀上。如图 2—60 所示为直接动作式电磁阀，如图 2—61 所示为间接动作式电磁阀。

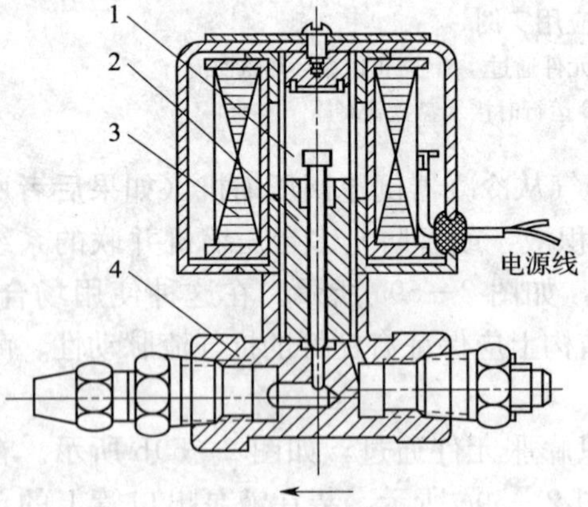

图 2—60　直接动作式电磁阀
1—阀针　2—衔铁　3—线圈　4—阀体

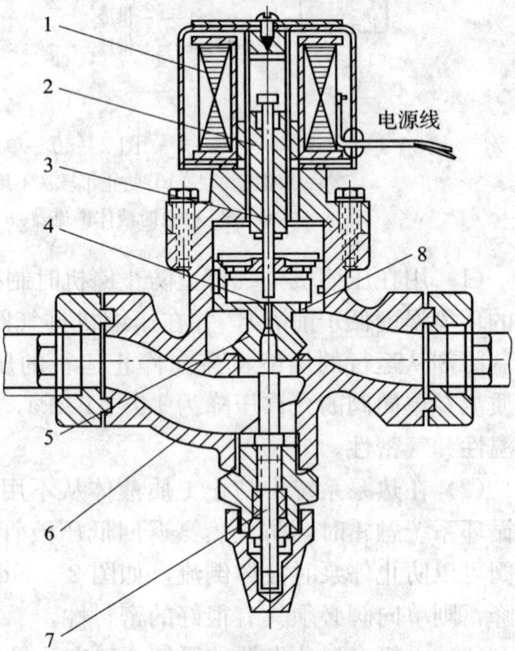

图 2—61　间接动作式电磁阀
1—线圈　2—衔铁　3—阀针　4—操纵孔
5—浮阀　6—阀体　7—调节杆　8—平衡孔

1. 直接启闭式电磁阀

直接启闭式电磁阀可分为直动式电磁阀和直动式三通电磁阀。

（1）直动式电磁阀包括 ZCL—3 型和 2FDF3 型，前者可用于 R717，R134a，R22 三种工质，后者可用于 R134a，R22 两种工质。型号为 ZCL—3 的直动式电磁阀和 2FDF3 型的直动式电磁阀的通径均为 3 mm。直动式电磁阀最典型的用途是被安装在系统供液管上膨胀阀的上游位置，其结构如图 2—62 所示。

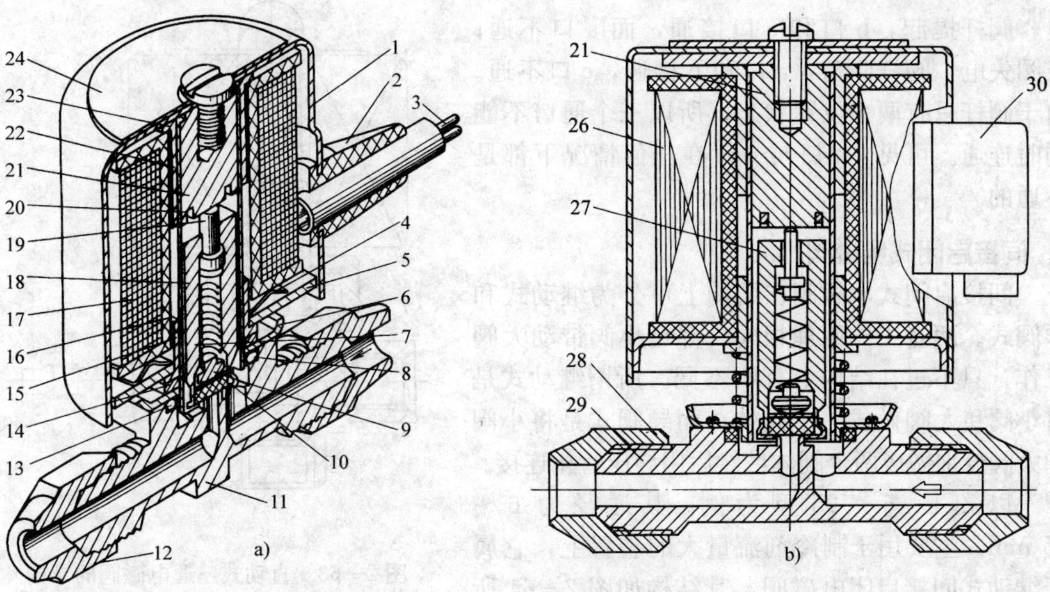

图 2—62 直动式电磁阀的结构

a）ZCL 型 b）2FDF 型

1—电磁阀外套 2—橡胶圈 3—导线 4—弹簧片 5—地板 6—套管座 7—弹簧 8—密封圈 9—调芯头 10—阀芯帽罩 11，29—阀体 12，28—接管螺母 13—阀口软垫 14—垫圈 15—下套圈 16—线圈架 17，26—线圈 18，27—铁心 19—弹簧柱 20—分磁环 21，25—挡铁 22—套管 23—上套圈 24—铭牌 30—接线盒

电磁阀上半部分为电磁线圈，线圈由高强度漆包线绕制而成，线圈功率 ZCL 型系列为10 W（也有 8 W），电压为 AC 220 V、工频；2FDF 型系列为 14 W，电压可分为 AC 工频，其值有 36，110，127，220，380 V；DC 的值有 12，24，110，220 V。下半部分为阀体，阀体用隔磁导管将制冷剂封闭，动铁心可在隔磁导管内上下移动。动铁心采用软磁不锈钢制成，阀芯为反磁材料，铆在动铁心上。阀口采用聚四氟乙烯制造。

直动式电磁阀的工作原理为：线圈得电，产生磁场，将动铁心吸起并带动阀芯上移，阀口开启；线圈失电，线圈磁场消失，动铁心靠自重和弹簧力作用带动阀芯落下，阀口关闭。

由于该种类型电磁阀的阀芯是借助动铁心的自重和弹簧力关闭，因此，要求垂直安装，以免阀芯被卡住而失灵。

（2）直动式三通电磁阀的结构如图 2—63 所示。该种阀的典型用途是压缩机汽缸卸载装置的油路控制。它与 ZCL—3 型和 2FDF3 型直动式电磁阀的区别，在于三通电磁阀有 3 个通道口，即 a，b，c 三个口。进口 a 与出口 b 不在同一水平面上，c 口在下边。

直动式三通电磁阀的工作原理为：线圈得电，阀杆提起，b 口和 c 口接通，而 a 口不通；线圈失电，阀杆降落，a 口和 b 接通，c 口不通。由于阀杆只有两个位置状态，所以三个通口不能同时连通。可见，a 口与 c 口在任何情况下都是不通的。

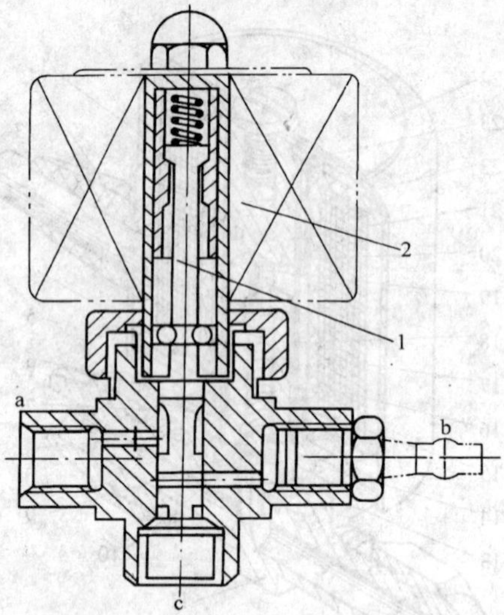

图 2—63 直动式三通电磁阀的结构

1—阀体 2—线圈

2. 间接启闭式电磁阀

间接启闭式电磁阀在结构上可分为继动式和导阀式。两者工作原理相同，都是小阀带动大阀工作，只不过在结构上有所不同。所谓继动式是将小阀和大阀做成一个阀体；而导阀式是将小阀和大阀分别做成两个阀体，然后用导压管相连接。

以 ZCL—6～25 型为例，其通径为 6～25 mm，主要用于制冷剂流量大的装置上，它属于继动式间接启闭电磁阀，其结构如图 2—64 所示。

继动式电磁阀把 ZCL—3 电磁阀作为小阀置于大阀盖上；大阀由大阀体、活塞（浮阀）、大阀芯、弹簧、大阀口等组成，大阀芯置于活塞上，活塞上钻有直径为1 mm的

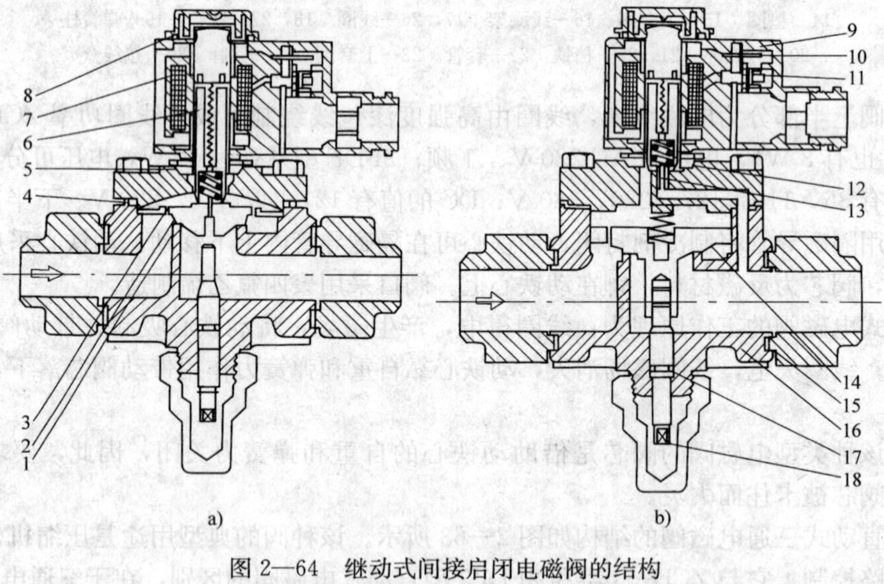

图 2—64 继动式间接启闭电磁阀的结构

1—阀座 2—主阀板 3—平衡孔 4，5—密封垫 6—衔铁 7—线圈 8—上盖及锁帽 9—端子盒 10—接头 11—接地端 12—辅阀板 13—辅阀孔 14—膜片/伺服活塞 15—垫片 16—阀体 17—密封环 18—手动顶杆

小平衡孔。若通径为 15 mm 以上则设有手动调节杆。

继动式电磁阀工作原理为：线圈得电，产生磁场，动铁心提起，小阀开启，活塞（浮阀）上方制冷剂由导压孔泄至大阀的出口端，活塞（浮阀）上腔压力迅速下降；这说明了活塞（浮阀）上下两腔压力有差值。在压差作用下，活塞上移（上浮），活塞的上移带动大阀芯上移，大阀被开启。由于阀的开启过程分两次进行，即先开启小阀，然后开启大阀，故也称“二次开启”。当线圈失电，线圈磁场消失，动铁心靠自重降落，小阀关闭。小阀关闭意味着活塞上导压孔被堵死，于是，活塞上下两腔内制冷剂通过活塞体上直径为 1 mm 的小孔平衡，即上下两腔压差消失。此时，活塞借助本身自重和弹簧力下移，大阀关闭。对于通径 15 mm 以上的阀，如果活塞或电磁导阀因某种原因发生故障，可以通过转动调节杆强行顶开活塞。

继动式电磁阀不如直动式电磁阀启闭灵敏，但继动式电磁阀内活塞具有力的放大作用，即增大开启大阀能力的作用，故适宜于大、中口径的阀。

继动式电磁阀只有在阀的进出口存在一定的压差时才能开启，通常微开时压差值为 7 kPa，全开时压差值为 14 kPa。这说明工质通过阀门时要产生开阀的压力损失，换言之，开启大阀的动力是由通过的工质损失一部分能量换来的。这一点与直动式电磁阀不同，直动式电磁阀靠电磁力完成阀的开启，即开启阀的动力由外界能量转换而来，因而无开阀压力损失。

五、截止阀

截止阀是制冷系统中使用最多的一种阀门，它在管路系统中的作用是根据需要开启或关断管路，或控制流体的流量。

制冷系统使用的阀门密封性要求较高，并具有倒关装置。当阀门全开时，阀杆升到最高位置，阀芯的上端面和填料函座密切接触并压紧，以防止制冷剂从填料处逸出。在卤代烃制冷机中，由于卤代烃具有很强的渗透性，所以阀门一般都不用手轮，而是用扳手调节阀门的开度，并用阀帽将阀杆及填料函处全部盖住，这样可减少系统中制冷剂的泄漏。

氨用阀门的阀体用高强度铸铁制成，阀头的密封材料采用巴氏合金或聚四氟乙烯，阀杆采用优质碳素钢精制，为了防止阀杆生锈，有些阀杆经过氮化处理，阀杆密封装置采用石棉浸渍石墨盘根。也有些阀门采用聚四氟乙烯制成的 V 形密封圈，密封效果更好，阀门开关也比较轻便。小型卤代烃用阀门大都使用铜合金制成阀体，具有较好的密封性和防锈蚀能力。

阀门安装时必须注意流体的流动方向，应该使流体从阀头的下方进入阀腔，从阀头的上方流出，这样，当阀门处于关闭状态时，填料部分承受的压力较低，可防止制冷剂泄漏。一旦阀头和阀杆脱落，阀头在流体的推动下也能自动打开，防止管路被阀头堵塞。安装阀门时要注意阀体上的指示箭头标记，不要装反。氨用阀的连接方法有两种，通径小于 *DN*32 mm 采用锥管螺纹或活接头连接，通径大于 *DN*40 mm 采用法兰连接。卤代烃用阀结构形式较多，差别也比较大，一般由铜合金制成的阀体多采用喇叭口连接，而用铸铁制成的阀体则多采用法兰连接。

截止阀有直通式和直角式两种，如图 2—65 所示为通径小于 $DN32$ mm，采用锥管螺纹连接的截止阀。如图 2—66 所示为通径大于 $DN40$ mm，采用法兰连接的氨用阀和卤代烃用阀。

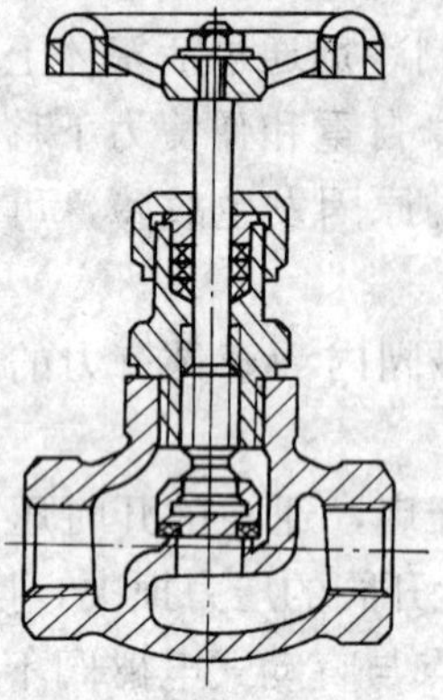

图 2—65　采用锥管螺纹连接的截止阀

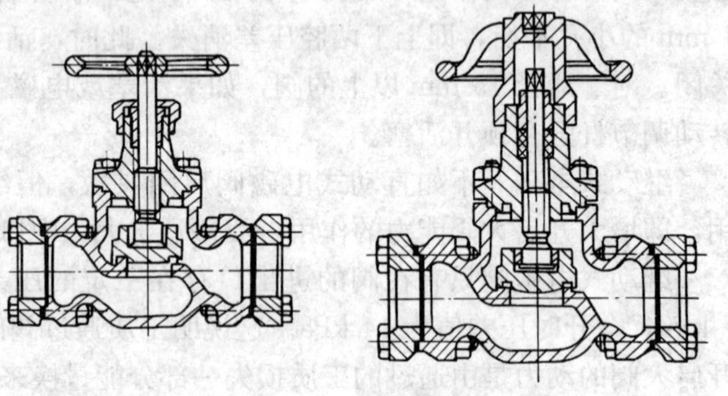

图 2—66　采用法兰连接的氨用阀和卤代烃用阀

六、安全阀

安全阀的作用是保证制冷系统在给定压力下安全工作的设备，一般安装在压缩机高压端，必要时旁通高、低压部分，实现高压安全保护；安全阀也常装在冷凝器或储液器等设备上，以避免容器内压力超高。如图 2—67 所示为氨制冷系统常用的弹簧式安全阀的结构，当系统压力超过弹簧给定压力时，弹簧被压缩，安全阀阀芯开启，高压制冷剂即被排出。安全阀的给定压力是通过调节弹簧弹力大小实现的，它与制冷系统的工作条件、制冷剂的选择有关，一般氨和 R22 等制冷系统的高压部分安全阀开启压力约为 1.8 MPa，制冷系统的低压部分如低压循环桶、排液桶、气液分离器等的安全阀开启压力约为 1.8 MPa。

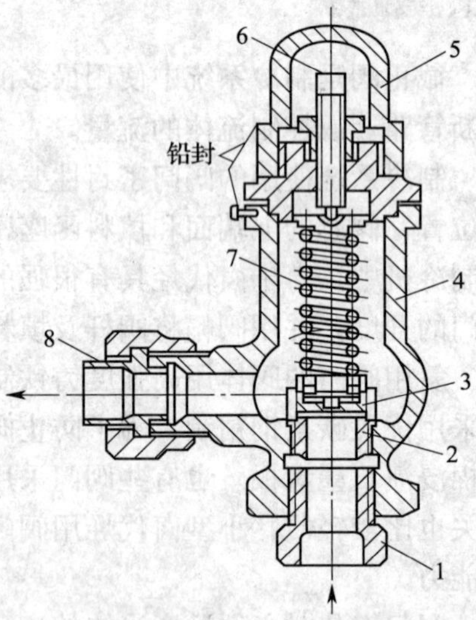

图 2—67　弹簧式安全阀的结构

1—接头　2—阀座　3—阀芯
4—阀体　5—阀盖　6—调节杆
7—弹簧　8—排出管接头

制冷压缩机上的安全阀多为弹簧式，通过调节弹簧的松紧度来调节起跳压差的大小。目前单级压缩机的安全阀压差调节为 1.6 MPa 时起跳，1.3 MPa时自动关闭。

安全阀若关闭不严，则应拆开清洗或修理，直至能关闭密封为止。安全阀属高压计量仪器，应由专门机构定期地（如一年）进行校验，合格后方可使用。安全阀不要随意调节。

第四节　冷库的结构

一、装配式冷库的结构

1. 装配式冷库的建筑特点

装配式冷库（亦称活动式冷库、拼装式冷库、组合式冷库）是指组成冷库的库板、制冷机组、蒸发器等组件在工厂预先制造好，现场组装后即可使用的冷库。

常见的装配式冷库的结构如图 2—68 所示。如图 2—69 所示为装配式冷库建造实例。

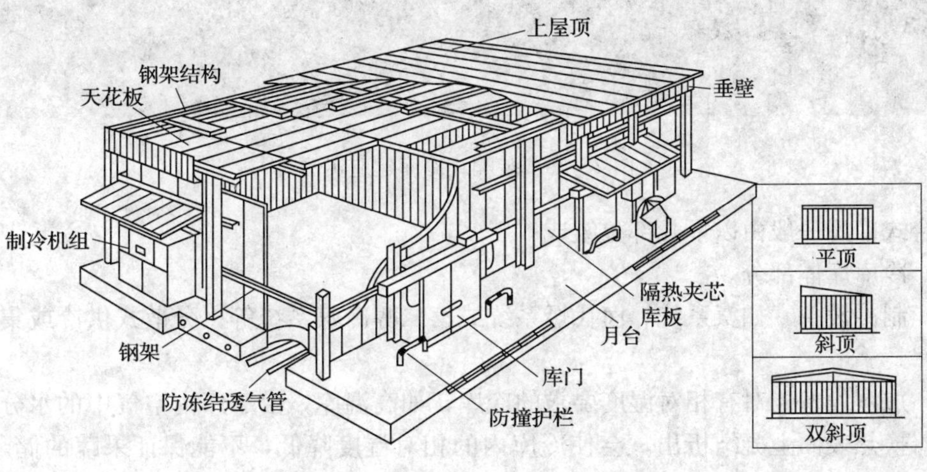

图 2—68　常见的装配式冷库的结构

装配式冷库是近几年普及起来的新型的冷库结构形式。具有质量轻，体积紧凑，空间利用率高，保温性能好，安装方便，建库周期短，安装位置灵活，维护、管理简单等特点，是新建冷库在市场经济主导下的主要选择。

装配式冷库库体采用隔热夹芯板，质量轻、厚度小，省却了土建冷库库体部分的建筑结构的设计、计算，库体基础设计工作量小，施工量小，甚至制冷压缩机房及辅助设备间也可采用隔热夹芯板搭建，大大缩短了冷库的设计、施工周期。装配式冷库采用钢架支撑，可构建大跨度、无内立柱的库体，空间利用率高；根据库容量的大小，装配式冷库可选择室内安装和室外安装，安装位置灵活。露天建造的装配式冷库，为了保护装配式冷库库体和库体结构安装的需要（如大跨度冷库顶板的吊装和固定、墙板的固定和扶强等），需要搭建钢架结构的屋顶，起到防风、防雨、防雪和避免阳光直接曝晒库体的作用，以延长库体的使用寿命。

图 2—69　装配式冷库建造实例

组合式冷库一般由以下几部分组成：

（1）冷库库体部分。

（2）制冷设备，如氨系统、卤代烃系统或乙二醇冷媒系统等；分散式供冷或集中式供冷等。

（3）加湿设备。对有相对湿度要求的冷库，如高温库，由于库内空气中的水分在冷风机蒸发器换热表面上凝结析出，会使冷库内的相对湿度降低，不能保证果蔬的储藏条件。因此，在此种情况下，加湿设备必不可少。

（4）冲霜及制冷机组冷却水设备。

（5）电气控制设备。

（6）通风换气设备。

（7）附属设备，如冷库门、安全装置、防撞构件等。

（8）对于气调库，还要增加气调设备，如制氮机、二氧化碳脱除机、乙烯脱除机、二氧化硫发生器、气调库门、观察窗安全装置、储气袋等。

2. 装配式冷库预制板的常用规格

装配式冷库用隔热夹芯板由面板和芯层组成。面板材料一般为厚度大于 0.5 mm 的聚酯涂层彩色钢板、铝合金板、镀锌钢板、不锈钢板或其他材料。为了提高强度，面板常压制成瓦楞形。芯层为隔热层，采用的隔热材料有两种：一种为硬质聚氨酯泡沫塑料，另一种为聚苯乙烯泡沫塑料。根据我国机械行业标准《组合冷库用隔热夹芯板技术条件》（JB/T 6527—1992）的规定，芯层泡沫塑料的物理、力学性能见表 2—3。

表 2—3　芯层泡沫塑料的物理、力学性能

项目		泡沫塑料	
		硬质聚氨酯	聚苯乙烯
密度	kg/m³	32～50	<20
压缩强度	kPa	≥160	≥65
弯曲强度	kPa	≥245	≥170
导热系数	W/(m²·K)	≤0.024	≤0.041
吸水率	%（V/V）	≤4	
尺寸稳定性+70～−40℃	%	±0.5	

由于聚氨酯隔热夹芯板的强度、隔热性等优于聚苯乙烯隔热夹芯板，所以通常多应用于速冻或库温较低的冷库上；聚苯乙烯隔热夹芯板则由于隔热性能较好且价格适中，通常多用于普通低温冷库、高温冷库和食品加工厂等工业与民用建筑上。上述两种夹芯板性能优良，已被广泛应用于工业与民用建筑领域。

隔热夹芯板的生产是按实际库体的设计要求，根据库板的数量、尺寸规格定制生产的。所以，应根据库高要求生产库墙板，根据库顶跨度要求生产库顶板，尽量避免隔热夹芯板在长度方向拼接使用。

隔热夹芯板的尺寸见表 2—4，由于其规格繁多，并没形成统一标准，只是通过综合国内库板主要尺寸后列出此表，仅供参考。

表 2—4　隔热夹芯板的尺寸　mm

尺寸	可选规格
厚度	60，75，100，120，150，180，200，250
宽度	300，450，600，900，960，1 000，1 200
长度	2 000，2 400，2 700，3 000，3 600，4 000～10 000

例如，库高为 5 m，库板插入地坪下长度为 0.4 m，则可定制库板长度为 5.4 m；库体最小跨度为 10 m，可根据库顶板设计要求，采用长度为 10 m 的顶板，或者采用长度为 5 m 的顶板搭接。要根据隔热夹芯板生产厂家的实际生产技术能力，优先采用较常用的尺寸规格，以降低制作成本并缩短交货期。

二、装配式冷库的组合与装配

1. 装配式冷库的地坪防冻及荷载处理

库体基础结构要根据库体大小采用不同形式，以承载库内货物质量。

安装在建筑物内的小型装配式冷库库体可采用较简单的木制、钢制或砖混凝土砌制的

框架式基础。库体搭建在基础上，防止库体地板与室内地面直接接触，起到透气、防冻结的作用。如图 2—70 所示为框架式基础。

冷冻机组的安装基础按机组安装要求制作，其位置应根据实际情况，靠近库体或建于建筑物外。

图 2—70 框架式基础

大中型组合库的基础结构应参考土建库的地板做法，低温库还要考虑地板的防冻结措施。地板防冻可采用电热管、热油管加热或采用自然（或强制）通风加热，一般多采用自然通风防冻。使用自然通风时应注意以下几点：

（1）自然通风管应两端直通并坡向室外。直通管段总长度不应大于 30 m，穿越冷间地面下的长度不应大于 24 m。

（2）自然通风管管径宜采用内径为 250 mm 或 300 mm 的水泥管、瓦管，管中心距离不宜大于 1.2 m，管口的管底宜高出室外地面 150 mm，管口应加网栅。

（3）自然通风管的布置宜与当地的夏季最大频率风向平行。

装配式冷库的基础结构应当由建筑专业和制冷空调专业相结合共同完成，根据具体项目及实际情况进行设计，冷库基础结构详图如图 2—71 所示。

2. 装配式冷库库体节点的处理方法

（1）库体安装。库板的搭建工作相对简单。一般来讲组合库多为单层库体，库体的高度和库板的厚度确定后，便可向隔热夹芯板供货商提出要求，生产适合库体高度和厚度的库板。由于隔热夹芯板的制作长度可达 10 m，基本可满足库体高度要求。

库体结构承重可分为自承重和钢架承重两种。自承重系指顶板的质量由库体的墙板承担，全部顶板质量加在墙板上，顶板的接缝结合处视实际情况安装加强梁。自承重多用于小型库体。

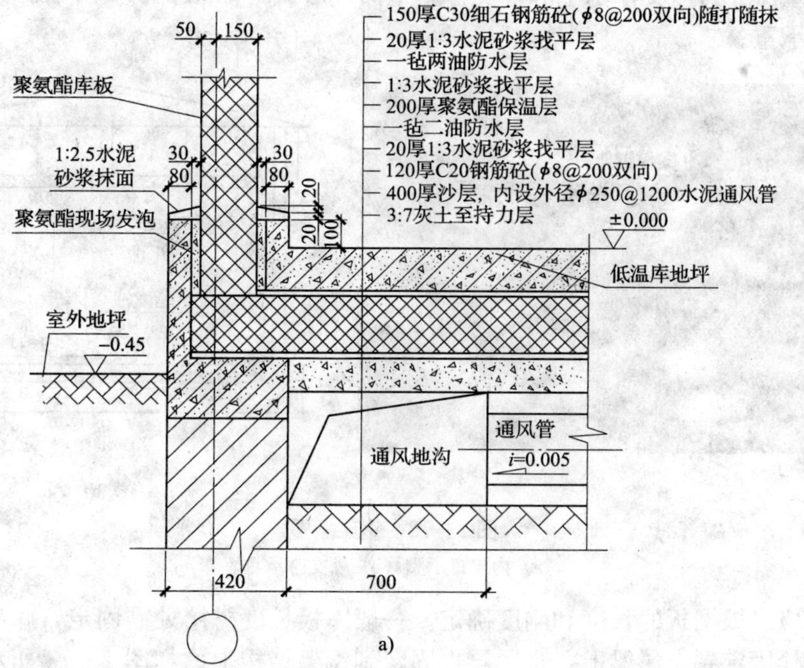

a)

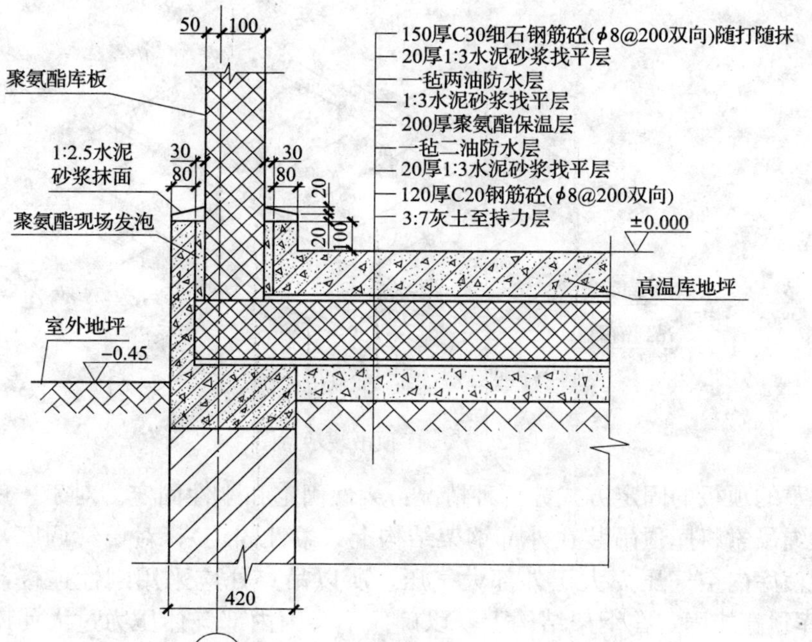

b)

图 2—71　冷库基础结构详图

a）低温库基础　b）高温库基础

钢架承重可分为内支撑承重和外支撑承重两种形式，如图 2—72 所示。大型冷库基本采用外支撑承重。

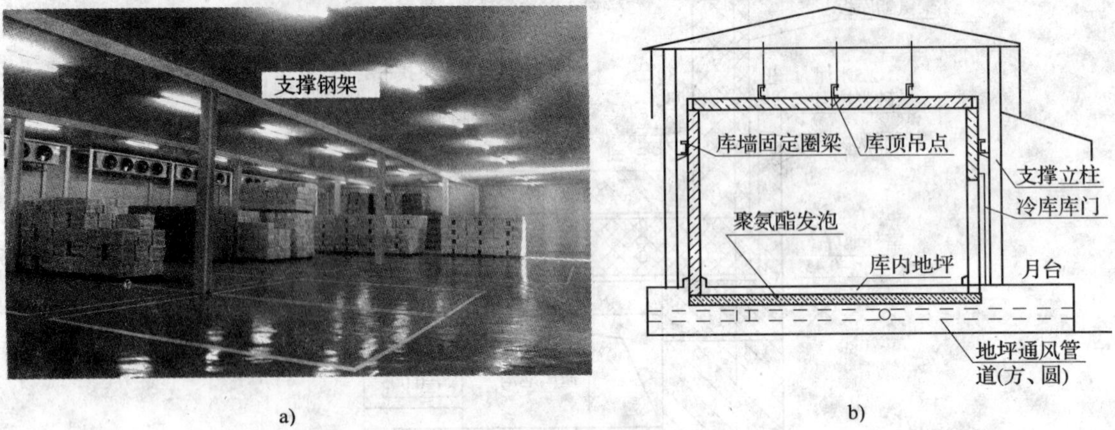

图 2—72　钢架承重

a）内支撑承重　b）外支撑承重

承重点应当根据板的长度和刚度确定。一般库板长度搭接处需固定，库板中间采用蘑菇头尼龙螺栓固定到金属梁上，金属梁再固定到钢架结构上，如图 2—73 所示为库顶吊装示意图。

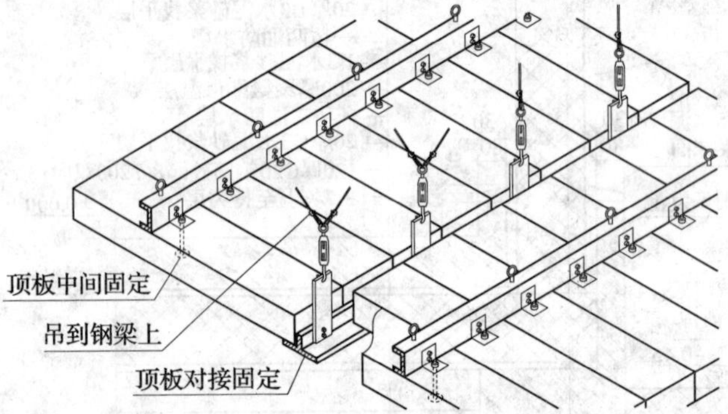

图 2—73　库顶吊装示意图

外部承重的顶板的固定方式分两种情况：柔性固定和刚性固定。对于一般的冷库，直接使用钢丝绳吊索将库顶吊装在外部钢架结构上（柔性固定）；对于气调库，由于气调过程中有可能使库内空气压力大于外部大气压，所以吊点处应采用刚性连接，即采用型钢（角钢）将库顶直接固定在钢架结构上，以确保不会因内部气体压力过大使库体向外膨胀而引起破裂，破坏气密性。

采用外部支撑的库体内没有支柱，可更好地利用库内容积，但对外部钢架结构的要求也相应提高。大型组合式冷库较多采用这种承重形式。

为了加强墙体强度和施工的需要，对库体较高的冷库墙板的中上部采取固定、定位的措施，墙板的固定如图 2—74 所示。

(2) 冷桥处理。库板搭建时应当注意隔热夹芯板的冷桥问题。由于隔热夹芯板的外表面为金属面板，导热性能良好，在施工时，库内与库外、不同库温间的金属面板不得直接相通。跨越不同库体间的隔热夹芯板的内贯通金属面板，采用切割工具切断（切开 2～3 mm 的槽，或者剥离 10～30 mm宽的面板金属条），能够很好地解决不同库温间通过金属导热的问题。库体拐角、库顶板吊点的冷桥处理如图 2—75 所示。在图 2—75e 中，内隔墙与外墙板采用聚氨酯发泡，主要是考虑到安装精度及施工的可行（能）性：在外部墙体安装定位后，内隔墙的安装与墙体间很难做到紧密连接。

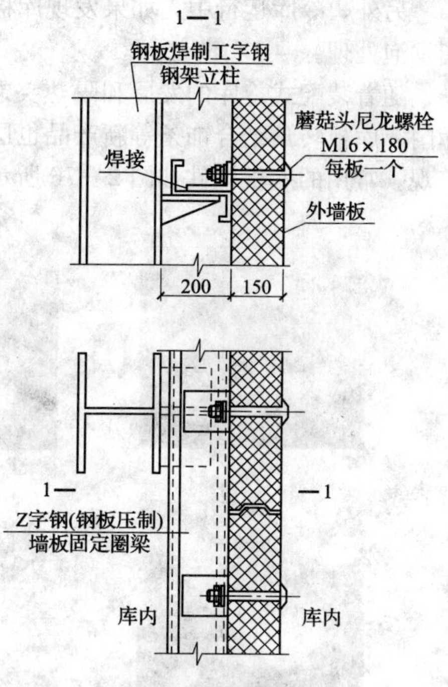

图 2—74　墙板的固定

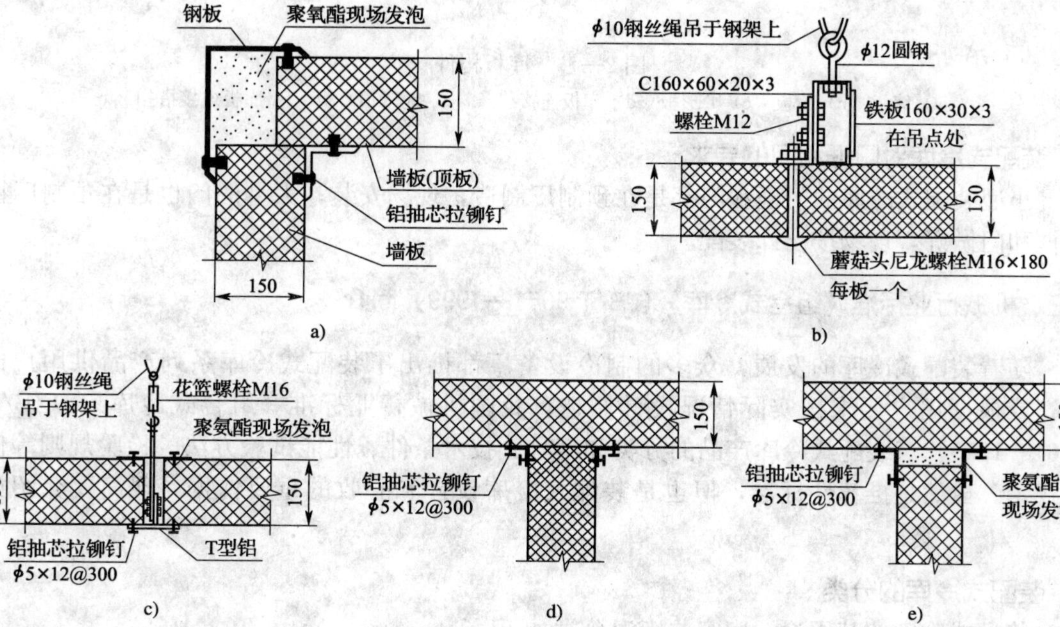

图 2—75　冷桥处理

a）库墙拐角、库墙库顶接合处　b）库顶板中间吊点固定

c）库顶板接合处吊点固定　d）内隔墙与顶板连接　e）内隔墙与墙板连接

另外，冷库运行中，如果发现库板固定处有结露和结霜情况，可在外部进行局部聚氨酯发泡处理。

随着装配式冷库的发展和隔热夹芯板制造水平的提高，配套的库板、角板、T形板、库门、库板转角结合饰条等新产品也层出不穷，极大地方便了库板的组合，也使库体更加美观。常用的库板构件如图2—76所示。

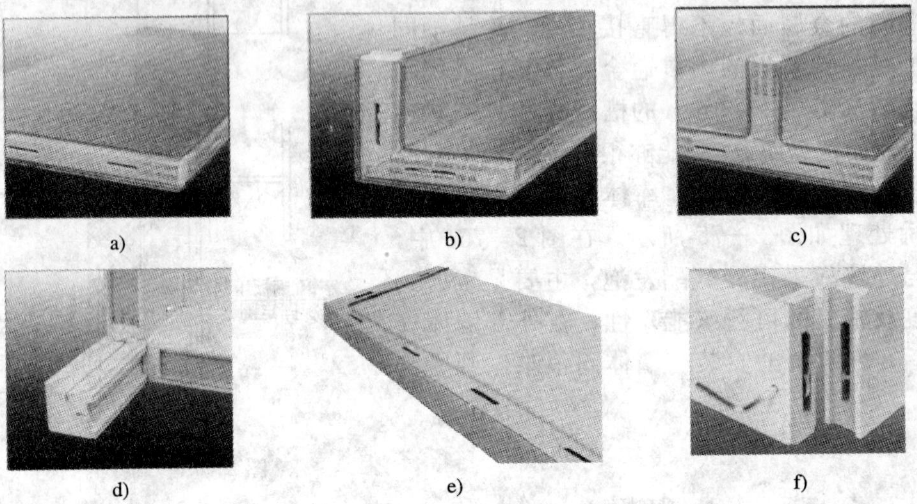

图2—76 库板构件

a）墙板 b）角板 c）T形板 d）库板连接线条 e）地（顶）板 f）库板连接搭扣

3. 装配式冷库对门框和门的要求

小型装配式冷库的门框和门都是在预制厂制造，现场安装；大型的门也是在预制厂将门框和门做好，现场按设计装配。

三、机械行业标准《组合式冷库》（JB/T 9061—1999）简介

随着装配式冷库的发展，众多的制冷设备厂都推出了装配式冷库系列产品供用户选用，或根据用户要求按实际情况设计制造。我国机械行业标准《组合式冷库》（JB/T 9061—1999）对装配式冷库产品的分类和型号、技术条件、性能试验方法、检验规则等做了规定。虽然是推荐性标准，但也是装配式冷库设计和验收的重要依据，现简要介绍如下。

1. 装配式冷库的分类

装配式冷库按其用途、库容、库温分类如下：

（1）按用途分类见表2—5。

表 2—5　　按用途分类

用途分类	冷冻、冷藏	气调
代号	—	Q

（2）按库容分类见表 2—6。

表 2—6　　按库容分类　　m^3

库容分类	小型	中型	大型
库容范围	<500	500～10 000	>10 000

（3）按库温分类见表 2—7。

表 2—7　　按库温分类　　℃

库温分类		高温	中温	低温	冻结
代号		G	Z	D	J
库温范围	冷冻、冷藏	−2～12	−10～−2	−20～−10	−30～−20
	气调	8～15	0～8	−2～0	

（4）装配式冷库的型号编制。

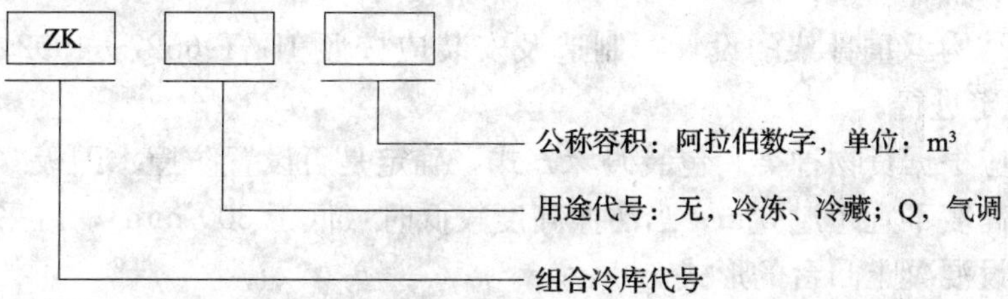

型号示例：

ZK 500 表示公称容积为 500 m^3 的冷冻、冷藏用装配式冷库；

ZKQ 1 000 表示公称容积为 1 000 m^3 带有气调间的装配式冷库。

2. 装配式冷库技术要求

（1）设计参数。装配式冷库的名义设计环境温度为 32℃，相对湿度为 55%，冷却水温度为 30℃。库内温度按表 2—7，根据不同温度使用范围取最小值。

如果厂商提出设计参数，则应按照厂商的要求进行设计。对有特殊使用要求的冷库，制造厂可与用户协商，并在相应的技术文件中做出补充规定。当环境温度不高于 40℃时，冷库应能正常工作。

（2）隔热夹芯板和库体。组装后的冷库，实测内容积应不小于公称容积的98%；库体接缝应均匀、严密，接缝错位应不大于1.5 mm；使用的密封材料应无毒、无嗅、耐低温、耐老化，有良好的隔热性和防潮性。库体表面涂层应色泽均匀，光滑平整，无明显划痕、擦伤，与金属板结合应牢固，无锈蚀、剥落。

库门应开关灵活，无变形，密封良好，并应装有安全脱扣的门锁。库温低于−5℃的冷间，库门应装有电热丝以防结露和冻结，所用电压应是安全电压。库温低于−10℃的冷间，库门上应设风幕或门帘。

气调间和库温低于−10℃的冷间，库体上应装有压力平衡组件，以防库内、外压差过大使库体产生变形。气调间的压力平衡组件应气密。

库内所有装置（冷风机、货架等）均应做防锈处理，但禁止使用镀锌件。木制构件应经干燥防腐处理。

库内应在适当位置安装防潮照明灯。照明灯开关应防潮，并置于库门外的侧边。

小型库应在机组电控箱上明显位置设温度显示器，禁止使用玻璃水银温度计。大、中型库的温度、湿度应采用集中监测方式。

气调间应在适当位置设置观察窗或小门，以便对储藏物进行检查。气调间的顶棚上面应有储气装置，其材料应无异味，不污染食品，其容积应不小于该库房内容积的1.5%。

库温高于−2℃的冷间应根据冬季室外温度设置加热装置，其热负荷按GB 50072—2001的有关规定计算。

冷库所承受的风压、雪压、地震烈度应能满足当地相关部门提供的气象、水文、地质资料的要求。

冷库的钢结构承重骨架的设计、制造及安装应按照JB/T 6527—1992，JB/T 9061—1999的有关规定进行。

库房内壁应根据货物种类、包装码垛方式，确定是否设置防撞木围板。防撞木围板应坚固、牢靠，高度不宜超过3 m。当防撞高度较低时（低于300 mm），可采用沿库内四壁自地面向上加设混凝土凸台的形式。

冷库穿堂的两边及库门的内、外两侧应设防撞装置，冷库其他部位可根据实际需要进行设置。防撞装置自库脚向上的高度应不低于450 mm，外表面应有防撞安全标志，防撞安全标志应符合GB/T 2893.1—2004的规定。

冷库隔热地坪的设计、施工及验收应按相应标准规范进行。

冷库穿堂、月台、机房及电气控制室等应根据实际需要，参照GBJ—72的有关规定设计。

气调间应具有良好的气密性。在库内压力达到100 Pa（表压）后，保压10 min，库内剩余压力应不低于50 Pa（表压）。

在名义工况下，库内温度达到设计温度后，库体外表面不应有凝露水流淌。冷库库体传热系数见表2—8。

表2—8　　冷库库体传热系数

库温代号		G	Z	D	J
传热系数 W/(m^2·K)	冷冻、冷藏	≤0.48	≤0.38	≤0.26	≤0.23
	气调	≤0.51	≤0.40	≤0.38	—

在冷库明显位置应设防火标志，并配备防火设施。当冷库库体占地面积大于4 000 m^2时，应设防火隔断。

3. 制冷系统

冷库的制冷设备性能参数和质量应符合相应标准的规定。设备应布局合理、紧凑。制冷系统及管道、压力表、阀门等应完好无损，排列整齐，安装牢固。系统管道的连接及隔热层应符合产品图样及技术文件的要求。制冷系统的安全保护应符合有关制冷设备安全规范的要求，各保护元器件应动作灵敏、安全、可靠。冷库的融霜装置应灵敏、可靠，融霜过程中库内温度升高应不超过7℃。在名义工况下，制冷设备工作时间系数应小于或等于0.80。在名义下况下，空库降温时间见表2—9。冷库正常运行时，库内温度不均匀性见表2—10。

表2—9　　空库降温时间

<table>
<tr><th colspan="2" rowspan="2">单间库容（m³）</th><th colspan="4">降温时间（h）</th></tr>
<tr><th>G</th><th>Z</th><th>D</th><th>J</th></tr>
<tr><td rowspan="3">冷冻、冷藏</td><td>≤100</td><td>≤1.0</td><td>≤1.5</td><td>≤2.5</td><td>≤3.5</td></tr>
<tr><td>>100～1 000</td><td>≤3.0</td><td>≤3.5</td><td>≤4.5</td><td>≤5.0</td></tr>
<tr><td>>1 000</td><td rowspan="2">≤4.0</td><td rowspan="2">≤4.5</td><td>≤5.5</td><td rowspan="3">—</td></tr>
<tr><td rowspan="2">气调</td><td>500～1 000</td><td>≤5.0</td></tr>
<tr><td>>1 000</td><td>≤5.0</td><td>≤5.5</td><td>≤6.0</td></tr>
</table>

表2—10　　库内温度不均匀性

单间库容（m^3）	≤500	>500
库内温度不均匀性（℃）	≤5.0	≤6.0

4. 气调设备系统

（1）气调库配用的气调设备的性能参数和质量应符合相应标准规定。气调设备、管道及控制阀门应排列整齐，安装牢固。系统管道的连接应符合产品图样和技术文件的要求。

（2）气调管道长度应不超过100 m；各管道挠度应不大于1/350；管道不应有下垂的U形弯管；管道应坡向气调间内，与气调机应采用软管连接。气体分析仪表应灵敏、准确，精度应不低于0.1%。

（3）气调设备应有良好的密封性。采用燃烧降氧的设备应设断水报警装置。燃气（料）应置于气调设备间外，且应符合有关防火安全规定。

（4）气调设备间应设机械通风装置，并与制冷设备间隔离。

（5）使气调库空库库内空气调节到氧质量分数为3%±0.5%，二氧化碳质量分数为5%±0.5%，空库气调时间见表2—11。

表2—11　空库气调时间

单间库容（m^3）	气调时间（h）
<1 000	≤96
≥1 000	≤120

5. 水路系统

给、排水系统的设计、施工应符合GBJ—13～GBJ—15中有关规定的要求。管道应连接牢固，并有防冻、防漏冷及气密措施，排水应迅速、畅通。设置在低于0℃库内的加湿设备及管道应设加热装置或隔热，以防冰冻。

6. 电气系统

（1）冷库配用的电气设备应符合相应标准或规范的要求。设备及元器件应调整准确，动作应安全可靠。

（2）电气系统的设计、安装应符合电气安全规程的规定，设备应排布合理，各指示仪表、开关、按钮等应整齐、牢固。

（3）库房内的温度、湿度应采用库外监测方式，实行集中监测的宜设自动记录仪。

（4）电气设备应能在额定电压的90%～105%内正常工作。

以上为《组合式冷库》（JB/T 9061—1999）的简介。另外，JB/T 9061—1999还对装配式冷库的性能试验方法做出了具体规定，在此省略，如有需要，可参阅标准原件。

单元测试题

一、单项选择题（下列每题的选项中，只有1个是正确的，请将其代号填在横线空白处）

1. 按制冷压缩机的密封方式分类，分为开启式、半封闭式和________压缩机。

A. 回转式　　B. 全封闭式　　C. 旋转式　　D. 涡旋式

2. 按制冷压缩机________的大小分类，可分为大型、中型和小型3种压缩机。

A. 电动机功率　　B. 汽缸容积　　C. 制热量　　D. 制冷量

3. 4FV12.5型制冷压缩机中，12.5表示________。

A. 制冷剂代号　　B. 汽缸容积　　C. 汽缸直径　　D. 制冷量

4. 活塞式制冷压缩机是依靠汽缸工作________的变化，把制冷剂蒸气从低压变为高压，并使它在制冷系统中不断地循环流动。

A. 面积　　B. 容积　　C. 压力　　D. 温度

5. 气阀的开启和关闭是靠________两面的压差来实现的。

A. 阀座　　B. 阀片　　C. 阀板　　D. 阀盖

6. 小型全封闭制冷压缩机常采用________润滑。

A. 飞溅　　B. 强制　　C. 油环　　D. 油链

7. R22 制冷压缩机添加润滑油采用________号润滑油。

A. 13　　B. 25　　C. 18　　D. 30

8. 润滑油颜色变深，________降低，说明润滑油性能下降。

A. 透明度　　B. 油温　　C. 油压　　D. 含水量

9. 造成制冷压缩机噪声的原因是________。

A. 制冷剂太少　　B. 运转部件磨损太大

C. 蒸发温度太低　　D. 吸气压力高

10. ________的主要作用是封闭汽缸与活塞之间的间隙，阻止制冷剂气体漏进曲轴箱。

A. 油环　　B. 气环　　C. 刮油环　　D. 泵油环

11. 高压储液器的出液口应伸入筒身________。

A. 内　　B. 上部　　C. 中部　　D. 底部

12. 蒸发器内部积油过多可能引起________过低。

A. 吸气温度　　B. 过冷温度　　C. 蒸发温度　　D. 冷凝温度

13. 壳管式冷凝器根据安装方式分为卧式和________。

A. 顶式　　B. 挂式　　C. 立式　　D. 竖式

14. 卧式壳管式冷凝器端盖内设有________，以便冷却水循环。

A. 隔层　　B. 夹层　　C. 衬层　　D. 隔水条

15. 排管式蒸发器根据在库房里的布置位置可以分为墙排管、顶排管、________ 3 种。

A. 吊顶管　　B. 悬管　　C. 落地式　　D. 搁架管

16. 干燥过滤器一般安装在________上。

A. 回气管　　B. 排气管

C. 冷凝管　　D. 膨胀阀或毛细管前的液体管

17. 氨制冷系统只用过滤器不用干燥过滤器，是因为________。

A. 氨制冷系统没有水分　　B. 氨和水能相互溶解

C. 影响制冷循　　D. 降低制冷量

18. 回热器的其中一个作用是使节流前的供液达到________状态。

A. 过热　B. 过冷　C. 饱和　D. 闪发

19. 装配式冷库的建筑特点主要是由________的性能所决定的。

A. 涂塑钢板　B. 聚氨酯泡沫塑料

C. 隔热夹芯板　D. 聚氯乙烯泡沫塑料

20. 装配式冷库是由一块块复合隔热板拼装而成的，因此库体组合________。

A. 难度高　B. 施工周期长　C. 灵活　D. 施工复杂

21. 装配式冷库的地坪应起着________、防潮的作用。

A. 传热　B. 放热　C. 隔热　D. 制冷

22. 冷库门与门框需做防________处理。

A. 垫桥　B. 隔音　C. 冷桥　D. 防触电

23. 为防止外界热量和水汽侵入库房，在冷库门上方设置________。

A. 灯光　B. 风幕　C. 防潮脚垫　D. 防寒棉衣

24. 热力膨胀阀主要由________、毛细管、阀座、膜片、阀芯、传动推杆、调节杆等组成。

A. 温度计　B. 温控器　C. 感温包　D. 电阻器

25. 热力膨胀阀主要是感应吸气过热度，从而使________得到自动调节。

A. 供液压力　B. 制冷剂流量　C. 蒸发锅炉　D. 凝结水

26. ________是一种只允许流体单方向流动的阀。

A. 单向阀　B. 闸阀　C. 球阀　D. 角尺阀

27. 在一机多库的制冷装置中应有________。

A. 球阀　B. 单向阀　C. 三通阀　D. 闸阀

28. 电磁阀是一种开关式（即双位式）________。

A. 自动阀门　B. 半自动阀门　C. 手动阀门　D. 截止阀

29. 间接动作的电磁阀称为________电磁阀。

A. 一次开启式　B. 开启式　C. 二次开启式　D. 手动式

30. 热力膨胀阀的调节杆转动一圈，过热度的变化约为________℃。

A. 0.5　B. 1～2　C. 4～6　D. 5

31. 对于________制冷压缩机，按其工作的蒸发温度范围分类，分为高温、中温、低温 3 种压缩机。

A. 单级　B. 多级　C. 双级　D. 复叠式

32. 套管式冷凝器冷却水与制冷剂呈________，以增强传热效果。

A. 顺流　B. 横流　C. 逆流　D. 错流

33. 制冷剂在管内的蒸发和冷却采用________的蒸发器称为冷风机。

A. 自然对流　B. 自然紊流　C. 自然层流　D. 强制通风

34. 热力膨胀阀根据接受作用力的不同，可分为内平衡式和________两种形式。

A. 开启式　B. 全封闭式　C. 外平衡式　D. 半封闭式

35. 当膨胀阀在正常工作时，作用在膜片上、下部的 3 个力是________、蒸发压力和温包压力。

A. 弹簧力　B. 冷凝压力　C. 吸气压力　D. 排气压力

36. NH_3是制冷剂________的化学分子式。

A. R718　B. R729　C. R717　D. R702

37. 卤代烃制冷系统中必须加装________。

A. 过滤器　B. 机械过滤器　C. 干燥过滤器　D. 视液镜

38. 制冷剂在蒸发器中的流动阻力较大时，建议采用________热力膨胀阀。

A. 外平衡式　B. 内平衡式　C. 整体式　D. 弹簧式

39. 制冷系统中单向阀的作用是阻止________逆向流动。

A. 润滑油　B. 制冷剂　C. 氯化钙　D. 氯化钠

40. 按压缩机的气阀布置方式、制冷剂进出汽缸的不同流动方向分类，分为________压缩机和逆流式压缩机。

A. 可逆式　B. 顺流式　C. 层流式　D. 紊流式

二、多项选择题（下列每题的选项中，至少有 2 个是正确的，请将其代号填在横线空白处）

1. 开启式活塞式制冷压缩机的轴封采用________密封。

A. 摩擦环式　B. 波纹管式　C. 组合式

D. 石墨环式　E. 动摩擦环式

2. 如果活塞在汽缸内往返一次，则汽缸中的制冷剂有 4 种变化过程，它们依次是________。

A. 膨胀　B. 绝热　C. 吸气

D. 压缩　E. 排气

3. 连杆是连接________的部件，它将曲轴的旋转运动转换成活塞的往复运动。

A. 曲轴　B. 活塞　C. 活塞销

D. 曲柄销　E. 连杆大头

4. 大、中型制冷压缩机油泵的形式有________等几种。

A. 吸油管　B. 离心式　C. 月牙形内啮合齿轮油泵

D. 转子式内啮合油泵　E. 外啮合齿轮油泵

5. 压缩机的标准工况条件包括制冷系统稳定工作时的冷凝温度、________等指标。

A. 压缩机的吸气温度　B. 蒸发温度　C. 工作温度

D. 节流前的温度　E. 排气温度

6. 制冷压缩机排气温度过高，与________有直接关系。

A. 制冷负荷过大　B. 外部环境湿度过高
C. 蒸发器风量过大　D. 冷凝器结垢
E. 膨胀阀感温包漏气

7. 高压储液器内制冷剂液体不能过少，也不能过多，一般应控制在________之间。
A. 10%　B. 20%　C. 30%
D. 70%　E. 80%

8. 干燥过滤器比较常用的干燥剂有________。
A. 硅胶　B. 无水氯化钙　C. 氧化铝
D. 粉笔　E. 分子筛

9. 小型截止阀一般由阀杆、阀体、________阀芯等组成。
A. 阀帽　B. 填料　C. 石墨
D. 法兰　E. 膜片

10. 装配式冷库根据结构承重方式的不同可分为 3 种，即________。
A. 内支撑承重结构　B. 外支撑承重结构　C. 钢柱结构
D. 自承重结构　E. 混凝土结构

11. 装配式冷库复合隔热板的厚度常用规格一般为________ mm。
A. 80　B. 100　C. 150
D. 200　E. 500

12. 冷库门在构造上应达到坚固而且隔热性能好，门扇轻便，________等要求。
A. 防撞好　B. 自开门　C. 开关灵活
D. 自关门　E. 关闭严密

13. 按压缩机的汽缸布置方式分类，分为卧式、________制冷压缩机。
A. 立式　B. 角度式　C. 并列式
D. 往复式　E. 滑管式　F. 回转式

14. 活塞式制冷压缩机利用汽缸工作容积的变化，把制冷剂蒸气从________变为________，并使它在制冷系统中不断地循环流动。
A. 低温　B. 高温　C. 中温
D. 低压　E. 中压　F. 高压

15. 冷凝器按冷却介质的不同可分为________、________和空气冷却式 3 种。
A. 水冷式　B. 沉浸式　C. 淋水式
D. 蒸发式　E. 混合式　F. 套管式

16. 水冷式冷凝器除了壳管式以外，还有________等。
A. 套管式　B. 百叶窗式　C. 蒸发式
D. 沉浸式　E. 板管式　F. 钢丝式

17. 为了使冷风机的换热面积得到充分的利用，使各支路得到均匀供液和回气，在冷风机的进出处分别设有________。

A. 调节阀　　B. 止回阀　　C. 气液分离器

D. 供液分配器　　E. 旁通阀　　F. 恒压阀

18. 热力膨胀阀在制冷装置中的主要作用是________。

A. 节流　　B. 调节流量　　C. 降压

D. 控制降温方式　　E. 控制方向　　F. 接受信号

三、判断题（下列判断正确的请打“√”，错误的打“×”）

1. 活塞式制冷压缩机可以同时压缩气体或气液混合物。（　　）
2. 制冷压缩机的排气温度与冷凝温度没有必然关系。（　　）
3. 储存不同制冷剂的钢瓶不能互相调换使用。（　　）
4. 真空度是指容器内气体绝对压力高于当地大气压力的差值。（　　）
5. 蒸发式冷凝器也是空气冷却式冷凝器的一种。（　　）
6. 所有制冷系统只要采用回热循环都能提高制冷量。（　　）
7. 空气冷却式冷凝器的传热优于水冷式冷凝器。（　　）
8. 排气温度在压缩机运行中是一个重要的参数，要严格控制。（　　）
9. 卤代烃压缩机截止阀多用在通道处于关闭状态时，所接仪表将失去作用。（　　）
10. 装配式冷库只适用于室内。（　　）

单元测试题答案

一、单项选择题

1. B　2. D　3. C　4. B　5. B　6. A　7. B　8. A　9. B
10. B　11. D　12. A　13. C　14. D　15. D　16. D　17. B
18. B　19. C　20. C　21. C　22. C　23. B　24. C　25. B
26. A　27. B　28. A　29. C　30. B　31. A　32. C　33. D
34. C　35. A　36. C　37. C　38. A　39. B　40. B

二、多项选择题

1. AB　2. ACDE　3. AB　4. CDE　5. ABD　6. AD　7. CE
8. ABCE　9. AB　10. ABD　11. BC　12. CE　13. AB　14. AD　BF
15. AE　16. AD　17. DF　18. ABC

三、判断题

1. ×　2. √　3. √　4. ×　5. ×　6. ×　7. ×　8. √
9. √　10. ×

3

第 3 单元

制 冷 系 统

制冷就是用人工的方法在一定时间内将某物体或某个空间冷却，使其温度降低到环境温度以下，并使之维持这个温度。用于实现制冷的一整套设备及管路构成了制冷系统。在制冷系统中循环流动的工作物质叫做制冷剂。制冷系统工作的好坏不仅与构成系统的各个设备的性能有关，而且与管路系统的设计是否合理、制冷剂的选择是否恰当、操作管理是否完善等许多因素有关。

第一节　制冷技术基础

一、热力学基础

1. 常用物理量

（1）温度、温标。温度是表明物体冷热程度的物理量。根据分子运动学说，温度是物质分子运动平均动能的量度。温度升高，分子运动的速度加快；温度降低，分子运动的速度减慢。如果分子运动完全停止，这时物质的温度就是“绝对零度”。人们通过长期的实验和理论研究证明，无论采用什么制冷方法使物体的温度降低，其最低温度只能接近绝对零度，但不可能达到绝对零度。根据最新的资料报道，目前在实验室内可以达到的最低温度为 0.000 000 000 28K，仍然没有达到绝对零度。

测量温度的标尺简称温标。任何温标都要规定基本定点和每一度的数值。常用的温标有热力学温标、摄氏温标和华氏温标。

1）热力学温标。也称绝对温标，是国际单位制（SI）的基本温标，通常用 T 表示，其单位用符号 K（读作“开尔文”）表示。国际计量大会规定：纯水的三相点（即水的固、液、气三相平衡共存时）热力学温度是 273.16K。该点即是热力学温标的基本定点。每1K 是水的三相点热力学温度的 1/273.16。热力学温度没有负值。

2）摄氏温标。国际单位制（SI）规定摄氏温标为实用温标，摄氏温度用 t 表示，其单位是摄氏度，符号为℃。摄氏温标仍以纯水的三相点为基本定点，水的三相点温度为 0.01℃。摄氏温标规定，在 1 标准大气压下，纯冰的熔点是 0℃，纯水的沸点为 100℃，两者之间等分为 100 格，每一格就是1℃。摄氏温标的每 1℃与热力学温标的每 1K 相同。

摄氏温度与热力学温度之间的关系是：

$$T=t+273.15\ \text{K}$$

3）华氏温标。英制系统常用。华氏温度的单位是℉。华氏温标规定，在 1 标准大气压下，纯水的冰点是 32℉，沸点是 212℉，冰点和沸点之间等分为 180 格，每一格就是 1℉。显然，华氏温标的 1℉不等于摄氏温标的 1℃。

华氏温标与摄氏温标之间有以下关系：

$$t_1(\text{℉})=\frac{9}{5}t_2(\text{℃})+32$$

或

$$t_2(℃) = \frac{5}{9}[t_1(℉) - 32]$$

（2）压力与真空度。在一个充满气体的容器内，气体分子总是不停地进行热运动，气体分子之间不断地相互碰撞，同时，气体分子也不断地撞击容器壁，气体对容器壁的压力就是由于大量气体分子不断撞击容器壁所产生的。通常用垂直于容器壁单位面积上的力来表示压力的大小，这种压力称为绝对压力。对于理想气体，可以根据分子运动理论推导出作用于单位面积上的压力与单位体积内分子的数目及分子平均移动动能之间的数学关系式，从中可以看出气体压力的本质。国际单位制（SI）规定压力 p 的单位为帕斯卡（Pa）。由于 1 Pa 是一个很小的数，所以工程上常用 kPa 或 MPa 作为压力单位。

$$1\ \text{Pa} = 1\ \text{N/m}^2$$

$$1\ \text{MPa} = 10^3\ \text{kPa} = 10^6\ \text{Pa}$$

大气层会在地平面产生一定的压力，物理学中规定以北纬 45°海平面的平均大气压力为 1 标准大气压（atm）。1 atm 相当于 101 325 Pa。在工程应用中，常常忽略地理位置的差异，把 1 atm 近似看成为 0.1 MPa。

压力的单位还有工程大气压（at）、巴（bar）等。此外，压力还可以用某种液体的液柱高度来表示，工程上常用 mmHg，mmH_2O，mH_2O 等表示。压力单位换算表见表 3—1。

系统的真实压力称为绝对压力，用 p 表示。在工程上常用测压仪表测定容器或系统中工质的压力，这些测压仪表的测量原理大都是建立在力平衡基础上的，也就是利用液柱的重力或各种类型弹簧的变形以及用活塞上的加载质量去平衡工质的压力，所以压力计不能直接测出系统的状态参数——绝对压力，只能测得系统绝对压力与大气压力（或另一系统的压力）间的相对压力。压力计所指示的压力并非工质的真实压力，而是工质压力与当时当地的大气压力的差值，称为“表压力”，用 p_g 表示。如果用 p_b 表示当时当地的大气压力，则表压力与绝对压力之间有以下关系：

当 $p > p_b$ 时

$$p = p_g + p_b$$

当 $p < p_b$ 时

$$p = p_b - p_V$$

此时，测量工质压力的仪表叫做真空计。真空计上的读数称为真空度，以 p_V 表示。

由此可见，为了确定工质的绝对压力，除了使用压力计以外，还应同时使用大气压力计，以确定当时当地的大气压力。由于大气压力的变化不大，当工质的绝对压力 p 很大时，大气压力数值的变化相对来说影响甚小，在工程计算上，可以将大气压力视为常数。但当被测工质的压力较小，其数值与大气压力相近时，则不能将大气压力视为常数，而应该用大气压力计测定其具体数值。

作为工质的状态参数应该是 p，而不是 p_g 或 p_V。

表 3—1

压力单位换算表

帕(牛顿/米²)(Pa)(N/m^2)	千克力/厘米²(kgf/cm^2)	磅力/英寸²($1bf/in^2$)	巴(bar)	毫米汞柱(mmHg)	毫米水柱(mmH_2O)(0℃时)	米水柱(mH_2O)(4℃时)	英寸水柱(inH_2O)	标准大气压(atm)
1	$1.019\ 72\times10^{-5}$	$0.145\ 038\times10^{-3}$	10^{-5}	$7.500\ 6\times10^{-3}$	0.101 971 5	$0.101\ 971\ 5\times10^{-3}$	$4.014\ 63\times10^{-3}$	$0.986\ 925\times10^{-5}$
$98.066\ 5\times10^3$	1	14.223 3	0.980 665	735.559	10^4	10.0	392.275 6	0.967 841
6 894.72	0.070 305	1	0.068 947	51.715 5	703.069 86	0.703 069 9	27.579 7	0.068 046 2
10^5	1.019 72	14.503 8	1	750.06	$1.019\ 715\times10^4$	10.197 15	401.463	0.986 93
133.322	$1.359\ 51\times10^{-3}$	0.019 34	$1.333\ 2\times10^{-3}$	1	13.594 9	0.013 594 9	0.535 24	$1.315\ 8\times10^{-3}$
9.806 65	10^{-4}	$14.223\ 3\times10^{-4}$	$9.806\ 65\times10^{-5}$	$73.556\ 7\times10^{-3}$	1	10^{-3}	3.937×10^{-2}	9.68×10^{-5}
$9.806\ 65\times10^3$	0.1	1.422 33	0.098 07	73.556 7	1 000	1	39.227 6	0.096 4
249.989	0.002 549	0.036 26	$2.499\ 9\times10^{-3}$	1.868 32	25.492 3	0.025 49	1	0.002 458
$1.013\ 25\times10^5$	1.033 23	14.695 9	1.013 25	760.0	10 332.477	10.332 48	$0.406\ 78\times10^3$	1

备注：1 工程大气压用 at 表示，它等于 1 千克力/厘米²，即 1 at=1 kgf/cm^2。

(3) 密度与比体积。 密度是单位体积物质的质量。对于气体，则指单位容积内气体的质量，用符号 ρ 表示，单位为“千克/米^3”（kg/m^3）。

$$\rho = \frac{m}{V}$$

式中　m——物质的质量，kg；

V——物质的体积或占据的容积，m^3。

比体积是单位质量的气体所占有的容积，用 v 表示，单位是 m^3/kg。比体积和气体的密度之间成倒数关系，即：

$$v = \frac{V}{m} = \frac{1}{\rho}$$

(4) 热量与比热容。 热是能量的一种形式，它表示物体和外界在相互作用过程中传递（吸收或者放出）的能量。在国际单位制（SI）中热量的单位是焦耳（J），简称焦，也可以用千焦（kJ）。工程上根据传统的习惯还用卡（cal）或千卡（kcal）做单位，但根据中华人民共和国法定计量单位的规定，卡、千卡已被列为非许用单位，应使用焦、千焦。

$$1\ J = 0.238\ 9\ cal \quad 或 \quad 1\ kJ = 0.238\ 9\ kcal$$

需要注意的是，热量只有在物体与外界进行能量传递的过程中才能体现出来，它是一个过程量。因此，说“物体具有多少热”“物体含有多少热量”都是错误的。

单位质量的物体温度升高或降低 1K（℃）所吸收或放出的热量，称为物质的质量热容，其单位是千焦/(千克·开) [kJ/(kg·K)]。对于气体，除了常用质量单位外，还使用标准容积（m^3）和千摩尔（kmol）做单位，因此，其比热容又有容积热容[kJ/(m^3·K)]和摩尔热容 [kJ/(kmol·K)]。在不做特别说明时，通常所说的比热容均指质量热容。

假设某物体的质量为 G kg，当它吸收了 Q kJ 的热量后，温度从原来的 T_1（K）升高到 T_2（K），那么该物体的比热容为：

$$c = \frac{Q}{G(T_2 - T_1)}$$

或者已知物质的比热容，质量为 G kg 的物体被加热（或冷却），温度从原来的 T_1（K）升高（或降低）到 T_2（K），那么该物体吸收（或放出）的热量为：

$$Q = Gc(T_2 - T_1)$$

在实际热量计算中，把物体吸热作为正值，把物体放热作为负值。

在一定压力下水的比热容为 4.187 kJ/(kg·K)，空气的比热容为 1 kJ/(kg·K)，这就是说，1 kg 水在一定压力下，温度升高 1K（或降低 1K）吸收（或放出）的热量是 4.187 kJ，而空气则为 1 kJ。可见，对于相同质量的两种不同物质，如果升高（或降低）的温度相同，比热容大的物体需要吸收（或放出）的热量就多。比热容反映了物质的热性质。实践证明，物质的比热容除了与物质的性质有关之外，还与物体所处的温度有关，所以，严格来讲，任何物质的比热容都不是常数，温度变化时，比热容也随之变化。在制冷技术中，温度变化范围不太大，或计算本身并不要求十分精确时，可以认为比热容与温度无关，把比热容视为定值。

气体的比热容还随加热或冷却过程的不同而有所变化。当气体在加热过程中其压力保持不变时，称为质量定压热容，常用 c_p表示；而气体在加热过程中其容积保持不变时，则称为质量定容热容，常用 c_V表示。

（5）功与功率。在力学中，功定义为力与力方向上位移的乘积，用 W 表示。如果物体在力 F 的作用下，在力的方向上产生的位移为 s（单位为 m），那么力 F 完成的功为：

$$W = Fs$$

功的单位是焦耳，符号为 J。

$$1\ \mathrm{J}=1\ \mathrm{N}\cdot\mathrm{m}$$

功是标量，只有大小，没有方向。合力对物体或系统所做的功，等于每个分力所做的功的代数和。功和热量一样，都是能量传递的量度，只在传递过程中才有意义，一旦能量传递过程结束，功和热量就转化为物体或系统的能量。功和热量都是迁移能，所以只能说物体或系统具有能量，却不能说物体或系统具有功或热量。

功率是单位时间内所消耗的功，用 P 表示，单位为瓦特（W）。

（6）流速与流量。流体运动时，由于黏性影响，使过流断面上各点的流速分布不均。如图 3—1 所示为断面平均流速，流体在圆管中流动时，因受黏性影响，过流断面上各点流速 u 呈抛物线规律分布。因为断面上各点流速不相等，计算流量很不方便，为此，引入断面平均流速的概念。

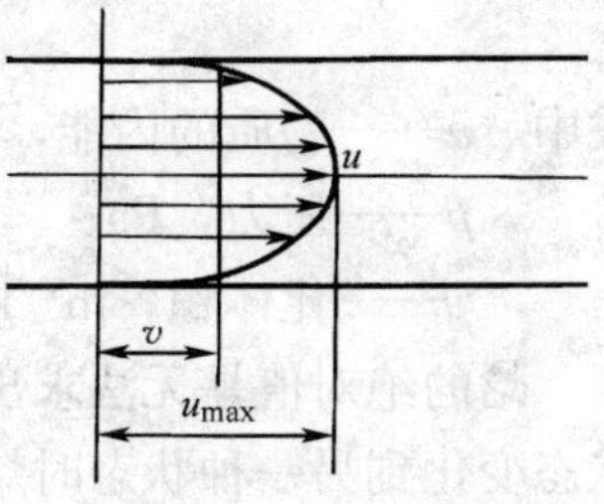

图 3—1　断面平均流速

根据流量相等原则，按流速 v 计算的流量应等于按各点实际流速 u 计算的流量，即：

$$v=\frac{q_V}{A}$$

根据流量相等原则所确定的均匀流速就称为断面平均流速。工程中所指的管道中流体的流速就是指断面平均流速 v。

单位时间内流经元流或总流过流断面的流体数量称为流量。若数量以体积衡量，称为体积流量，用符号 q_V 表示，单位是 m^3/s；若数量以质量衡量，称为质量流量，用符号 q_m 表示，单位是 kg/s。

2. 热力学基本定律

（1）热力学第零定律。在只有两个冷、热物体相互作用时，经过一段时间，两物体最终将达到相同的冷热状态，即处于热平衡状态。热力学第零定律表述为：如果两个物体分别和第三个物体处于热平衡，则它们彼此之间也一定处于热平衡。这一定律为温度这一概念的建立、温度的测量以及建立温度计量的标尺提供了理论基础。

在温度的测量中，温度计即为第零定律中的第三个物体。

（2）热力学第一定律与比焓的概念。能量是物质运动的度量。物质存在各种不同形式的运动，因而能量也就具有不同的形式。各种运动形态可以相互转化，这就决定了各种形式的能量也能相互转换。能量的转换反映了运动由一种形式转变为另一种形式的能力。

热力学第一定律是能量转换与守恒定律在热力学中的应用，它确定了热力过程中各种形式能量之间数量的相互关系。

自然界的一切物质都具有能量。能量不可能被创造，也不可能被消灭，而只能在一定条件下从一种形态转变为另一种形态。在转换中，能量的总量恒定不变，这就是能量转换与守恒定律。热力学第一定律可以表述为：在任何发生能量转换的热力过程中，转换前后能量的总量维持恒定。

在历史上，热力学第一定律的建立正好处在资本主义发展的初期，那时，有人曾幻想创造不消耗能量而获得动力的“永动机”。永动机由于违反能量守恒定律而遭到了失败。因此，热力学第一定律也可以表述为：“永动机”是不可能创造成功的。

焓在热力工程中是一个重要而常用的状态参数，它给热力过程的计算带来很大的便利。焓是一个复合状态参数，对于 1 kg 工质而言，称为比焓，一般用符号 h 表示，单位为焦耳/千克（J/kg）或千焦/千克（kJ/kg），它的定义式为：

$$h = u + pv$$

式中 u——物质的内能，J/kg；

p——压力，Pa；

v——比体积，m^3/kg。

焓的绝对值是无法求出的，实用中也没有必要求出，因为只要知道同一种物质由一种状态变化到另一种状态时焓的变化量就可以了。因此，通常都选择某一种状态作为焓的起点，其他状态点的焓值均是与该点焓的差值。在制冷工程中，一般取 0℃时饱和液体的比焓为 200.00 kJ/kg。需要指出的是，在不同的书中，0℃时饱和液体的比焓可能取不同的数值，这在进行热力计算时应特别注意。

(3) 热力学第二定律与熵的概念。 根据热力学第一定律，可知热和功可以相互转换，并且在转换过程中热和功的总量维持不变。但第一定律并没有说明两者在相互转换时朝着哪个方向更容易进行？需要遵循哪些条件？转换的深度怎样？热力学第二定律对此做出了回答。它有以下几种等效的表达方式：

1）使热能全部转换为机械能是不可能的。

2）热量不可能自发地从低温物体转移到高温物体。

3）“第二类永动机”即单热源热机是不存在的。实践证明，热机工作时至少应有一个高温热源和一个低温热源。假如单一热源热机能够实现，那么就可以利用大气或者海水作为取之不尽、用之不竭的热源，永远不停地对外做功。这种永动机并没有违反热力学第一定律，因为它并没有创造能量，但却违反了热力学第二定律。

制冷装置是根据热力学第二定律，用消耗一定的机械能或热能作为补偿条件，把热量从低温热源（需要制冷的场所，例如冷藏室）转移到高温热源（自然界的水或空气）中去，从而达到连续制冷的目的。

设从低温热源取出热量 Q，同时制冷机消耗的机械能为 W，那么，Q 与 W 的比值就称为制冷系数，用 ε 表示，可得：

$$\varepsilon = \frac{Q}{W}$$

ε 的值可以大于 1、等于 1 或小于 1。在相同的条件下，制冷系数是制冷机的一个技术经济指标，ε 值越大，则制冷机的性能越好。提高制冷系数是制冷技术的重要任务之一。

熵是一个描写物质状态的参数，表征工质状态变化时与外界热量传递交换的程度。它在热力学中是通过其他可以测量的量推演出来的。对于 1 kg 工质而言，称为比熵，一般用符号 s 表示，单位为焦耳/(千克・开)［J/(kg・K)］或千焦/(千克・开)［kJ/(kg・K)］。熵的定义式为：

$$\delta s = \frac{\delta Q}{T}$$

与焓一样，熵的绝对值也无法测定，在实际应用中只需了解熵在热力过程中的改变量。如果温度为定值，那么：

$$Q = T(S_2 - S_1)$$

式中　S_1，S_2——工质在与外界热交换前后的熵值。

显然，当 $S_2 > S_1$ 时，为熵增加的过程，$Q>0$，表示工质从外界吸收热量；当 $S_2 < S_1$ 时，为熵减少的过程，$Q<0$，表示工质对外界放出热量。不可逆的绝热过程，熵总是增加的，即 $S_2 > S_1$；可逆的绝热过程，熵不变，即 $S_2 = S_1$，在此过程中 $Q=0$。

(4) 热力学第三定律。人们在研究低温物理现象时发现，当温度趋近于绝对零度时，凝聚系统（固体或液体）在可逆、定温过程中熵的变化等于零，即：

$$\lim_{T \to 0} \Delta S = 0$$

这就是热力学第三定律的一种表述。

热力学第三定律还有其他两种表述，一种为：不能用有限的步骤使一个系统的温度降到绝对零度；另一种为：当温度趋近于绝对零度时，凝聚系统的熵的绝对值趋近于零。以上 3 种表述方法在本质上是等效的。

3. 物质相态及其变化

(1) 物质的相态。自然界里的物质在不同的条件下以不同的状态存在，即固态、液态和气态。这 3 种状态可以相互转化，在饱和温度下，气体变成液体的过程称为冷凝（或液化）；液体变成固体的过程称为凝固；固体变成液体的过程称为熔解；液体变成气体的过程称为汽化；固体直接变成气体的过程称为升华，反之，称为固化。物质在吸热或放热时，除了温度变化以外，状态可以在固态、液态、气态之间发生变化。

在制冷系统中，研究物质在低温和高温条件下的状态变化很有意义，例如在冷凝器中，制冷剂在高温和高压条件下放热而液化；而在蒸发器中，制冷剂在低温和低压条件下吸热而汽化。因此，利用制冷剂的状态变化，可以实现制冷目的。

汽化有两种形式，即蒸发和沸腾。

在任何温度下，液体外露表面的汽化过程称为蒸发。蒸发在日常生活中能经常见到，例如，放在敞口杯里的酒精很快会蒸发掉，湿衣服在阳光下被晒干等。物质在蒸发过程中为了实现其状态变化，一定要从周围介质中吸收热量。

在一定的温度（沸点）下，液体内部和表面同时发生剧烈的汽化过程称为沸腾。这时，液体内部形成许多小气泡上升至液面，迅速汽化并吸收周围介质中的热量。在制冷技术中，制冷剂在蒸发器内不断吸收周围空气或水的热量，由液体变成气体，这是沸腾过程，但习惯上常称为蒸发，相应的换热器称为蒸发器。

（2）显热与潜热。对物质进行加热或冷却时，物质的聚集状态（相态）不发生变化，物质的温度发生变化（升高或者降低），此时物质所吸收或放出的热量称为显热，它使人们有明显的冷热感觉。例如，在1个标准大气压（101 325 Pa）下对水进行加热，水的温度逐渐升高，所加的热量就是显热。同样，如果把一杯100℃的开水放在空气中冷却，水会不断向外放出热量，温度逐渐降低，在没有降到0℃时，水放出的热量也是显热。

如果对物质加热或冷却到一定程度，使物质发生了相态变化，在此相变过程中所加给物质的热量（或物质所放出的热量）就称为潜热，此时，用温度计无法测量到物质温度的变化。如果使液体变为气体，那么该潜热为汽化潜热；如果使气体变为液体，则该潜热称为凝结潜热。例如，在1个标准大气压下，把水加热到沸点100℃时，继续加热，水的温度不再发生变化，此时所加的热量将使水在沸腾状态下变为蒸汽，温度却始终维持在100℃，这时所加的热量就是汽化潜热。汽化潜热的大小与物质的种类、压力和温度等有关。例如，水在1个标准大气压下的饱和温度是100℃，使1 kg饱和水全部变成饱和蒸汽所需要的汽化潜热是2 257.2 kJ/kg；当压力为198 540 Pa时，水的饱和温度为120℃，汽化潜热为2 202.9 kJ/kg。又例如氨（R717）在压力为430 430 Pa时，其饱和温度为0℃，汽化潜热为1 261.7 kJ/kg；而在压力为119 900 Pa时，其饱和温度为−30℃，汽化潜热为1 359.3 kJ/kg。以上这些数据都可以从相应物质的饱和液体和饱和蒸气热力性质表中查得。

此外，在物质的熔解和凝固、升华和凝华过程中，也总伴随着吸热或放热现象，这种形式的热量也是潜热，所以分别把它们称为熔解潜热、凝固潜热、升华潜热和凝华潜热。

4. 饱和、过冷与过热

（1）饱和状态。装在密闭容器里的液体，从液面飞升出来的分子不可能扩散到其他地方去，只能聚集在液体上面的空间里，做无规则的运动。其中一部分气体分子碰撞液面时，又回到液体中去。当从液面飞出和飞入液体中的分子数目相等时，达到平衡。气体空间里的气体比体积不再变化，液体和它的蒸气处于动态平衡状态，蒸气中的分子数不再增加，这种状态称饱和状态。

在饱和状态下的蒸气称为饱和蒸气，饱和蒸气的温度称为饱和温度，饱和蒸气的压力称为饱和压力。

(2) 过冷状态和过热状态。在饱和压力的条件下继续对饱和蒸气加热，使蒸气的温度高于饱和温度，这时蒸气的状态就是过热状态。这种蒸气称为过热蒸气。

在饱和压力的条件下，继续对饱和液体冷却，使其温度降低到饱和温度以下，这时液体的状态就是过冷状态。这种液体称为过冷液体。

如图 3—2 所示为制冷剂的热力状态，从图中可了解其变化过程。开始蒸发（沸腾）时的液体为饱和液体；最后一滴液体刚好蒸发后的蒸气为干饱和蒸气；在饱和液体和饱和蒸气之间，液体和气体共存，称之为湿蒸气，它处于饱和状态。如饱和液体再被冷却放热，则成为过冷液体；过冷后的液体温度称为过冷温度；冷凝温度与过冷温度之差称为过冷度。如果干饱和蒸气再被加热升温，则成为过热蒸气，过热后的气体温度称为过热温度；过热温度与蒸发温度之差称为过热度。

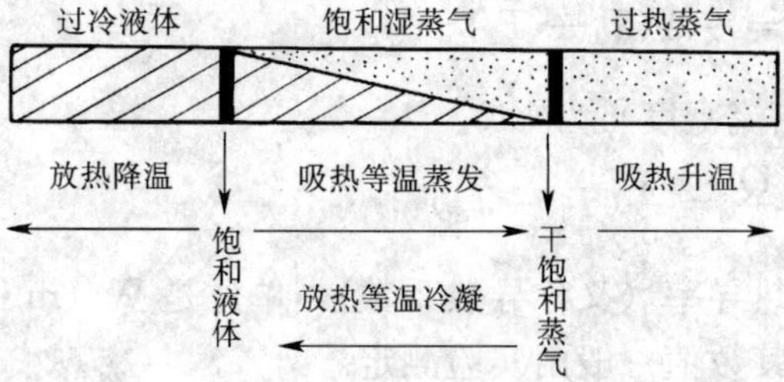

图 3—2 制冷剂的热力状态

在饱和区内，是制冷剂气相与液相共存的湿饱和蒸气。其中气体所占的比例用干度来表示，符号为 x。干度是制冷剂蒸气质量占气液总质量的百分比。

$$x=\frac{m_g}{m_g+m_l}$$

式中 m_g——湿蒸气中的蒸气质量，kg；

m_l——湿蒸气中液体的质量，kg。

饱和液体的 $x=0$；干饱和蒸气的 $x=1$。如 $x=0.25$，就是指制冷剂按质量百分比表示时蒸气占 25%，液体占 75%。

由液体吸热汽化时的饱和温度称为蒸发温度；由气体放热液化时的饱和温度称为冷凝温度。因此，在蒸发时的饱和压力即蒸发压力；在液化时的饱和压力即冷凝压力。

(3) 临界温度与临界压力。各种气体当压力升高时，比体积将减小。随着压力继续升高，蒸气的比体积逐渐接近于液体的比体积。在一定温度下，当压力升高到某固定点时，饱和蒸气与饱和液体之间没有明显区别，该点就称为临界点，此时的状态称为临界状态，此时的温度称为临界温度，此时的压力称为临界压力。例如，空气的临界压力为 3.7 MPa，临界温度为−141℃。对应于临界状态点的温度称为临界温度，压力称为临界压力，比体积称为临界比体积。每一种气体都有一个临界点，临界温度以上的蒸气，无论加多大的压力，都不能液化。例如空气在常温下，即使把压力无限提高也不会液化；而水在常压下，只要温度低于100℃便全部液化。空气的液化显然是比较困难的。可见，临界温度对气体液化有很大意义。

5. 热传递的基本方式

（1）导热。导热又称热传导，是指物体各部分无相对位移或不同物体直接接触时依靠分子、原子及自由电子等微观粒子的热运动而进行的热量传递现象。导热是物质的属性，导热过程可以在固体、液体和气体中进行。但单纯的导热一般只发生在密实的固体中，因为存在温差时，液体和气体中难以维持纯粹的导热。

设有如图3—3所示的一块厚度为δ的大平壁，壁两侧的温度分别为T_1(K)和T_2(K)，垂直于热流方向的平壁面积为A，通过平壁的导热量Q的计算式为：

$$Q=\frac{\lambda}{\delta}A(T_1-T_2)$$

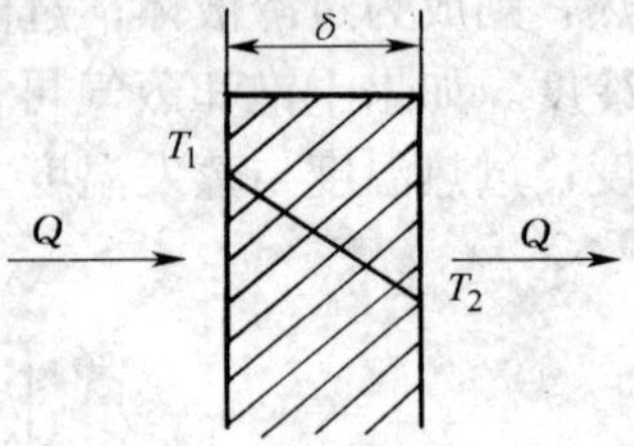

图3—3　单层平壁导热

通过平壁的热流通量（热流密度）为

$$q=\frac{Q}{A}=\frac{\lambda}{\delta}(T_1-T_2)$$

式中　λ——平壁材料的热导率（又称导热系数），单位是W/(m·K)，它表示材料导热能力的大小，其数值一般由实验测定。

把热流通量的计算式写成电学中欧姆定律的形式：

$$q=\frac{T_1-T_2}{\frac{\delta}{\lambda}}$$

可以看出，δ/λ正是导热的阻力，将它称为导热热阻，其单位是（m^2·K)/W。在一定温差条件下，导热量与导热热阻成反比，导热热阻越大，导热量越小。应该注意的是，在不同的导热过程中，导热热阻的表达式也不同。

（2）对流。依靠流体的宏观运动，把热量由一处传递到另一处的现象称为热对流。因为存在温度差，对流过程必然同时伴随导热，很难实现纯粹的对流。工程上遇到的实际传热问题，都是流体与固体壁直接接触时的换热，称为对流换热（也称放热）。与纯粹的对流不同，对流换热过程既有对流作用，又有导热作用。对流换热过程的计算式为：

$$q=\alpha\Delta t$$

式中　q——单位面积上的对流放热量，W/m^2；

Δt——壁面温度与流体温度之差，℃；

α——表面传热系数，W/(m^2·℃)。

表面传热系数α是对流换热过程强弱的标志，影响它的因素有流体的物理性质，流体的流速与特性，壁面的形状、尺寸及表面状况等。由于α受制于多项因素，故对流换热问题的关键是如何确定表面传热系数。

与导热热阻相对应，对流换热时的热阻为 $\frac{1}{\alpha}$，单位为（$m^2 \cdot K$）/W。

（3）热辐射。 热辐射依靠物体表面发射可见和不可见的射线（电磁波）传递能量。辐射换热与导热、对流换热不同，它不依靠物质的接触而进行热量传递，而导热和对流换热都必须由冷、热物体直接接触或通过中间介质相接触才能进行。另外，辐射换热过程还伴随着能量形式的两次转化，即物体的部分内能转化为电磁波能发射出去，当电磁波能射及另一物体表面而被吸收时，电磁波能又转化为内能。

辐射并不只有高温物体才发生，一切物体只要其温度 $T>0$ K，都会不断地发出热辐射。当物体间有温差时，高温物体辐射给低温物体的能量大于低温物体辐射给高温物体的能量，因此，总的结果是高温物体把能量传递给了低温物体。即使各个物体的温度相同，辐射换热仍不断地进行，只是每一物体辐射出去的能量等于吸收的能量，处于动平衡状态，辐射换热量等于零。

物体表面单位时间、单位面积对外辐射的热量称为辐射力，用 E 表示，单位是 W/m^2，其大小与物体表面性质及温度有关。对于绝对黑体（一种理想的热辐射表面），可以用四次方定律（即斯蒂芬—波尔茨曼定律）计算它的辐射力 E_b。

$$E_b = \sigma_b T^4$$

式中　σ_b ——黑体辐射常数，$\sigma_b = 5.67 \times 10^{-8}$，$W/(m^2 \cdot K^4)$；

T——物体表面热力学温度，K。

在制冷装置中，由于温度较低，温差也较小，往往在传热计算中将辐射换热忽略不计。在较大型冷库与空调的围护结构设计中，计算热负荷时才把太阳的辐射热考虑进去。

6. 温度，功、能和热量，制冷量和功率的单位及换算

（1）温度单位换算表见表 3—2。

表 3—2　　温度单位换算表

关系式 所求温度 \ 已知温度	热力学温度（K）	摄氏温度（℃）	华氏温度（℉）	兰氏温度（°R）
热力学温度 T（K）	1	$T+273.15$	$\frac{5}{9}(T+459.67)$	$\frac{5}{9}T$
摄氏温度 t（℃）	$t-273.15$	1	$\frac{5}{9}(t-32)$	$\frac{5}{9}t-273.15$
华氏温度 t（℉）	$\frac{9}{5}t-459.67$	$\frac{9}{5}t+32$	1	$t-459.67$
兰氏温度 t（°R）	$\frac{9}{5}t$	$\frac{9}{5}t+491.67$	$t+459.67$	1

（2）功、能和热量单位换算表见表 3—3。

表 3—3　　功、能和热量单位换算表

焦耳 (J)	千瓦·小时 (kW·h)	千克力·米 (kgf·m)	马力·小时		千卡 (kcal)	英制热单位 (Btu)	磅力英尺 (lbf·ft)
			公制 (PS·h)	英制 (hp·h)			
1	2.778×10^{-7}	0.101 97	3.777×10^{-7}	3.723×10^{-7}	2.389×10^{-4}	9.48×10^{-4}	0.737 6
3.6×10^{6}	1	$3.670\ 9\times10^{5}$	1.359 6	3.653×10^{-6}	859.84	$3.412\ 1\times10^{3}$	2.665×10^{6}
9.806 65	2.724×10^{-6}	1	3.704×10^{-6}	1.34	2.342×10^{-3}	9.295×10^{-3}	7.233
2.648×10^{6}	0.735 5	$2.700\ 2\times10^{5}$	1	0.985 8	632.4	2.510×10^{3}	$1.953\ 1\times10^{6}$
$2.684\ 5\times10^{6}$	0.745 7	$2.737\ 4\times10^{5}$	1.014	1	641.6	2.546×10^{3}	1.98×10^{6}
$4.186\ 8\times10^{3}$	1.163×10^{-3}	$4.269\ 3\times10^{2}$	1.581×10^{-3}	1.558×10^{-3}	1	3.968 3	3.088×10^{3}
1.055×10^{-3}	2.931×10^{-4}	1.076×10^{2}	3.984×10^{-4}	3.927×10^{-4}	0.252	1	$7.781\ 8\times10^{2}$
1.355 8	3.766×10^{-7}	0.138 3	5.12×10^{-7}	5.05×10^{-7}	3.24×10^{-4}	1.29×10^{-3}	1

（3）制冷量和功率单位换算表

1）制冷量单位换算表见表 3—4。

表 3—4　　制冷量单位换算表

瓦（W）	千焦/时 (kJ/h)	千卡/时 (kcal/h)	美国冷吨	英制热单位/时 (Btu/h)	日本冷吨	新英国冷吨
1	3.6	0.859 85	2.843×10^{-4}	3.411 9	$2.589\ 9\times10^{-4}$	2.395×10^{-4}
0.277 8	1	0.238 85	$7.898\ 3\times10^{-5}$	0.947 8	$7.194\ 2\times10^{-5}$	$6.654\ 2\times10^{-4}$
1.163	4.186 8	1	$3.306\ 9\times10^{-4}$	3.968 4	3.012×10^{-4}	$2.788\ 6\times10^{-4}$
3 516.9	12 660.9	3 024	1	1.2×10^{4}	0.910 84	0.842 46
0.293 07	1.055 07	0.252	8.33×10^{-5}	1	7.59×10^{-5}	$7.020\ 34\times10^{-5}$
3 861.1	13 900.2	3 320	1.097 88	$1.317\ 5\times10^{4}$	1	0.924 95
4 174.5	15 028.1	3 589.4	1.187	$1.424\ 4\times10^{4}$	1.081 17	1

2）功率单位换算表见表 3—5。

表 3—5　功率单位换算表

瓦(W)	千瓦(kW)	马力 (hp)	牛顿·米/秒 (N·m/s)	千克力·米/秒 (kgf·m/s)	磅力·英尺/秒 (1bf·ft/s)	千卡/秒 (kcal/s)	英制热单位/秒 (Btu/s)
1	0.001	0.001 36	1	0.102	0.737 5	0.238×10^{-3}	$0.947\ 8\times10^{-3}$
1 000	1	1.36	1 000	102	737.5	0.238	0.947 8
735.5	0.735 5	1	735.5	75	542.4	0.175	0.697
1	0.001	0.001 36	1	0.102	0.737 5	0.238×10^{-3}	$0.947\ 8\times10^{-3}$
9.806 65	$9.806\ 65\times10^{-3}$	0.013 3	9.806 65	1	7.232	0.002 34	0.009 3
1.355 8	$1.355\ 8\times10^{-3}$	0.001 84	1.355 8	0.138	1	0.324×10^{-3}	1.29×10^{-3}
4 186.8	4.186 8	5.7	4 186.8	427	3 088	1	3.968
1 055	1.055	1.434 5	1 055	107.5	778.07	0.252	1

二、制冷常用物质

1. 制冷剂

制冷剂是制冷系统中的工作流体，它在系统中循环流动，通过自身热力状态的改变与外界发生能量交换，达到制冷的目的。正如人体的血液，通过周身的血液循环，将氧和养分带给肌体，再把二氧化碳带走一样，制冷剂的好与坏直接影响制冷系统能否正常运行。

液体蒸发式制冷机中制冷剂在要求的低温下蒸发，从被冷却对象中吸取热量，然后在较高的温度下向外界放出热量而凝结，所以，只有在工作温度范围能够汽化和凝结的物质才有可能成为制冷剂。多数制冷剂在大气压和常温下呈气态。

乙醚是最早使用的制冷剂。1866 年，二氧化碳被提出用做制冷剂。1870 年，卡尔·林德对使用氨作为制冷剂做出了贡献，随后，在大型制冷机中广泛使用。1929—1930 年间，卤代烃首次被提出用做制冷剂，最早是 R12，随后卤代烃使用的范围迅速扩大。不同的卤代烃在热力性质上各不相同，能适应不同制冷温度和容量的要求。其中的许多物质在物理、化学性能上有许多共同的优点，如没有毒性、不燃烧、不爆炸、不腐蚀金属、热稳定性与化学稳定性优良等，非常实用，这些制冷剂的应用曾给制冷工业带来了变革性的进步。已经被广泛使用的卤代烃制冷剂如 R11，R12 等是氯氟烃，R22 是不完全卤代烃，而 R500，R502 与 R503 等则是卤代烃制冷剂的混合物。20 世纪 80 年代，科学家们确认了氯氟烃是引起臭氧层破坏和温室效应的危害物质。1987 年在加拿大蒙特利尔，联合国环境保护计划会议签署了“关于臭氧层衰减物质的蒙特利尔协定”，该协定规定了限制和禁止生产对臭氧层破坏作用大的物质，如 R11，R12，R113，R114，R115，R12B1，R13B1 与

R114B2 等为首批受禁物质，到 21 世纪完全停止生产。R22 对环境的破坏力比较小，但最终也要被禁止使用。目前，新的制冷剂的研究、开发和应用正在进行中。

（1）制冷剂的种类及命名。制冷剂按化学成分主要分为无机物、卤代烃和碳氢化合物 3 类；按其物理组成又可分为单一制冷剂和混合物制冷剂。为了书写和表达的方便，采用国际统一规定的符号作为制冷剂的简化代号。制冷剂的符号由字母“R”和它后面的一组数字和字母构成。“R”是英语中制冷剂（Refrigerant）的首字母，后面的数字则根据制冷剂的化学组成按一定规则编写。

1）无机化合物。氨（NH_3）、水（H_2O）、二氧化碳（CO_2）、二氧化硫（SO_2）、一氧化二氮（N_2O）等都属于无机化合物制冷剂。无机物制冷剂的符号是 R7 加上该物质的分子量的整数部分，例如氨的符号表示是 R717；水的符号是 R718；二氧化碳的符号是 R744；由于一氧化二氮的分子量整数部分也是 44，为了与二氧化碳区别，N_2O 的符号表示为 R744a。

2）卤代烃。卤代烃是英语 FREON 的音译，是烷烃化合物被卤族元素替代了其中的部分或全部氢原子后的衍生物。分子中含氯、氟、碳的完全卤代烃称为“CFC”；分子中含氢、氯、氟、碳的不完全卤代烃称为“HCFC”；分子中含氢、氟、碳而不含氯的卤代烃称“HFC”。这样的表示使物质的元素组成一目了然。通常所知的 R11，R12，R22 等符号是这样规定的：烷烃化合物的分子通式是 C_mH_{2m+2}，卤代烃的分子通式是 $C_mH_nF_xCl_yBr_z$，其中，$n+x+y+z=2m+2$。卤代烃的代号中，R 后的第一个数字为 $m-1$，第二个数字为 $n+1$，第三个数字为 x，第四、五位表示该卤代烃中是否含有溴元素、溴元素的个数。卤代烃的通式可以写成 R$(m-1)(n+1)(x)$B(z)。卤代烃代号举例见表 3—6。

表 3—6　卤代烃代号举例

制冷剂	分子式	化合物名称	m，n，x，z 的值	$(m-1)$ $(n+1)$ (x) B (z) 值
R11	$CFCl_3$	一氟三氯甲烷	$m=1$　$n=0$　$x=1$	0　1　1　0
R12	CF_2Cl_2	二氟二氯甲烷	$m=1$　$n=0$　$x=2$	0　1　2　0
R22	CHF_2Cl	二氟一氯甲烷	$m=1$　$n=1$　$x=2$	0　2　2　0
R13	CF_3Cl	三氟一氯甲烷	$m=1$　$n=0$　$x=3$	0　1　3　0
R13B1	CF_3Br	三氟一溴甲烷	$m=1$　$n=0$　$x=3$　$z=1$	0　1　3　1

例如，二氟二氯甲烷的化学式是 CF_2Cl_2，$m=1$，$n=0$，$x=2$，所以代号是 R12；再比如，二氟一氯甲烷，它的化学式是 CHF_2Cl，$m=1$，$n=1$，$x=2$，所以代号是 R22。

3）碳氢化合物

①饱和碳氢化合物。其命名规则基本上和它的衍生物卤代烃一样。如甲烷：分子式为 CH_4，$m=1$，$n=4$，$x=0$，那么 $m-1=0$，$n+1=5$，其代号为 R50；乙烷：分子式为

C_2H_6，$m=2$，$n=6$，$x=0$，那么 $m-1=1$，$n+1=7$，其代号为 R170；丙烷：分子式为 C_3H_8，$m=3$，$n=8$，$x=0$，那么 $m-1=2$，$n+1=9$，其代号为 R290；但丁烷的书写是个例外，其化学式为 $CH_3CH_2CH_2CH_3$，代号为 R600；同素异构物在代号后面加字母 a 以示不同，如异丁烷，它的化学式为 CH（CH_3）$_3$，代号为 R600a。

②非饱和碳氢化合物与它们的卤族元素衍生物。其命名是先在 R 后面写上一个“1”，然后再按卤代烃编号规则书写“1”后面的数字，例如乙烯，它的化学式是 C_2H_4，代号为 R1150；再比如二氟二氯乙烯，它的化学式为 CF_2Cl_2，代号为 R1112a。

③环状有机物。其命名是在 R 后面先写上一个“C”，然后按卤代烃的命名方法书写后面的数字。如八氟环丁烷，它的化学式为 C_4F_8，代号为 RC318；又比如七氟一氯环丁烷，它的化学式为 C_4F_7Cl，代号为 RC317。

4）混合物制冷剂

①共沸制冷剂。是由两种或两种以上互相混溶的单纯制冷剂按一定比例混合而成的制冷剂。这种混合物在固定的压力下蒸发或者冷凝时，蒸发温度或冷凝温度保持不变，气相和液相的组分也保持不变，就如同单纯的制冷剂一样。其代号规定为在 R 后面的第一个数字为 5，其后的两位数字按混合工质命名的先后次序编写，最早命名的共沸制冷剂就记为 R500，以后依次为 R501，R502，R503 等。共沸制冷剂的组成及其代号见表 3—7。

表 3—7　　共沸制冷剂的组成及其代号

代号	组成	质量百分比	相对分子量	沸点（℃）
R500	R12/R152a	73.8/26.2	99.3	−33.3
R501	R22/R12	75.0/25.0	93.1	−43.0
R502	R22/R115	48.8/51.2	111.6	−45.6
R503	R23/R13	40.1/59.9	87.2	−88.7
R504	R32/R115	48.2/51.8	79.2	−57.2
R505	R12/R31	78.0/22.0	—	≈−32
R506	R31/R114	55.1/44.9	—	−12.5

②非共沸制冷剂。是由两种或两种以上的纯制冷剂以一定比例混合而成的制冷剂。共沸制冷剂在固定的压力下蒸发时，低沸点的组分蒸发的比例大，高沸点的组分蒸发的比例小，因而其气相和液相的组成不同，而且在整个蒸发过程中温度是变化的。在固定的压力下冷凝时也有类似的特性。非共沸制冷剂没有专有的符号表示，一般直接写出混合物的组分并用“/”隔开。如 R22 和 R152a 组成的混合物写成“R22/R152a”或者写成“HCFC22/HFC152a”。

此外，还有其他一些可以用做制冷剂的物质，ASHRAE 制冷剂的标准符号表示见表 3—8。

表 3—8　　ASHRAE 制冷剂的标准符号表示

代号	化学名称	分子式	代号	化学名称	分子式
	卤代烃		R290	丙烷	$CH_3CH_2CH_3$
R10	四氯化碳	CCl_4		环状有机物	
R11	一氟三氯甲烷	$CFCl_3$	RC316	六氟二氯环丁烷	$C_4F_6Cl_2$
R12	二氟二氯甲烷	CF_2Cl_2	RC317	七氟一氯环丁烷	C_4F_7Cl
R13	三氟一氯甲烷	CF_3Cl	RC318	八氟环丁烷	C_4F_8
R13B1	三氟一溴甲烷	CF_3Br		共沸混合工质	
R14	四氟化碳	CF_4	R500	R12/R15a (73.8/26.2)	
R20	氯仿	$CHCl_3$	R501	R22/R12 (75.0/25.0)	
R21	一氟二氯甲烷	$CHFCl_2$	R502	R22/R115 (48.8/51.2)	
R22	二氟一氯甲烷	CHF_2Cl		碳氢化合物	
R23	三氟甲烷	CHF_3	R50	甲烷	CH_4
R30	二氯甲烷	CH_2Cl_2	R170	乙烷	CH_3CH_3
R31	一氟一氯甲烷	CH_2FCl	R290	丙烷	$CH_3CH_2CH_3$
R32	二氟甲烷	CH_2F_2	R600	丁烷	$CH_3CH_2CH_2CH_3$
R40	氯甲烷	CH_3Cl	R600a	异丁烷	$CH(CH_3)_3$
R41	氟甲烷	CH_3F	R1150	乙烯	$CH_2=CH_2$
R50	甲烷	CH_4	R1270	丙烯	$CH_3CH=CH_2$
R110	六氯乙烷	CCl_3CCl_3		有机氧化物	
R111	一氟五氯甲烷	$CFCl_5$	R610	乙醚	$C_2H_5OC_2H_5$
R112	二氟四氯乙烷	$CFCl_2CFCl_2$	R611	甲酸甲酯	$HCOOCH_3$
R112a	二氟四氯乙烷	$CCl_2CF_2Cl_2$		烯烃类的卤代物	
R113	三氟三氯乙烷	$CFCl_2CF_2Cl$	R1112a	二氟二氯乙烯	$CF_2=CCl_2$
R113a	三氟三氯乙烷	CCl_3CF_3	R1113	三氟一氯乙烯	$CFCl=CF_2$
R123	三氟二氯乙烷	$CHCl_2CF_3$	R1114	四氟乙烯	$CF_2=CF_2$
R124	四氟一氯乙烷	$CHFClCF_3$	R1120	三氯乙烯	$CHCl=CCl_2$
R124a	四氟一氯乙烷	CHF_2CF_2Cl	R1130	二氯乙烯	$CHCl=CHCl$
R125	五氟乙烷	CHF_2CF_3		无机物（低温工质）	
R134a	四氟乙烷	CH_2CF_4	R702	氢	H_2
R140a	三氯乙烷	CH_3CCl_3	R704	氦	He
R142b	二氟一氯乙烷	CH_3CF_2Cl	R720	氖	Ne
R143a	三氟乙烷	CH_3CF_3	R728	氮	N_2
R150a	二氯乙烷	CH_3CHCl_2	R729	空气	
R152a	二氟乙烷	CH_3CHF_2	R732	氧	O_2
R160	氯乙烷	CH_3CH_2Cl	R740	氩	Ar
R170	乙烷	CH_3CH_3		无机物（非低温工质）	
R218	八氟丙烷	$CF_3CF_2CF_3$	R717	氨	NH_3

续表

代号	化学名称	分子式	代号	化学名称	分子式
R718	水	H_2O		脂肪族胺	
R744	二氧化碳	CO_2	R630	甲胺	CH_3NH_2
R744a	氧化二氮	N_2O	R631	乙胺	$C_2H_5NH_2$
R764	二氧化硫	SO_2			

(2) 制冷剂的性质

1) 热力学性质。所谓热力性质是指其热力参数（如压力、温度、比体积、比焓、比熵、比热容与等熵指数等）及其相互关系。这些热力性质一般由试验和计算求得，然后绘制成热力性质表或相应的图形，使用时直接从中查取。也可以按其热力性质拟定数学模型，通过计算机编程求得。

①饱和压力与饱和温度。制冷剂的饱和蒸气压力—温度特性决定了给定工作温度下制冷循环的压力差和压缩比。制冷剂在标准大气压（101.32 kPa）下的沸腾温度称为标准蒸发温度或标准沸点，用 T_s表示。制冷剂的标准蒸发温度大体上可以反映用它制冷能够达到的低温范围。在相同温度下，沸点高的制冷剂具有较低的蒸发压力，沸点低的制冷剂具有较高的蒸发压力。也就是说，T_s越低的制冷剂，能够达到的制冷温度也越低。所以，习惯上往往依据 T_s的高低将制冷剂分为高温、中温、低温制冷剂。

②临界温度 T_c。临界温度是制冷剂不可能加压液化的最低温度，即在该温度以上，无论怎样提高压力，也不可能使制冷剂由气体变成液体。制冷剂在蒸发制冷中应工作在临界温度以下。

绝大多数物质的临界温度与标准沸点存在一定的关系，大致可以用下式表示：

$$\frac{T_c}{T_s} \approx 1.67$$

从中可以看出：标准沸点低的低温制冷剂的临界温度也低，不可能找到一种制冷剂，它既有较高的临界温度又有很低的标准沸点。所以对于每一种制冷剂，其工作温度范围是有限的。

③压缩终温 T_d。在相同的蒸发温度条件下，制冷剂蒸气经等熵压缩终了的温度取决于制冷剂的等熵指数 k 和制冷机的压缩比。压缩终温 T_d是实际制冷机中必须考虑的一个安全性指标，若制冷剂的 T_d过高，有可能引起制冷剂自身在高温下分解、变质，并造成机器润滑条件恶化、润滑油结焦，甚至出现拉缸故障。但事实上，为了避免湿压缩，还必须设法使低压蒸气过热后再压缩。常用的中温制冷剂 R717 和 R22 的排气温度较高，需要在压缩过程中采取冷却措施，以降低压缩终温 T_d。

④导热性。制冷剂的导热性能用热导率 λ ［W/(m·K)］表示。气体的热导率一般很小，并且随温度的升高而增大。在制冷技术常用的压力范围内，气体的热导率实际上不随压力而变化，只有压力低于 2.7 kPa 时，热导率才随压力的下降而减小。液体的热导率主

要受温度的影响，受压力的影响很小。

2）物理、化学性能

①化学稳定性。卤代烃类制冷剂对热的稳定性比其他制冷剂好。当它受 800℃以上高温火焰加热后，便会产生刺激性的卤素碳氢蒸气、有毒的微量光气及一氧化碳等。纯制冷剂与 500℃的金属接触尚能稳定，但如果有润滑油、水、空气存在，温度达到 200～300℃时就会产生化学反应。

卤代烃在普通状态下对金属没有什么腐蚀作用（镁和含镁 2%以上的镁铝合金除外），所以氟制冷系统的金属材料可以任意选用钢、铜、锌、铝、铅、锡等，但在有水存在的条件下，卤代烃会水解为酸性物质，对金属有腐蚀作用，卤代烃与润滑油的混合物能溶解铜。因此，当与系统中的铜（或铜合金）接触时，铜溶解到混合物中，再与钢铁接触时，被溶解的铜离子会析出，并沉积在钢铁表面上，形成一层铜膜，出现所谓的“镀铜”现象。这种现象会因水分含量的增加和温度的升高而加剧，特别在轴承表面、阀门、活塞环、汽缸壁等光洁而又经常摩擦的地方比较明显。“镀铜”会破坏轴封的密封，影响气体阀隙流道及汽缸与活塞的配合间隙。

卤代烃制冷剂是一种良好的有机溶剂，很容易溶解天然橡胶和树脂，对高分子化合物虽不溶解，但却能使它们变软、膨胀和起泡，即出现所谓的“膨润”现象。因此，制冷系统中密封和绝缘材料不应使用天然橡胶和树脂化合物，应采用耐氟的氯丁乙烯、氯丁橡胶、尼龙等材料。没有使用过的高分子材料都要经过卤代烃制冷剂浸泡试验，以保证不发生“膨润”现象。

②溶水性。卤代烃和烃类制冷剂都难溶于水，氨极易溶于水。考虑制冷剂的溶水性主要有两个原因：一是难溶于水的制冷剂，当含水量超过其溶解度时，游离态的水会在低温下结冰，特别易在毛细管、膨胀阀等节流处形成冰堵，使制冷机无法正常工作；二是溶于水的制冷剂会因此发生水解作用，生成的物质会对金属设备具有腐蚀性。所以，制冷系统中必须严格控制含水量。

③溶油性。在蒸气压缩式制冷装置中，除采用离心压缩机外，制冷剂一般均与润滑油接触。根据制冷剂在润滑油中的溶解度，可将制冷剂分为以下 3 类：

a. 难溶或微溶于润滑油的制冷剂。如 R717，R741，R13，R14，R115 等，几乎是不溶于油的，与油共存时，有明显的分层线，油易于分离。

b. 有限溶于润滑油的制冷剂。如 R22，R114，R152 等，在高温时无限互溶，在低温时分为两层混合物，一层含油多，另一层含油少。

c. 完全溶于润滑油的制冷剂。如 R12，R11，R21，R113，R500 等，它们与油形成均匀的溶液，没有分层现象。

当温度变化时，完全溶油与有限溶油是可以相互转化的。卤代烃与润滑油的混合物存在一个溶油的临界温度，在此温度之上时是完全互溶的，在此温度之下时，则是有限溶油。

制冷剂在润滑油中的可溶解性对制冷有利也有弊。若制冷剂溶油性好，换热器表面不会形成油膜，有利于传热。同时，油中溶有制冷剂会使油的凝固点下降，在低温下有利于润滑；但也会使油变稀而导致油膜太薄或形不成油膜，因此，事先要考虑采用高黏度的润滑油。制冷剂中溶有油，会使其压力与温度特性有所偏离，在相同的压力下蒸发温度会升高，造成制冷效果下降，而且沸腾时会产生泡沫，造成液面的不稳定并影响传热。若制冷剂的溶油性差，其利弊刚好与上述相反。

④黏度与表面张力。制冷剂流体具有黏性，黏性反映流体内部分子之间发生相对运动时的摩擦阻力。黏性的大小用黏度来表示，它与流体种类、温度、压力有关。工程上常用动力黏度 μ（Pa·s）和运动黏度 ν（m^2/s）衡量黏性的大小，两者之间的关系是：

$$\nu=\frac{\mu}{\rho}$$

式中 ρ 为流体的密度。制冷剂的黏度小，则在管内流动时阻力小，压降就小。

当压力不超过 0.1 MPa 时，无论气体还是蒸气都可近似看成理想气体，其动力黏性系数与压力无关，只是温度的函数。

当压力超过 0.1 MPa 时，气态工质的动力黏性系数是压力和温度的函数。过冷液体的动力黏性系数可近似地取相同温度下饱和液体的动力黏性系数。

表面张力的大小与液体的性质、温度以及所接触的介质有关。多数液体的表面张力随温度的升高而减小，达到临界温度时，表面张力为零。

⑤毒性。制冷剂的毒性是用豚鼠做实验的，按豚鼠在制冷剂蒸气中造成重伤或死亡的时间来划分毒性等级。一般分为 6 个基本等级，1 级毒性最大，6 级毒性最小，每相邻两级之间还用 a，b，c 等做更细的划分。如按照美国 ASHRAE—1989 和 ASHRAE34—1992 标准，也将制冷剂的毒性分为 6 级，但符号与旧标准不一样，它是先分为 A 和 B 两级（A 级毒性小于 B 级），A 和 B 两级之间又可分为 1，2，3 三级，A1 级制冷剂毒性最小，B3 级制冷剂毒性最大。制冷剂的毒性等级见表 3—9。

表 3—9　　制冷剂的毒性等级

毒性等级		制冷剂蒸气在空气中的体积浓度（%）	作用时间（min）	产生的结果	制冷剂实例
新标准	旧标准				
B3	1	0.5～1.0	5	致死或重创	SO_2
B2	2	0.5～1.0	30	致死或重创	NH_3
B1	3	2.0～2.5	60	致死或重创	R20
A3	4	2.0～2.5	120	致死或重创	R40，R21，R113
A2	5	20	120	有一定危害	CO_2，R11，R22，R502，R290，R600
A1	6	20	120 以上	不产生危害	R12，R13，R13B1，R114，R503

⑥燃烧性和爆炸性。制冷剂的燃烧性用燃点表示，它是制冷剂蒸气与空气混合后能产

生闪火并继续燃烧的最低温度。制冷剂的爆炸性用爆炸极限表示，它是制冷剂蒸气在空气中含量比例的一个范围，制冷剂在空气中的含量超过该范围时，则气体混合物遇到明火将发生爆炸。一些制冷剂的燃点和爆炸极限见表3—10。

表3—10　一些制冷剂的燃点和爆炸极限

制冷剂	燃点（℃）	爆炸极限		爆炸时的最高压力（kPa）	达到最高压力的时间（s）
		容积比（%）	质量浓度（g/m³）		
R717	1171	15.527	110～192	442	0.175
R50	645	515	33.4～100	—	0.018
R170	530	3.22～12.45	39.2～156.5	843	—
R1150	540	3.05～28.6	35～334	—	—
R290	510	2.37～9.5	43.6～175	813	0.02
R1270	455	2.0～11.1	35～194.5	—	—
R600	490	1.86～8.41	45～203.5	—	0.024
R600a	—	1.8～8.44	43.5～204	—	—
R40	632	8.1～18.6	170～390	572	0.11
R142	—	10.6～15.1	463～660	—	—

⑦电绝缘性。电绝缘性能常以电击穿强度表示。在全封闭和半封闭式制冷压缩机中，电动机的绕组与制冷剂和润滑油直接接触，因此，要求制冷剂和润滑油具有良好的电绝缘性能。润滑油的电击穿强度一般在10 kV/cm以上。需要注意的是，制冷剂或润滑油中有杂质存在，会使其电击穿强度下降。

⑧对环境的影响。主要指卤代烃类制冷剂对环境的影响。有两个指标，一个是“消耗臭氧潜能值”，用ODP（Ozone Depletion Potential）表示。一般以R11的ODP值等于1为标准，其他制冷剂的ODP值都是与R11相比较而得到的。另一个是“全球变暖潜能值”，用GWP（Global Warming Potential）表示。GWP值既可用R11的GWP=1为标准，也可用CO_2的GWP=1为标准，使用时需要注意。ODP值和GWP值越小，制冷剂对环境的影响越小。目前，ODP值不超过0.05，GWP值不超过0.5的制冷剂是可以接受的。

(3) 常用制冷剂

1）水（R718）。水无毒、无味、不燃烧、不爆炸、来源广，是安全而又廉价的制冷剂。它的标准沸点为100℃，冰点为0℃。但水蒸气的比体积大，常压下的饱和温度高，使系统处于高真空状态。例如，35℃时，饱和水蒸气的比体积为25 m³/kg，压力为5.63 kPa；5℃时，饱和水蒸气的比体积为147 m³/kg，压力仅为0.87 kPa。由于这两个特点，水适用于0℃以上的蒸发温度，但不宜在压缩式制冷机中使用，一般只用于蒸气喷射式制冷或溴化锂吸收式制冷系统中。

2）氨（R717）。氨的标准蒸发温度为－33.4℃，凝固温度为－77.7℃。氨有良好的热力性质和热物理性质，在常温和普通低温范围内压力比较适中。其单位容积制冷量大，黏性小，流动阻力小，密度小、传热性能好。此外，氨的价格低廉，又易于获得，所以它是应用最早而且目前仍广为使用的制冷剂。

氨的主要缺点是毒性大，有强烈的刺激性气味，易燃、易爆。氨液飞溅到人的皮肤上会引起肿胀甚至冻伤。氨蒸气无色，在空气中氨蒸气的容积浓度达到0.5％～0.6％时，人停留半小时就会引起中毒；容积浓度到 11％～14％时可点燃（黄色火焰）；容积浓度为16％～25％时，遇明火会引起爆炸。因此，安全规定中明确规定车间工作区氨蒸气的浓度不得超过20 mg/m^3。氨蒸气对食品有污染和使之变味的不良作用，因此在氨冷库中，机房与库房应隔开一定距离。若制冷系统内部含有空气，高温下氨会分解出游离态的氢，逐渐在压缩机中积存达到一定浓度，遇到空气具有很强的爆炸性，可能引起恶性事故。所以氨制冷系统中必须设空气分离器，及时排除系统内的空气和其他不凝性气体。

氨很难溶于润滑油（溶解度不超过 1％），在氨制冷机的管道和热交换器内部的传热表面上会积有油膜，影响传热效果。但氨与油的密度不同，在容器内油会积存在下部，因此也容易将油从系统中放出来，所以氨系统设有放油的一套设施，应定期或经常将积存在冷凝器、储液器以及蒸发器下部的润滑油放出。

氨与水能够以任意比例互溶，形成氨水溶液，在低温下也不会造成冰堵，所以氨系统不设干燥器。纯氨不腐蚀钢铁，但氨在有水存在时，会腐蚀锌、铜、青铜及其他铜合金（磷青铜除外）。因此，氨制冷机系统不允许使用铜构件，耐磨件和密封件（如活塞销、轴瓦、密封环等）限定使用高锡磷青铜材料。另外，在形成氨水溶液的过程中要放出大量的热，氨水溶液比纯氨的蒸发温度高，影响其制冷能力，所以系统内含水量一般不得超过0.2％。

氨的压缩终温较高，故压缩机汽缸要采取冷却措施。

氨的检漏方法：从刺激性气味很容易发现系统漏氨。寻找漏氨部位可以在接头、焊缝处涂肥皂水，若有气泡，则说明受检部位有泄漏；也可以用石蕊试纸或酚酞试纸化学检漏。

3）卤代烃。卤代烃制冷剂在以下方面具有共性：分子量较大、流动性差，故在系统中循环时流动阻力损失大；传热性能较差；等熵指数小，压缩终温比较低；对金属材料的腐蚀性很小，但对天然橡胶、树脂、塑料等非金属材料有膨润作用，所以，系统的密封件以及全封闭压缩机电动机绕组线的表面涂复层必须采用耐氟材料；溶水性极差，需严格控制系统中的含水量，以防“冰堵”或者因水解出酸性物质发生“镀铜”腐蚀。遇明火时，卤代烃中会分解出对人体有毒害的氟化氢、氯化氢或光气等，故其生产和使用场所严禁明火；价格高，已商品化生产的卤代烃价格远高于其他无机物或碳氢化合物制冷剂；无味、渗透性强，在系统中极易泄漏，而且不易被觉察，通常用卤素灯或电子卤素检漏仪检漏。此外，卤代烃含氢原子多的，可燃性强；含氯原子多的，有毒性；含氟原子多的，化学稳定性好；完全卤代烃在大气中具有较长的寿命。

制冷、空调装置中已广为使用的传统卤代烃制冷剂是 R11，R12 和 R22。R11 用在离心压缩机的大型冷水机组中。R12 主要用在小型冷冻装置中，配备全封闭或半封闭容积式压缩机，例如，家用冰箱、冷柜、小型商用冷冻陈列柜、组合冷库等；也用在中型空调装置以及汽车空调装置中，配备半封闭或开启式容积式压缩机。R22 广泛用在家用空调器（配备全封闭容积式压缩机）以及中型冷水机组中（半封闭容积式压缩机），还在工业制冷中使用（开启式压缩机）。当前，由于 CFC 物质受禁，新制冷剂的开发工作重点是针对上述应用领域，首先替代 R11 和 R12，进一步还要考虑对 R22 的替代。

①R12 及其替代物。R12 是最早出现、使用量大、性能优良的卤代烃类制冷剂，但由于其对臭氧层的破坏作用，为禁用制冷剂之一，目前已经禁止生产。截至目前的研究，认为替代 R12 的最可能物质是 R134a 和 R152a，还有一些混合物如 R134a/R152a，R22/R152a，R22/R142b，R22/R124，R22/R152a/R124 等。

R134a 被认为是最有可能代替 R12 的新制冷剂。它的 ODP 值为 0，GWP 值为 0.24～0.29，标准蒸发温度为－26.2℃，凝固点为－101℃。它的制冷循环特性不如 R12（单位容积制冷量和 *COP* 值都小于 R12）。R134a 分子量大，流动阻力损失比 R12 大，但传热性能比 R12 好。

R134a 与 R12 在溶油的种类和溶油特性上都有很大差异。R134a 的分子极性大，在非极性油（例如 R12，R22 系统中最常用的矿物油和烷基苯油）中的溶解度极小。在为 R134a 专门开发的诸多合成油中，主要是聚烯醇类油 PAGs（Polyalkylene）、酯基油（Ester）和氨基油（Amides）。R134a 虽能与它们互溶，但在溶解性特征上有两条溶解临界曲线，使高温区和低温区各存在一个分层区，高温区溶解度随温度升高反而减小。这种特性使系统在较宽广的温度、压力范围运行有困难。

PAGs 用做 R134a 系统的润滑油，对金属有轻微腐蚀，腐蚀程度取决于金属的微观结构和系统的含水量。PAGs 的吸湿性强（饱和含水量为 20%），吸湿后生成脂肪酸，可引起镀铜腐蚀。另外，PAGs 的电绝缘性差。

R134a 分子中不含 Cl，自身不具备润滑性，机器中的运动部件供油不足时，会加剧磨损甚至产生烧结。为此，在合成油中需要增加添加剂以提高润滑性。改善运动件材料和表面特性，改善供油机构都有助于运动部件的润滑。

R134a 对非金属材料的膨润作用比 R12 略强，但 R134a 的热分解温度远高于压缩机和系统中可能出现的温度，在一般的制冷应用范围，其化学稳定性是良好的。

R134a 的分子直径比 R12 小，更容易泄漏，而稳定性高又使电子卤素检漏仪不易检测到，传统的 CFC 电子检漏仪对 R134a 的反应不敏感，这给制造和维修带来很大麻烦。

生产 R134a 的原料贵，产量小，还要消耗太多的催化剂，现在必须用二级合成和完全分离的方法才能满足所要求的制冷剂纯度指标，因此 R134a 价格昂贵。此外，R134a 的温室效应指标比较高。

R152a 的 *ODP* 值为 0，*GWP* 值为 0.023，在环境的可接受性上，它比 R134a 更好。

R152a 是极性化合物，在与润滑油相溶性方面与 R134a 类似。它最大的缺点是易燃烧，在空气中体积浓度达 4.5%时就会着火。但一般认为在家用冰箱中使用可燃性制冷剂仍然是安全的。

R152a 作为共沸混合制冷剂 R500（R12/R152a）的一个组分，已有较广泛的应用，它同时也是 R12 的较好替代物。R152a 标准蒸发温度为−25℃，制冷循环特性上优于 R12。

除了以上所述的 R134a 和 R152a 外，按标准沸点考虑，有可能替代 R12 的卤代烃还有 R124 和 R134（新制冷剂）以及 R22 和 R142b（短期替代物）。R124 目前仅有实验室规模生产，对该物质的研究尚在进行中。

R152a/R134a 具有近共沸特征，能耗指标随混合物中 R152a 浓度的增加而减低。该两组分性质方面的互补使溶油性改善，燃烧性下降。

混合物 R22/R142b 和混合物 R22/R152a 为非共沸混合制冷剂，在家用冰箱中使用，具有同样好的效果 *COP* 值优于 R12。

三元混合物 Rl52a/R22/R124 具有近共沸特性，可燃性下降，在家用冰箱中替代 R12，可以降低能耗。

②R22 及其替代物。R22 的标准蒸发温度为−40.8℃，凝固温度为−160℃。它的饱和压力特性与氨相近，单位容积制冷量也与氨差不多。压缩终温虽不如氨高，但在卤代烃类中属于高的，如果在高压比下工作，压缩机要采取冷却措施。

R22 毒性比 R12 略大，但仍属安全的制冷剂。它的传热性能与 R12 差不多，流动性比 R12 好。其溶水性比 R12 稍大，但仍属于不溶于水的物质，系统中含水量超标则有可能引起冰堵和“镀铜”现象，故 R22 产品的含水量仍限制在 0.002 5%以内。使用时，制冷系统中的各机器、设备、管道、管件等在充注制冷剂前必须经严格干燥处理（必要时烘干）；系统中必须设干燥器，以随时吸收运行过程中由于微量泄漏而渗入系统内部的水分；还应根据水分观察镜所指示的含水量及时更换干燥器，或再生处理干燥剂。

R22 与润滑油有限溶解。在系统高温侧部分（冷凝器、储液器），R22 与油完全溶解；在低温侧，R22 与油的混合物处于溶解临界温度以下时，蒸发器或低压储液器中液体将出现分层，上层主要是油，下层主要是 R22，所以要有专门的回油措施。干式蒸发器为了保证顺利回油，一般采用“上进下出”的进液方式；管内制冷剂要有足够的流速，特别是上升回气立管，在管径设计时，必须考虑满足最小带油速度。另外，压缩机排气管上应设油分离器，以便将运行中有可能从压缩机带入系统的润滑油减到最少。

R22 是极性分子，对有机物的膨润作用很强，系统的密封件应采用耐氟材料，如氯乙醇橡胶；封闭式压缩机的电动机绕组采用 QF 改性缩醛漆包线（E 级绝缘）、QZY 聚酯亚胺漆包线等。

R22 属 HCFC 类物质，环境指标 *ODP* 值为 0.05 左右，*GWP* 值为 0.35 左右。与 R12 相比，R22 的生产和使用还有一段延缓期，属于过渡性替代制冷剂，对它的替代研究也就没有 R12 的那样紧迫。R22 的替代制冷剂有非共沸制冷剂 R407C 和 R410A。

R407C 是由 R32，R125A，R134a 以 23：25：52 的质量百分比组成，适用于现有的中温商用制冷系统。R407C 的分子量为 86.2，在 101.3 kPa 压力下的起始沸点是 −43.6℃，临界温度为 87.3℃，临界压力为 4 819 kPa，汽化热为 249.37 kJ/kg。25℃时，其饱和液体的密度为 11.52 kg/m^3，液体的比热容为 1.51 kJ/(kg·℃)。毒性等级为 A1，ODP 值为零，不破坏臭氧层。

R410A 是由 R32 和 R125 按 50：50 的质量百分比组成的。

共沸制冷剂 R507A 既可作为 R22 的替代，也可作为 R502 的替代。

③R502 及其替代物。R502 是 R22 与 R115 以质量比 48.8：51.2 组成的共沸混合物。在超级市场冷冻食品陈列柜的制冷系统中，原来采用 R22，但由于单级压缩比大，造成排气温度太高（有时高达 149℃），压缩机故障频繁。用 R502 取代后，使排气温度下降了 22～33℃；蒸发压力提高，回热性能好；制冷量提高，能效增加，对橡胶和塑料的腐蚀性减小。因此，制冷性能和机器可靠性都得以提高。采用 R502 单级制冷，蒸发温度可以低达−50℃左右，扩大了使用温度范围，因此，R502 被认为是理想的混合制冷剂。R502 不溶于水，与石蜡族和环烷族润滑油的互溶性较差，采用烷基苯润滑油解决了低温下（直到−40℃）的回油问题。

R502 的替代物质有非共沸制冷剂 R404A，R407A，R407B 等。

R404A 是一种非共沸混合物，是由 R125，R143a，R134a 以 44：52：4 的质量百分比混合而成的。R404A 分子量为 97.6，在 101.3 kPa 下的起始沸点是−46.6℃，临界温度为 72.4℃，临界压力为 3 688.7 kPa，汽化潜热为 200.1 kJ/kg。25℃时，其饱和液体的密度为 10.45 kg/m^3，液体的比热容为 1.54 kJ/(kg·℃)。R404A 无毒，ODP 值为零，不破坏臭氧层，适合在超市陈列柜、冷柜、小型冷藏库、冷藏运输车辆以及制冰器中作为 R22 或 R502 的替代物。但需要注意，和 R502 有较好溶解性的矿物油及烷基苯润滑油与 R404A 不相溶，需要使用多羟基酯以确保良好的油回收。

④R13，R14 及其替代物。R13 和 R14 的标准蒸发温度分别是−81.5℃和−128℃，是低温制冷剂。R13 和 R14 的分子中含氟原子较多，不含氢原子，所以它们的化学性质稳定、无毒、不可燃。二者都微溶于水，不溶于油；常温下压力很高，单位容积制冷量大。它们用以制冷的温度范围分别是−70～−110℃和−110～−140℃，均在复叠式制冷系统的低温部分使用。R13 的 ODP 值为 1.0，对臭氧的危害极大，但通常情况下它的用量并不大。

R23 的标准蒸发温度为−82.1℃，临界温度为 25.9℃。它的制冷温度与 R13 很接近，但比 R13 对臭氧的危害小。R23 可以与 R13 组成很好的共沸混合制冷剂 R503。R23 是 R13 的较好替代物。

4）碳氢化合物。碳氢化合物制冷剂凝固点低，不与水起化学反应，不腐蚀金属，溶油性好，是石油化工流程中的产物，易于获得，价格便宜，但易燃、易爆。由于石油化工生产中具有严格的防火防爆安全设施，这类制冷剂又是化工流程本身的产物，因此，它们非常适用于石油化工中的制冷装置。

目前，碳氢化合物制冷剂常用的有烷烃类和烯烃类制冷剂。前者的化学性质很不活泼，后者的化学性质活泼。它们都不溶于水，但易溶于有机溶剂中，如乙烷易溶于醚、醇类有机物，乙烯、丙烯易溶于酒精和其他有机溶剂中。丙烯的制冷温度范围与 R22 相当，它可以用于两级压缩制冷装置，也可以在复叠式制冷装置中用做高温部分的制冷剂。乙烷、乙烯的制冷温度范围与 R13 相当，只在复叠式制冷系统的低温部分使用。甲烷可以与乙烯、氨（或丙烷）组成三元复叠制冷系统，可获得－150℃左右的低温，用于天然气液化装置。早在 1940—1950 年间，正丁烷、异丁烷或正丁烷与异丁烷的混合物就已经用在家用冰箱中，现在由于家用冰箱中的制冷剂 R12 被禁用，又重新提出使用这些制冷剂。用碳氢化合物作为制冷剂的制冷系统，低压侧必须保持正压，否则一旦有空气渗入，便有爆炸的危险。几种主要制冷剂的使用范围见表 3—11。

表 3—11　　几种主要制冷剂的使用范围

制冷剂	温度范围（℃）	压缩机形式	特点和用途
R717	中、低温 （10～－60）	活塞式、回转式、离心式	压力适中，用于制冰、冷藏、化学工业及其他工业
R11 R123	高温 （10～－5）	离心式	沸点较高（23.7℃），无毒，不燃烧，用于大型空调装置
R12 R134a R152a	高、中、低温 （10～－60）	活塞式、回转式、离心式	压力适中，压缩终温低，化学性能稳定，无毒。用于冷藏、空调、化学工业及其他工业，从家用冰箱到大型离心式制冷机都可用它作为制冷工质
R13 R14	超低温 （－60～－120）	活塞式、离心式	沸点低，临界温度低，低温下蒸气比体积小，无毒，不燃烧，用于低温化学工业和低温研究。作为复叠式制冷机低温部分的工质
R21	高、中温 （10～－20）	活塞式、离心式、回转式	冷凝压力低。适用于空调、化学工业中的小型制冷机，特别适用于高温车间、起重机控制室的风冷式降温设备
R22	高、中、低温 （0～－80）	活塞式、离心式、回转式	压力和制冷能力与 R717 相当，排气温度比 R12 高。广泛用于冷藏、空调、化学工业及其他工业
R113	高温 （10～0）	离心式	分子量大，运输和储存方便（可装在铁桶中）。主要用于小型空调离心式制冷机中
R114 R142b	高、中温 （10～－20）	离心式、回转式、活塞式	沸点为 3.6℃，比 R21 低，介于 R12 和 R11 之间，主要用于小型制冷机，当用做高温车间或起重机控制室的风冷式降温设备时，其电气性能比 R21 优越
R500	高、中、低温 （10～－60）	活塞式、离心式	它是卤代烃的共沸混合物，无毒，不燃烧，制冷能力比 R12 高。用于空调、冷藏装置

续表

制冷剂	温度范围（℃）	压缩机形式	特点和用途
R502	中温 （0～－8）	活塞式、离心式	它是卤代烃的共沸混合物，热力特性比 R12 好，压力和制冷能力与 R22 相当，电气性能和 R12 一样优良，排气温度比 R22 低，无毒，不燃烧，是一种良好的制冷剂，特别适用于密封式制冷机
R50	超低温 （60℃以下）	活塞式、离心式	可燃烧，有爆炸危险，用于低温化学和低温研究，用做复叠式制冷机的低温部分的工质
R503	超低温 （－70～－90）	活塞式	用于低温制冷和低温研究，用做复叠式制冷机低温部分的工质
R290 R1270	低温 （－40～－60）	活塞式、离心式	可燃烧，有爆炸危险，用于低温化学和低温研究

(4) 制冷剂的压焓图。在进行制冷循环的分析及计算时，经常需要确定制冷剂的状态及其变化过程。饱和液体和干饱和蒸气的热力参数可通过查表获得，但过冷液体、过热气体和气液共存时的状态参数便无表可查，为此，人们为各种制冷剂各自制定了热力性质图，以满足上述要求，在工程计算时，其精度也能满足需要，这种图就是制冷剂的压焓图，借助于制冷剂的压焓图，可对制冷剂的状态变化过程做直观的描述。

压焓图是以制冷剂的比焓 h 作为横坐标，以压力 p 作为纵坐标绘制而成的。为了缩小图的尺寸，并使低压区内线条交点清楚，纵坐标采用压力的对数值绘制，所以也称 $\lg p—h$ 图，如图 3—4 所示为制冷剂的压焓图。

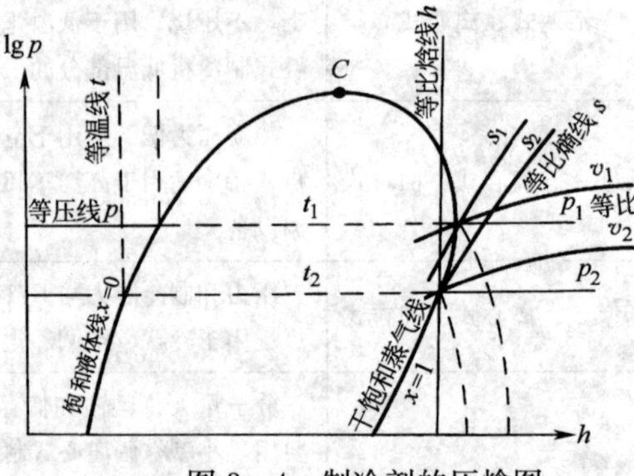

图 3—4　制冷剂的压焓图

图中有两条较粗的曲线，左边一条是 $x=0$ 的饱和液体线，右边一条是 $x=1$ 的干饱和蒸气线。这两条线向上延伸相交于 C 点，称为临界点。因为一般制冷循环都在远离临界点以下的区域进行，所以在一些制冷剂的 $\lg p—h$ 图中，临界点都未表示出。饱和液体线与干饱和蒸气线将 $\lg p—h$ 图分成 3 个区域，即：饱和液体线的左边为过冷液体区域；饱和液体线与干饱和蒸气线之间为湿饱和蒸气区域；干饱和蒸气线的右边为过热蒸气区域。

在 lg$p$—h 图的纵坐标上，等温线在湿饱和蒸气区域内与等压线相重合，到了过热蒸气区域时，等温线与等压线分开，而成为往右下倾斜的一组曲线；在过冷液体区域，等温线是垂直线，即与等比焓线相重合。在饱和液体线与干饱和蒸气线之间绘有等干度线。在图中还有等比熵线以及等比体积线（或等密度线）。

综上所述，制冷剂的 lg$p$—h 图中共有 8 种线条，6 个参数：

1）饱和液体线（$x=0$）。

2）干饱和蒸气线（$x=1$）。

3）等干度线，参数为 x（$x=$定值），图 3—4 中，$x=0$ 与 $x=1$ 之间的等干度线没有画出。

4）等压线，参数为 p（$p=$定值）。

5）等温线，参数为 t（$t=$定值）。

6）等比焓线，参数为 h（$h=$定值）。

7）等比熵线，参数为 s（$s=$定值）。

8）等比体积线，参数为 v（$v=$定值）。

上述参数中饱和压力和饱和温度，是互相关联的状态参数，知道其中一个参数的值，就可以从制冷剂的饱和热力性质表中查得另一个参数的值。除此以外，一般只要知道上述参数中任何两个，即可在 lg$p$—h 图中找出代表这个状态的一个点，在这个点上可以找出其他有关参数的数值。

［例 3—1］ 已知某氨压缩机的吸入压力为 0.241 MPa（绝对压力），吸入气体为干饱和蒸气，试用氨的压焓图确定吸气状态下其他参数的值。

解：在如图 3—5 所示的氨的压焓图上先找出 $p=0.241$ MPa 与 $x=1$ 的交点 1，由点 1 可以查出：

$t_1=-15℃$，$h_1=1\ 667$ kJ/kg，$v_1=0.51\ m^3/kg$，$s_1=9.0$ kJ/(kg·K)

在本例题中，如果吸入压力不变，吸入温度为－10℃，在压焓图上查出该状态点的其他参数，可以先找出 $p=0.241$ 与 $t=-10℃$的交点 2，再通过点 2 查出：

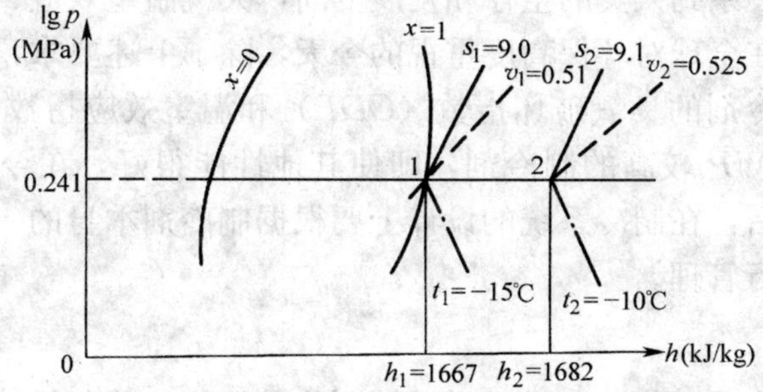

图 3—5 氨的压焓图

$$h_2=1\ 682\ \text{kJ/kg}$$

$$s_2 = 9.1\ \text{kJ/(kg·k)}$$

$$v_2 = 0.525\ \text{m}^3/\text{kg}$$

点 2 的位置在 $x=1$ 线的右侧，所以此时的吸气为过热蒸气，其过热度为：

$$\Delta t_{过热} = t_2 - t_1 = -10-(-15) = 5℃$$

（5）制冷剂的选用。 选用制冷剂时，应该全面考虑其热力性质、物理和化学性能、价格和供应等方面的因素，具体应满足以下要求：

1）临界温度要高，使之在常温或一般低温下能够液化。

2）凝固温度要低，在较低的蒸发温度下制冷剂不会凝固。

3）饱和压力适中，蒸发压力最好不低于大气压，以保证系统在正压下运行，可避免空气渗入系统内。冷凝压力不能过高，以降低压缩机耗功，避免设备过于笨重。同时冷凝压力与蒸发压力之比不要太大，以防压缩机排气温度过高和输气系数降低。

4）单位容积制冷能力要大，制冷剂的单位容积制冷能力越大，获得一定数量的制冷量时，制冷剂的体积循环量越小，可以减小压缩机的尺寸。当然，应当辩证地看问题，对于小型活塞式制冷压缩机或离心式制冷压缩机，有时压缩机尺寸过小，反而会造成制造上的困难，要求单位容积制冷能力大一些却是合理的。

5）等熵指数要小，可使排气温度不致过高和减小压缩功，同时压缩机的润滑条件也会得以改善。

6）热导率要大，可提高传热效率；液体比热容要小，可减小节流损失；黏度和密度要小，以减小流动阻力，提高循环性能。

7）化学稳定性和热稳定性要好，高温下不分解、不燃烧、不爆炸，与润滑油不起化学作用。

8）无毒害，无刺激性气味，不腐蚀金属。

9）品质好，价格便宜，来源广，容易买到。

当然，完全满足上述要求的制冷剂几乎是不存在的，根据使用要求、条件、机器种类及容量，对制冷剂要求的侧重面也会有所不同，应按主要要求选择合适的制冷剂。但必须指出，环境问题直接关系到人类的生存和发展空间，大气温室效应、平流层臭氧耗损和酸雨是三大环境公害。在全球对环保高度重视的今天，除了上述要求，还必须考虑到制冷剂的环境可接受性。制冷剂的臭氧破坏指数（*ODP*）和温室效应指数（*GWP*）应该为零或尽可能小。*ODP* 和 *GWP* 较高的制冷剂，即使其他性能很好，在今后的发展中也只能舍弃。一旦选定制冷剂后，在制冷系统的设计上要根据制冷剂本身的一些特点来进行流程布置、结构设计以及运行管理。

2. 载冷剂

工业生产与科学实验工作中，常常需要用制冷装置间接冷却被冷物，或者将制冷装置产生的冷量远距离输送，这时，需要一种中间物质在蒸发器内冷却降温，然后再用它来冷却被冷却物，这种中间物质就是载冷剂。采用载冷剂的优点在于：

第一，可以将制冷剂系统的各种设备集中布置在机房或者一个很小的范围内，使制冷系统的连接管道和接头大大减少，便于密封和系统检漏。

第二，减少制冷剂的充注量。

第三，在大容量、集中供冷的装置中采用载冷剂便于解决冷量的控制和分配问题。

第四，便于安装，生产厂可以直接将制冷剂系统安装好，用户只需要现场安装载冷剂系统即可。

第五，便于机组的运行管理和维修。

其缺点是系统略显复杂，投资有所增加，存在二级传热温差，相同制冷量时能耗增加，维修工作量增加。

(1) 载冷剂的选用原则

1）在使用温度范围内应始终呈液态。载冷剂以液态在蒸发器和用冷场所之间循环，通过显热传输冷量。所以用做载冷剂的物质应在所需要的载冷温度下保持液态，在载冷系统中循环时不结冰、不挥发。

2）凝固点应低于制冷机的蒸发温度，沸点则应远高于使用温度。

3）密度要小、黏度要低、传热性好、比热容要大，这样可以使载冷系统中流动阻力损失小，液体循环量少，输送耗功少，可减小热交换器的尺寸。

4）化学稳定性好，在大气压力下不分解、不氧化，不改变其物理、化学性能。

5）无毒，无可燃性，无刺激性气味，不腐蚀管道和设备，对人体无危害。

6）价廉易得。

(2) 常用的载冷剂。常用的载冷剂是水、盐水溶液和有机液体。它们适用于不同的载冷温度。各种载冷剂能够载冷的最低温度受其凝固点的限制。

1）水。集中式空气调节系统中常用水作为载冷剂。因为水的比热容大，对流传热性好，无毒，不燃烧，不爆炸，基本上对管道和设备无腐蚀作用，且很容易获得。水的冰点是0℃，只适合于工作温度在0℃以上的场合。

2）盐水溶液。工作温度在0℃以下时，常使用盐水作为载冷剂。具有一定浓度的盐水溶液，其最低凝固温度即共晶点都低于0℃，适合在中、低温制冷装置中使用。最广泛使用的是氯化钙（$CaCl_2$）水溶液，还有氯化钠（NaCl）和氯化镁（$MgCl_2$）水溶液。盐水的共晶点随盐水温度和浓度的变化而变化，如图3—6所示为盐水的凝固点随浓度的变化曲线，盐水的共晶点见表3—12。

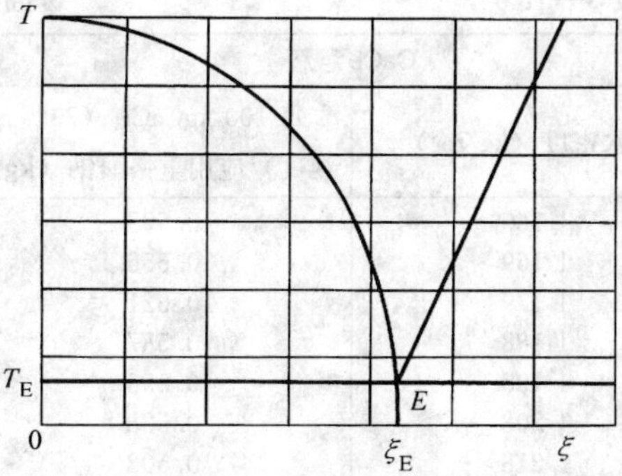

图3—6　盐水的凝固点随浓度的变化曲线

表 3—12　　盐水的共晶点

盐水种类		$CaCl_2$水溶液	NaCl 水溶液	$MgCl_2$水溶液
冰盐共晶点	温度（℃）	−55	−21.2	−33.6
	浓度（%）	42.7	29	25.9
适用蒸发温度范围（℃）		>−50	>−16	>−27

在图 3—6 中，左边一条曲线是析冰线，右边一条曲线是析盐线，两线的交点就是共晶点。共晶点所对应的温度 T_E 和浓度 ξ_E 分别叫做共晶温度和共晶浓度。由析冰线可以看出，盐水溶液开始析冰的温度随着含盐量的增加而降低，直到冰盐的共晶点为止。溶液温度降低时是先析出冰还是先析出盐与浓度有关。当 $\xi < \xi_E$ 时，首先析出冰，随着 ξ 增大，析冰温度降低，直到 $\xi = \xi_E$ 时，达到最低结冰温度；当浓度继续增大，$\xi > \xi_E$ 时，首先析出盐，而且析盐温度随着浓度的增大而升高。盐水溶液的浓度越大，其密度越大，流动阻力也越大，而且浓度大，比热容就减小，输送同样冷量时盐水溶液的流量须增加。所以只要保证蒸发器中盐水不冻结，其浓度不要选择过高，尤其不应大于共晶点浓度。一般配制盐水溶液浓度应注意以下几点：

①盐水溶液的浓度应在共晶点的左侧。

②凝固温度不必选择过低，一般比蒸发温度低 6～8℃即可。

③不同的盐水适用于不同的蒸发温度系统。

④盐水易吸收空气中的水分而变稀，使凝固点上升而结冰，因此要定期测量、调整盐水浓度。

⑤盐水与空气中的氧结合，会生成酸性物质，加剧对金属的腐蚀。应使盐水溶液略呈碱性，pH 值在 8.5 左右为宜，可以用酚酞试纸来测定。为此，常加入适量的缓蚀剂，缓蚀剂由氢氧化钠（NaOH）和重铬酸钠（$Na_2Cr_2O_7 \cdot 2H_2O$）按 100∶27 的质量百分比混合而成。缓蚀剂的使用量见表 3—13。

表 3—13　　缓蚀剂的使用量

$CaCl_2$溶液		NaCl 溶液	
盐水密度（kg/m^3）	每 100 kg$CaCl_2$（73%纯度）应用重铬酸钠（kg）	盐水密度（kg/m^3）	每 100 kgNaCl 应用重铬酸钠（kg）
1 160	0.695	1 118	1.79
1 169	0.656	1 126	1.67
1 179	0.621	1 134	1.57
1 188	0.587	1 142	1.47
1 198	0.556	1 150	1.39
1 208	0.528	1 158	1.32
1 218	0.502	1 166	1.24
1 229	0.478	1 175	1.18
1 239	0.455		
1 250	0.453		

在配制重铬酸钠时应注意不要损伤人的皮肤，操作时最好戴上手套和眼镜。在用于冻结食品的盐水中严禁加入重铬酸钠，以防中毒。例如，冰棒生产中的盐水槽内就不能加重铬酸钠。氯化钙水溶液有特殊的苦味，而氯化钠盐水有咸味，都不能直接与食品接触。

3）有机载冷剂

①甲醇（CH_3OH）、乙醇（C_2H_6OH）和它们的水溶液。甲醇的冰点为−97℃，乙醇的冰点为−117℃。它们的流动性都比较好（甲醇比乙醇的水溶液黏性稍大一些），纯液体密度和比热容都比盐水低，可以在更低温度下作为载冷剂使用。二者都有挥发性和可燃性，使用中须注意防火，特别是当机器停止运行、系统处于室温时。

②乙二醇、丙二醇和丙三醇水溶液。乙二醇和丙二醇水溶液的特性相似，它们的共晶点温度可达−60℃左右（对应的共晶浓度为60%左右）。它们的密度和比热容较大，溶液黏度高，略有毒性，但无危害。

丙三醇（甘油）是极稳定的化合物，其水溶液对金属无腐蚀，无毒，可以和食品直接接触，是良好的载冷剂。

③纯有机液体。纯有机液体如二氯甲烷R30（CH_2Cl_2）、三氯乙烯R1120（C_2HCl_3）和其他卤代烃液体。它们的凝固点很低（在−100℃左右或更低），特点是密度大、黏性小、比热容小，可以用来在更低的温度下工作。

3. 矿物油与脂类油

润滑油与压缩机运转性能和使用寿命有密切关系，应根据使用的要求和油的特性选择合适的润滑油。

（1）润滑油的功能

1）润滑摩擦面，使摩擦面完全被油膜分隔开来，从而降低摩擦功、摩擦热和磨损。

2）润滑油的流动带走摩擦热，使摩擦零件的温度保持在允许范围内。

3）在密封部位充满油，保证密封性能，防止制冷剂的泄漏。

4）油的流动带走金属摩擦产生的磨屑，起到清洗摩擦面的作用。

5）为卸载机构提供液压的动力。

（2）润滑油的分类。润滑油分为两类，一类是传统的矿物油；另一类是合成油，如多元醇酯类油POE（Polyolester），也称聚酯油，又如聚（乙）二醇类润滑油PAG（Polyalkylene Glyco1）。实践表明，传统的矿物油与HFC类制冷剂因不相溶而不便使用。上面列举的两种合成润滑油都是适应氢氟烃（HFC）类制冷剂（如HFCl34a及HFC类的二元或多元混合物）的应用而在最近开发出来的，已商品化，各厂商具有多种规格，可供不同黏度需要而选用。POE油不仅能良好地用于HFC类制冷剂系统中，也能用于烃类制冷剂系统中；PAG油则可用于以HFC类、烃类及氨作为制冷剂的系统中。

（3）润滑油的主要性能

1）黏度。黏度是润滑油的主要参数之一。不同的制冷剂要求使用不同黏度的油，主要考虑与制冷剂的相溶性。由于黏度会随温度的升高而降低，例如，矿物油的温度由 50℃升至 100℃时，其黏度降到原来的 1/3～1/6，因此，要求使用黏度随温度变化较小的润滑油。此外，压缩机的转速越高，使用的润滑油黏度应越大，实际使用中一般低速立式双缸压缩机可使用 L—DRA15 号润滑油，中速和高速多缸压缩机应使用 L—DRA22 号或 L—DRA32 号润滑油。某些高速重载压缩机的发热量大，油温高，气温也高，最好使用 L—DRA46 号或 L—DJRA68 号润滑油。

2）热稳定性。热稳定性一般用润滑油的闪点来衡量。闪点是指润滑油的蒸气遇火后发生闪火的温度。润滑油的闪点必须高于压缩机的排气温度，如 R717，R12，R22 压缩机使用的润滑油闪点应在 160℃以上。

3）流动性。润滑油应有良好的低温流动性。在蒸发器内，因温度低，油的黏度增大，流动性变差，当达到一定温度时润滑油停止流动，此时的温度称为油的倾点。制冷机的润滑油要求倾点要低，特别是低温制冷机对油的倾点要求很严格。否则流动性降低，既影响蒸发器的传热，又影响机器的润滑。

各种冷冻机机油的倾点都在－40℃以下，能够满足一般用途的制冷机的使用需要。蒸发温度再低时，可使用精密仪器油，其倾点一般不高于－60℃。

4）溶解性。各种制冷剂与润滑油的相溶性是不相同的，大致分三大类：

一类为相互不溶解的，如 R717，R13，R14，R744 等；一类为相互无限溶解的，如 R11，R12，R113 等；再一类是介于上述两者中间的，如 R22，R114 等。关于溶解性的利弊在制冷剂一节已有论述，这里不再重复。

5）浊点。润滑油开始析出石蜡（油变混浊）时的温度称为浊点，当有制冷剂存在时，润滑油的浊点会下降。国产润滑油的规格参见 GB/T 16630—1996。

此外，全封闭和半封闭制冷机对润滑油的电击穿电压有一定的要求，一般要求在 25 kV 以上。

（4）润滑油的质量要求及变质原因。润滑油的质量要达到标准要求，其质量的好与坏可通过一定的化学和物理分析、实验得出。平时在使用过程中可以从颜色、气味直观做出判断。

当润滑油变质时，其颜色会变深，将油滴在白色吸墨水纸上，若油滴的中央有黑色斑点，说明润滑油已经开始变质。当油中含有水分时，其透明度降低。这种经验方法，当润滑油中混入较多的水分和杂质时是可以察觉的，但不能明确地了解润滑油变质的程度和原因。

润滑油变质的原因主要有：

1）混入水分。由于制冷系统中渗入空气，空气中的水分与润滑油接触后混合进去；制冷剂中含水量较多时，也会使水分混入润滑油，润滑油中混入水分后，黏度降低，对金属造成腐蚀，在卤代烃制冷系统中，还会引起“冰塞”现象。

2）氧化。润滑油在使用过程中，当压缩机的排气温度较高时，就有可能引起氧化变质，特别是化学稳定性差的润滑油，更易变质。经过一段时间，润滑油中会形成残渣，使轴承等处的润滑状况变差。有机填料、机械杂质等混入润滑油中也会加速它的老化或氧化。

3）润滑油混用。几种不同牌号的润滑油混合使用时，会造成润滑油的黏度降低，甚至会破坏油膜的形成，使轴承受到损害。如果两种润滑油中含有不同性质的抗氧化添加剂，将其混合在一起时就有可能产生化学变化，形成沉淀物，使压缩机的润滑受到影响，故使用时要注意。

4）润滑油中有杂质。在使用大型制冷系统的单位中，特别应节约使用润滑油，可采用一定的工艺方法使油回收，以去除油中的杂质。

（5）为制冷机选用润滑油时的注意事项

1）润滑油的倾点低。

2）润滑性能好。

3）热稳定性好（闪点要高），良好的抗氧化稳定性，即在高温下不氧化、不分解、不出现结胶及结炭现象。

4）具有适当的黏度，且黏度受温度变化的影响小。

5）与制冷剂的分离性能好，不产生化学反应，对其他材料也不产生化学作用。

6）抗乳化性强，挥发性差。

7）不含水、酸等杂质，电气绝缘性能好。

8）油膜强度高。

第二节　制冷原理和热力循环分析

制冷的方法很多，根据制冷的原理不同可以分为液体汽化制冷、热电制冷、气体膨胀制冷、涡流管制冷、磁制冷、绝热放气制冷和电化学制冷等。常见的有液体汽化制冷、气体膨胀制冷、涡流管制冷和热电制冷 4 种。

液体汽化制冷是利用液体汽化时的吸热效应而实现制冷的。在一定压力下液体汽化时，需要吸收大量的汽化潜热。这些热量来自被冷却对象，使被冷却对象温度降低，或者使它维持低于环境温度的某一温度。

为了使上述过程得以连续进行，必须不断地将蒸气从容器（蒸发器）中抽走，再不断地将液体补充进去。通过一定的方法把蒸气抽出，并使它凝结成液体后再回到容器中，就能满足这一要求。我们希望制冷剂蒸气的冷凝过程在常温下实现，因此，需要将蒸气的压力提高到常温下的饱和压力。这样，制冷剂将在低温低压下蒸发，产生制冷效应，又在常温、高压下冷凝，向处于环境温度的冷却介质排放热量。由此可见，液体汽化制冷循环由制冷剂低压下汽化、升压、高压蒸气液化和高压液体降压 4 个基本过程组成。

蒸气压缩式、吸收式、喷射式和吸附式制冷都属于液体汽化制冷方式。在蒸气压缩式制冷方式中，根据系统组成的不同，又可以分为单级压缩、多级压缩（以双级压缩更为普遍）和复叠式压缩等。在初级工阶段，应掌握单级压缩制冷的有关知识。

一、单级压缩制冷系统

单级压缩制冷系统应用范围很广，例如制冰、冷饮、冷藏，空调、培养箱等设施多采用单级压缩，主要用于温度要求在−35℃以上的制冷系统。

1. 单级压缩制冷系统的构成及制冷的基本热力过程

单级压缩制冷系统示意图如图 3—7 所示，系统由制冷压缩机、冷凝器、节流阀、蒸发器组成，用管道将其连成一个封闭的系统。蒸发器、压缩机、冷凝器和节流阀即所谓的制冷“四大件”。

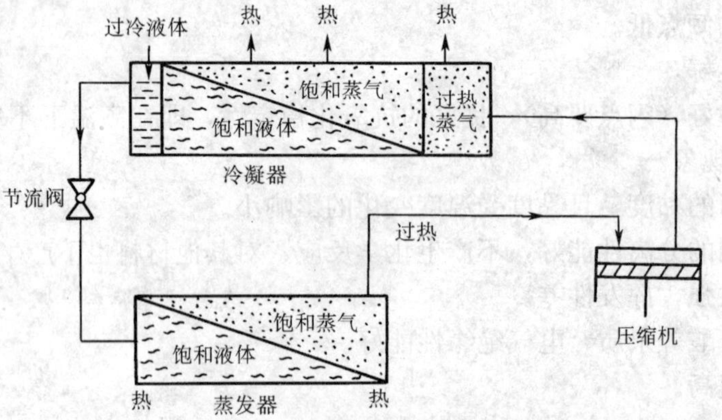

图 3—7　单级压缩制冷系统示意图

（1）蒸发过程。节流后的低温低压湿蒸气（液体和气体的混合体）在蒸发器内从周围介质（如空气、盐水等）吸热，液体不断汽化，干度逐渐增加，这时，需要将已蒸发的饱和蒸气及时移走。如果不及时将这些饱和蒸气吸走，那么一旦达到饱和，则汽化与液化将趋于平衡，再供进来的液体就不可能继续吸热汽化，制冷过程也就因此而中断。为了制冷过程的连续进行，保持不断从周围介质吸热，就必须及时地把汽化后的蒸气吸走，这需要压缩机连续工作。在蒸发过程中，要根据介质降温的需要将蒸发器内的压力和温度调整到一定的数值，并使之维持不变。

（2）压缩过程。完成制冷作用后的干饱和蒸气（或过热蒸气）从蒸发器出来被压缩机吸入，经压缩后，温度和压力急剧升高，变成过热的高温高压气体被压送至冷凝器，提高了工质的压力，也提高了工质的液化温度，可以用环境温度下的水或空气对其进行冷却以致液化。压缩过程要消耗一定的机械能。

（3）冷凝过程。制冷剂在冷凝器内的放热过程一般分为 3 个阶段：首先是具有较高排气温度的制冷剂过热蒸气将热量传给冷却介质（如水或空气等），放出显热，其温度下降至冷凝温度，这一阶段为制冷剂的去过热过程；当继续向冷却介质放热时，制冷剂放出潜热，温度不变，转化为液体，这一阶段为制冷剂的冷凝过程；已经冷凝的制冷剂液体再向冷却介质放热时，将放出显热，温度下降，成为过冷液体，这一阶段为制冷剂的过冷过程。如果不考虑制冷剂的流动压力降，在整个放热过程中压力是保持不变的。

（4）节流过程。从冷凝器出来的液体为高压液体，通过节流，成为低压的湿蒸气进入蒸发器。这个过程与外界没有能量转换，是一等焓过程。因节流后制冷剂压力降低、比体积增大，所以该过程也称膨胀过程。

以上的 4 个过程是制冷的基本热力过程。

2. 单级压缩制冷循环在压焓图上的表示

单级压缩制冷的理论循环由两个绝热过程和两个等压过程组成，即：绝热等熵压缩过程、绝热等焓节流过程、等压蒸发过程、等压冷凝过程。在理论循环中，各过程中均不考虑压力损失、制冷剂在各设备连接管道中也不发生状态变化。单级压缩制冷的理论循环在压焓图上的表示如图 3—8 所示。

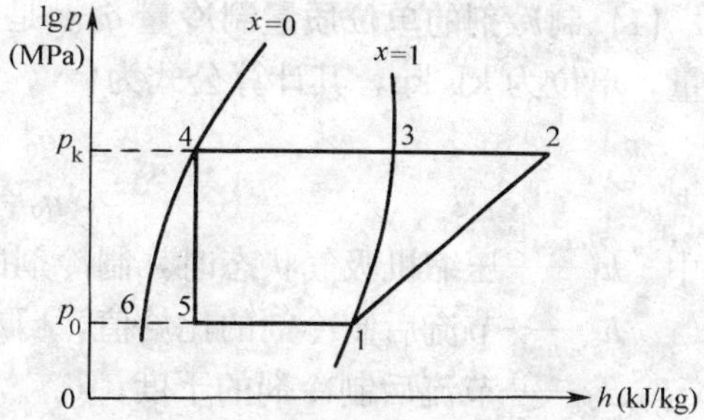

图 3—8 单级压缩制冷的理论循环在压焓图上的表示

显然，上述条件与实际循环是存在着偏差的，但由于理论循环可以使问题得到简化，而且理论循环的各个过程均是实际循环的基础，可作为实际循环的比较标准，因此，仍有必要对它加以详细的分析与讨论。

压焓图中各状态点的意义及各个过程描述如下：

点 1 表示制冷剂进入压缩机的状态。它是对应于蒸发温度 t_0 的饱和蒸气。根据压力与饱和温度的对应关系，该点位于等压线 p_0 与饱和蒸气线（$x=1$）的交点上。

点 2 表示制冷剂出压缩机时的状态，也就是进冷凝器时的状态。过程线 1—2 表示制冷剂蒸气在压缩机中的等熵压缩过程（$S_1=S_2$），压力由蒸发压力 p_0 升高到冷凝压力 p_k。点 2 可以由通过点 1 的等熵线和压力为 p_k 的等压线的交点来确定。由于压缩过程中外界对制冷剂做功，制冷剂温度升高，因此点 2 表示过热蒸气状态。

点 3 表示高压制冷剂蒸气在冷凝器中被冷却到对应 p_k 的饱和状态。

点 4 表示制冷剂离开冷凝器时的状态。它是与冷凝温度 t_k 相对应的饱和液体。过程线 2—3—4 表示制冷剂蒸气在冷凝器内的冷却、冷凝过程。由于这个过程是在冷凝压力保持不变的情况下进行的，进入冷凝器的过热蒸气首先将部分热量放给外界冷却介质，在等压下冷却成饱和蒸气（点 3），然后再在等压、等温下继续放出热量，直至最后冷凝成饱和液体（点 4）。因此，等压线 p_k 和 $x=0$ 的饱和液体线的交点即为点 4 的状态。

点 5 表示制冷剂出节流阀时的状态，也就是进入蒸发器时的状态。过程线 4—5 表示制冷剂在通过节流阀时的节流过程。在这一过程中，制冷剂的压力由 p_k 降到 p_0，温度由 t_k 降到 t_0 并进入两相区（湿蒸气区）。由于节流前后制冷剂的焓值不变，因此，由点 4 作等

焓线与等压线 p_0 的交点即为点 5 的状态。

5—1 过程表示制冷剂在蒸发器内的吸热蒸发过程。由于这一过程是在等压、等温下进行的，液态制冷剂吸取被冷却介质的热量而不断汽化，制冷剂的状态沿等压线 p_0 向干度增大的方向变化，直到全部变为饱和蒸气为止。这样，制冷剂的状态重又回到进入压缩机前的状态点 1，完成一个理论循环。

3. 单级压缩制冷循环的基本性能指标

根据压焓图（见图 3—8）可以求出单级制冷循环的基本性能指标。

(1) 制冷剂的单位质量制冷量 q_0。 是指 1 kg 制冷剂在蒸发器内完全汽化所获得的制冷量，单位为 kJ/kg，其计算公式为：

$$q_0 = h_1 - h_5$$

或者

$$q_0 = r(1 - x_5)$$

式中 h_1——压缩机吸气状态时，制冷剂的比焓值，kJ/kg；

h_5——节流后制冷剂的比焓值，kJ/kg；

x_5——节流后制冷剂的干度；

r——制冷剂在蒸发温度 t_0 下的汽化潜热，kJ/kg。

从上式可以看出，r 越大且 x 越小时，制冷量 q_0 就越大。r 与 x 的数值与制冷剂的种类有关，x 还与节流前后的温度范围有关，同时与节流阀离开蒸发器的距离也有关。节流前制冷剂温度越高或节流后制冷剂温度越低，节流后的蒸气就越多，干度就越大。

(2) 制冷剂的单位容积制冷量 q_v。 是指压缩机每吸入 1 m^3 的制冷剂蒸气在蒸发器中的制冷量，单位为 kJ/m^3。

$$q_v = \frac{q_0}{v_1} = \frac{h_1 - h_5}{v_1}$$

式中 v_1——压缩机吸气状态下的比体积，m^3/kg。

比体积 v_1 对制冷量 q_v 的影响很大，在蒸发压力很低时，v_1 很大，q_v 明显降低。v_1 取决于制冷剂的种类、蒸发压力以及供液的液体温度。

(3) 理论单位压缩功（单位耗功）w。 是指压缩机每压缩 1 kg 制冷剂蒸气所消耗的功，单位为 kJ/kg，其计算公式为：

$$w = h_2 - h_1$$

式中 h_2——压缩终了时制冷剂的比焓值，kJ/kg；

h_1——吸气状态时制冷剂的比焓值，kJ/kg。

单位压缩功与制冷剂的种类、冷凝温度 t_k 和蒸发温度 t_0 有关。

(4) 单位冷凝器热负荷 q_k。 是指每 1 kg 制冷剂在冷凝器中放出的热量，单位为 kJ/kg，其计算公式为：

$$q_k = h_2 - h_4$$

或者

$$q_k = q_0 + w$$

式中　h_2——压缩终了时制冷剂的比焓值，kJ/kg；

h_4——冷凝终了时制冷剂的比焓值，kJ/kg。

(5) 节流后的干度 X_5。 其计算公式为：

$$X_5=\frac{h_5-h_6}{h_1-h_6}=\frac{h_4-h_6}{h_1-h_6}$$

式中　h_5——节流后制冷剂的比焓值，kJ/kg；

h_6——蒸发压力下制冷剂饱和液体的比焓值，kJ/kg。

节流过程是等焓过程，所以有 $h_5=h_4$。

(6) 理论制冷系数 ε。 其计算公式为：

$$\varepsilon=\frac{q_0}{w}$$

制冷系数是表明消耗单位功所能得到的制冷量，它是衡量制冷循环的一个重要的技术经济指标。在相同的温度条件下，制冷系数越大则其经济性就越好。因为 q_0 及 w 都取决于循环中的冷源温度和热源温度，所以制冷系数也取决于冷源温度和热源温度，同时制冷系数又与制冷剂的性质有关。

(7) 热力完善度 β。 其计算公式为：

$$\beta=\frac{\varepsilon}{\varepsilon_c}$$

式中　ε_c——逆卡诺循环的制冷系数，其值为：

$$\varepsilon_c=\frac{T_0}{T_k-T_0}$$

式中的 T_0 和 T_k 为逆卡诺循环的冷源温度和热源温度。ε_c 与制冷剂的性质无关，只取决于冷源与热源的温度差，温差越大，ε_c 越小。逆卡诺循环是一个完全可逆的循环，它没有任何不可逆的损失，因此，在相同的温度条件下其制冷系数最大。这一循环在实际中是无法实现的，但它给工作在同样冷、热源温度下的其他制冷循环指出了比较的最高标准。

热力完善度 β 是表示某一制冷循环接近相同温度条件下的逆卡诺循环（理想最高值）的程度。它的数值越大说明不可逆损失越小，β 也是制冷循环的一个技术经济指标。对于工作温度相同的制冷循环可用制冷系数来判断它的经济性，而对于工作温度不同的制冷循环的优劣就只能用热力完善度的大小来比较。

(8) 制冷系统制冷量 Q_0。 单位为 kW，其计算公式为：

$$Q_0=q_0G$$

式中　G——制冷剂的质量流量，kg/s。

(9) 冷凝器的移热量 Q_k。 单位为 kW，其计算公式为：

$$Q_k=q_kG$$

(10) 压缩机消耗的理论功率 N。 单位为 kW，其计算公式为：

$$N=wG$$

(11) 压缩机的输气量V。 单位为 m^3/s，其计算公式为：

$$V=\frac{Q_0}{q_0}=Gv_1$$

4. 单级压缩制冷系统试运转原则

在制冷装置调试之前，需要先进行试运转。在试运转中应注意以下一些问题：

(1) 检查电磁阀是否打开（指装有电磁阀的系统）。可用手摸电磁阀线圈外壳，若感到发热和振动，则表明阀已被打开。

(2) 油泵压力是否正常。油泵的油压（指油泵出口压力与吸气压力之差）应是0.075～0.15 MPa；对于新系列压缩机使用转子式油泵，有能量调节装置，它的油压应是0.15～0.30 MPa，如果不符要求，应进行调整。对油压继电器的低油压差做动作试验，检查油泵系统压差值低于规定范围时，看油压继电器能否工作。

(3) 注意润滑油的温度。油温过高，润滑油黏度降低，影响润滑效果；但油温过低，黏度太大，也会影响润滑效果。油温一般不能超过70℃，不低于5℃。

(4) 注意压缩机的排气压力和排气温度。按照规定，R12的排气压力不能超过1.18 MPa，排气温度不能超过130℃；R22及R717的排气压力不能超过1.67 MPa，排气温度不能超过150℃；对于老系列产品则不能超过100℃。排气温度过高会使润滑油结炭，缩短阀片寿命，加快汽缸与活塞的磨损。

对高压继电器的试验：将吸入阀开足，将冷凝器冷却水阀关小，使排气压力逐渐升高，看高压继电器动作时的排气压力值是否与要求的压力值相符合。如果不符合，则应进行调整，直至符合要求时为止。

(5) 卤代烃系统的吸气温度。吸气温度升高要引起排气温度和油温升高，因此吸气温度一般不应超过15℃。

对低压继电器的试验：在压缩机运转以后，慢慢关小吸入阀，使吸气压力逐渐下降，检查低压继电器动作时是否与要求的压力值相符。如果不符，应调整到与要求相符为止。

(6) 检查分油器的自动回油情况。正常情况下，浮球阀自动地周期性开启、关闭，如果用手摸回油管，应该有时热时冷的感觉（当浮球阀开启时，油流回曲轴箱，回油管就发热，否则就发冷），如果发现回油管长时间不发热，表示回油管有堵塞或浮球阀有问题，应及时检查排除。

(7) 听压缩机运转的声音。压缩机正常运转时，只有进、排气阀片发出的清晰、均匀的起落声，汽缸、活塞、连杆及轴承等部分不应有敲击声，如果这些部位有敲击声，应停机检查，并及时排除故障。

(8) 带有能量调节装置的压缩机，应检查能量调节机构的动作是否正常。

(9) 检查整个系统的管路和阀门，应不存在泄漏处。在运转正常的情况下，即可着手对制冷装置的工作进行调试。

二、单级压缩制冷系统的运行

1. 单级压缩制冷系统运行状态

制冷系统正常运行的标志如下：

(1) 冷凝器冷却水的水温不能太高，水压应不低于 0.12 MPa。

(2) 制冷机运行中应无杂声和异常声响。

(3) 油泵的压力应满足要求。对于国产系列化产品，油压值（表压）应比吸气压力（表压）值高 0.15～0.30 MPa，老系列产品则为 0.05～0.15 MPa。其他类型压缩机、制冷机应按各自说明书要求检查。

(4) 氨压缩机吸气温度比蒸发温度高 5～10℃，卤代烃压缩机最高不超过 15℃。

(5) 汽缸壁不应有局部发热和结霜情况，表面温差不大于 15～20℃。对于冷藏和低温装置，吸气管的结霜一般可以到吸气口。空调用制冷机的吸气管上结露为正常（结露情况还取决于空气露点的高低），但不应结霜。

(6) 曲轴箱内润滑油温度在任何情况下，卤代烃制冷机不超过 70℃，氨制冷机不超过 65℃，最低不低于 10℃。正常运行情况下，润滑油应不起泡沫（卤代烃制冷机除外）。

(7) 制冷机的排气温度，新系列产品氨和 R22 不超过 135℃，R12 不超过 110℃，R13 不超过 125℃。排气温度进一步上升就与国产润滑油的闪点（160℃）相差极小，这对设备是不利的。从使用角度出发，排气温度太高时应停车查明原因。但也应注意，制冷形式不同，对排气温度的要求也应不同，比如在空调工况下工作的制冷机，排气温度就比标准工况下工作的制冷机高，这是正常的。

(8) 冷凝压力的高低主要是根据水源情况、冷凝器结构形式及所使用的制冷剂确定的。一般情况下，对于新系列产品，采用 R22 和氨制冷剂的水冷式冷凝器冷凝压力不超过 1.37 MPa，用 R12 则不超过 1.18 MPa。对于老系列产品，采用 R22 和氨制冷剂的水冷式冷凝器冷凝压力不超过 1.37 MPa，R12 不超过 1 MPa。在运行中，冷凝压力太高会降低制冷效率，应根据具体条件尽可能降低冷凝压力，并非一定要达到上述操作上限值。另外，在刚开机时，由于冷凝器负荷较大，压力在较短时间内高一些属正常。

(9) 储液器液面不低于液面指示计的 1/3。曲轴箱油面不低于玻璃视镜的水平中心线（如果有两个油面玻璃视镜，其油面应在两块玻璃中心线之间）。

(10) 卤代烃油分离器的自动回油管时冷时热为正常，冷热周期约为 1 h。液体管道的过滤器前后不应有明显的温差，更不能结霜，否则就是堵塞。卤代烃制冷机汽缸盖上应半边凉，半边热。卤代烃系统的各个接头不应渗油，如有渗油，则说明该处有卤代烃泄漏。氨系统各阀门及连接处，亦不应有明显漏氨现象。

(11) 运行中用手触摸卧式冷凝器时，应上部热下部凉，冷热交界处为制冷剂液面。油分离器也是上部热下部稍凉，冷热交界处为油面或液面。制冷机安全阀或旁通阀与低压相连一端应发凉，如果不凉就说明高低压窜气。

（12）运行中蒸发压力与吸气压力应接近，而高压端的排气压力应与冷凝压力、储液器内压力相近，如果不相近就不正常。

（13）在一定的水流量下，冷却水进出应有温差，如没有温差或温差很小，说明热交换设备的传热面有污垢，需停车清洗。

（14）制冷机本身应是密封的，不得渗漏制冷剂和润滑油。对于轴封，标准产冷量小于等于 12.6×10^4 kJ/h 时，允许轴封有微量渗油；标准产冷量大于 12.6×10^4 kJ/h 的制冷机则不允许有多于每小时 10 滴的漏油现象。卤代烃制冷机轴封不允许有滴油现象。

（15）制冷机轴封和轴承温度不超过 70℃。

（16）膨胀阀阀体结霜或结露均匀，但进口处不能出现结霜过厚现象。流体经过膨胀阀时，只能听到沉闷的微小声音。

（17）系统中各压力表指针相对稳定，温度计指示正确。

2. 单级压缩制冷的运行参数

制冷系统运行的主要参数有：蒸发压力和蒸发温度、冷凝压力和冷凝温度、压缩机的吸气温度和排气温度、膨胀阀（或节流阀）前制冷剂温度等。这些参数在制冷系统运行的过程中不是固定不变的，而是随着外界条件（如系统的负荷、冷却水的温度、环境温度等）的变化而变化。必须根据外界条件和系统的特点，把各运行参数调整在合理的范围内。

（1）蒸发温度 t_0 和蒸发压力 p_0。蒸发温度 t_0 是蒸发器内制冷剂在一定压力下汽化时的饱和温度。系统运行时的蒸发温度 t_0 应根据被冷却介质的温度要求和系统的工作特点来确定。例如，对于空气为自然对流的直接蒸发式冷藏库，蒸发温度一般比库内空气温度低 8～15℃；空气为强制循环时，蒸发温度比库内温度低 5～10℃；对于冷却液体的蒸发器，蒸发温度应比被冷却液体的平均温度低 4～6℃。

在制冷系统运行过程中，蒸发温度 t_0（蒸发压力 p_0）并不是固定不变的。在冷凝压力 p_k 不变时，系统的制冷量随着蒸发温度的下降而减少，单位质量制冷量的耗功却随着蒸发温度的下降而增大。

（2）冷凝温度 t_k 和冷凝压力 p_k。冷凝温度 t_k 是制冷剂气体在冷凝器中冷凝时的温度，对应于冷凝温度 t_k 的饱和压力是冷凝压力 p_k。冷凝温度的高低取决于冷却水（或空气）的温度、冷却水在冷凝器内的温升及冷凝器的形式。

当冷却介质为水时，冷凝温度约比冷却水出口温度高 5～9℃；当冷却介质为空气时，冷凝温度比空气温度高 8～12℃。一般 R12 的冷凝温度最好不要超过 40℃，R22 和 R717 的冷凝温度最好不超过 38℃。

（3）压缩机的吸气温度。压缩机的吸气温度是指吸入阀处的制冷剂温度。为了保证压缩机的安全运转，防止液击冲缸现象，吸气温度要比蒸发温度高一点，也就是使制冷剂气体要有一定的过热度。一般情况下，在没有回热器的卤代烃制冷系统里，吸气温度应比蒸发温度高 5℃左右是比较适宜的；在有回热器时，保持 15℃的吸气过热度是合适的。对于氨制冷系统，吸气过热度一般为5～10℃。

吸气过热度过大或过小都应避免。过热度过大，会使制冷量下降，排气温度升高，耗功增大；吸气过热度太小则易产生液击冲缸现象。

（4）压缩机的排气温度。压缩机的排气温度是指排气阀处的制冷剂温度。为了保证压缩机的安全运行，规定R12系统的排气温度不能超过130℃，R22和氨系统的排气温度不能超过150℃。排气温度过高，会使润滑油黏度降低，润滑效果变差，易造成运转部件的损坏。当排气温度升高至接近润滑油闪点时，还容易出危险。

排气温度与压缩比 p_k/p_0 及吸气温度有关，吸气温度越高，压缩比越大，则排气温度越高。一般排气温度比冷凝温度要高得多。例如氨压缩机在标准工况下运行时，按理论循环计算，排气温度为106℃左右，而冷凝温度则为30℃，由排气温度为106℃的过热气体冷却至冷凝温度为30℃的饱和气体，放出显热约占冷凝器总放热量的15%；由30℃的饱和气体冷凝为30℃的饱和液体，放出冷凝潜热约占冷凝器总放热量的83%；由30℃的饱和液体过冷为25℃的过冷液体，放出显热占冷凝器总放热量的2%左右。由此可见，冷凝器中饱和蒸气的冷凝放热占主要地位。

（5）液体制冷剂的过冷温度。为了减小节流损失、防止液体制冷剂在膨胀阀（节流阀）前的液体管中产生闪发气体，必须保证进入膨胀阀的制冷剂全部是液体，这需要让制冷剂液体具有一定的过冷度。不同的系统，按照膨胀阀前液管压力损失的不同，需要的过冷度也不一样。

三、小型冷库制冷系统的构成及其运行状态

1. 小型冷库的种类及其制冷系统的构成

冷库是专门用于冷却、冻结和冷藏物品的建筑和装置。按其用途不同，分为生产性的、分配性的、中转性的、零售性和生活服务性的。零售性和生活服务性冷库通常作为商店或单位冷藏食品用，其容量一般小于100 m^3，而且食品的储存期短。这里主要介绍这种小型冷库的分类、卤代烃制冷系统的典型流程、机房内设备布置与调试的知识。

（1）小型冷库的种类。小型冷库按库体结构及建造方式不同，可分为土建库和装配库两类；按库温高低的不同，又分为高温库和低温库两种；此外，还有气调库和夹套库等。

1）土建库。这种库采用土建方法构筑固定的库体，从如图3—9所示的小型冷库土建结构中可看出其库体围护结构及采用的隔热防潮措施。施工时，应使库体四周及上下6个面的隔热防潮材料紧密连接，分层错缝，形成连续而密封的整体，防止有缝隙漏冷形成“冷桥”。

因为聚氨酯具有优良的隔热防潮性能，并且它的粘接性和耐压性也好，所以，现在有些小型冷库在库体外围结构土建完工并干燥后，采用聚氨酯现场发泡喷涂工艺，在库体内侧6面浇注成整体式严密的隔热防潮层，其厚度由38 mm到150 mm不等。这可提高库体的隔热防潮效果并相对增大库内的有效容积，但成本略高。

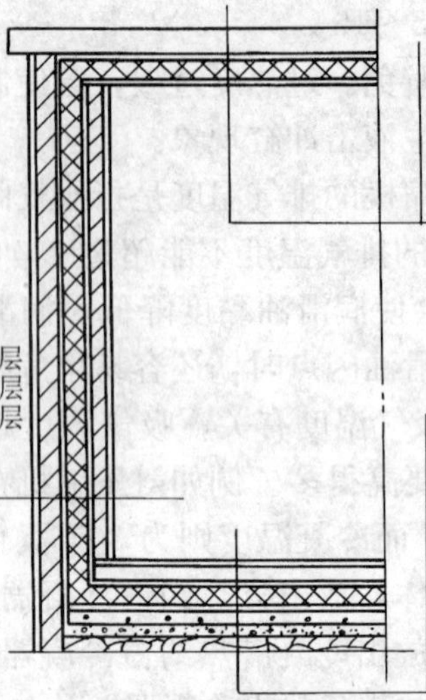

图 3—9　小型冷库土建结构

土建库的制冷设备可以自行选配组装，也可按库容量购置成套设备安装。

2）装配库。这种库的库体采用专门厂家生产的库体底板、侧板、顶板和角板组装而成。库板内、外表面为钢板或铝板，两板之间多充注聚氨酯泡沫塑料作为隔热层。库板之间采用弹性企口嵌合连接，并用橡胶密封条密封。该结构容易装拆，便于搬迁扩建，是一种活动性冷库。装配库按容量大小分别配有全套的制冷设备。从库体装配到完成制冷设备安装调试，整个施工周期比土建库要短得多。但装配库的造价比土建库稍高。

3）高温库与低温库。高温库的库温在0℃左右，用于储藏蔬菜水果、鲜蛋和干制食品等。低温库的库温常为－18℃，也可低达－20℃以下，用于储藏肉、禽、鱼虾等。

4）夹套库。普通的风冷式冷库，冷风机送入的冷风与储藏食品直接接触，一方面冷风使食品干耗，另一方面回风因吸收了水蒸气又易使冷风机的蒸发器挂霜。因此，要将冷库货堆间的风速控制在0.3～0.5 m/s之间，储藏的食品应加包装，蒸发器需在挂霜较多时融霜。如果在库内壁四周设置一夹套层，冷风不直接进入库内货堆间，只是在夹套层内流动，则可减少食品的干耗，储藏的食品也可不加包装，蒸发器几乎不用融霜，这种设置夹套作为冷风流动通道的冷库称为夹套库，如图 3—10 所示。

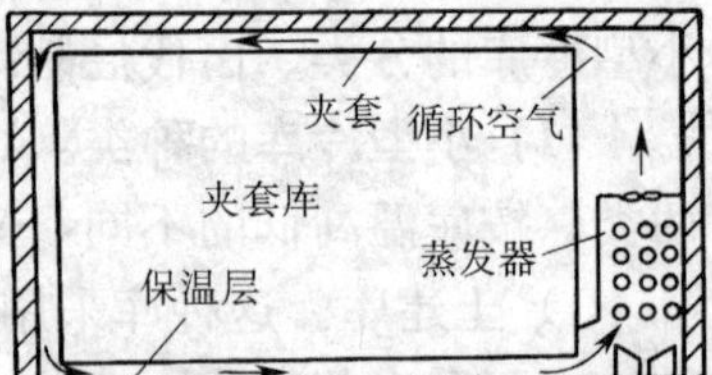

图 3—10　夹套库

(2) 小型冷库制冷系统的构成。如图 3—11 所示为小型卤代烃冷库制冷系统。

该系统由活塞式压缩机、水冷式冷凝器、热力膨胀阀和蒸发器 4 个主要部件，以及油水分离器、气液换热器（回热器）、干燥过滤器、分液头、电磁阀、高低压继电器、冷却水泵、冷却塔、冷却水量调节阀和低压表、高压表等辅助设备组成。其工作过程与冷藏箱相同。这里再介绍几个尚未介绍过的阀的功能。

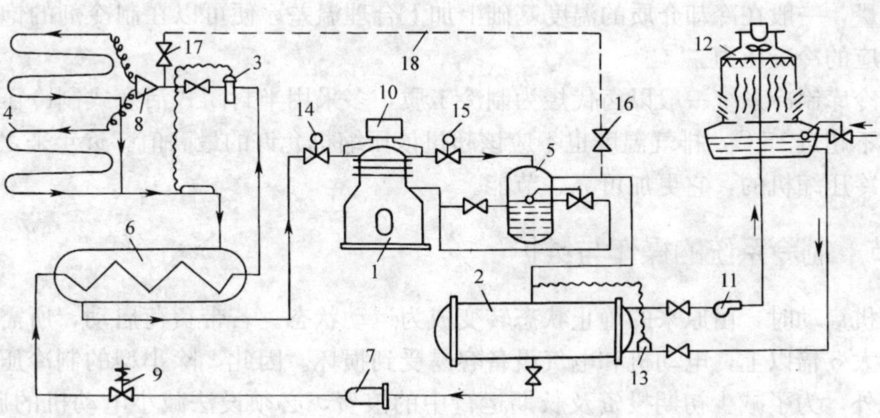

图 3—11 小型卤代烃冷库制冷系统

1—压缩机 2—水冷式冷凝器 3—热力膨胀阀 4—蒸发器 5—油水分离器 6—气液热交换器 7—干燥过滤器 8—分液头 9—电磁阀 10—高低压继电器 11—冷却水泵 12—冷却塔 13—冷却水量调节阀 14—低压表 15—高压表 16，17—截止阀 18—热氟冲霜管

在蒸发器和冷凝器之间的供液管路上设置电磁阀，用于自动控制供液管的通断。当压缩机启动运转时，经电路控制电磁阀自动开启，冷凝器向蒸发器供液；当压缩机停止运转时，电磁阀自动关闭，冷凝器不再向蒸发器供液，以免蒸发器中储液过多，从而防止压缩机再次启动时因湿压缩产生冲缸事故。

在压缩机的排气管和吸气管上分别设置高低压力继电器，用于在压缩机排气压力过高或吸气压力过低时自动使压缩机停转。这样，既可防止压缩机排气压力超过允许值时发生事故，又可避免蒸发温度过低时造成不必要的损失。

在冷凝器冷却水进水管路上设置水量调节阀，可按照冷凝器工况的变化，自动调节进入冷凝器的冷却水量，从而可使冷凝压力和冷凝温度保持基本稳定。

在图 3—11 中还用虚线表示了可采用的热氟冲霜管路及其有关控制阀 16 和 17。当库中蒸发器上挂霜过多时，可打开截止阀 16 和 17，让经油分离器后的高温制冷剂蒸气进入蒸发器，便可融霜。

2. 小型冷库的运行状态和运行参数

小型冷库的运行状态主要表现在蒸发器状态、吸气管道状态、制冷压缩机和系统高压端的状态、干燥过滤器以及节流装置的工作状态。高温小型冷库制冷系统的制冷压缩机吸气管在正常运行时应该结露至压缩机吸气口；低温小型冷库制冷系统的制冷压缩机吸气管在正常运行时应该结霜至压缩机吸气口。其他状态与厨房电冰箱制冷系统相似。

小型冷库运行的主要参数就是单级压缩制冷系统运行参数，表现为吸气压力和排气压力、蒸发温度和冷凝温度、吸气温度和排气温度。小型冷库运行蒸发温度取决于制冷剂、箱内温度及供液量，一般在室内温度基础上加上合理温差，便可以在制冷剂的饱和性质表中查找对应的蒸发压力。小型冷库运行冷凝温度取决于制冷剂、冷却介质（风或水）的温度及供流量，一般在冷却介质的温度基础上加上合理温差，便可以在制冷剂的饱和性质表中查找对应的冷凝压力。

小型冷库制冷系统一般以卤代烃为制冷工质，多采用半封闭式活塞式制冷压缩机，其吸气温度不超过15℃，排气温度也不应该超过该压缩机允许的最高值。近年来，也有采用涡旋式制冷压缩机的，它更加可靠、节能。

第三节　制冷系统的操作与维护

压缩机启动时，由原来的静止状态转变成为运动状态。若带负荷启动，所需电流比正常运转时大5倍以上，电动机和电气设备容易受到损坏。因此，除小型的制冷压缩机配备大电动机外，为了减少初期投资及长期运行中的浪费，必须设法减小电动机的启动电流。活塞式制冷机通常采用以下两种方法：一种是在机体的吸、排气腔之间装一只旁通阀，在压缩机启动时，吸入和排出阀门关闭，开启旁通阀，然后迅速打开排气阀，关闭旁通阀，再缓慢打开吸气阀，使压缩机投入正常工作；另一种是采用系列化压缩机，通过能量调节装置来减少启动负荷。

一、单级制冷压缩机的操作

这里只介绍启动时的工作。

1. 查看车间记录

了解上次停车原因和停车时间，若是事故停车或压缩机定期修理，应检查是否已修复并交付使用；若是工作需要停车，由值班组长负责开车；若连续停车时间超过一个月或压缩机大修，则压缩机的启动应在车间主任和技术员的指挥下进行。

2. 检查压缩机

(1) 检查压缩机与电动机各运转部位有无障碍物，并扳动带轮或联轴器转2～3圈，看看所有控制仪器保护装置是否良好。

(2) 观察曲轴箱压力，如果超过0.2 MPa，应先降压，若经常发生此情况，应查明原因并予以消除。

(3) 检查曲轴箱的油面，正常油面应在双视镜的下玻璃视孔的2/3高度和上玻璃视孔的1/3高度之间；单视镜的，应不低于玻璃视镜的1/2。

(4) 检查各压力表阀是否打开，各压力表是否灵敏、准确，对已损坏者予以更换。

(5) 能量调节装置的指示器是否在“0”位或缸数最少的位置（装有旁通阀压缩机应将旁通阀打开）。

(6) 油三通阀的指示位置是否处在运转位置。

(7) 检查电动机的启动装置是否处于启动位置。

3. 检查高低压管道系统及设备

检查有关阀门是否全部处于准备工作状态。

(1) 从压缩机高压排出管线到冷凝器，从冷凝器到调节站，有关阀门是否打开。调节阀应是关闭的。

(2) 从蒸发器到压缩机和低压吸入管线的有关阀门是否打开。压缩机的吸入阀应是关闭的。

(3) 冷凝器与高压储液器的均压阀应开启。压力表阀、液面指示器应稍开启。

4. 检查储液器的液面

(1) 高压储液器的液面不得超过80%或低于30%。

(2) 循环储液桶或氨液分离器的液面应保持在浮球控制高度。在浮球失灵或无浮球阀时，液面应控制在最高不得超过60%，最低不得低于20%。

5. 如果采用氨泵供液方式，应检查氨泵各运转部位有无障碍物。

6. 启动冷却水泵，向冷凝器、压缩机水套和曲轴箱冷却水管等供水。

7. 在供电电压不低于额定电压10%的情况下，即可通电启动制冷压缩机。

8. 启动后的制冷系统操作管理要求同试运转相同，不再重复。

二、双级制冷压缩机的操作

1. 检查中间冷却器和蛇形管的进出液阀是否全部打开。

2. 中间冷却器液面应保持在浮球中心线高度，其压力超过0.5 MPa时，应进行降压。

3. 双级压缩必须首先启动高压机，当中间压力降至0.1 MPa时，方可启动低压机。在启动低压机吸入阀时，应注意中间压力与高压机电流负荷不得超过规定要求。低压机如有两台以上的，应先启动一台，当运转正常后，再逐台启动。高压机及低压机启动操作方法与单级相同。

4. 高压级压缩机排气温度达到60℃时，开始向中间冷却器供液。

5. 根据库房热负荷情况，适当开启有关供液阀，如用氨泵供液，应按照氨泵操作步骤启动氨泵，向液体分调节站供液。

6. 中间压力应与蒸发压力、冷凝压力相适应，它随着高、低压缩机的容积比，冷凝温度和蒸发温度的变化而变化，最高不得超过0.4 MPa。要注意高压机电流负荷不得超过电动机额定电流。电动机温升不得超过规定要求。

7. 低压机与高压机的排气温度应与蒸发温度、冷凝温度相适应（高压机的排气温度不超过120℃）。否则即反映操作不够正常，应检查原因并予以调整。低压机吸气温度与排气温度剧烈降低时，应首先关小低压机吸入阀，再关小高压机的吸气阀。密切注意使中间压力不得升高，压缩机的油压不能降低，同时检查中间冷却器的浮球阀是否失灵，液面是否过高，必要时进行排液处理。若湿冲程严重，应紧急停车，但必须先停低压机，再停高压机。

8. 制冷机组双级运转中的压缩机改为单级运转时，必须停车，然后对管路系统阀门调整后再启动。

三、制冷系统操作实例

1. 冷藏柜

(1) 冷藏柜制冷系统的构成。 冷藏柜的种类很多，现以典型的厨房电冰箱为例来阐述冷藏柜制冷系统的构成。

厨房电冰箱也称冷藏箱，使用范围较广，容积比家用冰箱大，一般为 0.2～3 m^3。柜内温度一般在＋5～－15℃之间，配用的制冷压缩机有全封闭、半封闭和开启式 3 种，使用的节流元件有毛细管和热力膨胀阀两种。

1）冷藏柜柜体结构。如图 3—12 所示为某厂生产的 1 m^3 冷藏柜的外形图。该柜为立式，采用全封闭机组。柜内有两个温度，设有 3 个门，左边单门是冷冻室（－5℃），右边双门为冷藏室（＋5℃），冷冻室下方为制冷机组。

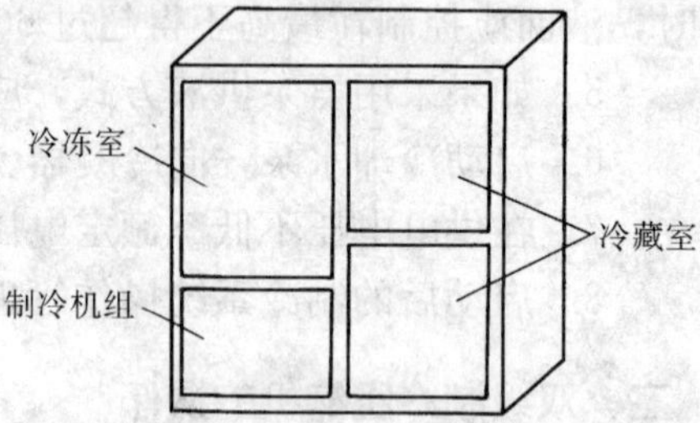

图 3—12　1 m^3 冷藏柜的外形图

2）制冷系统及工作原理。冷藏柜制冷系统由压缩机、冷凝器、蒸发器和毛细管等组成。制冷压缩机采用全封闭式，冷凝器为风冷式，蒸发器为盘管式，用毛细管节流。冷冻室与冷藏室两个蒸发器串联连接，之间连接一根内径为 5 mm、长为 2 m 的毛细管进一步节流。如图 3—13 所示为 1 m^3 冷藏柜的制冷系统图。

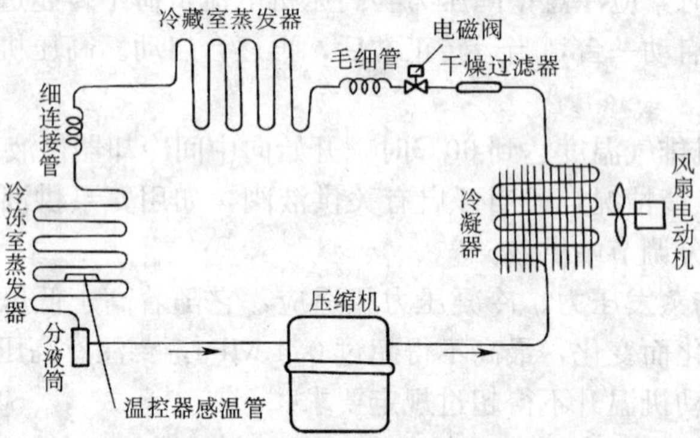

图 3—13　1 m^3 冷藏柜的制冷系统图

制冷系统的工作状况是：压缩机启动后，排出的高压蒸气通过冷凝器冷凝，经毛细管节流后进入冷藏室蒸发器制冷，然后经过两个蒸发器之间的毛细管再次节流，进入冷冻室制冷，最后返回压缩机。

冷藏柜的干燥过滤器采用吸潮性能较好的分子筛和黄铜过滤网。蒸发器出口装有气液分离器，以防止制冷剂液体进入压缩机汽缸。毛细管入口设有电磁阀，控制制冷剂的通断。

(2) 冷藏柜的运行状态和运行参数。 冷藏柜的运行状态和运行参数是故障分析与判断的重要依据。在理想状态下，制冷剂由蒸发器出口进入压缩机时，制冷剂处于饱和气体状态，而实际上为防止产生液击，压缩机吸气口处往往有一定过热度，即制冷剂处于气体过热状态。在不同的制冷系统中，压缩机吸气管处的状态也各不相同。冷藏柜的制冷压缩机吸气管在正常运行时应该结霜至压缩机吸气口。

冷藏柜运行的主要参数是吸气压力、排气压力；温度包括冷凝温度、蒸发温度、吸气温度和排气温度。系统是否运行在允许的参数范围内，是判断制冷系统运行正常的依据。冷藏柜运行吸气压力及蒸发温度取决于制冷剂、箱内温度及供液量，一般在箱内温度基础上加上合理温差，便可以在制冷剂的饱和性质表中查找对应的低压压力。冷藏柜运行排气压力及冷凝温度取决于制冷剂、冷却介质（风或水）的温度及供流量，一般在冷却介质的温度基础上加上合理温差，便可以在制冷剂的饱和性质表中查找对应的高压压力。

冷藏柜制冷系统一般以卤代烃为制冷工质，其吸气温度不超过15℃，排气温度也不应该超过该制冷压缩机允许的最高值。

2. 陈列柜

（1）陈列柜制冷系统的构成。陈列柜制冷系统与冷藏柜基本相同，但是，陈列柜大多采用单相或三相的全封闭压缩机，高温陈列柜的冷凝器风冷式为多，低温陈列柜的冷凝器水冷式为多，制冷剂也多为卤代烃或碳氢化合物，蒸发器为紫铜排管。制冷系统中有自动开机、停机和融霜装置。

（2）陈列柜的运行状态和运行参数。陈列柜的运行状态和运行参数与冷藏柜一样，是故障分析与判断的重要依据。在理想状态下，制冷剂由蒸发器出口进入压缩机时，制冷剂处于饱和气体状态。实际上，为防止产生液击，压缩机吸气口处往往有一定过热度，制冷剂处于气体过热状态。在不同的制冷系统中，压缩机吸气管处的状态也各不相同。高温陈列柜制冷系统的制冷压缩机吸气管在正常运行时应该结露至压缩机吸气口；低温陈列柜制冷系统的制冷压缩机吸气管在正常运行时应该结霜至压缩机吸气口。

陈列柜运行的主要参数就是单级压缩应该了解的运行参数，它们主要是蒸发压力和冷凝压力、蒸发温度和冷凝温度、吸气温度和排气温度。陈列柜运行蒸发温度取决于制冷剂、柜内温度及供液量，一般在柜内温度基础上加上合理温差，便可以在制冷剂的饱和性质表中查找对应的蒸发压力。陈列柜运行冷凝温度取决于制冷剂、冷却介质（风或水）的温度及供流量，一般在冷却介质的温度基础上加上合理温差，便可以在制冷剂的饱和性质表中查找对应的冷凝压力。

陈列柜制冷系统一般以卤代烃为制冷工质，其吸气温度不超过15℃。排气温度也不应该超过该压缩机允许的最高值。

3. 一机二库

（1）制冷系统的构成。在一些冷藏库中大多用一台制冷机组同时向几个不同库温的冷库供应冷量。因为几个库蒸发器（冷却排管）的蒸发温度不同，所以在控制方面也不同，如有的一机多库制冷系统不能直接控制主电路的电气部件，而是分别控制各库的电磁阀，当某一库达到所需温度时，该库的温度控制器即可将这个库的供液电磁阀线路的电源切断，停止供液。

而一机二库制冷系统采用如图 3—14 所示的装有背压阀的方式。在高温、低温这两个温度不相同的冷库中蒸发温度也不相同。因此，在那些需要保持较高库温的蒸发器出口管路上通常安装一个回气压力阀，使这个阀前的压力保持在给定的范围内，通过它节流后又与阀后面的回气管压力较低的管路相连，这样就保证了系统中各个不同蒸发温度的蒸发器在各自不同的工况下正常工作。这种回气压力阀即是背压阀。其制冷系统循环主要由压缩机、冷凝器、膨胀阀、背压阀、止回阀、电磁阀、高温库、低温库等构成。如图 3—14 所示为一机二库制冷循环的设备流程图。

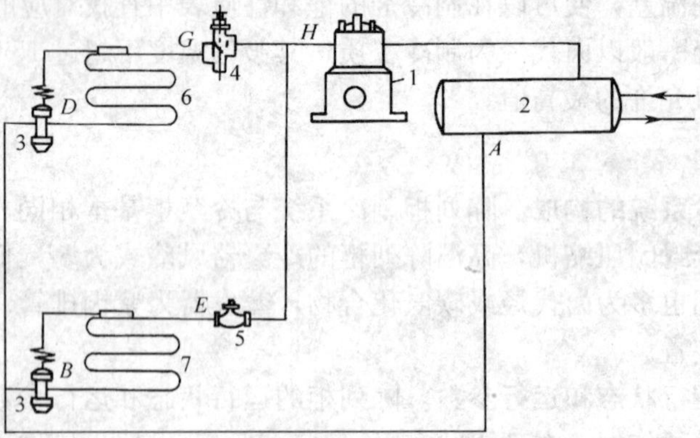

图 3—14　一机二库制冷循环的设备流程图

1—压缩机　2—冷凝器　3—膨胀阀　4—背压阀　5—止回阀　6—高温库　7—低温库

(2) 制冷系统的运行。在图 3—14 中，一台 R134a 制冷压缩机向两个冷藏库供应冷量。一个高温库房的蒸发温度为 5℃，相应的蒸发压力为 0.25 MPa（表压）；一个低温库的蒸发温度为−15℃，相应的蒸发压力为 0.064 MPa（表压）。在高温库蒸发器的回气管上安装了一个背压阀。为防止高温蒸发压力的波动而影响低温库的温度波动，又在低温库蒸发器的回气管上装了一个止回阀，保证从背压阀流出的高压蒸气不向低温蒸发器中倒流。

从 A 点输出的高压液体进入库房的膨胀阀后，分别节流到状态 B（$p_0=0.064$ MPa，$t_0=-15$℃）和 D 点（$p_0=0.25$ MPa，$t_0=5$℃）。经膨胀阀后变为 E 点和 G 点状态，其中 G 点状态的蒸气再经背压阀节流至与 E 点相同的压力、混合为 H 点状态（同一压力与过热温度），然后进入压缩机中。

带有背压阀的制冷系统中，应对膨胀阀和背压阀交替地进行调整，调整时装上压力表，旋开压力表阀，顺时针调整时背压升高，逆时针调整时背压下降。

在制冷装置中，要求对蒸发压力进行控制，这样做的目的有两个：

1）使工作在不同库温中的蒸发器能在各自不同的蒸发压力下（即不同的蒸发温度下）

运行。

在一台制冷压缩机同时向几个不同库房供应冷量的制冷系统中，如船舶伙食冷库，其原理图如 3—15 所示，由于不同食品对冷藏温度的要求不同（鱼肉库是－10℃，乳品库为＋2℃，菜库为＋5℃左右），故要求各库蒸发器工作的蒸发温度不同（即蒸发压力不同），菜库的蒸发温度最高，乳品库的蒸发温度次之，鱼肉库的蒸发温度最低。由于压缩机运行时的吸气压力是按低温库的蒸发压力调定的，这时，为了实现 3 个蒸发器 3 种不同的蒸发温度（蒸发压力），则需在高温库（菜库、乳品库）的蒸发器的出口处装上蒸发压力调节阀（背压阀），使阀前压力保持各自所需的蒸发压力，经阀的节流后，阀后压力与吸气压力相同，这样就保证了各蒸发器在自己所需的蒸发压力（蒸发温度）下工作，满足了冷藏食品对库温的要求。如果在高温库处不安装蒸发压力调节阀，则各蒸发器都只能在同一个蒸发温度（低温库的蒸发温度）下工作，那么容易使高温库（乳品库、菜库）中冷藏食品变质且干耗增大。

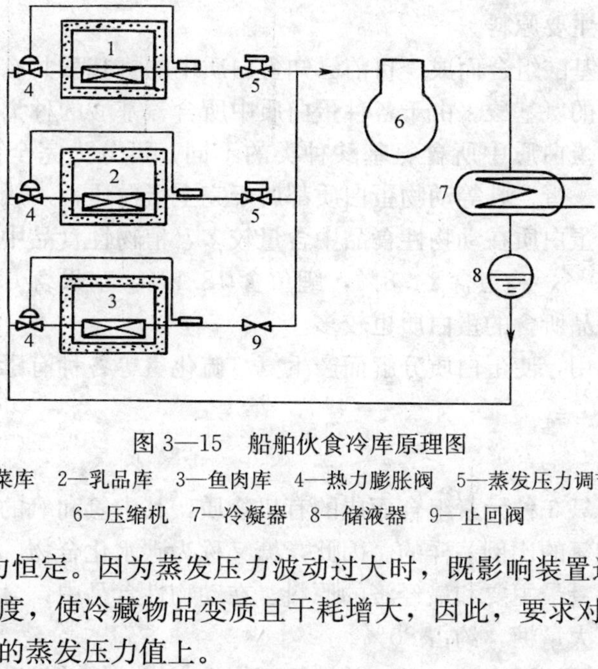

图 3—15 船舶伙食冷库原理图

1—菜库 2—乳品库 3—鱼肉库 4—热力膨胀阀 5—蒸发压力调节阀 6—压缩机 7—冷凝器 8—储液器 9—止回阀

2）保持蒸发压力恒定。因为蒸发压力波动过大时，既影响装置运行的效果，同时也影响到库温的控制精度，使冷藏物品变质且干耗增大，因此，要求对蒸发压力进行控制，使其压力恒定在给定的蒸发压力值上。

第四节 冷藏工艺

利用低温保藏食品又称为食品冷加工。它的主要优点是：可以使食品在较长时间的保藏过程中能基本保持原有的营养成分、味道和色泽。食品冷加工包括以下几个过程：食品的冷却、冻结和冷藏。

一般冷却食品的温度为±4～0℃。在这样的温度下，既能延长食品的保藏期限，又能最大限度地保持食品的新鲜状态。但经过冷却的鱼肉类食品只能进行短期保藏。

冻结，将食品的温度快速降低到低于食品汁液的冻结点，食品中所含的水分大部分冻结成冰，并达到某一指定温度（如中心温度为－18℃）。食品冻结后，由于低温和缺水，部分微生物被杀死，其余微生物活动极弱。因此，经过冻结的食品可以进行较长时期的保藏。

冷藏，是在维持食品冷加工最终温度的条件下将食品进行不同期限的保藏。食品的冷藏可分为冷却物冷藏（高温冷藏）和冻结物冷藏（低温冷藏）两种。

一、食品的基本成分

食品的成分可分为有机物质和无机物质，属于有机物质的有蛋白质、糖、脂肪、维生素等，属于无机物质的有水和矿物质等。

1. 蛋白质

蛋白质是一类复杂的有机化合物，是高分子的含氮物质。它是一切生命活动的基础，是构成生物体细胞的主要原料。

蛋白质由多种氨基酸组合而成。目前已知蛋白质中的氨基酸共有三十多种，每种蛋白质至少含有十种以上的氨基酸。由于各种蛋白质中所含氨基酸的种类和数量不同，因而其营养价值也不同，按蛋白质中所含氨基酸种类的不同，可分为完全蛋白质和不完全蛋白质。食品中如肉、鱼、蛋、乳等动物蛋白质都属于完全蛋白质，一般植物性食品所含蛋白质为不完全蛋白质。蛋白质在动物性食品中含量较多，植物性食品中含量较少，如牛肉含20.1%，猪肉含16.9%，鸡蛋含14.8%，鲤鱼含18.1%，苹果含0.2%，番茄含0.6%。但如大豆等植物性食品所含的蛋白质也较多。

由于微生物的作用，使蛋白质分解而产生氨、硫化氢等各种有毒的物质，这种现象称为腐败。

2. 糖类

糖是由碳、氢、氧3种元素组合而成的有机物质，其中氢和氧的比例对绝大多数糖来说，是与水中的氢和氧的比例一样的。因此，糖又称为碳水化合物。

糖是供给人体热量最主要和最经济的原料。在动物性食品中，含糖量不多，约占2%；在植物性食品中含有大量糖，约占80%。

糖可分为单糖、双糖、多糖3类。单糖是不能被水解的简单糖分子，属于单糖的有葡萄糖、果糖、半乳糖等数种；双糖水解后能生成两分子单糖，属于双糖的有蔗糖、麦芽糖和乳糖等多种；多糖在水解时能生成多分子的单糖，属于多糖的有淀粉、纤维素和糖原。

水果、蔬菜中的糖，在保管和运输过程中，由于呼吸作用被空气中的氧所氧化成二氧化碳和水，并放出热量；在缺氧呼吸时，则生成酒精和二氧化碳。

3. 脂类

脂类可分为脂肪与类脂两类。脂肪是由各种不同的脂肪酸和甘油结合而成的甘油三酸酯，构成脂肪的脂肪酸分为饱和脂肪酸和不饱和脂肪酸；类脂是一些类似脂肪的物质，其理化性质与脂肪相似，但其化学组成中，除含有脂肪酸、甘油等外，还含有磷、氨基、糖等成分。

脂肪的氧化分解过程与温度有关，温度高时，氧化作用进行得快些。所以，降低温度能保证脂肪的质量。

4. 维生素

维生素是低分子的有机化合物，它在食品中含量很少，但对人体的新陈代谢起着重要作用。

维生素分为脂溶性维生素和水溶性维生素两大类，脂溶性维生素包括维生素 A，D，E，K；水溶性维生素包括维生素 B_1，B_2，B_6，B_{12}，C，P，PP 及生物素等。

5. 酶

酶是从生物细胞中产生的一种特殊蛋白质。酶在食品中的含量很少，起着生物催化剂的作用，它能加速生物化学反应，但本身不起变化，也不参加到反应后的生成物中去。

酶的性质与蛋白质相似。酶的作用强弱与温度有关。酶不耐热，一般在 40～50℃时活性最强。而低于 0℃或高于 70～100℃时，酶的活性即变弱直至终止。每一种酶都有其最适宜的温度。

各种酶有不同的最适宜的酸碱值（pH 值）。一般在中性或弱酸、弱碱的介质中，酶具有最大的活性。

6. 水

一切食品中均含有水分，但含量多少不同。有的食品含水量较多，如水果、蔬菜中约含 95%，肉含 50%，鱼含 70%～80%；有的食品含水量较少，如乳粉含 3%～4%，食糖含 1.5%～3%。

食品中的水分是以游离水和胶体结合水两种形式存在的。游离水含于食品的汁液和细胞液中，是良好的溶剂。胶体结合水是位于胶体空间以及胶粒周围水膜中的水。胶体结合水与游离水的性质不同，它失去了普通水的流动性，比热容较游离水小些。其冻结点较游离水低得多，一般在－25℃以下。

食品中由于含有大量水分，创造了微生物生长繁殖的良好条件，容易使食品发生质量变化。

7. 矿物质

矿物质是构成生物组织细胞所不可缺少的成分，它直接参加机体的新陈代谢过程，维持渗透压以及血液、淋巴等生物体液的酸碱值。

各种食品中都含有少量的矿物质，一般占其总质量的 0.3%～1.5%左右。

食品中所含的矿物质，如钠、钾、钙、镁、铁、磷、碘等，是以可溶性盐类和有机化合物的形态存在的。在鱼、肉和蛋品中多半是酸式盐；在乳、水果、蔬菜中主要是碱式盐。

二、食品的变质

新鲜的食品在常温下放置一定时间后会变质、腐烂，以致完全不能食用。引起食品变质的主要原因如下：

1. 由微生物的作用引起的变质

由于食品中含有多种营养物质和一定量的水分，适合于细菌、酵母、霉菌等微生物的生长繁殖活动。大量的微生物在生活过程中分泌各种酶类物质，促使食品发生分解，使其由高分子的物质分解为低分子的物质，首先降低食品的质量，进而使其变质和腐烂。

因此，在食品变质的原因中，微生物的作用往往是最主要的。

微生物的生存和繁殖需要一定的环境条件，如氧气、温度、湿度等。其中温度是微生物生存的重要条件。

一般来说，温度在0℃左右即可阻止微生物的繁殖。但对某些嗜冷性微生物，如霉菌、酵母菌，它们的耐低温能力很强，即使在−8℃的低温下，仍可进行繁殖。大部分水中细菌也都是嗜冷性微生物，它们在0℃以下仍能繁殖。因此，用低温保藏食品时，必须维持足够低的温度，才能抑制微生物的作用，使它们停止生长繁殖活动，丧失分解食品的能力。

2. 由酶的作用引起的变质

酶是一种特殊的蛋白质，是活细胞所产生的一种有机催化剂。无论是动物性食品还是植物性食品，它们本身都含有酶。酶在适宜的条件下会促使食品中的蛋白质、脂肪和碳水化合物等营养成分分解。另外，霉菌、酵母、细菌等微生物对食品的破坏作用也是由于这些微生物生活过程中分泌的各种酶所引起的。

酶的活性与温度有关。在低温（0℃以下）时，酶的活性很小。随着温度升高，酶的活性增大，催化的化学反应速度也随之加快。温度每升高10℃，反应速度增加2～3倍。因此，食品保存在低温条件下，可以防止由酶的作用而引起的变质。

3. 非酶引起的变质

有一部分食品的变质与酶无直接关系。如油脂的酸败，这是由于油脂与空气接触后发生氧化反应，产生品质酸败。维生素C、天然色素等也会发生氧化破坏。

无论是由细菌、霉菌、酵母引起的食物变质，还是由酶或非酶引起的变质，在低温环境下都可延缓、减弱其作用。但是低温并不能完全阻止它们的作用，即使在冻结点以下的低温，食品进行长期储藏时，其质量也会有所降低。因此，各类食品都规定有合理的冷藏期限。但已经变质的食品，在低温情况下也不能改变它原来的状态。

三、食品低温保藏的原理

新鲜食品在常温下储存时间过长后，会引起变质或腐败，其主要原因是由于微生物的生命活动和食品中的酶所进行的生化反应而造成的。微生物的生命活动和酶的催化作用都需要在一定的温度和水分情况下进行。如果降低储藏温度，微生物的生长繁殖就会减慢，酶的活性也会减弱，就可以延长食品的储藏期。此外，低温下微生物新陈代谢会被破坏，其细胞内积累的有毒物质及其他过氧化物能导致微生物死亡。当食品的温度降至－18℃以下时，食品中90％以上的水分都会变成冰，所形成的冰晶还可以以机械的方式破坏微生物细胞，细胞或失去养料、或因部分原生质凝固、或因细胞脱水等，都会造成微生物死亡。因此，冻结食品可以更长期地保持食品原有的品质。

食品可分为植物性食品和动物性食品两大类。由于它们具有不同的特性，因此，利用低温进行储藏时应采用不同的处理方法。

1. 植物性食品

水果、蔬菜等植物性食品在储藏时，它们仍然是具有生命力的有机体。因此，它们能控制体内酶的作用，并对外界微生物的侵入有抵抗能力。但另一方面，由于它们是活体，要进行呼吸，同时它们与采摘前不同的是不能再从母株上得到水分与其他营养物质，只能消耗其体内的物质而逐渐衰老。因此，为了长期保藏植物性食品，就必须维持它们的活体状态，同时又要减弱它们的呼吸作用。低温能减弱果蔬类植物性食品的呼吸作用，延长食品的储藏期限。但温度又不能过低，温度过低会引起植物性食品的生理病害，甚至将其冻死。因此，储藏温度应该选择在接近冰点但又不使食品冻坏的温度。如同时采用气调措施，调节气体的含氧、含二氧化碳量，就能取得良好的储藏效果。

此外，如鲜蛋也是活体食品，当温度低于冻结点时，其生命活动也会停止。因此，活体食品一般都是在冷却状态下进行低温储藏。

2. 动物性食品

在储藏时畜、禽、鱼等动物性食品，因物体细胞都已死亡，因此，不能控制引起食品变质的酶的作用，也不能抵抗微生物的侵害。如果把动物性食品放在低温条件下，则酶的作用受到抑制，微生物的繁殖受到阻止，体内的化学变化就会变慢，食品就可较长时间维持它的新鲜状态。因此，储藏动物性食品时，要求在冻结点以下进行低温保藏。

四、食品的冷加工

食品的冷加工主要指食品的冷却、冻结和冷藏，是利用低温保藏食品和加工食品的最佳方法。

1. 食品的冷却

冷却是指将食品的温度降低到某一指定的温度，但不低于食品汁液的冻结点。冷却的温度通常在10℃以下，其下限为4～ －2℃。食品的冷却储藏可延长储藏期，并能保持其新鲜状态。但由于在冷却温度下，细菌、霉菌等微生物仍能生长繁殖，所以冷却的动物性食品只能进行短期储藏。

2. 食品的冻结

食品的冻结是将食品中所含的水分大部分转变成冰的过程。因此，水结晶表现了冻结过程的最基本的实质。当食品中液态水分结成固态冰晶时，即有大量热量从食品中传出，同时食品的温度也随之降低。冻结食品中微生物的生命活动及酶的生化作用均受到抑制，水分活度下降，因此可进行长期储藏。

(1) 食品中溶液的冻结。溶液的冻结与纯水不同，它的冻结点较水的冰点低些。溶液的冻结点与溶液的浓度、溶质的离解程度及溶剂的性质有关。

食品冻结时，溶液浓度的变化过程较普通溶液复杂得多，因为在食品所含的水中溶有多种矿物质和有机物质。因此，在冻结过程中，随着汁液中的水分析出而形成冰结晶，使尚未冻结的汁液的浓度增大，冻结点降低。食品中剩余的汁液越少，其浓度越大，汁液冻结点也就越低。这样，食品的继续冻结就需要在温度大大降低的条件下进行。

大多数食品的冻结点在－1～－2℃。含有大量溶质（糖、盐、酸）的食品，其冻结点较低，约为－3.5～－5℃。一般食品温度在－20℃时有90％左右的水分冻结成冰。

食品冻结的最终温度越低，被冻结的水量就越多，因而也就有利于食品的长期保藏。一般要求食品冻结的最终温度（中心温度）为－12～－15℃。

(2) 食品冻结的温度曲线和最大冰结晶生成带。食品冻结时的温度曲线是根据冻结速度而变化的，但不论是快速冻结还是慢速冻结，在冻结过程中，温度的下降可分为3个阶段，如图3—16所示。

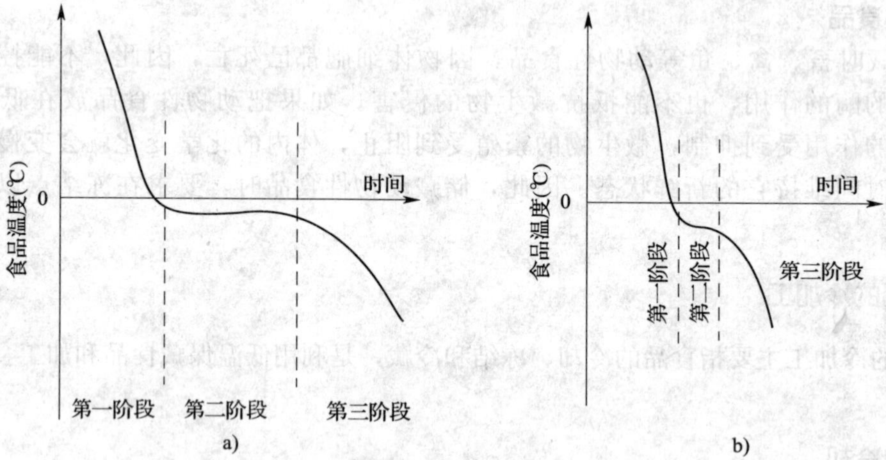

图3—16　食品的冻结过程

a）慢速冻结　b）快速冻结

在最初阶段，食品的温度迅速下降，直到降低至结晶温度为止。第二阶段，即冰晶形成阶段，以近于水平线段表示。这一阶段的温度在0～－5℃左右，此时食品内部80％以上的水分都已冻结，这种大量形成冰结晶的温度范围称为冰结晶的最大生成带。在冰结晶形成时放出的潜热相当大，因此，通过最大冰结晶生成带时，热负荷最大，相对需要较长的时间。慢速冻结时，食品内冰晶的形成以较慢的速度由表面向中心推移，而食品中心温度在很长时间内处于停滞阶段，水平线段较长；快速冻结时，由于强烈的热传导作用，冰晶很快地从食品表面层推移到食品中心，因此水平线段很短。最后，进入第三阶段，此线段表明冻结后的食品继续冻结到规定的最终温度的降温过程。

(3) 冻结速度与冻结晶大小及其分布。食品中的水分分布大致可分为两部分：细胞内的水分和细胞间隙中的水分。在食品的细胞间隙内，水蒸气张力比细胞内小，盐的浓度也小些，冻结点则高些。当食品冻结时，细胞间隙内的水分首先结成冰晶。由于冰的饱和蒸汽压比水低，因此，在食品冻结初期，当细胞外的水分已冻成冰，而细胞内的水分因冰点较低仍处在液体状态时，由于两者饱和蒸汽压的不同，致使细胞中的水分以蒸汽状态透过细胞膜而扩散至细胞间隙中。如果是慢速冻结，就使大部分水冻结于细胞间隙内，并形成较大的冰结晶。水在转变成冰时，体积约增大 9%～10%，结果使细胞因受挤压而变形，甚至造成细胞膜破裂。于是当食品解冻时，冰晶融化成水，食品汁液流失。

如果采用快速冻结，由于冰结晶形成的速度大于水蒸气的扩散速度，因而冰结晶可均匀地分布在食品细胞内与细胞间隙中，并形成小的结晶体，这样就不会使细胞变形和破裂。

3. 食品的冷藏

冷藏是指食品保持在冷却或冻结终了温度的条件下，将食品低温储藏一定时间。根据食品冷却或冻结加工温度的不同，冷藏又可分为冷却物冷藏和冻结物冷藏两种。冷却物冷藏温度一般在 0℃以上，冻结物冷藏温度一般为－18℃以下。对一些多脂鱼类和冰激凌，欧美国家建议冷藏温度为－25～－30℃，以获得较高的品质并延长储藏期。

食品在冷藏过程中，其表面水分的蒸发（又称干耗）是一个需要特别注意的问题。因为蒸发不仅造成食品的质量损失，而且使食品发生干缩现象，降低了质量，使食品的味道和外观变坏。

产生干耗的原因在于食品表面水蒸气压力与冷间内空气中水蒸气压力之间存在着差值。食品表面的水蒸气压力处于饱和状态，而空气中水蒸气压力处于不饱和状态。水蒸气的压力差引起食品表面水分的蒸发，而食品蒸发的水汽即被冷间内不饱和空气所吸收。水蒸气的这种转移过程又叫扩散过程，在扩散过程中，食品表面水分的蒸发会造成食品内部水分浓度比例的变化，使食品中心的水分向表面转移。水分在食品内部转移叫做内部扩散。

冻结食品储藏过程中的水分蒸发与冷却食品不同。冷却食品表面水分蒸发表现为内部扩散和外部扩散，冻结食品的水分蒸发是冰晶的升华过程，而没有食品内部的扩散现象。由于冰的升华，经过若干时间后，使冻结食品表面形成了海绵状的脱水层，水蒸气通过脱水层在压差作用下扩散到周围空气中去。同时，空气不断充满海绵层，使食品内氧化作用加强，造成食品形状和颜色的改变，使其质量降低。

单元测试题

一、单项选择题（下列每题的选项中，只有1个是正确的，请将其代号填在横线空白处）

1. 根据分子运动学说，________是物质分子热运动激烈程度的标记。
A. 分子的平均动能　B. 分子的势能　C. 温度　D. 速度

2. 表示物体冷热程度的量度是________。
A. 温度　B. 热量
C. 分子的势能　D. 分子的平均动能

3. 在容器中，气体绝对压力低于当地大气压，其差值称为________。
A. 绝对压力　B. 表压力　C. 真空度　D. 相对压力

4. 表示工质分子集聚疏密程度的状态参数称为________。
A. 比体积　B. 密度　C. 体积　D. 浓度

5. 制冷系统与外界能量交换的一种形式是________。
A. 热量差　B. 压差　C. 温差　D. 密度差

6. 相同质量的不同物质，温度升高相同时，________的物体需要吸收的热量多。
A. 温度高　B. 比热容大　C. 体积大　D. 密度大

7. 热力学第一定律的意义在于________。
A. 能量守恒　B. 能量交换方向
C. 能量多少　D. 能量交换条件

8. 比焓是一个状态参数，其单位是________。
A. kJ　B. J　C. Pa　D. kJ/kg

9. 热力学第二定律表明了制冷系统与外界的能量交换的补偿条件是________。
A. 消耗压缩功或热能　B. 热量的传递
C. 做功与热量的传递　D. 各种形式

10. 单位时间内所消耗的功称为________。
A. 功　B. 功率　C. 热量　D. 内能

11. 物体在显热变化中，发生变化的是________。
A. 温度　B. 状态　C. 质量　D. 体积

12. 物体在潜热变化中，发生变化的是________。
A. 温度　B. 状态　C. 质量　D. 体积

13. 制冷压缩机吸气口处的蒸气温度一般高于饱和温度，故属于________。

A. 饱和蒸气　　B. 过热蒸气
C. 湿蒸气　　D. 气液混合体

14. ________不是热传递的基本方式。
A. 热传导　　B. 扩散　　C. 对流　　D. 热辐射

15. 热交换器的传热量与温差________。
A. 成正比　　B. 成反比　　C. 无关　　D. 不成比例

16. 制冷剂选用原则中，选用制冷剂的黏度和密度要小，目的是________。
A. 避免制冷剂凝固　　B. 避免制冷剂液化
C. 减少流动阻力损失　　D. 增加制冷量

17. 以下制冷剂中，________属于中温制冷剂。
A. R22　　B. R13　　C. R11　　D. R114

18. 常用的载冷剂是________。
A. R22　　B. 润滑油　　C. 水　　D. R134a

19. 为了防止盐水溶液作为载冷剂时所具有的腐蚀性，可在盐水溶液中加入________。
A. 重铬酸钠和氯化钾　　B. 重铬酸钠和氢氯化钠
C. 氯化钙　　D. 氯化钠

20. 制冷压缩机中的润滑油主要用于________。
A. 冷却压缩机缸盖　　B. 降低制冷剂温度
C. 润滑联轴器　　D. 润滑曲轴、活塞和汽缸

21. 单级压缩制冷系统运行工况图可以在________上表示。
A. 焓湿图　　B. 压焓图
C. 工作原理图　　D. 设备流程图

22. 在理想循环状态下，制冷剂由蒸发器出口进入压缩机时处于________状态。
A. 饱和液体　　B. 饱和气体
C. 气液两相　　D. 气体过热

23. 在实际循环状态下，制冷剂由蒸发器出口进入压缩机时处于________状态。
A. 饱和液体　　B. 饱和气体　　C. 气液两相　　D. 气体过热

24. 属于制冷系统运行参数的是________。
A. 相对湿度　　B. 含湿量　　C. 吸气压力　　D. 大气压力

25. 影响润滑油氧化速度的因素是________。
A. 润滑油稀薄程度　　B. 系统中润滑油的多少
C. 润滑油中空气的含量　　D. 制冷剂蒸发温度的高低

26. 污物在制冷系统中经常使________堵塞。
A. 冷凝器　　B. 蒸发器　　C. 膨胀阀　　D. 吸气管

27. 启动开启式制冷压缩机时，________必须是全开启的。

A. 吸气阀　　B. 排气阀　　C. 膨胀阀　　D. 低压阀

28. 启动单级压缩制冷系统时，应先启动________。

A. 冷却水系统　　B. 制冷压缩机　　C. 膨胀阀　　D. 低压阀

29. 单位质量制冷量中，单位质量为________。

A. 1 kg　　B. 10 kg　　C. 100 g　　D. 500 g

30. 在相同条件下，单位容积制冷量越大，则在循环中 1 m^3 制冷剂制取的冷量________。

A. 越多　　B. 越少　　C. 相同　　D. 不能确定

31. 压缩机理论功率大，则表明压缩机耗功________。

A. 大　　B. 小　　C. 不变　　D. 无法确定

32. 理论制冷系数是________的性能系数。

A. 制冷压缩机　　B. 空调器　　C. 电冰箱　　D. 活动冷库

33. 冰柜压缩机不停机，首先应了解其________，然后应用排除法查明故障。

A. 压缩机是否太大　　B. 运行电流是否太小

C. 制冷运行状况　　D. 是否有货物

34. 小型制冷装置可充入________ MPa 压力的干燥氮气进行检漏。

A. 0.3～0.4　　B. 1.0～1.6　　C. 0.6～1.0　　D. 0.5～0.6

35. 单位和商店用的小型冷间的库温一般在________。

A. −10～−20℃　　B. −20℃以下

C. −30℃以下　　D. −40℃以下

36. 供液用电磁阀一般安装在________之间。

A. 压缩机和冷凝器　　B. 蒸发器和膨胀阀

C. 冷凝器和膨胀阀　　D. 压缩机和蒸发器

37. ________是一切生命活动的基础，是构成生命体细胞的主要原料。

A. 糖类　　B. 蛋白质　　C. 脂类　　D. 维生素

38. 对食品腐败影响最大的微生物是________。

A. 病毒　　B. 细菌　　C. 霉菌　　D. 酵母菌

39. 畜、禽、鱼等动物性食品属于________，因此不能控制引起食品变质的酶的作用，也不能抵抗引起腐败的微生物的作用。

A. 活体食品　　B. 非活体食品　　C. 有机体　　D. 无机体

40. 水果、蔬菜等植物性食品属于________，因此能控制机体内酶的作用，并对外界微生物的侵入有一定的抵抗能力。

A. 活体食品　　B. 非活体食品　　C. 有机体　　D. 无机体

二、多项选择题（下列每题的多个选项中，至少有2个是正确的，请将其代号填在横线空白处）

1. 我国法定的温度单位是________。
   A. T　B. ℃　C. ℉　D. MPa　E. K
2. 用压力表测量压力，得到的读数称为________。
   A. 绝对压力　B. 表压力　C. 实际压力
   D. 大气压力　E. 相对压力
3. ________是近似等温热交换过程。
   A. 毛细管节流　B. 蒸发器吸热　C. 冷凝器放热
   D. 压缩机压缩　E. 压缩机吸气
4. 下列温度中，________是在饱和状态下的温度。
   A. 露点温度　B. 100%相对湿度的湿球温度
   C. 吸气温度　D. 排气温度
   E. 过冷温度
5. 热传递的基本方式有________。
   A. 传导　B. 对流　C. 辐射
   D. 提升　E. 替代
6. 以下对制冷剂的要求不正确的是________。
   A. 无毒、无腐蚀性　B. 比热容大　C. 黏度大、密度大
   D. 凝固点高　E. 化学稳定性好
7. 对于氨作为制冷剂表述方法不正确的是________。
   A. 流动阻力小　B. 热导率大
   C. 对臭氧层有破坏作用　D. 易溶于水
   E. 无刺激性气味
8. 在制冷剂压焓图中可以找到________参数线。
   A. 等温度线　B. 等焓线　C. 等比例线
   D. 制冷量曲线　E. 相对湿度线
9. 对大气臭氧层会产生破坏作用的制冷剂有________。
   A. R134a　B. R600a　C. R22
   D. R11　E. R717
10. 必须使用干燥过滤器的是________。
   A. 氨系统　B. R22 系统　C. R500 系统
   D. R134a 系统　E. 溴化锂系统
11. 冷凝器在制冷系统中的作用是________。
   A. 从系统外吸热　B. 向系统外放热　C. 向系统内放热

D. 使制冷剂液化　　E. 使制冷剂汽化

12. 单级压缩制冷运行的主要参数为________。

A. 排气压力　　B. 吸气压力　　C. 最高工作压力

D. 最高工作温度　　E. 环境温度

13. 制冷压缩机对润滑油的要求有________。

A. 油温　　B. 油的液面　　C. 油的压力

D. 油熵　　E. 油比焓

14. 以下使单位容积制冷量减小的是________。

A. 吸气比体积增大　　B. 吸气比体积减小

C. 过热度增大　　D. 过热度减小

E. 冷凝温度升高

15. ________是制冷压缩机的性能系数。

A. 理论制冷系数　　B. 实际制冷系数　　C. 指示功率

D. 轴功率　　E. 摩擦功率

16. 在制冷系统供液管道上安装电磁阀可以防止压缩机________。

A. 液击　　B. 过热　　C. 湿冲程

D. 积油　　E. 过冷

17. 食品的化学成分中除挥发性成分外，还有________。

A. 水分　　B. 有机物　　C. 无机物

D. 热量　　E. 温度

18. 为避免油脂酸败，应在________的条件下保存。

A. 避光　　B. 低温　　C. 隔绝空气

D. 潮湿　　E. 阳光

19. 影响微生物生长和繁殖的基本条件是________。

A. 水分　　B. pH 值　　C. 温度

D. 时间　　E. 空间

20. 植物体食品要进行长期储藏，就必须________。

A. 抑制微生物的生命活动　　B. 抑制酶的活性

C. 减慢各种生化反应的速度　　D. 减少细胞组织的破坏

E. 尽量降低温度

三、判断题（下列判断正确的请打“√”，错误的打“×”）

1. 物体在显热变化中发生变化的是状态。（　）
2. 液态表面的蒸发现象就是液体的沸腾。（　）
3. 温差是热量传递的动力。（　）
4. 选择制冷剂时要考虑其对臭氧层的危害。（　）

5. 制冷剂的压焓图上有过冷、饱和和过热3种状态的3个区域。 ( )
6. 单级压缩制冷系统中，传热过程在压焓图上用等温线表示。 ( )
7. 为了确保系统运行稳定，可在冷凝器的冷却水管上安装水量调节阀。 ( )
8. 糖类主要存在于植物性食品中。 ( )
9. 活体食品与非活体食品均可进行冷却。 ( )
10. 当蒸发温度下降时，单位容积制冷量基本不变化。 ( )

单元测试题答案

一、单项选择题

1. C　2. A　3. C　4. B　5. A　6. B　7. A　8. D　9. A
10. B　11. A　12. B　13. B　14. B　15. A　16. C　17. A
18. C　19. B　20. D　21. B　22. B　23. D　24. C　25. C
26. C　27. B　28. A　29. A　30. A　31. A　32. A　33. C
34. B　35. A　36. C　37. B　38. B　39. B　40. A

二、多项选择题

1. BE　2. BE　3. BC　4. AB　5. ABC　6. CD　7. CE
8. AB　9. CD　10. BCD　11. BD　12. AB　13. ABC　14. AC
15. AB　16. AC　17. ABC　18. ABC　19. ABC　20. AC

三、判断题

1. ×　2. ×　3. √　4. √　5. √　6. ×　7. √　8. √
9. √　10. ×

4

第 4 单元

制冷工的基本技能

第一节　钳工技能

一、常用工具

钳工常用工具有锤子和各种錾子，各种锉刀、锯弓和锯条，各种刮刀，各种扳手和旋具等，如图 4—1 所示。

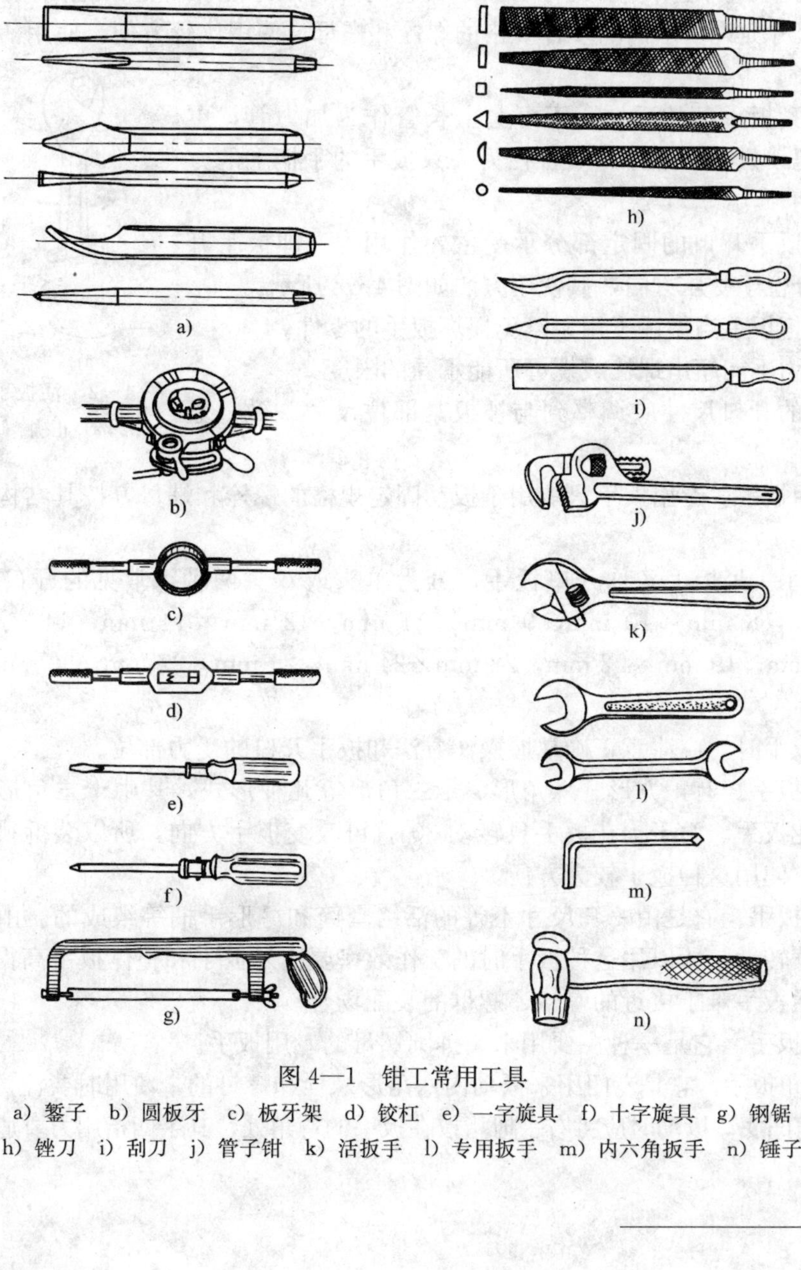

图 4—1　钳工常用工具

a）錾子　b）圆板牙　c）板牙架　d）铰杠　e）一字旋具　f）十字旋具　g）钢锯　h）锉刀　i）刮刀　j）管子钳　k）活扳手　l）专用扳手　m）内六角扳手　n）锤子

1. 扳手

扳手是用来拆装各种螺纹的常用工具，按其结构形式和作用，可分为通用扳手、专用扳手和特种扳手三大类。

不论使用哪一种扳手，扳手的开口平面都要与被扳动部件的中轴线相垂直，都应把扳手的开口全部套在欲扳动部件上后才可转动，否则不仅在用力扳动时有滑脱的危险，而且还会损坏螺纹连接件的棱角。

(1) 通用扳手。通用扳手又称活扳手，它的开口尺寸能在一定的范围内调节。所以，可扳动开口尺寸允许范围内的多种规格的螺栓和螺母，使用比较方便。使用活扳手时应注意以下几点：

1）要握紧扳手柄的后端，不可套上长管作为加力管，更不允许采用把一只扳手的开口咬合在另一只扳手的手柄上的方法来加长手柄。

2）应使扳手开口的固定部分承受主要作用力，即扳手开口的活动部分位于受压方向，其使用方法如图 4—2 所示。

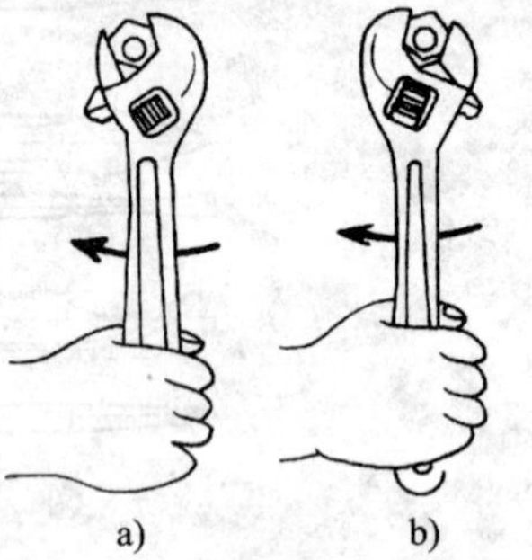

图 4—2　活扳手的使用方法
a）正确　b）错误

3）不能把扳手当做锤子用，以免损坏扳手的零件。

4）扳紧力不能超出螺栓或螺母所能承受的限度。

5）扳手的开口尺寸应调整到与被扳紧部位尺寸一致，紧紧卡牢。

(2) 专用扳手。专用扳手只能用于扳动固定规格的螺栓和螺母，按其结构特点分为以下几种：

1）呆扳手。呆扳手又称开口扳手，分为单头或双头两种，常见的开口尺寸规格有 6 mm×7 mm，8 mm×10 mm，9 mm×11 mm，12 mm×14 mm，14 mm×17 mm，17 mm×19 mm，19 mm×22 mm，22 mm×24 mm，24 mm×27 mm，30 mm×32 mm 等几种。

使用呆扳手时，应注意正确掌握操作方法和扳手开口的受力部位。

2）整体扳手。有正方形、六角形、十二角形等几种形式，其中十二角形扳手就是通常所说的梅花扳手。由于梅花扳手只转动 30°就可改变扳手方向，所以装拆狭窄部位的螺栓和螺母时，使用这种扳手较为方便。

3）套筒扳手。它是由一套尺寸不等的活络套筒和弓形手柄等组成的。由于使用弓形手柄可以连续转动，所以用这种扳手时的工作效率要比呆扳手和整体扳手高得多。套筒扳手可用在普通扳手难于接近的螺栓、螺母的装配场合。

4）锁紧扳手。它是一种主要用来装拆圆螺母的专用扳手。

5）内六角扳手。它是专门用来扳动内六角形螺栓和螺钉的，使用时要注意把扳手的头部塞到内六角凹底。扳动时应将右手拇指按在扳手的弯角处，其余四指用力要适当。

2. 其他工具

(1) 旋具。又称螺丝刀和旋凿。按其结构可分为一字形和十字形两种（见图 4—1e，f），用长度来表示其规格，常用的有 100，150，200，400 mm 等几种，使用时螺钉头部沟槽应与旋具相匹配，避免因受力不均匀而造成螺钉头部沟槽变形，工作时禁止将旋具当撬棒或錾子使用。

(2) 钳子。主要有斜口钳、鲤鱼钳和弹性钳等几种，其主要功用是拆装开口销、连接销和装配弹性挡圈等。

(3) 锤子。一般分刚性锤子和弹性锤子两种类型。用碳钢淬硬制造的锤子属刚性锤子，不宜直接敲击零件表面。根据锤头的质量划分规格，常用的有 0.25，0.5，1 kg 等几种。由铜、铝、硬橡胶等做成的锤子属软性锤子，常用于拆装传动轴及轴端装置，如齿轮、轴套、轴承等，可直接敲击零件表面。

(4) 锉刀。按截面形状分为三角锉、圆锉、半圆锉、方锉、平锉以及异形锉，有粗、中、细之分，如图 4—1h 所示。

(5) 钢锯。锯架呈弓形，一端为固定头，另一端由翼形螺母进行调整，这两端均为装配锯条所用（见图 4—1g）。根据锯条的长度不同有固定锯弓和活络锯弓之分。在锯长料时，若料长度在锯架高度范围之外，可将固定头端和翼形螺母做 90°旋转，这样便可完成锯削工作。

制冷设备维修中经常使用钢锯锯削各种金属管壁，如紫铜管、铁管及压缩机壳等。使用钢锯前首先要掌握锯条的安装方法。锯条的锯齿直边应朝向前进的方向，要用锯架上的紧固螺母把锯条固定好。锯条的松紧程度要调节适当。若锯条过紧，使用时容易折断；锯条过松，容易扭曲。

用钢锯锯削金属时，起锯压力要轻，动作要慢，推锯要稳。锯在工件上的往复距离要由短而长。在锯削管道时，先锯透一段管壁，然后转动管子沿管壁锯断，这样锯条就不会被锯口卡住而折断。

二、常用量具

1. 卡钳

分内卡钳和外卡钳两种。内卡钳在测量内径、凹槽时使用；外卡钳在测量外径和平行面时使用。卡钳是一种间接量具，它所测得的长度必须在其他带有刻度的量具上度量后才能读出数字。

2. 塞尺

塞尺（见图 4—3）是用来检验结合面之间间隙大小的片状量规，又称厚薄规。它由不同厚度的金属薄片组成，每个薄片有两个相互平行的测量平面，并有较准确的厚度。塞尺一般是成套（组）供应的，由若干片叠合在夹板里。使用时，根据

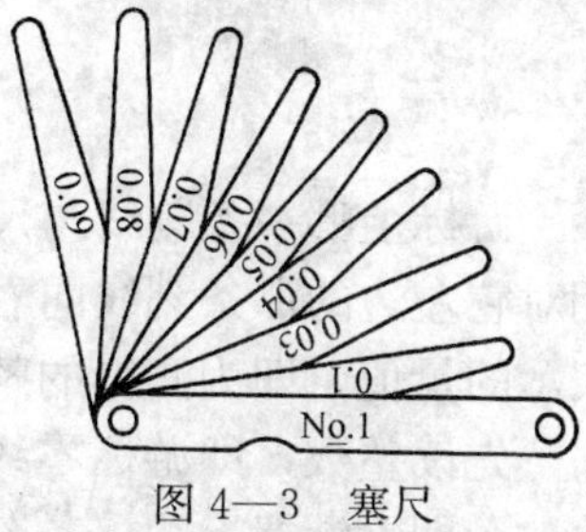

图 4—3 塞尺

零件间隙尺寸的大小，将一片或数片重叠在一起插入间隙内进行测量，直至恰好塞进且不松不紧，各片塞尺厚度之和即为被测间隙大小。使用数片塞尺片叠加测量时误差较大。

由于塞尺很薄，容易弯曲和折断，测量时不能用力太大，用后要擦净塞尺的测量面，及时收到夹板中去。

3. 游标卡尺

游标卡尺是一种中等精度的量具。它可以直接量出工件的外径、内径、长度、宽度、深度和孔距等。

(1) 游标卡尺的结构。游标卡尺主要由尺身、游标、深度尺（仅三用游标卡尺带深度尺）、锁紧装置等部分组成。常用的三用游标卡尺的结构如图 4—4 所示。

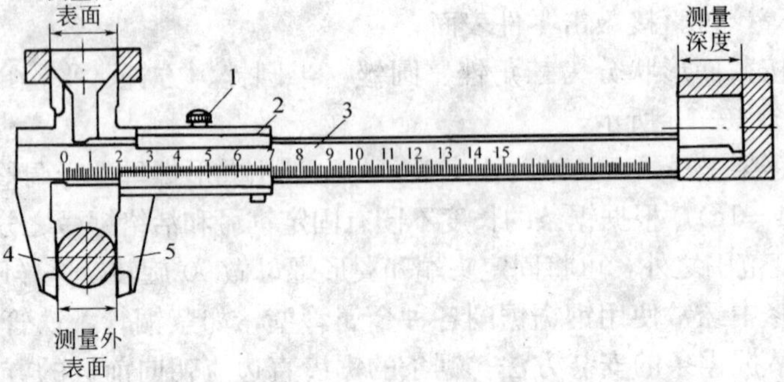

图 4—4　三用游标卡尺的结构

1—紧固螺钉　2—游标　3—尺身　4—固定量爪　5—活动量爪

(2) 游标卡尺的读数方法。游标卡尺按其游标分度值不同分为 0.1 mm（1/10），0.05 mm（1/20），0.02 mm（1/50）三种。因现在常用的游标卡尺分度值是 0.02 mm，故以它为例进行介绍，0.02 mm 游标卡尺的读数如图 4—5 所示：游标卡尺的尺身上刻线每格的间距为 1 mm，游标上有 50 格刻线，与尺身上的 49 格刻线宽度正好相等（见图 4—5a）。所以游标刻线的每格宽度为 49/50＝0.98 mm，尺身的刻线间距与游标之差就是 1－0.98＝0.02 mm。

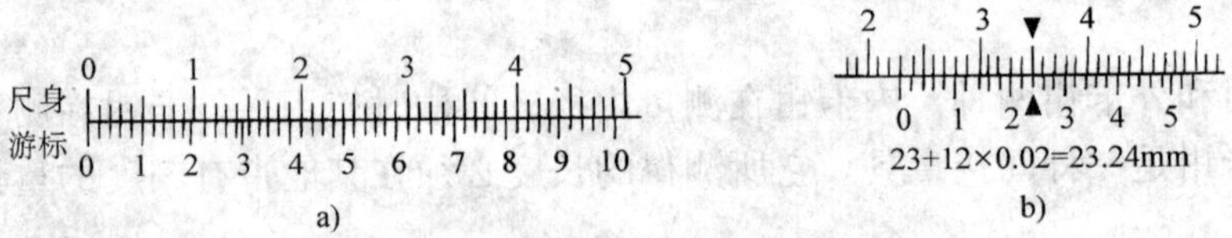

图 4—5　0.02 mm 游标卡尺的读数

a）尺身刻线　b）读数示例

游标上哪一条刻线与尺身上的刻线对齐，那么这条刻线所表示的测量值就是游标零线相对它左边的那条刻线向右错开的距离，即测得的小数。零线左边的那条尺身上的刻线所表示的量值，即为测得的整数值。具体方法可分为 3 个过程：

先读整数，即游标零线以左最近的尺身刻线所表示的数值为测量值的整毫米数；再读小数，即看游标上哪一条刻线与尺身刻线对齐，游标上对齐的那条刻线所表示的数值为测量值的小数；然后将上面整数与小数两部分尺寸相加即为被测尺寸。

读数示例如图 4—5b 所示，按步骤先读游标零线左边的整数，即整数数值为 23 mm。游标上第 12 格刻线与尺身刻线对齐，即表示测量的小数值为 12×0.02＝0.24 mm。将整数 23 与小数 0.24 加起来，得被测尺寸为 23.24 mm。

(3) 游标卡尺的使用

1）用游标卡尺测量零件尺寸时，要持正，不能歪斜，两量爪平面要与被测平面贴合，否则测得的尺寸不准确。

2）测量时要掌握好量爪与工件接触面的松紧程度，不能过松也不能过紧。

3）读测量值时，要端正游标卡尺，视线要与刻线对齐位置垂直，尽量减小读数误差。

4. 千分尺

千分尺是一种精密量具，其测量精确度较高，使用方便，容易调整而且测力恒定，使用较普遍。对于加工精度要求较高的零件尺寸，要用千分尺来测量。

(1) 千分尺。千分尺的规格按测量范围分：当测量数值小于 300 mm 时，以 25 mm 为一挡，即 0～25，25～50，50～75，75～100，…，275～300 mm；当测量数值为 300～1 000 mm 时,以 100 mm 为一挡，如 300～400，400～500，900～1 000 mm；当测量数值为 1 000～2 000 mm 时，以 200 mm 为一挡。

千分尺的结构如图 4—6 所示，它主要由尺架、测微头、测力装置和锁紧装置等组成。尺架是千分尺的主体，其他各部分装置都装在它的上面。测微头由图中 3～6 等元件组成，主要包括螺旋传动装置和读数装置。测力装置是使千分尺在测量时保持恒定的测量力，避免由于测量力不同而产生测量误差。锁紧装置是为了防止千分尺离开工件时螺杆产生移动，可用它把测微螺杆锁紧在任何一个位置上，以便精确读数。

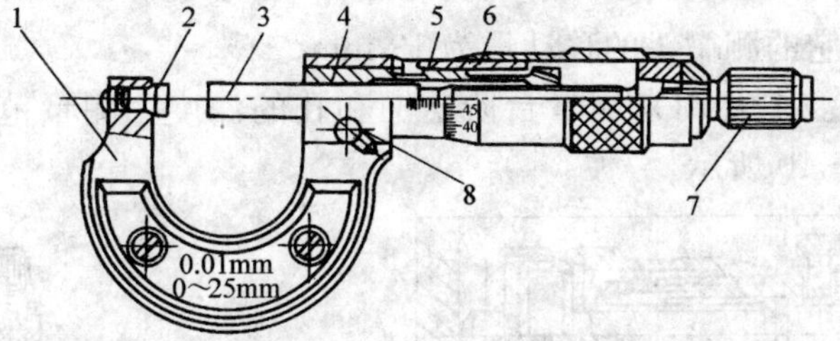

图 4—6 千分尺的结构

1—尺架 2—测砧 3—测微螺杆 4—螺纹轴套

5—固定套管 6—微分筒 7—测力装置 8—锁紧装置

千分尺的工作原理：千分尺中测微螺杆的螺距为 0.5 mm，微分筒每转一周，测微螺杆沿轴线移动 0.5 mm。微分筒的锥面由分布均匀的刻线将其分成 50 格，所以当微分筒每转过一小格时，测微螺杆沿轴线移动 0.5/50＝0.01 mm。固定套管上沿轴线方向有一条长刻线，作为微分筒读数的基准线，在刻度的上、下各有一排间隔为 1 mm 的刻线，并相互错开0.5 mm。上面一排刻线标出数字，表示整毫米数值，下面一排刻线未标出数字，表示对应于上面刻线的半毫米数值。

千分尺的读数方法：第一，微分筒的棱边所显露出的固定套管上的刻线数值，就是被测尺寸的整毫米数和半毫米数；第二，看固定套管上沿轴线方向的长刻线与微分筒上哪一条刻线对齐，则那条刻线所表示的值就是被测尺寸半毫米以下的小数部分（百分之几毫米）；第三，将毫米整数值（若读有半毫米数值加上半毫米数值）加上半毫米以下的小数数值就是被测零件的尺寸。

千分尺的读数示例如图 4—7 所示，按步骤先读出整数为 5 mm，由于固定套管的0.5 mm刻线也显露在微分筒的棱边之外，所以应由 5.5 mm 起读。固定套管沿轴线方向的长刻线对齐在微分筒上的 46 的刻线上，则该数值即为半毫米以下的小数部分数值，值读为0.46 mm。把 5.5 mm 与 0.46 mm 加起来，得到的数值为 5.96 mm，即为被测量的尺寸数值。

（2）内径千分尺。主要用来测量零件的内径和槽宽尺寸。如图 4—8 所示的内径千分尺（一）的测量范围有 5～30 mm 和 25～50 mm 两种。

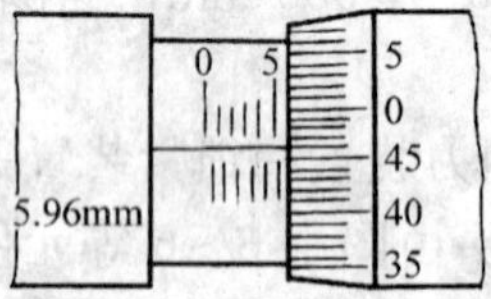

图 4—7 千分尺的读数示例

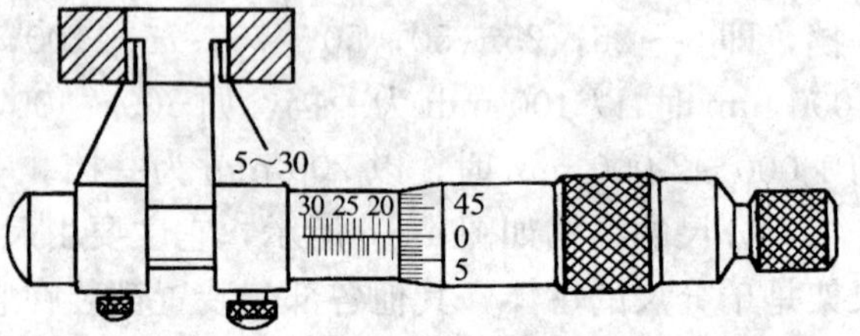

图 4—8 内径千分尺（一）

如图 4—9 所示的内径千分尺（二）由微分头和接长杆两部分组成。测量范围由50 mm起始分段，有 50～250 mm，50～600 mm，…，1 000～5 000 mm 等。主要用来测量较大尺寸的孔径，它的测微头的移动量为 13 mm。

（3）深度千分尺。主要用来测量台阶、槽和孔的深度，测量范围分为 0～100 mm，0～150 mm，如图 4—10 所示。

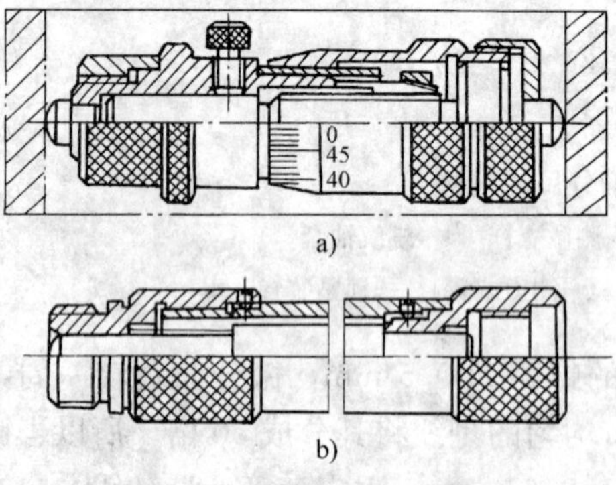

图 4—9 内径千分尺（二）

a）微分头 b）接长杆

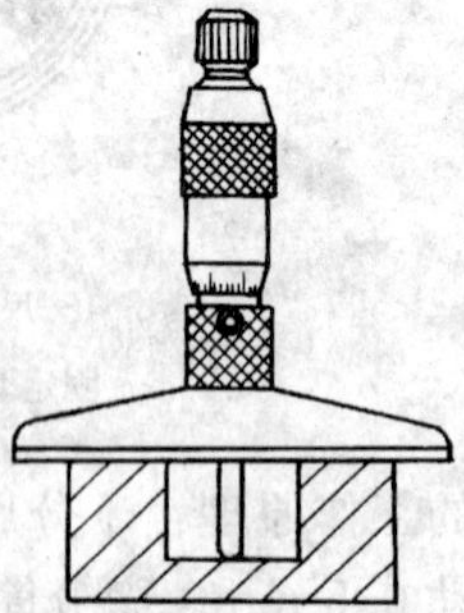

图 4—10 深度千分尺

深度千分尺的上半部分结构与千分尺基本相同，下半部分有底板。底板是深度千分尺的基体，长方形的研磨平面作为深度测量基准，测微部件在底板上方，要求其中心与底板研磨平面相垂直。使用时将底板贴紧工件，用手旋转测力装置，使测量杆接触被测部位，即可测得准确尺寸。

(4) 千分尺的使用。测量零件前，应将测砧和测微螺杆端面擦净，不允许有任何污物，然后再校准零位。测量时，无论是单手持尺还是双手持尺测量，要先使测砧接触工件后再转动微分筒，当测微螺杆端面接近工件时，改成转动测力装置，直到发出“咔咔”声为止。

进行测量时，千分尺要放正，接触工件的测砧固定不动，另一端轻轻地左右摆动和转动，以保证被测尺寸是理想直径位置的尺寸。在读数值时，要防止在固定套管上多读或少读 0.5 mm 而造成测量误差。

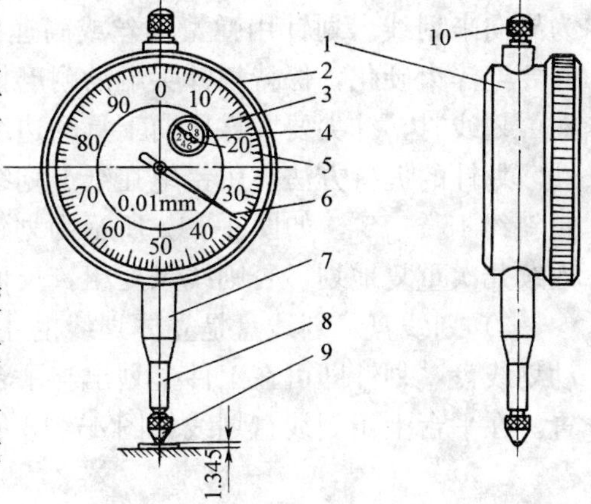

图 4—11　百分表

1—表体　2—表圈　3—表盘　4—转数指示盘　5—转数指针　6—指针　7—套筒　8—测量杆　9—测量头　10—挡帽

5. 百分表

百分表（见图 4—11）是一种常用的且应用较广的精密量具，它主要用来检验机床精度和测量工件的尺寸、形状和位置误差，如测量轴及轴上零件的端面跳动、轴向窜动和径向圆跳动，测量柴油机回油阀或高压油泵与柱塞的微量升程等。

百分表的表壳内装有大小齿轮和齿条等零件，利用它们的相互啮合，使指针发生转动，数值在表盘上显示出来。当测量杆移动 1 mm 时，长指针就转一周。由于表盘圆周等分为 100 格，所以长指针每转一格表示测量杆移动 0.01 mm。

三、钳工的基本操作

1. 划线

根据图样和工艺要求，在毛坯或工件上用划线工具划出待加工部位的轮廓线或作为基准的点、线的操作称为划线。

(1) 划线的种类。划线分平面划线和立体划线两种。在工件的一个表面上划线后，即能够明确表示加工界限的称为平面划线。如在板料上划线、在端盖上划孔加工线等，都属于平面划线。若需在工件的几个互成不同角度的表面上都划线，才能明确表示加工界限的称为立体划线。如在支架、箱体等表面划的加工线都属于立体划线。

划线工作不仅在毛坯表面上进行，也可以在已加工表面上进行。划线除要求划出的线条清晰均匀外，最重要的是保证尺寸准确。在立体划线中还应注意使长、宽、高 3 个方向的线条互相垂直。由于划出的线条总有一定的宽度，以及在使用划线工具和量取调整尺寸时难免产生误差，所以划线不可能十分准确，这种方法适合于粗加工时应用。当要求精度较高时，还必须在加工过程中通过测量来保证尺寸的准确度。

(2) 划线工具及其使用方法

1）划线平台。划线平台由铸铁制成，平台工作表面经过精刨或刮削加工，作为划线的基准。平台放置时工作表面应处于水平状态。要划线的工件和使用的划线工具在平台上应轻拿轻放，以防损伤平台的工作表面，影响划线的精度。划线平台用后要擦干净，并涂上机油防锈。

2）划针。划针是在工件上直接划出加工线条的工具，常用钢直尺、90°角尺或样板作为导向来划线。划针用弹簧钢丝或高速钢制成，直径约为 3～6 mm，尖端磨成 15°～20°，并要经淬火硬化，保持划针尖端的耐磨性。

划线时，针尖要紧靠导向工具的边缘，要压紧导向工具，避免滑动而影响划线的准确性。划针的握持方法与用铅笔在纸上划线相似，上部向外侧倾斜约 15°～20°，向划线方向倾斜约 45°～75°，如图 4—12 所示为划针的用法。用划针划线要尽量做到一次划成，不要连续几次重复地划，否则线条变粗，反而模糊不清。

3）划线盘。划线盘是立体划线的主要工具，可按需要调节划针高度，并在平台上拖动划线盘，划针即可在工件上划出与平台平行的线条。划针的弯头端可用来找正工件的位置。在平台上用划线盘划线如图 4—13 所示。

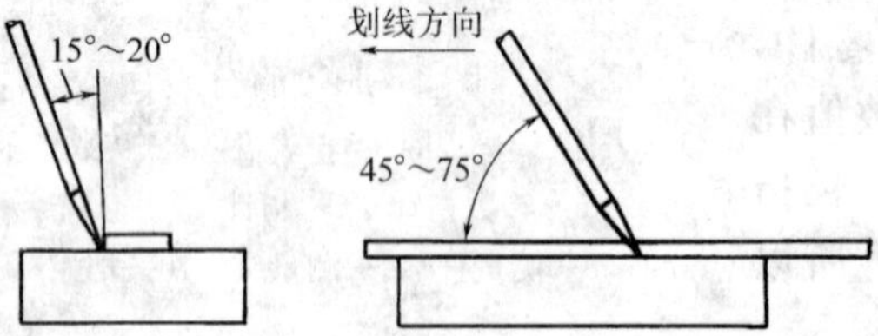

图 4—12　划针的用法

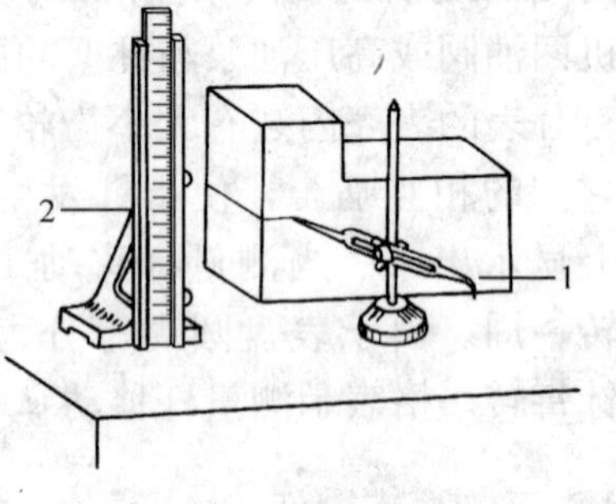

图 4—13　在平台上用划线盘划线

1—划线盘　2—游标高度尺

用划线盘划线时，划针应处于水平位置且不宜伸出过长，这样划线时不易产生抖动。划针要装夹牢固，避免划线过程中松动而引起尺寸变动。在平台上拖动划线盘不能摇晃和跳动，划针与工件表面之间保持适当的偏角进行划线，以防止划针尖垂直扎入工件表面而引起抖动。平台工作表面与划线盘的底座平面都要保持干净，以减少拖动时的阻力。划线盘使用完毕后应将划针置于垂直状态，并让直头端向下，以防伤人并减小所占的空间位置。

4）圆规。圆规用中碳钢或工具钢制成，两脚尖端经过淬火硬化，有的在脚端焊上一段硬质合金。圆规可以在工件上划圆和圆弧、等分线段、等分角度以及量取尺寸等。用圆规划圆时，作为旋转中心的一脚应加以稍大的压力，另一端则稍加压力在工件表面上划线。

5）游标高度尺。游标高度尺是划线盘量取尺寸用的，如图 4—13 所示。游标高度尺尺架上装夹钢尺，钢尺刻线间距为 1 mm 和 0.5 mm；量取尺寸的起点要考虑计算上的方便，以防止后继划线量取尺寸时的计算错误。

6）90°角尺。90°角尺是钳工常用的测量垂直度的工具，划线时常用做划垂直线或平行线时的导向工具，也可用来调整工件基准在平台上的垂直度。

2. 錾削

錾削是用锤子打击錾子，对金属工件进行切削加工的一种方法。它的工作范围包括去除凸缘、毛刺、分割材料、錾油槽等。

（1）錾子的切削部分及其角度。錾子切削部分的外形呈楔形，它有两个刀面（前、后刀面）和一个刀刃。两个刀面的开度即为楔角 β_o，楔角大，錾削阻力就大。錾削碳素工具钢或铸铁等硬材料时，楔角取 60°～70°；錾削一般碳素钢等中硬材料时，楔角取 50°～60°；錾削铜或铝等软材料时，楔角取 30°～50°。后角 α_o 的作用是减少后刀面与切削平面之间的摩擦，并使錾子容易切入工件。一般后角取 5°～8°，后角不能太大，否则会使錾子切入过深，錾削发生困难；后角也不能太小，后角太小容易滑出工件表面。前角 γ_o 的作用是使切屑易沿前刀面流动且切削轻快，前角大则切削省力。錾削的角度如图 4—14 所示。

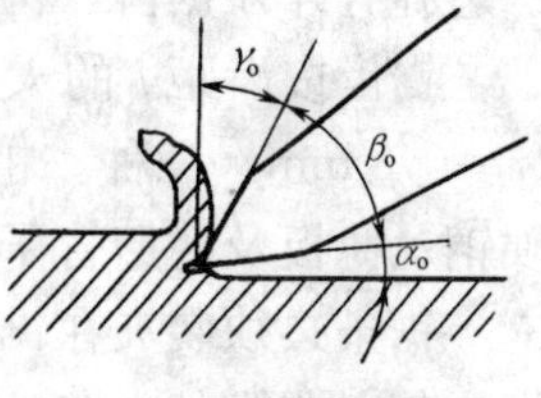

图 4—14　錾削的角度

（2）錾子的种类

1）扁錾。扁錾的切削部分扁平，切削刃较宽并略带圆弧，这是为了在平面上錾去微小的凸起部分时，切削刃两边的尖角不会损伤两边的平面。

2）尖錾。尖錾的切削刃比较短，切削部分的两个侧面从切削刃端向錾身逐渐变小，这样可以避免在錾削油槽时被油槽的两侧面卡住，导致增加錾削阻力和损坏沟槽侧面。

3）油槽錾。油槽錾的切削刃很短，呈圆弧形。为了能在对开式的内曲面上錾削油槽，其切削部分做成弯曲形状。

（3）錾削时的注意事项

1）錾子要经常刃磨锋利，錾子头部击出的毛边要及时磨掉，避免因碎裂或击偏而伤手。

2）锤子与木手柄要装牢，不能松动。錾子、锤子头部和锤子木柄要防止沾上油污，以防锤击时打滑或脱落。

3）工件应夹牢，以免錾削时松动；錾削工作台必须装有防护网，以免伤人。

4）錾削疲劳时要适当休息，手臂过度疲劳会导致锤击不准，易出事故。

3. 锯削

用锯条对材料或工件进行切断或切槽等的加工方法称为锯削。钳工采用锯弓手工锯削，锯削加工的实例如图 4—15 所示。

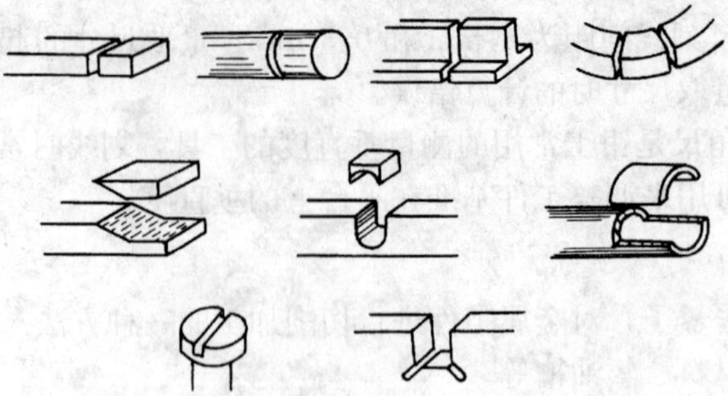

图 4—15　锯削加工的实例

(1) 锯条。 锯条的长度是指其两端安装孔的中心距，常用的规格是 300 mm。锯条的一边开有许多锯齿，构成切削部分，齿间具有足够大的容屑槽。

锯齿按齿距 t 的大小分为粗齿（$t=1.4\sim1.8$ mm）、中齿（$t=1\sim1.2$ mm）和细齿（$t=0.8$ mm）三种。粗齿锯条适用于锯铜、铝等软金属及较厚的工件；细齿锯条适用于锯硬钢、薄板及薄壁管子等；锯削普通钢、铸铁及中等厚度工件多用中齿锯条。

锯条必须装夹在锯弓上使用。手锯是在向前推进时进行切削的，所以安装锯条时，锯齿应朝向前推的方向。

(2) 工件的装夹。 工件的装夹应稳当、牢固，不可有弹性，工件伸出部分要短，并且要尽可能在台虎钳的左边，以避免握在前面的左手在台虎钳上碰伤。

(3) 起锯方法。 起锯是锯削工作的开始，起锯的好坏直接影响锯削质量。起锯有两种方法，即远起锯和近起锯。远起锯锯齿是逐步切入材料的，锯削顺利。近起锯掌握不好时，锯齿易被工件棱边卡住。为了起锯平稳和准确，用手指挡住锯条的侧面，使锯条保持在正确的位置起锯，施加压力要轻，往复行程要短，这样就容易准确起锯。起锯角度稍小于 15°，起锯方法如图 4—16 所示，锯成锯口后，逐渐将锯弓改至水平方向。锯削时要用锯条的全长来回工作。锯削钢材料时应加机油润滑。快锯断时用力应轻一些，以免碰伤手臂。

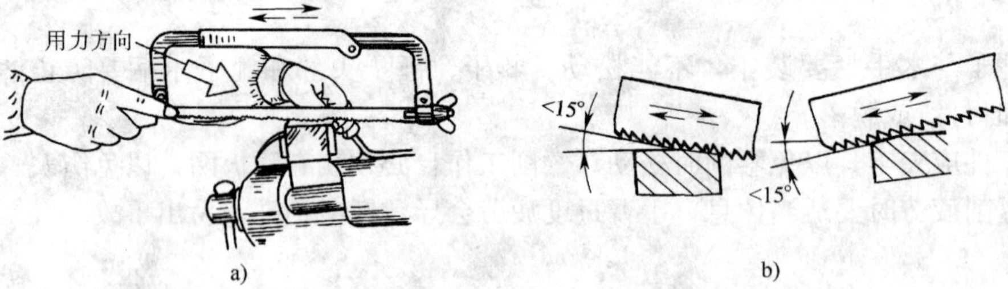

图 4—16　起锯方法

a）姿势　b）起锯角度

4. 锉削

用锉刀对工件进行切削加工的方法称为锉削。锉削的加工范围很广，可以锉削平面、曲面和各种形状复杂的表面。

（1）锉刀的选择。 常用锉刀的种类按端面形状分有扁锉、方锉、三角锉、半圆锉、圆锉等。每把锉刀都有它适当的用途，锉削前必须根据工件材料的性质、形状特点及要求的表面粗糙度选择锉刀。如果选择不当，就不能充分发挥它的效能或使其过早地丧失切削能力，无法保证锉削质量。

（2）锉刀断面形状的选择。 如图 4—17 所示，锉刀的断面形状要和工件加工部位形状相适应。

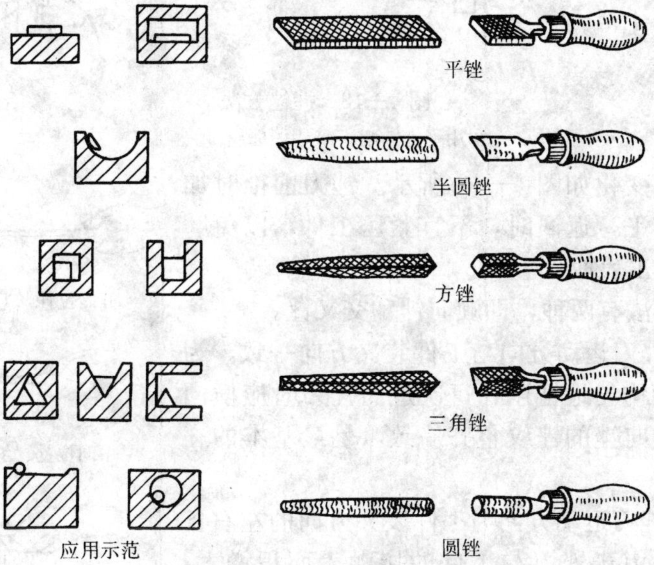

图 4—17 锉刀断面形状的选择

（3）锉刀锉齿粗细的选择。 锉齿粗细的选择取决于工件的工序余量大小、加工精度和表面粗糙度的要求，同时也要考虑材料的软硬。软材料选用粗齿锉，较硬的材料选用细齿锉；工序余量大、精度低和表面粗糙度高的选用粗齿锉，反之，选用细齿锉。各类锉刀的适用范围见表 4—1，供选择锉刀时参考。

表 4—1　各类锉刀的适用范围

锉刀种类	适合范围		
	工序余量（mm）	尺寸精度（mm）	表面粗糙度 R_a（μm）
粗齿锉	0.5～1	0.2～0.5	100～25
中齿锉	0.2～0.5	0.05～0.2	12.5～6.3
细齿锉	0.05～0.2	0.01～0.05	12.5～3.2

（4）锉削方法。主要介绍平面的锉削方法。要锉出平直的平面，必须使锉刀保持直线运动。因此，在锉削时必须正确地掌握操作姿势、握锉方法以及施力的变化，握锉方法如图 4—18 所示。

使用平锉时，应右手握住锉柄，左手压在锉端上，使锉刀保持水平，如图 4—18a 所示。用中型平锉锉削时，因用力较小，用左手的大拇指和食指捏住锉端，引导锉刀水平移动，如图 4—18b 所示。

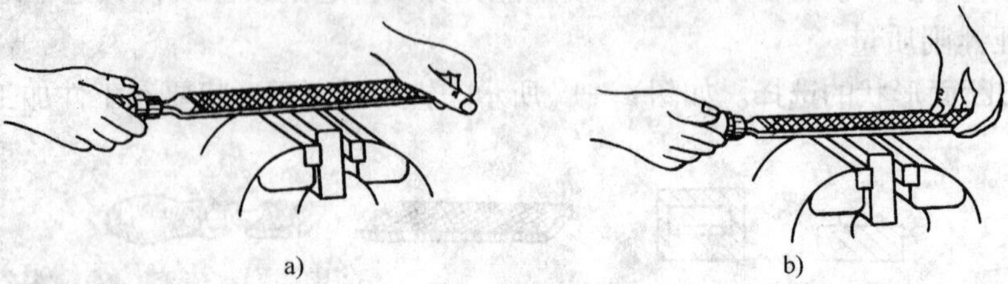

图 4—18　握锉方法

a）用平锉锉削　b）用中型平锉锉削

锉削时施力的变化如图 4—19 所示。锉刀前推时加压施力，并保持水平，返回时，不宜紧压工件，以免磨钝锉齿和损伤已加工表面。

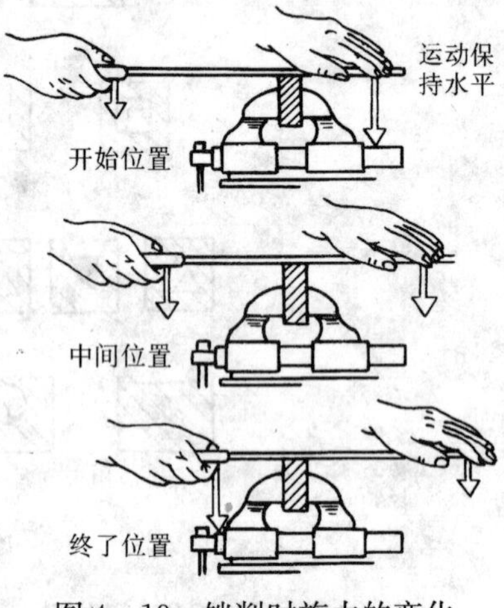

图 4—19　锉削时施力的变化

锉削平面的方法有两种，即顺向锉和交叉锉。

1）顺向锉。锉刀运动方向与工件装夹方向一致，为使整个加工表面能均匀地锉削，每次退回锉刀时应横向做适当的移动。顺向锉的锉纹整齐一致，是最基本的一种锉削方法。

2）交叉锉。锉刀运动方向与工件装夹方向的左右各约成 30°～40°角。由于锉刀与工件的接触表面积增大，锉刀容易掌握平稳。同时从锉纹上可以判断出锉削面的高低情况，因此容易把平面锉平。交叉锉一般适用于粗锉，精锉时必须用顺向锉。

（5）锉削时的注意事项

1）不准用无柄或破柄的锉刀进行锉削，以防伤手。

2）锉削的表面不能用手去摸，否则容易使锉刀打滑，使操作者身体失去平衡而出事故。

3）锉刀每次用完后，都要用锉刷顺锉纹方向清理残留的切屑。

4）不能把锉刀当做锤子进行锤击，或用锉刀起撬其他物体，以防锉刀变形或折断。

5）锉刀不能放在油污处或沾油。

5. 钻削

（1）钻孔。用钻头在实体材料上加工孔的方法称为钻孔。钻孔时，依靠钻头与工件之间的相对运动来完成钻削加工。钻削加工有两种形式：一种形式是钻头旋转，工件不旋转，如在钻床上钻孔；另一种形式是工件旋转，钻头切削不旋转，如在车床上钻孔。

钻削时的运动：钻削时，钻头是在半封闭状态下进行切削的，由于钻头刚度低，排屑和冷却、润滑较困难，致使钻出的孔表面粗糙，精度不高。钻削加工表面粗糙度 R_a 大于 6.3 μm，公差等级在 IT10 以下，因此属于粗加工。

(2) 扩孔。用扩孔工具扩大孔径的加工方法称为扩孔。常用扩孔工具的扩孔钻（见图4—20）有 3～4 个切削刃，没有横刃，钻心大，刚度较高，扩孔时切削阻力小，排屑容易。由于扩孔钻的棱边多，所以导向性也好，切削比较平稳。扩孔时的切削速度约为钻孔时切削速度的 1/2；进给量约为钻孔进给量的 1.5～2 倍。扩孔时公差等级可达 IT10～IT19，表面粗糙度可达 R_a2.5～6.3 μm，常作为孔的半精加工及铰孔前的预加工。

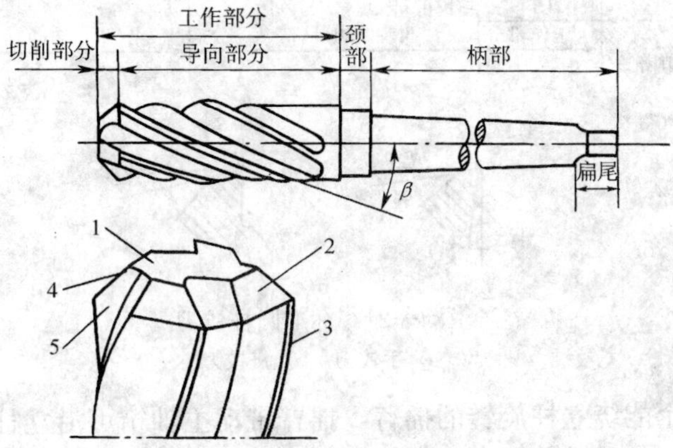

图 4—20　扩孔钻

1—钻心　2—后刀面　3—棱边　4—主切削刃　5—前刀面

(3) 铰孔。用铰刀从工件孔壁上切除微量金属的加工方法称为铰孔。铰孔可采用手铰刀，也可采用机铰刀。标准圆柱铰刀如图 4—21 所示。铰刀的形状类似扩孔钻，一般有 6～12 个切削刃。与扩孔钻相比，铰刀每个切削刃承担的负荷较小。铰刀的切削速度较低，近似于刮削。铰孔的精度可达到 IT7，表面粗糙度 R_a 小于 1.6 μm，属于精加工。

钻孔所用的机床设备为台式钻床、立式钻床和摇臂钻床等。

台式钻床简称台钻，是放在工作台上使用的小型钻床，其钻孔直径一般在 12 mm 以下，最小可以加工直径小于 1 mm 的孔。

立式钻床简称立钻。立式钻床的规格用最大钻孔直径来表示，目前有 25，35，40 和 50 mm 等几种。立式钻床主要由主轴、主轴变速箱、进给箱、立柱、工作台和基座所组成。电动机的运动通过主轴变速箱使主轴获得需要的各种转速，主轴变速箱侧面有变速手柄。主轴的旋转运动为主运动，通过进给箱中的传动机构，使主轴随着主轴套筒按需要的进给量做直线运动，即进给运动。立式钻床一般用来钻中型工件的孔，能适应不同材料的加工及进行钻、扩、锪、铰孔和攻螺纹等工作。

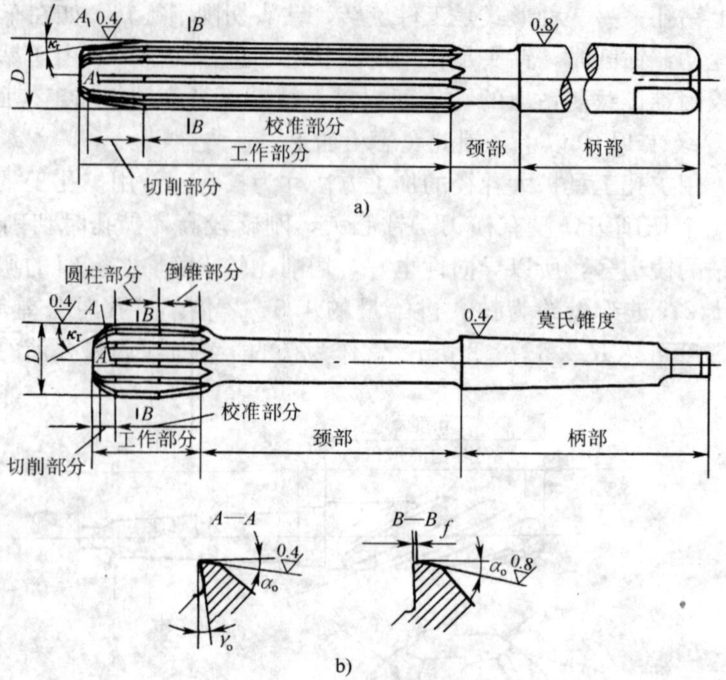

图 4—21　标准圆柱铰刀

a）手铰刀　b）机铰刀

摇臂钻床有一个能绕立柱旋转的摇臂，摇臂带动主轴箱可沿立柱上下移动，同时主轴箱在摇臂上可做横向移动。它的主轴旋转为主运动，主轴沿轴向的移动为进给运动。摇臂钻床可进行钻、扩、锪、镗孔和攻螺纹等工作。

(4) 钻削操作的相关问题

1）钻头的结构（见图 4—22）。钻孔常用的工具是标准麻花钻，钻头材料一般用高速钢（W18Cr4V 或 W9Cr4V2 钢）制成。它由柄部、颈部及工作部分构成，柄部有直柄和锥柄两种形式，是钻头的夹持部分。当钻头直径大于 13 mm 时，一般做成莫氏锥柄。

钻头锥柄的扁尾用来传递转矩，避免钻头在主轴孔内或钻套内打滑，便于从主轴孔或钻套中退出钻头。颈部为磨削钻头外径时供砂轮退刀之用，一般钻头的规格、材料和商标也刻印在颈部上。

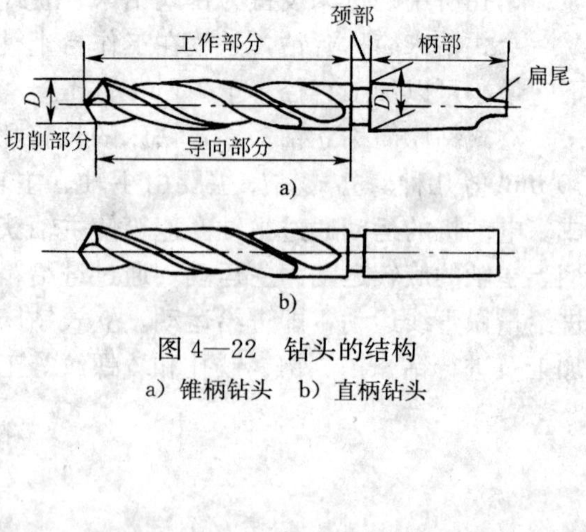

图 4—22　钻头的结构

a）锥柄钻头　b）直柄钻头

麻花钻的工作部分又分切削部分和导向部分。导向部分用来保持麻花钻工作时的正确方向。在钻头重磨时，导向部分逐渐变为切削部分投入切削工作。导向部分有两条螺旋槽，其作用是形成切削刃及容纳和排除切屑，便于切削液沿着螺旋槽流入。这样既可以引导钻头切削时的方向，又可以减小钻头与孔壁的摩擦。

标准麻花钻切削部分的组成如图 4—23 所示。它有两个刀瓣，每个刀瓣可看成是一把外圆车刀。

两个螺旋槽表面是前刀面，切屑沿其表面流出。切削部分顶端的两个曲面叫做后刀面，它与工件的切削平面相对。钻头的棱边与已加工表面相对的表面称为副后刀面。前刀面和后刀面的交线称为主切削刃。两个后刀面的交线称为横刃。前刀面与副后刀面的交线称为副切削刃。所以标准麻花钻头的切削部分共由 5 刃（两条主切削刃、两条副切削刃和一条横刃）6 面（两个前刀面、两个后刀面和两个副后刀面）组成。

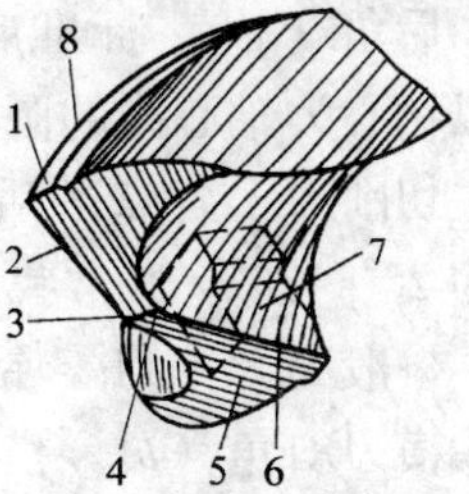

图 4—23　标准麻花钻切削部分的组成

1—棱边　2，6—主切削刃　3—横刃　4—刀尖　5—后刀面　7—前刀面　8—副切削刃

2）标准麻花钻切削部分的角度。在钻削过程中，切削部分角度修磨得是否合理，对切削能力、提高钻孔精度和降低表面粗糙度起着决定性的作用。标准麻花钻的主要切削角度如图 4—24 所示。

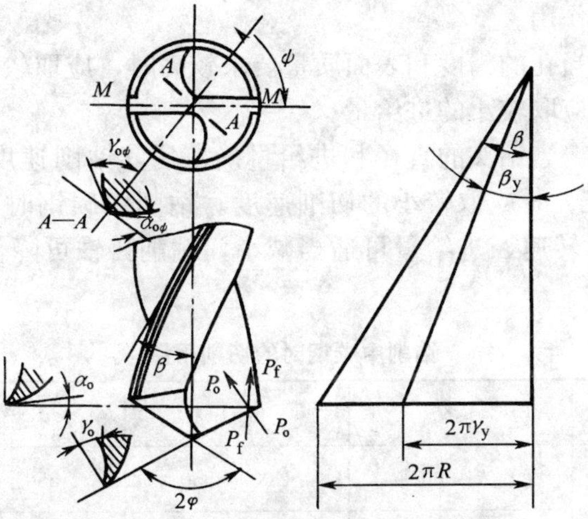

图 4—24　标准麻花钻的主要切削角度

①螺旋角（β）。螺旋槽上最外缘的螺旋线与钻头轴线的夹角称为螺旋角。一般 $\beta=30°$，因螺旋槽上各点螺旋线的导程相同，所以在钻头的不同半径处，螺旋角的大小不相等，自外缘向中心处逐渐减小。

②顶角（2φ）。它是两主切削刃在与它们平行的平面上的投影的夹角。标准麻花钻的顶角 $2\varphi=118°$。

③前角（γ_o）。主切削刃上任意一点的前角 γ_o 是在正交平面（图中 P_o—P_o 剖面）内测量的前刀面与过该点的基面之间的夹角。因各点的基面位置不同，各点的螺旋角大小不同，主切削刃上各点的前角也不同，自外缘向中心处逐渐减小。在钻头中心 1/3 直径范围内为负值，接近横刃处 $\gamma_o=-30°$，横刃处 $\gamma_o=-54°\sim-60°$。

④后角（α_o）。标准麻花钻主切削刃上任意一点的后角 α_o 是在以钻心为轴心线的圆柱截面内度量的，如图 4—25 所示。

主切削刃上各点的后角也不一样，靠近钻心处后角较大，一般为 20°～26°。通常我们所指的钻头后角是指外缘处的圆周后角，一般为 8°～14°，钻头直径大时取较小的后角。

⑤横刃斜角（ψ）。横刃斜角是横刃与主切削刃的夹角，在刃磨后刀面时形成，一般 ψ=50°～55°。

3）钻削用量的选择。选择钻削用量的目的是在保证加工精度和表面质量要求以及刀具寿命的前提下，使生产率最高，同时不允许超过机床的功率以及机床、刀具和工件等的强度与刚度。

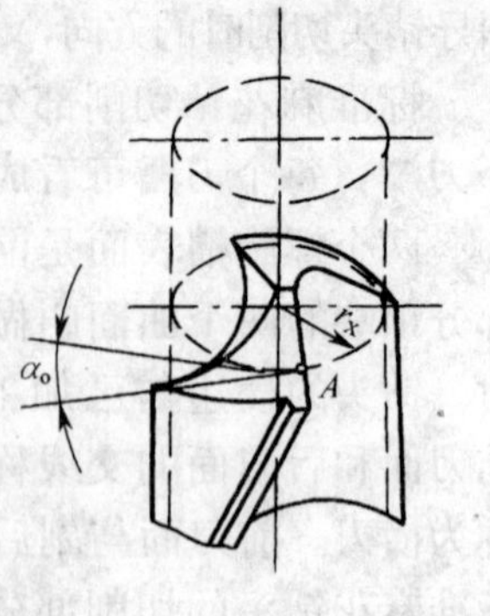

图 4—25　标准麻花钻的后角

①孔的背吃刀量。钻实体孔时，背吃刀量是钻头直径的一半。一般直径小于 30 mm 的孔要一次钻出；直径为 30～80 mm 的孔可分两次或三次钻出，即先用 0.5～0.7 倍孔径的较小钻头钻孔后，再用等于孔径的钻头扩孔。这样可减小背吃刀量及轴向力，起到保护机床和提高钻孔质量的作用。

②进给量的选择。当孔的精度和表面质量要求较高时，应取较小的进给量。当所钻孔较深且钻头较长时，也应取较小的进给量。

③钻削速度的选择。当钻头的直径和进给量确定后，钻削速度应按钻头的寿命根据经验选取，孔深且直径大时应取较小的切削速度。钻削中碳钢时的切削用量见表 4—2。钻削碳素钢、合金钢时转速、进给量可适当减小，钻削铸铁可降低转速，并适当增大进给量。

表 4—2　　钻削中碳钢时的切削用量

钻孔直径 D（mm）	≤6	6～12	12～25	>25
钻速 n（r/min）	≥1 000	1 000～550	550～250	<250
进给量 f（mm/r）	≤0.10	0.10～0.18	0.18～0.38	0.38～0.62

（5）铰削。铰削是用铰刀从工件孔壁上切除微量金属层，以提高其尺寸精度并降低表面粗糙度的方法。

1）铰刀的结构如图 4—21 所示。铰刀由工作部分、颈部和柄部 3 个部分组成。其中工作部分又分切削部分和校准部分。主要结构参数有直径（D）、主偏角（$2\kappa_r$）、前角（γ_o）、后角（α_o）、齿数（z）和容屑槽等。

2）铰削用量的选择。铰削用量包括铰削工序余量（铰削时的背吃刀量）、切削速度和进给量。

3）铰削工序余量的选择。铰削工序余量不宜太大或太小，太大则每个刀齿的切削负荷增大，破坏铰削的稳定性，增加切削热，使铰刀直径扩大，孔径也随之扩大，切屑将呈撕裂状态，使表面粗糙度变大；太小则难以消除上道工序的刀痕。普通标准高速钢铰刀的铰削工序余量见表 4—3。

表 4—3　铰削工序余量　mm

铰孔直径	<5	5～20	21～32	33～50	51～70
铰削工序余量（直径的余量）	0.1～0.2	0.2～0.3	0.3	0.5	0.8

4）机铰的切削速度和进给量的选择。使用标准铰刀铰孔时，当加工材料为钢件时，铰削的切削速度不应超过 8 m/min，进给量在 0.4 mm/r 左右；当加工材料为铸铁时，切削速度不应超过 10 m/min，进给量在 0.8 mm/r 左右。

钻削和铰削加工都要使用切削液，以改善切削条件，降低切削温度，帮助顺利排屑，降低表面粗糙度。

6. 研磨

研磨分手工和机械两种方式，一般研磨均采用湿研磨。平面研磨基本上在平板上进行，作为研具的平板平面应平整。研磨分粗研磨和精研磨，粗研磨可在刻槽的平板上进行，精研磨则在光滑的平板上进行。

研磨工作开始前，在平板上涂上煤油、汽油或机油，然后加入适量、适合的研磨砂，把工件需要研磨的表面合在平板上，沿平板的全部表面以仿“8”字形的方法进行研磨。研磨时应用力均匀，研磨一段时间后，调转 180°或调转 4 个 90°进行研磨，这样可防止工件平面的倾斜。在研磨过程中除仿“8”字形外，工件最好能自转研磨。

7. 装配

零部件的装配过程由以下 3 个阶段组成。

（1）装配前的准备阶段，包括零件在装配前的清理和洗涤，按零件的尺寸和质量分组，旋转零件的平衡（消除零件因重心不与旋转中心一致而引起的振动），器材零件的试压及各种修配工作等。

（2）把零件用各种不同形式连接起来，校正零件的相对位置，检验零件的连接状况。

（3）调整、试验（试车）、涂漆、上油。

调整工作包括机构或机器的调整、间隙调整（如轴与轴承的间隙）、压力调整（如摩擦离合器中摩擦片之间的压力）等。

试验包括机构或机器运转的灵活性、振动、温度、定位性、转速、功率和切削性能等方面的检测，其目的是使所装配的机构或机器能合乎质量要求。

涂漆的目的是防锈和美观，上油则是不使滑动面与零件已加工表面生锈。

四、装配公差与配合精度

1. 公差与配合的概念及识读

(1) 公差的基本概念。机器在使用过程中某一零件损坏后及时地换上一个备用零件又能继续工作，这种相同零件不经挑选或修配，能够互相调换，并仍保持机器原来的性能的性质称为互换性。

互换性是靠零件配合尺寸的精度来保证的，但这并不是说要把零件制造得绝对准确（事实上，也不可能做到那样）。因为在生产过程中，由于机床、刀具、量具和操作者的技术熟练程度的影响，加工出来的零件尺寸总要比图样上要求的理论尺寸大一些或小一些。根据这种情况，同时考虑到零件的工作条件，可给尺寸规定一个允许的变化范围，这样既使零件易于制造，又能保证互换性。

1）尺寸公差。如图 4—26 所示，以图 4—26a 的圆孔中 ϕ30 mm±0.010 mm 为例，介绍尺寸公差中有关名词术语。

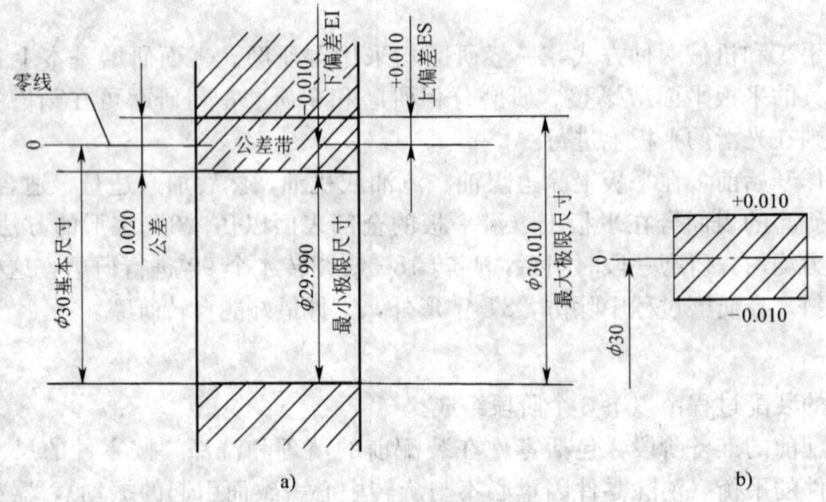

图 4—26　尺寸公差

a）尺寸公差名词解释　b）公差带图

基本尺寸——设计给定的尺寸，通常为整数，如图 4—26a 中的 ϕ30 mm。

极限尺寸——允许尺寸变动的两个极限值。它是以基本尺寸为基数来确定的，其中较大的一个称为最大极限尺寸，如图 4—26a 中的中 ϕ30.010 mm；较小的一个称为最小极限尺寸，如图 4—26a 中的 ϕ29.990 mm。

尺寸偏差——极限尺寸减其基本尺寸所得的代数差。最大极限尺寸减其基本尺寸所得的代数差称为上偏差；最小极限尺寸减其基本尺寸所得的代数差称为下偏差。国标规定孔的上偏差用代号 ES 表示，下偏差用代号 EI 表示；轴的上偏差用代号 es 表示，下偏差用代号 ei 表示。在图 4—26a 中：

上偏差 ES＝30.010－30＝＋0.010 mm

下偏差 EI＝29.990－30＝－0.010 mm

尺寸公差（简称公差）——允许尺寸的变动量，它等于最大极限尺寸与最小极限尺寸之差，如图 4—26a 中 30.010－29.990＝0.020 mm，也等于上偏差与下偏差的代数差，如图 4—26a 中 0.010－(－0.010)＝0.020 mm。

零线——在公差带图中，确定偏差的一条基准线，即零偏差线。通常零线表示基本尺寸。

尺寸公差带（简称公差带）——在公差带图中，由代表上、下偏差的两条直线所限定的区域，图 4—26b 就是图 4—26a 的公差带图。

2）标准公差与基本偏差。公差带是由“公差带大小”和“公差带位置”这两个要素组成的，“公差带大小”由标准公差决定；“公差带位置”由基本偏差确定，如图 4—27 所示为轴公差带及位置。

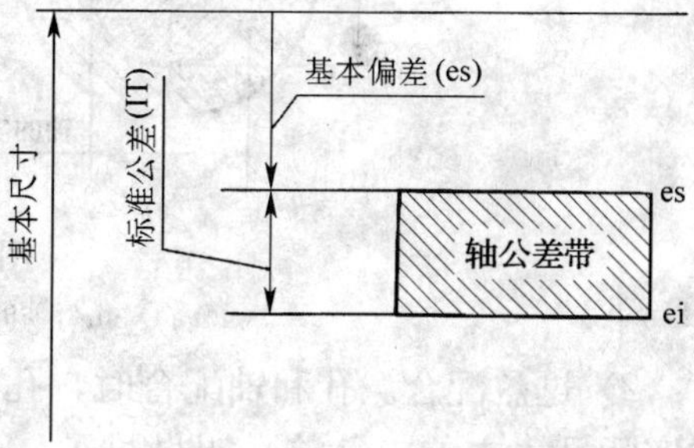

图 4—27　轴公差带及位置

①标准公差。标准公差分 20 个等级，即 IT01，IT0，IT1，…，IT18。IT 表示标准公差，数字表示公差等级，它反映了尺寸的精确程度。IT01 公差值最小，精度最高；IT18 公差值最大，精度最低。如图 4—28 所示为标准公差等级。

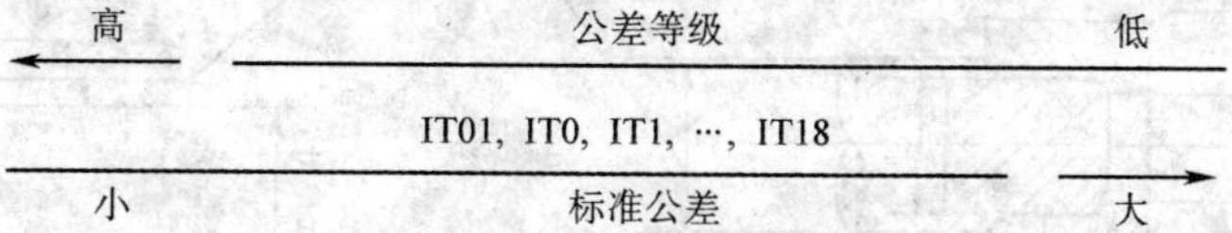

图 4—28　标准公差等级

IT01～IT12 用于配合尺寸，其余用于非配合尺寸。

②基本偏差。基本偏差一般指靠近零线的那个偏差，当公差带位于零线上方的基本偏差为下偏差，反之为上偏差。

孔和轴各规定了 28 个基本偏差，从而形成了基本偏差系列，基本偏差代号如图 4—29 所示，从图中可以看出大写拉丁字母表示孔的基本偏差，小写字母表示轴的基本偏差。

孔的代号为	A B C CD D E EF F FG G H J JS K M
	N P R S T U V X Y Z ZA ZB ZC
轴的代号为	a b c cd d e ef f fg g h j js k m
	n p r s t u v x y z za zb zc

图 4—29　基本偏差代号

3）公差带代号。孔和轴的公差带代号由基本偏差代号和公差等级代号组成。

（2）配合的基本概念。基本尺寸相同且相互结合的孔和轴公差带之间的关系，称为配合。根据使用要求不同，国家标准规定配合分为以下 3 类：

1）间隙配合。孔和轴配合时，孔的实际尺寸大于轴的实际尺寸时，孔的实际尺寸与轴的实际尺寸之差（正差）叫做间隙，凡具有间隙的配合，称为间隙配合，如图 4—30 所示。图中孔的公差带在轴的公差带之上。

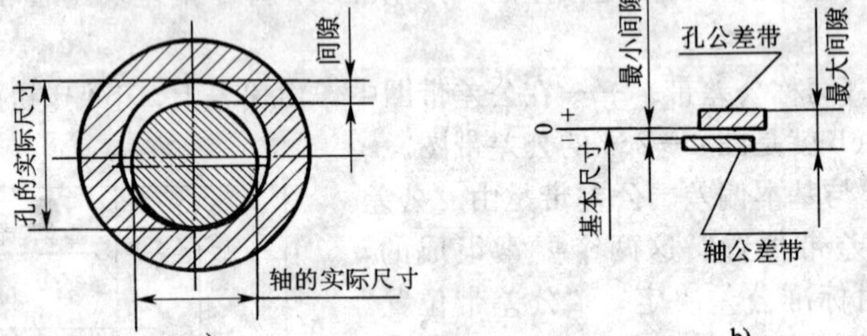

图 4—30　间隙配合

a）孔与轴的间隙　b）孔与轴的间隙配合

2）过盈配合。孔和轴配合时，孔的实际尺寸小于轴的实际尺寸，孔的实际尺寸与轴的实际尺寸之差（负差）叫做过盈，凡具有过盈的配合，称为过盈配合，如图 4—31 所示。图中孔的公差带在轴的公差带之下。

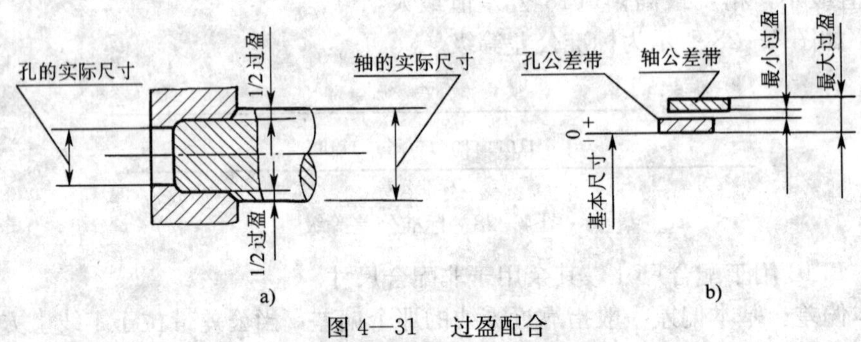

图 4—31　过盈配合

a）孔与轴的过盈　b）孔与轴的过盈配合

3）过渡配合。孔与轴配合时，孔与轴的实际尺寸之差可能为正差，产生较小间隙，也可能为负差，产生较小过盈，从而具有间隙或过盈两种配合的可能性，称为过渡配合（见图 4—32），孔的公差带与轴的公差带相互重叠，图中说明了重叠的 3 种可能性，从图中可以看出最大过盈和最大间隙。

（3）配合的基准制

1）基孔制。基孔制是基本偏差为一定的孔的公差带与不同基本偏差的轴的公差带形成各种配合的一种制度，基孔制配合示意图如图 4—33 所示。基准孔的下偏差为零，上偏差为正值，基准孔的基本偏差代号用大写字母 H 表示。

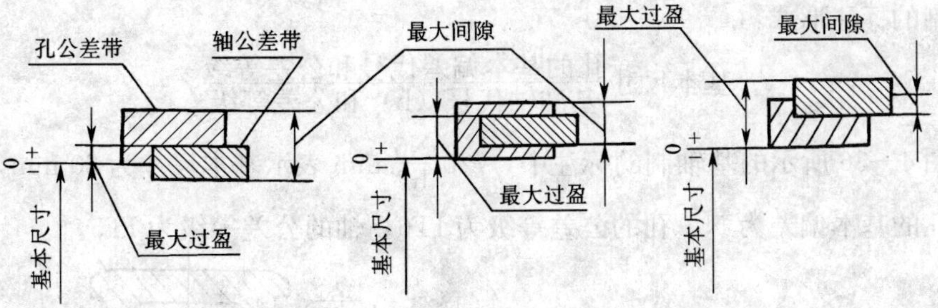

图 4—32　过渡配合

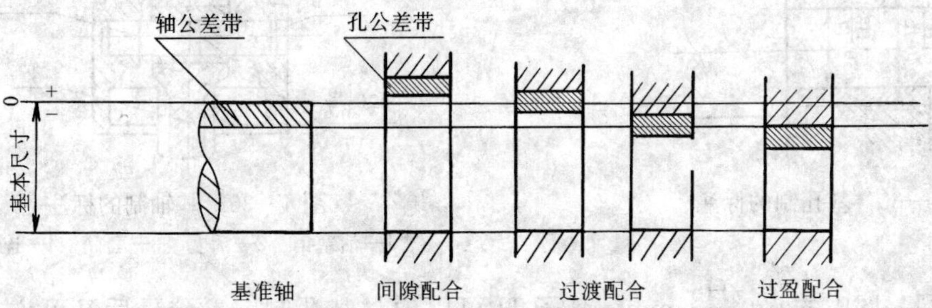

图 4—33　基孔制配合示意图

2）基轴制。基轴制是基本偏差为一定的轴的公差带与不同基本偏差的孔的公差带形成各种配合的一种制度，基轴制配合示意图如图 4—34 所示。基准轴的上偏差为零，下偏差为负值，基准轴的基本偏差代号用小写字母 h 表示。

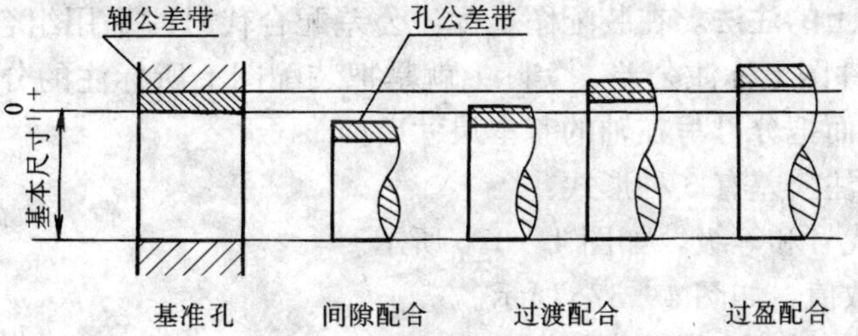

图 4—34　基轴制配合示意图

2. 公差配合在图样上的标注方法

（1）在装配图上的注法。在装配图上标注配合是在基本尺寸后面注一个分式，分子写孔的公差带代号，分母写轴的公差带代号。

基孔制的标注形式：

$$\text{基本尺寸}\frac{\text{基准孔代号（H）和公差等级}}{\text{轴的基本偏差代号和公差等级}}$$

在如图 4—35 所示的基孔制的标注中，$\phi 30\ \frac{H8}{f7}$ mm 表示基本尺寸为 30 mm，基孔制间隙配合，轴的基本偏差为 f，孔的公差等级为 IT8，轴的公差等级为 IT7。

基轴制的标注形式：

$$\text{基本尺寸}\frac{\text{孔的基本偏差代号和公差等级}}{\text{基准轴代号（h）和公差等级}}$$

在如图 4—36 所示的基轴制的标注中，$\phi 20\,\frac{N6}{h7}$ mm 表示基本尺寸为 20 mm，基轴制过渡配合，孔的基本偏差为 N，孔的公差等级为 IT6，轴的公差等级为 IT5。

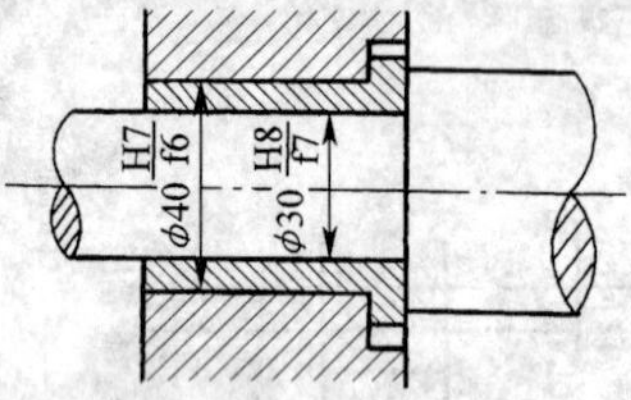

图 4—35　基孔制的标注

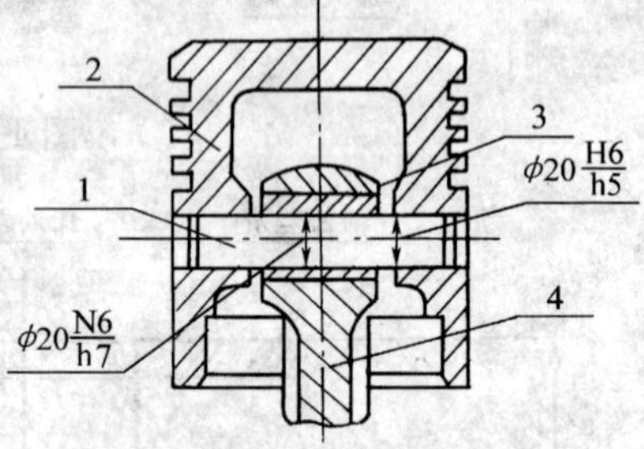

图 4—36　基轴制的标注

1—活塞销　2—活塞　3—套筒　4—连杆

再看同一图中的 $\phi 20\,\frac{H6}{h5}$ mm，分子 H 可以说是基孔制，看分母后又可说是基轴制，究竟是哪种制度？从图上看活塞销是一根光轴，上面已讲了活塞销与活塞销孔的配合间隙中 $\phi 20\,\frac{N6}{h7}$ mm 是基轴制，所以 $\phi 20\,\frac{H6}{h7}$ mm 应理解为基轴制间隙配合，孔的基本偏差为 H，孔的公差等级为 IT6，轴的公差等级为 IT5。

（2）在零件图上的注法。在装配图上标注公差配合代号时采用组合式注法，如图 4—37a 所示。而在零件图上标注公差，实际上就是把装配图上所标注的分式中的分子写在孔的基本尺寸后面，而把分母写在轴的基本尺寸后面。

在零件图中标注公差有 3 种形式：

1）只注公差代号和等级，如图 4—37b 所示。

2）只注偏差数值，如图 4—37c 所示。

3）以上两者同时标注，如图 4—37d 所示。

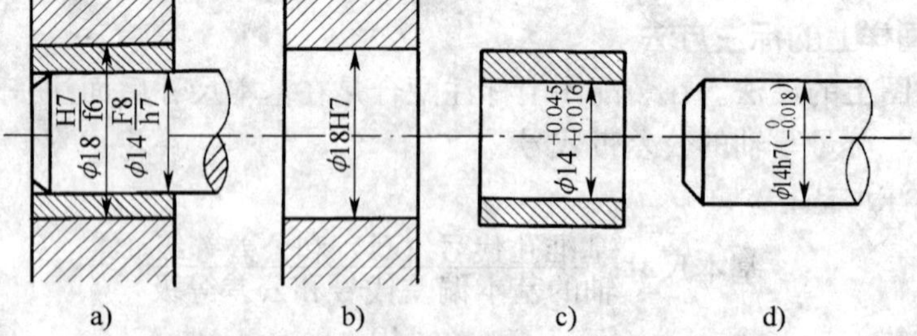

a)　b)　c)　d)

图 4—37　装配图与零件图中公差的标注

a）装配图组合标注　b）只注公差代号和等级　c）只注偏差数值　d）既注公差代号和等级，也注偏差数值

五、制冷设备的特殊要求

在制冷系统中由于采用了不同的制冷剂（如氨制冷剂、卤代烃制冷剂等），所以对其制冷设备的特殊要求不能一概而论，应分开讨论。

1. 氨系统

氨能以任意比例与水相互溶解，组成氨水溶液，在低温时水也不会从溶液中析出而冻结成冰，所以氨系统里不必设置干燥器。

氨对钢铁不起腐蚀作用，但当含有水分时会腐蚀锌、铜、青铜及其他铜合金，只有磷青铜不被腐蚀。因此，在氨制冷机中不使用钢和铜合金材料，只有那些连杆衬套、密封环等零件才允许使用高锡、磷青铜。氨系统的所有管道均采用钢材料制作。

2. 卤代烃系统

以 R22（二氟一氯甲烷 CHF_2Cl）为例说明。

由于 R22 属于不溶于水的物质，所以设备中必须具备干燥器。R22 的化学性质不如 R12 稳定，对有机物的膨润作用更强，密封材料可采用氯乙醇橡胶，密封电动机线圈应采用 E 级或 F 级绝缘漆包线。

对金属与非金属的作用，R22 的泄漏特性与 R12 相似，系统管道采用紫铜管材料制作。制冷设备不允许空气进入其内部。

3. 系统空气的排放

在制冷系统中，由于金属材料的腐蚀、润滑油和制冷剂的分解、空气未排净或运行过程中有空气进入等原因，往往存在一部分不凝性气体（主要是空气）。它在系统中循环而不能液化，到了冷凝器中，既使冷凝压力升高，又使传热恶化，降低系统的制冷量，空气还会使润滑油氧化变质，因此，必须彻底排除不凝性气体。

卤代烃系统不设专门的不凝性气体分离器，因卤代烃的密度比空气大得多，如有空气会集中在系统的上部，容易从顶部的排放阀排出，正常操作时，损失的卤代烃只占排出气体的 3%。

氨系统中由于氨比空气轻，不凝性气体停留在系统的下部，因此，要用专门设备——不凝性气体分离器排除。

4. 制冷系统中常用的制冷剂流动控制器

（1）膨胀阀与毛细管。 对进入蒸发器的液态制冷剂进行节流降压，并实现流量控制。

（2）浮球阀。 用于液位调节的自动节流阀，主要用在氨制冷系统中控制蒸发器的液位。

（3）蒸发压力调节阀。 也叫背压阀，控制由蒸发器排出的制冷剂蒸气，使蒸发器压力保持恒定。

(4) 吸入压力调节阀。控制压缩机的吸入管道压力，以满足制冷负荷或压缩机输气量的要求。

(5) 电磁阀。根据温度或压力信号控制阀门的开关，以接通或切断制冷剂气液的流动。

(6) 止回阀。只让制冷剂气液做单向流动，防止回流。

(7) 截止阀。接通或切断制冷剂气液的流动。

(8) 换向阀。改变制冷剂气液的流向，用于热泵系统或融霜系统中。

5. 制冷管道的布置原则

卤代烃制冷剂的主要特点是它能与润滑油互相溶解，因此，在布置制冷管道时，必须保证从每台制冷压缩机带出的润滑油在经过冷凝器、蒸发器及一系列设备和管道之后，能全部回到制冷压缩机的曲轴箱内。

(1) 吸气管

1) 考虑到润滑油能从蒸发器不断流向压缩机，压缩机的吸气管应有不小于 0.01 的坡度，坡向压缩机，如图 4—38 所示为吸气管的坡度。

2) 当蒸发器高于制冷压缩机时，为了防止停机时液态制冷剂从蒸发器流入压缩机，蒸发器的回气管应先向上弯曲至蒸发器的最高点，再向下通至压缩机，如图 4—39 所示为蒸发器回气管安装示意图。

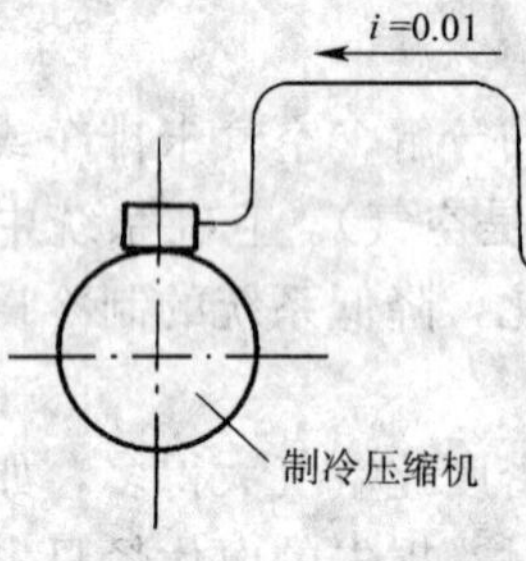

图 4—38 吸气管的坡度

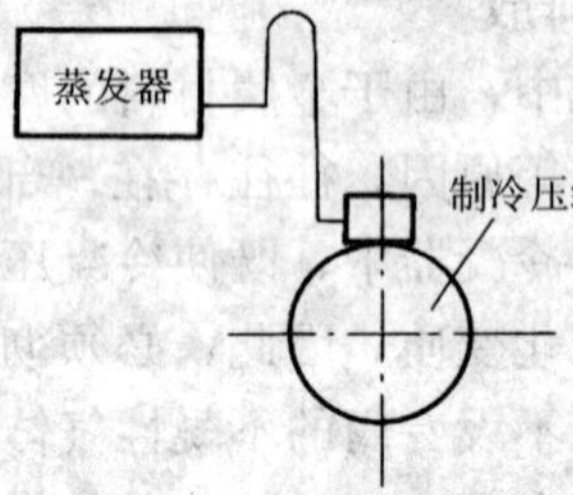

图 4—39 蒸发器回气管安装示意图

3) 卤代烃制冷压缩机并联运转时，回到每台制冷压缩机的润滑油不一定和它带走的润滑油量相等，必须在曲轴箱上装有均压管和油平衡管，使回油较多的制冷压缩机里的油通过平衡管流入回油较少的压缩机。

并联的卤代烃压缩机为了防止润滑油进入未工作的压缩机的吸入口，压缩机的吸气管应按如图 4—40 所示的示意图安装。

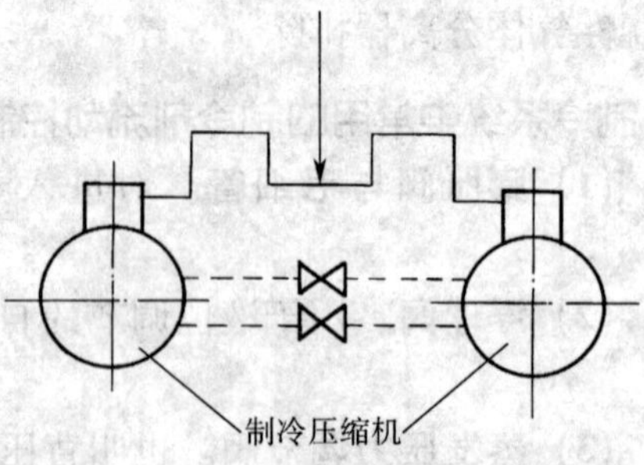

图 4—40 压缩机吸气管安装示意图

4）在变负荷工作的制冷系统中，为了保证低负荷回油，需要选用较小的管径，特别是能量调节范围较大时，问题更加突出。为了避免全负荷时压力降太大，可用两根上升立管，两管之间用一个集油弯头连接，如图 4—41 所示为管道安装示意图。

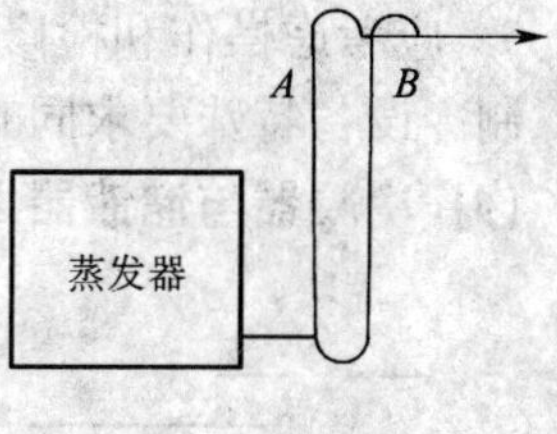

图 4—41　管道安装示意图

5）多组蒸发器的回气支管接至同一吸气总管时，应根据蒸发器与制冷压缩机的相对位置采取不同的处理方法，如图 4—42 所示为蒸发器高于制冷压缩机，如图 4—43 所示为蒸发器低于制冷压缩机。

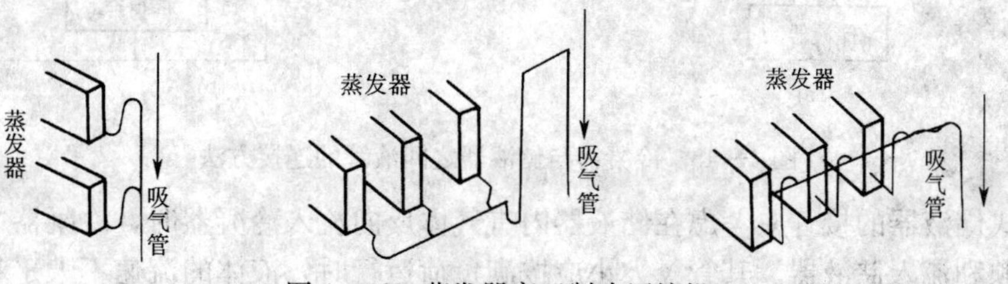

图 4—42　蒸发器高于制冷压缩机

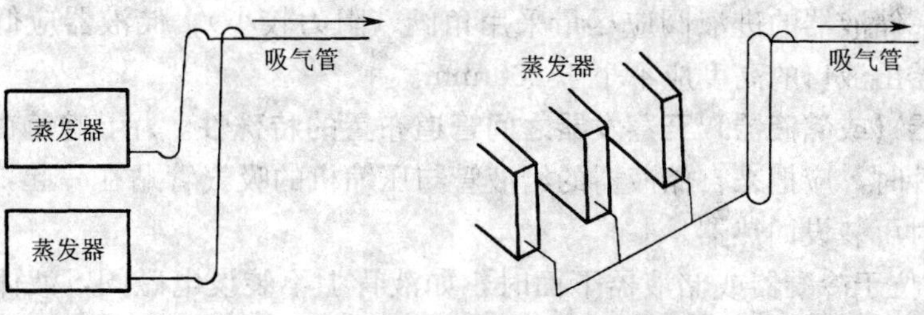

图 4—43　蒸发器低于制冷压缩机

（2）排气管

1）为了防止润滑油或可能冷凝下来的液体流回压缩机，制冷压缩机的排气管应有 0.01～0.02 的坡度，坡向油分离器或冷凝器。

2）在不用油分离器时，如果压缩机低于冷凝器，排气管道可设计成一个 U 形弯管，以防止冷凝的液体制冷剂和润滑油返流回制冷压缩机，如图 4—44 所示为 U 形管排气管道安装示意图。

（3）制冷剂管道的布置原则

1）保证各个蒸发器得到充分的供液。

2）避免过大的压力损失。

3）防止液态制冷剂进入制冷压缩机。

4）防止制冷压缩机失油。

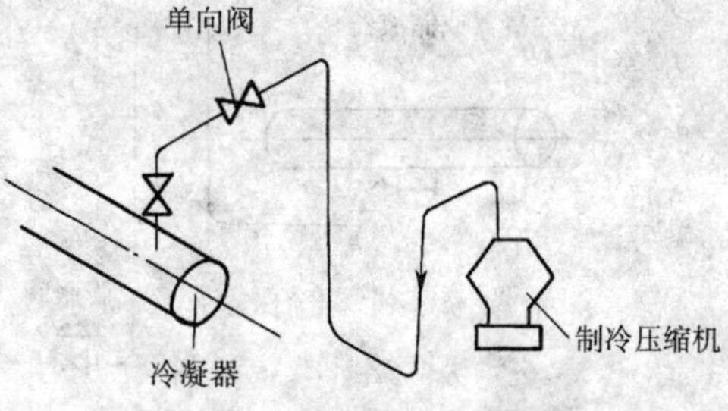

图 4—44　U 形管排气管道安装示意图

5）应能保持气密、清洁和干燥。

6）应考虑操作和检修方便，并适当注意整齐。

制冷设备特殊要求同时在卤代烃制冷液管布置上得到了印证。

(4) 冷凝器与储液器之间的液管。其连接方法有两种，如图 4—45 所示。

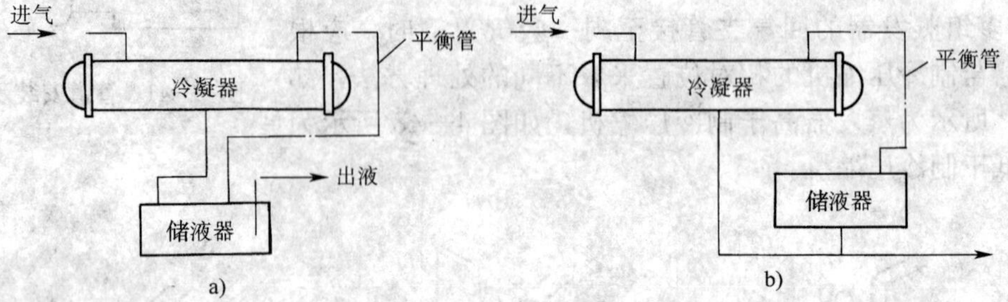

图 4—45 冷凝器与储液器之间液管的连接方法

直通式储液器的接管应考虑在储液器内有气体反向流入冷凝器时，冷凝器内的液体制冷剂仍能顺利流入储液器。其管径大小应按满负荷运行时，液体的流速不大于 0.5 m/s 来选择。在接管的水平管段应有不小于 0.01 的坡度，坡向储液器。该管段应尽量减少弯头或弯管的使用，储液器的进液阀应尽量采用角阀（阻力较小），储液器应低于冷凝器，角阀中心与冷凝器出液口的高度应不小于 200 mm。

(5) 冷凝器（或储液器）至蒸发器之间管道布置的特殊性。为了避免在液管中产生闪发气体，有条件时，应把来自储液器的给液管与压缩机的吸气管贴在一起，并使用隔热材料保温，必要时可装设回热器。

1）蒸发器位于冷凝器或储液器下面时，如液管上不装设电磁阀，液体管道应设有倒 U 形液封，其高度应不小于 2 m，如图 4—46 所示。

2）多台不同高度的蒸发器位于冷凝器或储液器上面时，其接管方法如图 4—47 所示，以避免可能形成的闪发气体都进入最高的一个蒸发器。

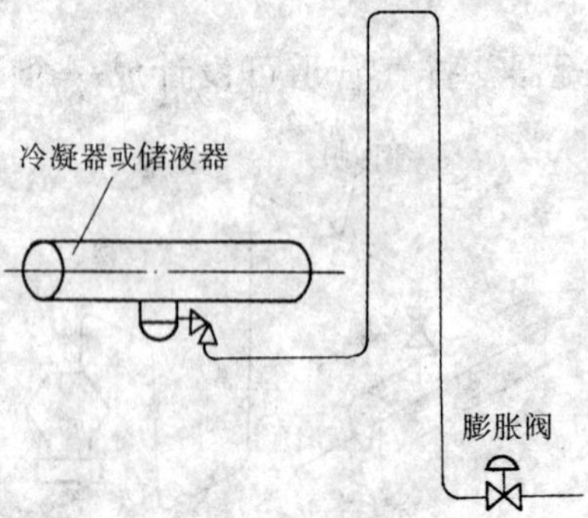

图 4—46 倒 U 形液封

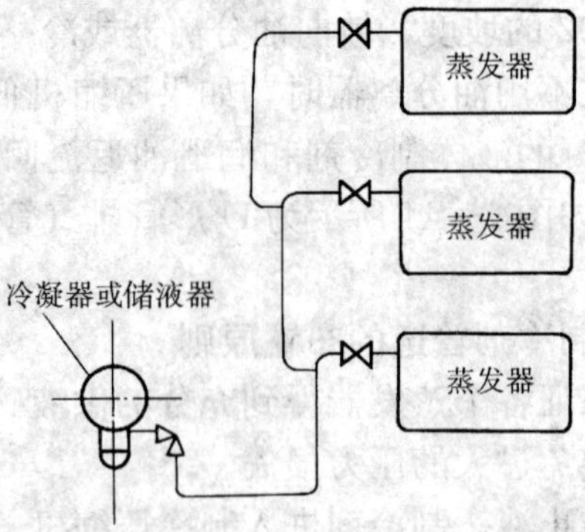

图 4—47 多台蒸发器接管方法

3）直接蒸发式空气冷却器的空气流动方向应使热空气与蒸发器出口排管首先接触。

4）在压力降允许的条件下，蒸发排管可以串联。用热力膨胀阀供液的卤代烃蒸发排管一般采用上进下出的形式，以保证回油。串联排管只要保持最后一组上进下出，不要求每一组都是上进下出。

第二节　管道工技能

管道加工通常用的工、器具与材料较多，使用方法和性能也不尽相同，在工作中应熟练掌握与了解其性能，正确地选择使用。

一、常用工具

1. 管子钳

管子钳一般用来安装和拆卸各种螺纹连接的管道和阀门。常用的为活动式管子钳，多用于安装或拆卸 3 in 以内的管件，其规格一般以手柄长度（in）来确定，安装不同管径的管件应选用规格合适的管子钳。常用管子钳的规格及适用管径见表 4—4。

表 4—4　常用管子钳的规格及适用管径

规格（in）	适用范围（in）
8	1/8～1/2
10	1/8～3/4
12	1/2～1
14	$3/4\sim1\frac{1}{4}$
18	$1\frac{1}{4}\sim2$
24	$1\frac{1}{2}\sim3$
36	$2\frac{1}{2}\sim4$

2. 台虎钳

台虎钳是管道工作业现场必备的设备。台虎钳一般安装在钳台上，用来夹紧工件，其规格以钳口的宽度表示，常用的有 100，125，150 mm 等几种。台虎钳分固定式和回转式两种，回转式台虎钳使用方便，应用较广，但结构较复杂；固定式台虎钳结构简单，应用较普遍。

在安装台虎钳时，必须注意使固定钳身的钳口工作面处于钳台边缘之外，以保证夹持长条形工件时，工件的一端不受钳台边缘的阻碍。台虎钳必须牢固地固定在钳台上，不得有松动现象。夹紧工件时，只允许依靠手的力量来扳动手柄，不得用锤子敲击，以免损坏丝杠、螺母或钳身，同时注意在活动表面加注机油，保证有良好的润滑。

3. 管压钳

管压钳又称管钳，其用途是固定工件，以便对工件进行加工。例如，要锯断钢管或对管端套螺纹，必须先将钢管夹牢，以便操作。管压钳在管道工作业中使用极为普遍，最常用的是龙门式管压钳（龙门架），如图 4—48 所示。

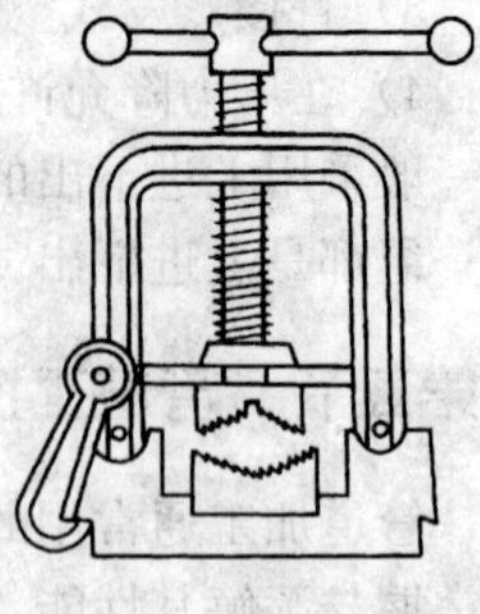

图 4—48　龙门式管压钳

使用龙门式管压钳时，用把手回转丝杠，将上牙板压向下牙板，以便把管子卡紧而固定。这种管压钳应用广泛，型号有多种，其规格及适用管径见表 4—5。

表 4—5　龙门式管压钳的规格及适用管径

管压钳（号数）	管压钳规格（in）	适用管径（mm）
1	2	15～50
2	3	25～75
3	4	50～100
4	5	75～125
5	6	100～150

4. 板牙架（管子铰扳）

板牙架是对管子套螺纹的工具，所谓套螺纹就是使用板牙架在管子端头套出外螺纹，以便进行管件的螺纹连接。套螺纹是管道工的基本操作，须熟练掌握。常用的国产套螺纹板牙架的结构如图 4—49 所示。板牙架上有 4 个相互垂直并在一个水平面上的板牙室以安装圆板牙，每副圆板牙有 4 个牙体，上面刻有①②③④的顺序，板牙架上盖有带有圆板牙活动滑轨的活动标盘和固定标盘。活动标盘上端的凸出部分装有松紧圆板牙的紧固螺钉及固定活动标盘的螺钉，圆板牙靠活动标盘上的滑轨来调整牙尖距离以对正相应的管径，对好后用固定活动标盘的螺钉固定。用板牙架工作时，以板牙松紧装置来松动圆板牙，板牙架后面装有卡正管子用的 3 个卡爪，用后卡爪滑盘把来调节卡爪所卡的中心圆的大小，扳动板牙架扳把沿管轴心线回转，靠圆板牙的螺旋线使板牙架前进。

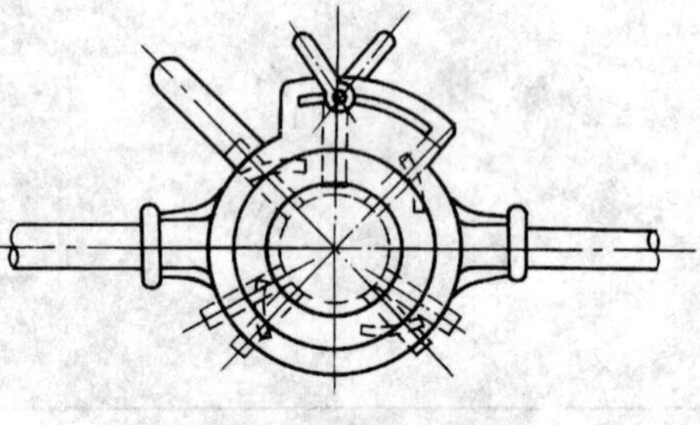

图 4—49　板牙架的结构

5. 切管器

切管器又称割刀，如图 4—50 所示，是专门用来切断紫铜、黄铜、铝等金属管的工具，管径在 3～25 mm 左右。

切管器的使用方法：切取规定长度与管径的紫铜管一段，应注意使切管器大小与被切管径匹配。铜管放置在滚轮和割轮之间，铜管的侧壁贴紧两个滚轮的中间位置，割轮的刀口与铜管垂直夹紧。然后转动调整旋钮，使割轮的切刃切入铜管管壁，用一只手捏紧管子（若手捏不住，可用扩口工具夹紧），均匀地将割轮整体环绕铜管旋转。旋转一圈后再拧动调整转柄，使割刃进一步切入铜管，每次进刀量不宜过多，只需拧进 1/4 圈即可，然后继续转动割轮。此后边拧边转，直至将铜管切断。切断后的铜管管口要整齐光滑，适宜胀扩。切割时要注意，不要歪扭或侧向扭动，也不要进刀过深、过猛，以免刀口边缘崩裂。

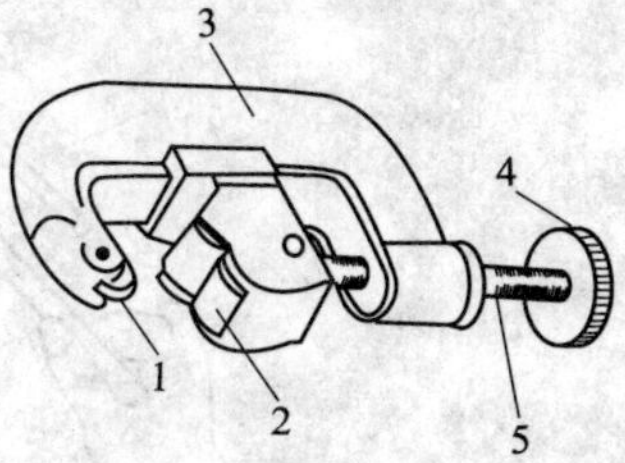

图 4—50　切管器

1—割轮　2—滚轮　3—支架

4—调整旋钮　5—螺杆

切断管径在 3 mm 以下的毛细管要用专门的毛细管钳，或是先用锐利的剪刀夹住毛细管来回转动划出裂痕，然后用手轻轻折断。

6. 扩管器

扩管器又称为胀管器，主要用来制作铜管的喇叭口和圆柱形口。喇叭口形状的管口用于螺纹接头或不适于对插接口时的连接，目的是保证对接口部位的密封性和强度。圆柱形口则在两个铜管连接时，一个管插入另一个管管径内使用。扩管器的结构如图 4—51 所示。

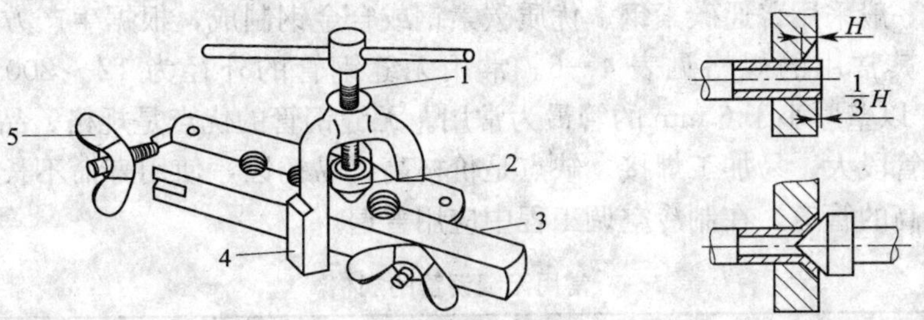

图 4—51　扩管器的结构

1—螺杆　2—锥形支头　3—扩口夹具　4—工架　5—翼形螺母

扩管器的夹具分成对称的两半，夹具的一端使用销子连接，另一端用紧固螺母和螺栓紧固。两半对合后形成的孔按不同的管径制成螺纹状，目的是便于更紧地夹住铜管。孔的上口制成 60°的倒角，以利于扩出适宜的喇叭口。

扩管器的使用方法：扩管时首先将铜管扩口端退火并用锉刀修平整，然后把铜管放置于相应管径的夹具孔中，拧紧夹具上的紧固螺母，将铜管牢牢夹住。

7. 弯管器

弯管器是弯曲紫铜管的专用工具。弯管器的构造和使用方法如图 4—52 所示。

使用方法：选择相应的定位轮子槽沟，将挟管沟（搭扣）锁紧，将退火后的紫铜管放入带导槽的固定轮与固定杆之间，然后将铜管导入活动杆的导槽，用固定杆紧固铜管，手握活动杆手柄顺时针方向平稳转动，这样紫铜管便在导槽内被弯曲成特定的形状。

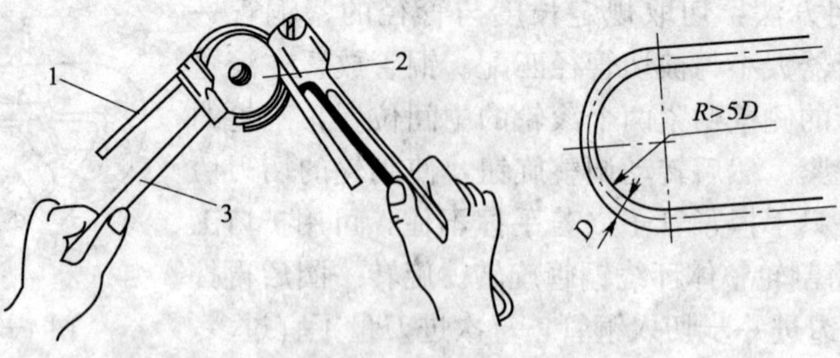

图 4—52　弯管器的构造和使用方法

1—铜管　2—弯管角度盘　3—手柄

弯管操作时用力要均匀，避免管子出现死弯或裂痕。直径小于 8 mm 的铜管可用弹簧弯管器，使用弹簧弯管器可把管子弯成任意形状。

在日常维修时，有时需要徒手弯曲紫铜管。这时要尽量以较大的半径进行弯曲，用力要缓慢、平稳，否则容易将铜管弯扁。

二、常用材料

1. 无缝钢管

无缝钢管一般采用普通碳素钢、优质碳素钢或合金钢制成，根据生产方式可分为冷轧和热轧两种，其常用的规格见表 4—6。常用无缝钢管的外径为 12～200 mm，壁厚为 2.5～10 mm，以壁厚小于 6 mm 的管最为常用。无缝钢管的优点是规格、品种齐全，强度高，耐压高，管段大，易加工焊接。缺点是价格高，易锈蚀，使用寿命不长。无缝钢管广泛用于压力较高的管道，在制冷空调工程中应用普遍。

表 4—6　　常用无缝钢管的规格

公称直径（mm）	外径×壁厚（mm）	理论质量（kg/m）
10	ϕ14×2	0.59
20	ϕ22×2	0.98
25	ϕ32×2.5	2.46
32	ϕ38×3.0	2.98
40	ϕ45×3.5	3.58
50	ϕ57×3.5	4.6
80	ϕ89×4	8.38
100	ϕ108×4	10.26
125	ϕ133×4	12.7
150	ϕ159×4.5	17.15
200	ϕ219×6	31.52

2. 焊接钢管

焊接钢管又称有缝管，一般可分为低压流体输送用焊接钢管和卷焊钢管两种。

低压流体输送用焊接钢管一般由较软的碳素钢制造，分为不镀锌（黑铁管）和镀锌（白铁管）、管端带螺纹和不带螺纹的多种，如按壁厚又可分为普通管、加厚管和薄壁管，常用普通镀锌钢管的规格见表 4—7。

表 4—7 常用普通镀锌钢管的规格

公称直径（in）	外径（mm）	壁厚（mm）	理论质量（kg/m）
1/2	21.3	2.75	1.26
3/4	26.8	2.75	1.36
1	33.5	3.25	2.42
$1\frac{1}{4}$	42.5	3.25	3.13
$1\frac{1}{2}$	48	3.50	3.84
2	60.0	3.50	4.88
3	88.5	4.00	8.34
4	114.0	4.00	10.85
5	140.0	4.50	15.04
6	165.0	4.50	17.81

3. 紫铜管

紫铜管又称纯铜管，有良好的导电性、导热性和耐大气腐蚀性，密度为 8.93 t/m^3，熔点为 1 083℃。紫铜管硬度较低，退火后变得很柔软，易于加工成形。紫铜管的低温性能优于钢管，在制冷空调工程中有较广泛的应用。常用紫铜管的规格见表 4—8。

表 4—8 常用紫铜管的规格

公称直径（mm）	外径×壁厚（mm）	理论质量（kg/m）
1.5	ϕ3.2×0.8	0.05
2	ϕ4×1	0.08
4	ϕ6×1	0.14
8	ϕ10×1	0.25
10	ϕ12×1	0.31
14	ϕ16×1	0.42
16	ϕ19×1.5	0.73
19	ϕ22×1.5	0.86
22	ϕ25×1.5	0.99

三、管道的加工

1. 管子的校直

管子由于运输、装卸、堆放不当，容易产生弯曲变形，特别是管径不大的低压流体输送用焊接钢管。为确保管道的安装质量，要求安装的管子做到横平竖直，弯曲变形的管子在加工安装前要进行调直处理。调直处理的方法有冷校和热校两种。

所谓冷校，是指将管子在常温状态下进行调直，一般适用于管子弯曲不大，管径较小的情况；所谓热校，就是将管子在加热状态下进行调直，一般适用于管子弯曲较大，管径较大的管子。

管子在未进行调直前，应首先检查管子弯曲的部位，对于较短的管子，可将管子一端抬起，用眼睛从一端看向另一端，如管子表面成一直线，则说明管子是直的，如有一面凸起，则另一面必然凹下，这时在管子弯曲部位做好标记，以备校直。而对于长管，一般可采用滚动检查法确定好弯曲部分，以便校直。

2. 管子的切断

在管道的安装操作过程中，为了得到所需要长度的管子，要对管子进行切割下料。

（1）切断管子的方法。切断管子的方法较多，一般有锯削、刀削、磨削、车削、气割、等离子弧切割等。

1）锯削。锯削在管道加工中是一种较常用的方法，可分为手工锯削和机械锯削两种。手工锯削方法简单易行，使用工具简单，在任何施工场地均可进行，在室内水暖安装作业中最为常用。缺点是手工操作，劳动强度较大，加工速度较慢。手工锯削的工具是手锯，由锯弓和锯条组成。锯弓一般为 300 mm，锯条分为粗齿（每 25 mm 内 14～18 个齿）和细齿（每 25 mm 长度内 32 个齿），以及介于两者之间的中齿。一般切断 DN40 mm 以内的管子以选用细齿锯条为宜，而切断 DN50 mm 以上的管子则以选用粗齿锯条为宜。

2）刀削。用切管器切断管子的方法称为刀削，一般常用于切断 DN100 mm 以内的钢管。使用切管器时，首先将管子固定在台虎钳上，然后将割轮卡在管子要切断的地方，并在管子和割轮刀刃上涂上机油，防止刀刃磨损。割轮通过螺杆压紧管子后，以管子为轴心向刀架开口方向回转，旋转过程中逐渐压紧螺杆，直到将管子切断。采用刀削比手工锯削速度快，断面也较平直，但切断面会因受挤压而缩小，因此，需用铰刀刮去缩小部分，以免因管口缩小而增加管道阻力。

3）磨削。用高速旋转的砂轮将管子切断的方法称为磨削，又称无齿锯切割。常使用的有 G2230 型卧式砂轮切割机。切割时先将管子划好线，然后找正、校平，夹紧夹持器后再切割。此法对不锈钢管和高压管的切断尤为合适。

4）气割。气割就是用氧—乙炔焰气割，这是一种常用的切割方法。优点是省力、速度快，缺点是切口不够平整且有氧化铁熔渣。气割一般用于切断 DN100 mm 以上的普通钢管，但不适于切断不锈钢管、铜管、铝管等。

5）等离子切割。等离子切割能用来切割氧-乙炔和电弧不能切断或较难切断的不锈钢、铜管等。等离子切割形成的离子孤的温度可高达 15 000～33 000℃，能使一般现有的高熔点金属熔化。等离子切割的切割效率高，变形小，切口不氧化，切割的质量较高。

（2）制冷设备中常用的切割操作

1）普通紫铜管的切割。在用切管器切割紫铜管时，刃口要垂直压向铜管不要歪扭或侧向扭动，要注意进刀量，割轮绕铜管旋转一周，拧动调整旋钮 1/4 圈即可，如进刀量过大，刀口切入铜管深度偏大，铜管容易在手中打滑。另一方面，由于割轮是用较硬、脆的工具钢制成的，如不注意垂直加压和进刀深度，切割时刀口边缘很容易崩裂。切割完后用切管器上的刮刀将铜管的毛刺刮去。如在切割时，由于进刀量过大，造成铜管变形、管口内壁直径变小，这时要用锉刀对管口进行修整，否则在制作喇叭口时容易翻边，造成密封不严。

紫铜管切断后，特别是用锯弓锯断铜管后，必须用锉刀进行修整。用锉刀锉削铜管时，管口必须向下倾斜一定的角度，不能管口垂直向上进行锉削，否则锉削下来的铜屑容易掉进管道深处，机组运转后容易造成制冷系统的堵塞并产生故障。另一方面，要注意锉削的平面应与铜管的中心线垂直，不能倾斜。铜管锉好后，要用倒角器刮去管口内、外圈的毛刺，然后将管口向下用木棒敲击铜管几下，把铜管内的铜屑振出来，把管口处理干净。

2）毛细管的切割。切割毛细管时，要用专用毛细管钳，或用锐利的剪刀夹住毛细管来回转动划出划痕，然后用手轻轻地折断，不能直接用剪刀剪断。如直接剪断，可能使内壁直径变小，或在剪切中由于管口变形而堵塞管道。

3. 在管子上套螺纹

在管道工程中，螺纹连接是最常用的管道连接方式，要采用螺纹连接就需要在管子上套螺纹。在管子上套螺纹一般有手工套螺纹和机械套螺纹两种方法，常用的工具有板牙架和机械套螺纹机。

根据所套螺纹管径的大小，套螺纹可分几次完成，一般$\left(\frac{1}{2}\sim\frac{3}{4}\right)$ in 可用 1～2 次完成，$\left(1\sim1\frac{1}{2}\right)$ in 可 2～3 次完成，2 in 以上均需套 3 次完成。大管径螺纹如一次套成，不仅费力，而且易损坏圆板牙，同时套出的螺纹也不会合格。套完的螺纹要求螺纹端正而不乱牙，光滑而无毛刺，完整而不掉螺纹，松紧程度适当。若螺纹乱牙则无法进行连接；螺纹有损伤则影响管子螺纹的严密性，且降低强度；螺纹过松、过紧均不适宜，会影响连接质量。

管子螺纹的加工长度随管径的不同而异，见表 4—9。

表 4—9　管子螺纹的加工长度

管径（in）	$\frac{1}{2}$	$\frac{3}{4}$	1	$1\frac{1}{4}$	$1\frac{1}{2}$	2	$2\frac{1}{2}$	3	4
螺纹长度（mm）	14	16	18	20	22	24	27	30	36
螺纹扣数（牙）	8	9	8	9	10	11	12	13	15

4. 铜管的弯管及扩口

在制冷空调工程中，采用铜管材料较多，而在铜管的加工连接中，又以弯管和扩口连接应用较广泛。一般可采用弯管器对铜管进行弯曲，管子的弯曲半径应大于管径的 5 倍（$R>5D$）。对直径较小的铜管（<8 mm）可采用弹簧弯管器，用这种方法能将铜管弯曲成所需的任意形状。如在操作过程中确实需用手工弯管时，可用大拇指按住铜管部分，尽可能以较大的半径进行弯曲，避免因弯曲半径过小而形成死弯或压扁变形，从而造成损坏，使铜管报废。紫铜管在弯管操作时用力要均匀，固定杆一定要紧固住铜管，活动杆的导槽一定要扣住铜管，避免出现裂痕。

铜管的扩口又称制作喇叭口，制作铜管喇叭口可使用专用工具——扩口器。扩口时先将铜管端部加热退火，在空气中自然冷却后再放入相应的扩管孔中进行扩口操作。扩口的操作方法如图 4—53 所示。扩喇叭口时，管口必须高于扩管器的表面，其高度大约与孔倒角的斜边长度相同，然后将扩管锥头旋固在螺杆上，连同弓形架一起固定在夹具的两侧，扩管锥头顶住管口后再均匀缓慢地旋进螺杆，锥头也随之顶进管口内，此时应注意旋进螺杆时不要过分用力，以免顶裂铜管。另外，要注意锥头中心线与铜管的中心线是否重合，不重合要尽量纠正。最后扩成的喇叭口要圆正、光滑、无裂纹，无毛刺和翻边，喇叭口的外径一般比纳子的内径小 0.5 mm。

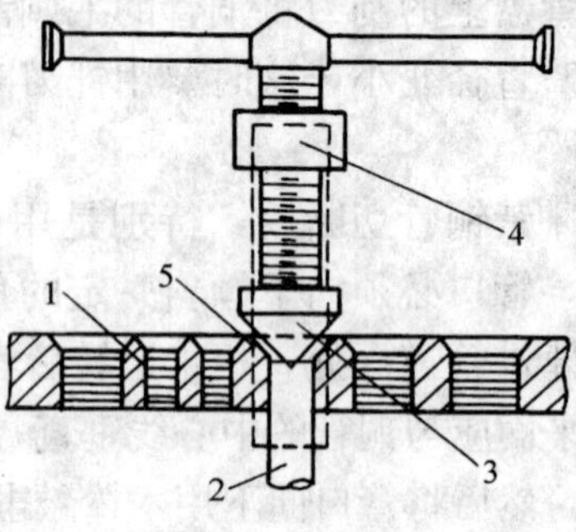

图 4—53　扩口的操作方法

1—夹具　2—铜管　3—扩管锥头

4—弓形架　5—铜管的扩口

扩制杯形口时，夹具必须牢牢地夹紧铜管，否则扩口时铜管容易后移而变位，造成杯形口深度不够。管口露出夹具表面的高度应略大于胀头的深度。扩管器配套的系列胀头对于不同管径的胀口深度及间隙都已制作成形，一般小于 10 mm 管径的深入长度大约为 6～10 mm，间隙一般为 0.06～0.10 mm。扩口时只需将与管径相应的胀头固定在螺杆上，然后固定好弓形架，缓慢地旋进螺杆，具体的操作方法与扩喇叭口时相同。最后扩成的杯形口要圆正，孔的中心应与铜管的中心重合，不能斜，不能有裂痕。

5. 管卡的制作

管道安装过程中常常要将管子吊挂或固定在某一部位，这就需要使用管卡。常用的管卡可分为吊卡、U 形卡、立管卡 3 种，其中以 U 形卡应用最为广泛。

U 形管卡主要用在支架上固定管子，也可在活动支架上进行导向。用管卡固定管子时，卡圈必须与管子外径紧密吻合，拧紧固定螺母后使管子牢固不动。用做导向管卡时，卡圈可比管子外径大 2 mm 左右，以利于导向活动。

U 形管卡有成型产品，也可自行用圆钢制作，其材料选用表见表 4—10。

表 4—10　　U形管卡材料选用表

管径（DN）(in)	15	20	25	32	40	50	65	80	100	125	150
管卡直径（mm）	8	8	8	8	10	10	10	12	12	16	16
管卡展开长（mm）	116	132	148	183	200	231	272	304	366	430	518
螺母	M8	M8	M8	M8	M10	M10	M10	M12	M12	M16	M16

四、管道的连接

管道的连接就是将管道与管道或管道与管件、阀门等连接起来，按照一定的要求使之形成一个严密的整体。管道的连接方式有很多，常用的有螺纹连接、法兰连接、焊接连接、承插和胀管连接等。实际操作时可根据不同的情况选择合适的连接方式。

1. 螺纹连接

螺纹连接是通过内、外管螺纹把管道与管道，管道与管件、阀门等连接起来。螺纹连接适用于低压流体输送用焊接钢管，一般管径不大于 4 in，工作压力不超过 1 MPa 的给水管道；管径在 3 in 以下，工作压力不超过 1 MPa，介质温度不超过 100℃的热水管道。空调工程的冷却水、冷媒水及供热水管等管道，采用螺纹连接较为普遍。管螺纹的连接，是用管子的外螺纹及管件的内螺纹，中间填塞麻丝、生料带等材料，使之严密地拧接在一起。

（1）短螺纹连接。短螺纹连接是管子的外螺纹与管件或阀件的内螺纹进行固定性连接的方式，如需拆卸，必须从头拆起。连接时可根据介质的温度、特性在内、外螺纹之间缠绕填料，缠绕时应对着螺纹端头顺时针方向缠，这样才会越拧越紧，一般以缠绕 4～5 圈为宜。操作时一般先用手拧入 2～3 扣，然后再用管子钳拧紧。应选用与紧固管件相适应的管子钳，且用力适度，不宜过猛，以免胀裂管件。

（2）活接头连接。活接头由公口、母口和套母 3 部分组成。公口的一端带插嘴，与母口的承嘴相配，另一端有内螺纹，与管子外螺纹呈短螺纹连接。套母的外表呈六方形，内孔有内螺纹，内螺纹与母口上的外螺纹连接，连接时公口上加垫。活接头的连接有方向性，应注意水流方向是从活接头公口流向母口。活接头连接、拆卸比较方便，松开套母，管子便可拆卸下来，所以活接头连接是一种较理想的活动连接。

2. 法兰连接

法兰连接是用法兰将管子和管件等连接起来组成管道系统，是管道工程安装中经常采用的一种连接方式。法兰连接具有可拆卸性、便于维修的特点，在制冷系统中多用于管道与阀门或其他辅助设备的连接。

（1）法兰连接用垫片。法兰上虽有各种不同形式的密封面，但真正起密封作用的是夹在法兰中间的密封垫片，在制冷系统中常用石棉橡胶板，而在冷却水和冷冻水系统中常用橡胶板。法兰连接所配用的密封垫片应采用冲压或垫片专用工具加工。成形后的垫片边缘要光滑，不能有裂纹，为便于取放和找正，垫片以做成带“把”的形式为宜。

（2）法兰与管子连接。法兰与管子连接，其密封面必须垂直于管子轴线，焊接法兰时应在法兰平面相互垂直的两个方向上反复贴靠对正，点焊固定，再用手工电弧焊焊接。在法兰与管子连接时，还应注意法兰螺栓孔的位置，防止由于错位而影响弯管、三通或阀门等的朝向。另外，管子插入平焊法兰的深度应使管端平面到法兰密封面有 1.3～1.5 倍壁厚的距离，决不允许法兰内侧焊缝露出密封面，从而影响密封。

（3）法兰的连接紧固。法兰连接使用的螺栓规格应相同，单头螺栓插入的方向应一致，同一对法兰的锁紧力应均匀一致，紧固螺母应采用对称法进行操作。螺栓紧固后的外露螺纹最多不能超过两个螺距。另外，不允许用斜垫片或强紧螺栓的方法消除歪斜，以及用加双垫的方法弥补过大的间隙。

3. 焊接连接

管道的焊接连接是管道工程中应用最广泛的连接方式，它是用气焊或电焊等方法将管道焊接起来，使之成为一个严密的整体。采用此方法时，焊口强度高，严密性好，管材利用率高，成本低，适应性广，使用维护方便，但不能拆卸。目前用于金属管道安装施工的焊接多为熔焊，现场一般采用手工电弧焊和气焊。

在采用手工电弧焊，当管壁厚度超过 3.5 mm 时，就需要开坡口进行焊接，否则会直接影响焊接质量。另外，对于铜管的焊接，为确保焊接的质量，可采用插焊，同时焊接前要做好管口焊缝的清洁工作。

五、管道阀门的安装与固定

在管道工程中，管道及阀门等附件安装质量的好坏，不仅直接影响工程外观，而且还将影响生产效率和安全运行，所以在安装管道时，应特别注意管道和阀门等的合理布局，正确就位安装。

1. 管道与阀门安装的一般要求

管道安装前要具备一定的条件，一般要求是：所有与管道安装有关的建筑物已基本完成，并经检查合格，与管道连接的设备已找正固定，同时应了解它们的结构特点及所用材料，以便选用和固定支架。

管子及阀门应有出厂检验合格证明，不得有砂眼、裂纹、严重锈蚀等。管子的材质、规格，阀门的型号、规格应符合要求，同时须对弯管校直及对压扁管调圆。管道与阀门在安装前必须清洁干净，不得存有杂物。

管道在进行吊装就位前，管架须安装完毕并牢固可靠，其标高、水平、坡度等均应达到要求。凡过楼、过墙、过路的管道都应做好套管等保护性措施。吊装前还应校对有关尺寸是否符合要求。管道的安装应横平竖直，无特殊情况不允许管路斜走。

管道安装过程中，如遇到管道敷设位置相碰、重叠时，可按以下原则避让：一般小口径管道让大口径管道，常压、中低压管道让中压或高压管道，常温管道让高温或低温管道，一般管道让易结晶、易堵塞管道，支管让主管，管道让梁柱。根据上述管道布置原则，首先要进行主要管道的安装。

与设备连接管段的安装应从设备连接处开始，在离开设备的管道上闭合，以免因操作不当造成的应力加在设备上，使设备损坏。管道与管道或设备连接中不得强力对口，一般不允许将管道所受的重力作用在机泵等设备上，以免增加管道、阀门与设备连接的附加应力。管道安装时，管道的连接处和纵向焊缝的设置应选在易于检查及维修的位置，穿墙和其他隐蔽的地方一般不设置焊缝和法兰。管道的对接焊缝和法兰接头一般应高于支架100 mm。钢板卷管的纵向焊缝应置于易检查、修理的地方。在管道的纵向焊缝和对接焊缝处不宜开孔或设置连接支架。

2. 阀门的安装

（1）阀门安装的一般要求。阀门安装的位置不应妨碍设备、管道及阀门自身的拆装、检修和操作。立装阀门一般离地 1～1.2 m 为宜，离地 1.8 m 以上且又操作较多的阀门，应安装固定的操作平台。在水平管道上安装阀门时，阀杆最好垂直向上或向左右偏 45°，也可水平安装，但不宜向下。在立管上安装阀门时，阀杆必须顺操作方向安装。为了缩小管道间距，同一平面平行管道上的阀门应错开分布，并排立管上的阀门中心线标高最好一致，而且应保证手轮之间的净距不小于 100 mm。

在水泵、换热器等设备上安装较重的阀门时应设阀门架。阀门在安装时，应保持关闭状态并注意方向，截止阀等不允许装反。阀门大部分是铸件，强度较低，在紧固法兰连接螺栓时应注意对角均匀受力紧固，以防阀体损坏。对于螺纹式阀门的安装，应保证螺纹完好，一般情况下，在阀门出口处装活接头，以便拆卸。

（2）管道阀门的固定。一般情况下阀门管道的固定均采用支架结构，支架在安装管道阀门前先行安装，待管道阀门安装完成后，再行固定，或者随时安装，随时固定。

沿墙、建筑物、构筑物等安装管道支架有以下几种方法：

1）埋入式支架。一般在土建施工时一次埋入或预留孔洞，支架埋入深度不小于120 mm。

2）焊接式支架。在钢筋混凝土构件中预埋钢板，然后将支架焊接在钢板上面。

3）射钉或膨胀螺栓安装支架。在没有预留孔洞和预埋钢板的砖或混凝土墙上，用射钉枪将射钉射入墙内，然后用螺母将支架固定在射钉上。用膨胀螺栓安装支架，先在墙上按支架螺栓孔的位置定位钻孔，然后放入螺栓，用扳手扳紧螺母，使膨胀管胀开，支架固定于墙上。

4）钩钉。钩钉适用小口径水平支管的安装。先钻孔并将木塞埋入墙内，管道安装后，将钩钉打入，即完成固定。

六、管道的隔热与防潮

1. 管道隔热及其目的

在管道工程中，一般要求管道输送的热介质或冷介质保持一定的温度，尽量减少热量或冷量的损失。由于热量和冷量的损失对能源消耗较大，所以管道在安装后进行隔热处理十分重要。隔热处理包括保温和保冷，尤其是保冷更为重要，通过隔热可以使冷量损失减少70%～90%，由此可见，对管道做好隔热处理是非常重要的。

管道进行隔热处理，除了可以减少输送介质的热量或冷量损失外，还有以下目的：

（1）防止低温冻坏管道和阀门。

（2）防止高温管道烫伤操作人员。

（3）防止空气中的水蒸气凝结在管道上。

（4）由于具有隔热层，使管子外壁保持干燥，减少腐蚀。

2. 管道隔热的一般要求

在下列情况下管道须进行隔热处理：

（1）输送热介质的管道，要求尽量减少热损失时须进行隔热处理。

（2）为防止烫伤事故，当管道表面温度达70～90℃且经常有人员活动的场所，须进行隔热处理。

（3）输送冷介质的管道，为防止表面结露以及减少冷量损失，须进行隔热处理。

（4）对冷介质管道，除阀杆手轮外露，其余部分均应进行保冷。

3. 隔热材料的选择原则

隔热材料的选择一般遵循因地制宜、就地取材的原则，但作为隔热材料应具备一些基本条件。

（1）导热系数小，隔热、隔冷效果较好，一般导热系数不大于0.14 W/(m·K)，最大不大于0.23 W/(m·K)。

隔热材料按其导热系数大小可分为4级：

一级隔热材料导热系数不大于0.081 W/(m·K)。

二级隔热材料导热系数不大于0.081～0.116 W/(m·K)。

三级隔热材料导热系数不大于0.116～0.17 W/(m·K)。

四级隔热材料导热系数不大于0.17～0.21 W/(m·K)。

（2）容重要轻，一般应低于450 kg/m^3。

（3）能耐一定温度，对潮湿、水分有一定的抵抗能力。

（4）能耐振动，有一定的强度，能承受0.2～0.3 MPa的压力。

（5）化学稳定性好，对管道无腐蚀作用。

（6）不易燃烧，且不自燃。

（7）使用寿命长，来源广，造价低，施工方便。

在制冷空调工程中，一般常用的隔热材料可分为十大类：珍珠岩类、蛭石类、硅藻土类、泡沫混凝土类、软木类、石棉类、玻璃纤维类、泡沫塑料类、矿渣棉类、岩棉类。其相关性能可参看有关手册。

4. 隔热层的防潮

在制冷空调工程中，管道中介质的温度一般低于周围空气的温度，从而造成隔热材料内的温度从外向里逐渐降低。隔热层温度下降后，在隔热层内空气水蒸气分压力也随之降低，隔热层内外就产生了水蒸气分压力之差。如果隔热材料没有设置防潮层，大气中的水蒸气就会以扩散的方式进入隔热层，并随温度的降低而冷却，以至凝结成水或冰，不但造成隔热材料受潮、受冻、损坏，而且破坏隔热层的保温效果。因此，在制冷空调工程的低温管道的外表面侧应设置防潮层。

（1）以石油沥青为主的防潮层。这类材料有石油沥青油毡、石油沥青玻璃布等。用油毡做防潮层应在气温不低于 5℃时操作，各层油毡搭接宽度不小于 100 mm，接缝应密实，无起壳现象。油毡外扎镀锌钢丝网，最后抹一层石棉水泥做保护层。

（2）以聚乙烯薄膜做防潮层。这类材料施工方便、价格便宜。铺设时要求平整，纵向和横向搭接不小于 40 mm，在常温下用沥青玛谛脂或黏结剂粘牢。

（3）以复合铝箔做防潮层。这类材料防潮性能好，但价格较贵。复合铝箔防潮层一般用玻璃纤维增强，保护铝箔不受损坏。玻璃纤维增强即在铝箔表面缠绕一层玻璃布，再涂刷不饱和聚树脂。一般每道用量在 1～2 kg/m^2 为宜。

七、制冷管道与阀门的基本要求

1. 制冷管道的基本要求

制冷管道基本上可以分为高压气管（排气管，由压缩机出口至冷凝器进口），高压液管（输液管，由冷凝器出口至膨胀阀进口）和低压气管（吸气管，由蒸发器出口至压缩机吸入口）。为了确保制冷系统在设计范围安全、经济地运行，对这些管道在布置和安装上均有一定的基本要求，以保证整个制冷系统在良好的工作状态下工作。

（1）制冷管道中吸气管、排气管及输液管的管径应严格遵守设计要求，不可随意进行变更，以确保管道有合适的耐压强度和较小的管路阻力。

（2）对于输液管、吸气管、排气管的布置安装还应考虑到工艺上的特殊要求，考虑坡度以及管道的排列形式等。

（3）制冷管道在许可的情况下应尽量减小管路长度和弯曲的次数，以减小流动阻力，使管路更为合理。

（4）对供液管道应注意对蒸发器布液均匀，对吸气管和排气管应注意管道的压降在规定的范围之内。

（5）制冷管道中的液体管道不能有局部向上凸起的管段，气体管道不能存在局部向下凹陷的管段，避免由此产生的“液囊”和“气囊”，使液体和气体在管道内流动阻力增加而影响系统正常运转。从液体立管接支管时，一般应从立管的底部接出；从气体立管接支管时，应从立管的上部接出。

（6）制冷管道的三通接口，不允许使用T形三通而应制成顺流式三通。如支管与主管的管径相同，且管径 $DN<50$ mm时，主管上应局部加大一个规格，制成扩大管。

（7）制冷管道的弯管应尽量采用冷煨法煨制，防止热煨弯生成的氧化皮或嵌在管壁上的沙子增加系统污物，弯管的半径一般不小于管子外径的2.5倍。制冷管道一般不使用压制弯管和焊接弯管。

（8）制冷系统的所有管道均应保持清洁、干燥。在安装前要检查其清洁程度，必要时要用高压氮气吹净，以排除管内的氧化皮及污物。

（9）制冷管道的接管应有防振措施，较长的管子应有架子支撑，以免振动损坏。

（10）制冷管道在经过安装焊接以后，要进行必要的气密性试验，高压段试压1.8 MPa，低压段试压1.2 MPa，以进行检漏，从而确保系统的严密性。

（11）制冷管道在进行气密性试验后，还必须经过仔细地清渣、排污，以保证管道清洁、干燥。

2. 制冷用阀门的基本要求

阀门主要是用来对管道及设备内介质的流量进行调节和控制，或对流向进行调整以实现系统正常运行的装置。在制冷系统中使用的阀门大多属于低压阀和中压阀范畴，从阀的结构来看，主要为切断阀、止回阀、节流阀、恒压阀和安全阀等。从在系统的作用和要求来看，这些阀门主要用于切断管路、调整流量、恒定压力和确保安全卸荷。这些制冷用阀门应具备一些基本要求：

（1）截止阀、止回阀。要求工作可靠，关闭严密，经久耐用，无泄漏。

（2）电磁阀。要求启闭灵活，动作灵敏。

（3）恒压阀、背压阀。要求调整稳定，动作精确。

（4）膨胀阀类。要求动作灵敏，调整准确。

（5）安全阀。要求起跳精确，关闭严密。

制冷管路中所用的阀门一般均要求启闭严密、可靠，无泄漏，调整、动作精确灵敏，以此来确保系统安全可靠地运行。要保证阀门正常工作，在安装中应遵从一定的要求。

首先，制冷用阀门在安装前须进行压力试验，包括强度试验和严密性试验。阀门的强度试验是对阀体材料进行承压检验，方法是将阀开启，从一端充入压缩空气，在另一端将阀门封堵，然后升压至工作压力的1.25倍，保持一定时间，无渗漏为合格。阀门的严密性试验是对阀门中阀瓣与阀座的密封面、阀盖与阀体的密封垫以及填料处做密封试验，方法是用煤油试压，调到阀门的试验压力，保持一段时间，无渗漏为合格。

其次，对于电磁阀等其他阀类，在使用安装前还应做单体灵敏度试验，并检查其压力下的密封性。

另外，对安全阀在使用前应检查铅封，不得随意拆卸。安全阀平时应铅封在开启状态，不得关闭。同时还应分清是高压用还是低压用安全阀，如发现不符应重新校订。

制冷用阀门必须安装平直，阀门手柄严禁朝下。安装阀门必须注意方向，以阀座为基准自下而上（低进高出）地安装，可使阀门的阀杆填料处于较低的压力下，便于阀盖发生渗漏时更换填料，并且开启轻便。对于止回阀等应确定方向，防止装反。

所有这些均是对制冷用阀门在使用和安装过程中一些最基本的要求。

第三节　焊工技能

一、常用金属材料的性质

金属材料的物理性能包括密度、熔点、导电性、导热性、热膨胀性和磁性等；化学性能包括耐腐蚀性和抗氧化性等。金属材料在外力作用下抵抗变形或破坏的能力叫做力学性能，包括强度、塑性、硬度、冲击韧性、疲劳强度等；金属材料的工艺性能表示金属材料加工成机械零件的难易程度，包括铸造性能、压力加工性能、焊接性能、切削性能等。

1. 碳钢

碳钢具有一定的力学性能，且工艺性能良好，价格低廉，因而在机器制造中得到广泛应用。要在生产上合理选择、正确使用各种碳钢，必须了解我国碳钢的分类、编号及用途，以及碳和一些常存杂质对钢性能的影响。

2. 铜合金

纯铜虽然物理、化学性能优良，但强度不高，需制成合金以满足某些机器性能要求。铜合金分为黄铜、青铜、白铜。白铜是铜镍合金，主要用来制造精密机械、仪表中耐腐蚀零件及电阻器、热电偶等。普通机械工业中应用较广的是黄铜和青铜。黄铜是以锌为主加元素的铜合金，它分为普通黄铜和特殊黄铜两种。

二、焊接原理与焊接设备

1. 焊接原理

焊接是借助于原子的结合把两个分离的物体连接成一个整体的过程。为了实现焊接过程，必须使两个被焊物体接近到原子间的力能够发生相互作用的程度。要达到这个目的，可利用加热、加压或两者并用，并且用或不用填充材料，从而使工件达到原子间结合的目的。

焊接方法可用于金属或非金属材料，但目前应用得最多的是金属的焊接。焊接不仅可以应用于静载荷、交变载荷及冲击载荷下工作的结构，而且可以应用于在低温、高温、高压及有腐蚀介质条件下使用的结构。目前，常用的焊接方法可简要地分为三大类，即熔焊、压焊和钎焊。本节主要介绍熔焊中的气焊方法及其基本知识。

2. 气焊用焊接气体

（1）氧气。氧气本身是不能燃烧的，但它能帮助其他可燃物质燃烧。燃烧实质上是氧和其他物质进行激烈化学反应的结果。气焊、气割正是利用可燃气体燃烧放出的热量作为热源的。

（2）乙炔。乙炔又称电石气，它是一种无色的碳氢化合物，比氧气轻一些。乙炔是易燃气体，其自燃点为 480℃，在空气中的着火温度为 428℃。乙炔气体是一种理想的可燃气体，1 个体积的乙炔必须要有 2.5 个体积的氧气助燃，才能达到完全燃烧。乙炔与氧气混合燃烧时，火焰温度可达 3 200℃左右，比其他可燃气体燃烧时的温度都高。

乙炔既是可燃气体，又是易爆炸的气体。当温度升高到 300℃以上或压力在 0.15 MPa 以上时，乙炔遇火就会爆炸。当温度超过 580℃且压力超过 0.15 MPa 时，乙炔就会自动爆炸。

乙炔能溶解在水或其他液体中。在不同的液体中，乙炔的溶解量也不同。如在 0.1 MPa下，1 个单位体积的水中只能溶解 1 个单位体积的乙炔，而在 1 个单位体积的丙酮内就能溶解约 25 个单位体积的乙炔。另外，随着气压的增加，乙炔的溶解量也随着增加。如在 0.5 MPa 下，1 个单位体积的水中能溶解 5 个单位体积的乙炔，而在 1 个单位体积的丙酮内能溶解 125 个单位体积的乙炔。瓶装的溶解乙炔就是利用丙酮的溶解作用而降低了它的气压。

乙炔和铜或银长时间接触后，在它们的表面上会生成乙炔铜或乙炔银等化合物，这种化合物受到摩擦或冲击时，就会发生爆炸。因此，乙炔发生器、安全器、乙炔净化器、乙炔管接头和排气管等都不能用铜和银，而只能用铜或银的含量低于 70％的铜合金或银合金来制造。

乙炔还能和氯、次氯酸盐等化合，发生燃烧和爆炸。所以因乙炔燃烧而引起火灾时，绝对禁止使用四氯化碳灭火器来灭火。

（3）液化石油气。工业上使用的液化石油气是一种略带臭味的无色气体，在常温、常压下以气态形式存在；如果压力增加到 8～15 MPa 时，它就由气态变成液态，便于装瓶储存和运输。

液化石油气与乙炔一样，也能与空气或氧气混合成具有爆炸性的气体。它的含量（按体积计算）在 3.5％～16.3％范围内与氧形成混合气体，遇到明火就会发生爆炸。它的燃点在 500℃左右，比乙炔（480℃）高。因此使用液化石油气比使用乙炔安全。液化石油气完全燃烧所需的氧气量比乙炔燃烧时多，因此用液化石油气代替乙炔时，氧气的消耗量将增多。

液化石油气的火焰温度为 2 000～2 700℃，比乙炔火焰的温度低，因此，气割时预热时间应稍长些，但它可以减少切口边缘的过烧现象，容易保证切割质量。

3. 焊接设备

气焊使用的设备包括氧气瓶，乙炔发生器（或溶解乙炔瓶、液化石油气瓶）以及回火保险器等，使用的工具包括焊炬、减压器以及橡皮气管等。气焊主要用于焊接薄钢板、有色金属，补焊铸铁件，堆焊硬质合金，以及补焊磨损零部件等。

（1）氧气瓶。氧气瓶是一种储存和运输氧气用的高压容器，其结构如图 4—54 所示，它由瓶体、瓶箍、瓶阀等组成。瓶体是用 42Mn2 低合金钢锭经反复挤压、扩孔、拔伸、收口等工序而制造的。瓶的壁厚一般为 5～8 mm，长度约为 1 450 mm，外径为 219 mm，容积为 38～40 L，质量约为 60 kg。为使搬运时防止氧气瓶阀意外的碰撞，瓶体上部收口处装有一个带内螺纹的瓶帽。瓶体外部装有两个防振圈，瓶体和瓶帽外表面漆成天蓝色，并用黑漆写明“氧气”字样，以区别于其他气瓶。为使氧气瓶能平稳、竖立地放置，在制造时把底部做成凹面形状。氧气瓶出厂前，除对氧气瓶的各个部件严格检查外，还需对瓶体进行水压试验。一般试验压力应为工作压力的 1.5 倍，即试验压力应为 15×1.5＝22.5 MPa。氧气瓶应定期进行检验，以确保安全。此外，还要看腐蚀情况，如质量减轻得太多（一般不超过 2 kg），就需要进一步用探伤仪或射线透视测定氧气瓶的壁厚，来确定其能否继续使用。

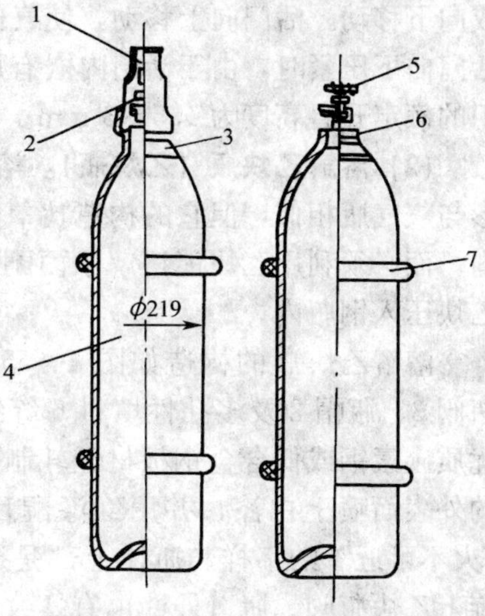

图 4—54　氧气瓶的结构

1—瓶帽　2—瓶阀　3—瓶箍　4—瓶体　5—手轮　6—瓶头　7—防振圈

目前，我国生产的氧气瓶的规格见表 4—11。最常用的容积为 40 L，这种氧气瓶在 15 MPa的压力下，可以储存相当于常压下容积为 6 m^3 氧气。

表 4—11　　氧气瓶的规格

瓶体表面漆色	工作压力（MPa）	容积（L）	瓶体外径（mm）	瓶体高度（mm）	质量（kg）	水压试验压力（MPa）	采用瓶阀规格
天蓝	15	33	219	1 150±20	45±2	22.5	OF—2 型铜阀
		40		1 370±20	55±2		
		44		1 490±20	57±2		

使用氧气时，将手轮按逆时针方向旋转则可以开启氧气瓶阀，若按顺时针方向旋转则关闭瓶阀。旋转手轮时，阀杆也跟着转动，再通过开关板使活门一起旋转，造成活门向上

或向下移动。活门向上移动，使气门开启，瓶内氧气从瓶阀的进气口进入，出气口喷出。活门向下压紧时，由于活门内嵌有用尼龙 1010 制成的气门，因此可使活门关紧。瓶阀活门的额定开启高度为 1.5～3 mm。

(2) 溶解乙炔瓶（乙炔瓶）。 溶解乙炔瓶是一种储存和运输乙炔用的压力容器，其外形与氧气瓶相似，但它的构造比氧气瓶复杂。这是因为乙炔不能以高压压入普通的钢瓶内，而必须利用乙炔能溶解于丙酮（CH3・$COCH_3$）的特性，采取必要的措施，才能将乙炔压入钢瓶内。

溶解乙炔瓶的构造如图 4—55 所示，它主要由瓶体 5、瓶阀 3、瓶帽 2 及多孔性填料 6 等组成。乙炔瓶的瓶体是由优质碳素钢或低合金钢板材经轧制焊接而成的。瓶体和瓶帽的外表面喷上白漆，并用红漆醒目地标注“溶解乙炔”和“火不可近”的字样。瓶体上部是瓶口，内部有螺纹，用以旋上乙炔瓶阀。瓶口外壁也有螺纹，用以旋上瓶帽，防止瓶阀受到意外碰撞而损坏。瓶体下端是底座，它是圆形的，使乙炔瓶在直立时保持平稳。

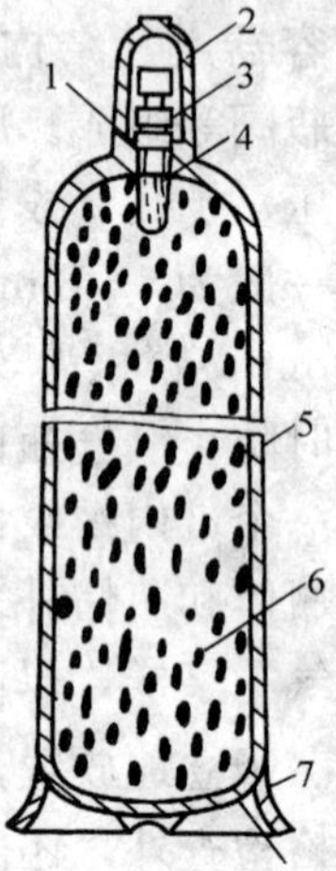

图 4—55　溶解乙炔瓶的构造
1—瓶口　2—瓶帽
3—瓶阀　4—石棉　5—瓶体
6—多孔性填料　7—瓶座

在瓶内装有浸满丙酮的多孔性填料 6，能使乙炔稳定而又安全地储存于乙炔瓶内。使用时，打开瓶阀 3，溶解于丙酮内的乙炔就分解出来，通过瓶阀排出，而丙酮仍留在瓶内。瓶阀下面瓶口 1 中心的长孔内放置着过滤用的不锈钢丝网和石棉 4，其作用是帮助作为溶质的乙炔从溶剂丙酮中分解出来。

以往瓶内的多孔性填料是用多孔而质轻的活性炭、木屑、硅藻土、浮石、石棉纤维等联合制成的，目前已广泛应用硅酸钙。硅酸钙填料主要由经粉碎的藻土、石灰、硅石、石英砂、石棉和水玻璃加水搅拌成料浆填入瓶内，再将瓶放入反应釜中加热成固体，并经干窑烘干而成。硅酸钙填料的孔隙率为 85%～92%，孔隙中充入溶剂丙酮。在瓶体肩部有易熔塞，塞内浇铸易熔合金，易熔合金的熔化温度为（100±5）℃。在火灾场合或自身聚合作用发热时，若乙炔瓶温度超过 100℃，易熔合金熔化，易熔塞放气泄压，防止气瓶发生爆炸。

溶解乙炔瓶出厂前，除对各个部件严格检查外，还需对瓶体进行水压试验。乙炔瓶的工作压力为 1.5 MPa，设计压力为 3 MPa，一般试验压力为设计压力的 2 倍，即试验压力应为 6 MPa。

溶解乙炔瓶的容量一般为 40 L，可以溶解 6～7 kg 乙炔。在使用期间，每 3 年进行一次技术检验。

由于乙炔瓶阀的阀体旁侧没有连接减压器的侧接头，因此必须使用带有夹环的乙炔瓶专用减压器。

(3) 减压器。减压器的作用是将储存在气瓶内的高压气体减压至所需要的压力，在工作过程中，使工作压力自始至终保持稳定状态。这项工作需要通过减压器的自动调节来完成。

目前，国产的减压器主要是单级反作用式和双级混合式（第一级为正作用式，第二级为反作用式）两类。

QD—1 型氧气减压器是单级反作用式，它主要供氧气减压用。其进气口最高压力为 15 MPa，工作压力调节范围为 0.1～2.5 MPa。

QD—1 型氧气减压器的构造如图 4—56 所示。它主要由本体 10，罩壳 6，调压螺钉 5，调压弹簧 7，弹性薄膜装置（由弹簧垫块 4、薄膜片 3、耐油橡胶平垫片 2 等组成），减压活门 13，活门座 14，安全阀 15，进气口接头，出气口接头以及高压表与低压表等部分组成。减压器的外壳漆成天蓝色。

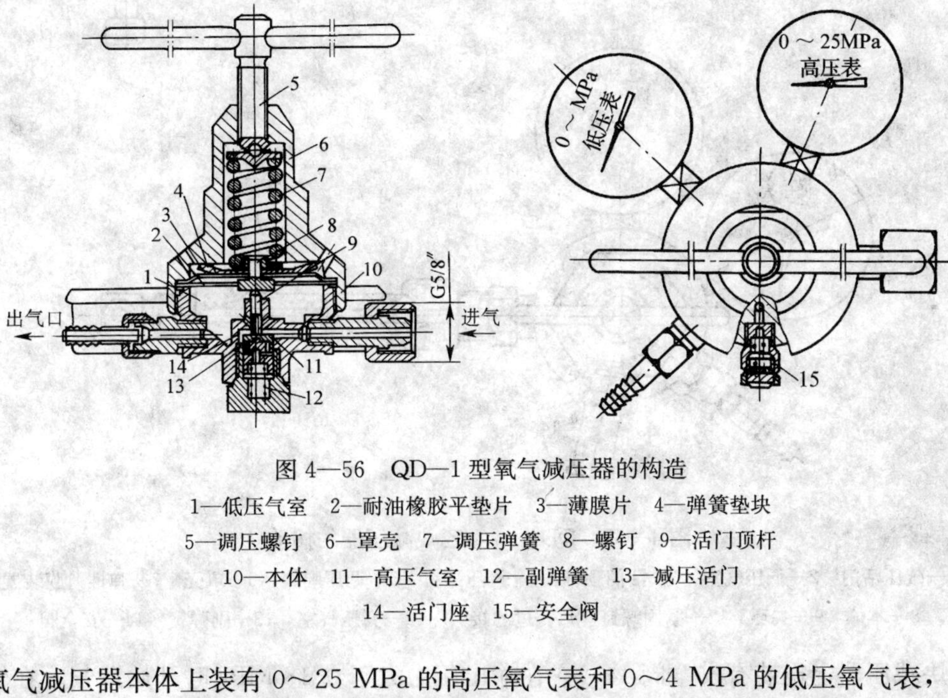

图 4—56　QD—1 型氧气减压器的构造

1—低压气室　2—耐油橡胶平垫片　3—薄膜片　4—弹簧垫块
5—调压螺钉　6—罩壳　7—调压弹簧　8—螺钉　9—活门顶杆
10—本体　11—高压气室　12—副弹簧　13—减压活门
14—活门座　15—安全阀

氧气减压器本体上装有 0～25 MPa 的高压氧气表和 0～4 MPa 的低压氧气表，分别指示高压气室 11（即氧气瓶内）的压力和低压气室 1 的压力（即工作压力）。

QD—20 型乙炔减压器是单级式乙炔减压器，供溶解乙炔瓶减压用。其进口最高压力为 2.0 MPa，工作压力调节范围为 0.01～0.15 MPa。

QD—20 型乙炔减压器的构造如图 4—57 所示。其构造和工作原理基本上与单级式氧气减压器相同，所不同的是乙炔减压器与溶解乙炔瓶的连接是用特殊的夹环 9 和紧固螺钉 10 加以固定的。

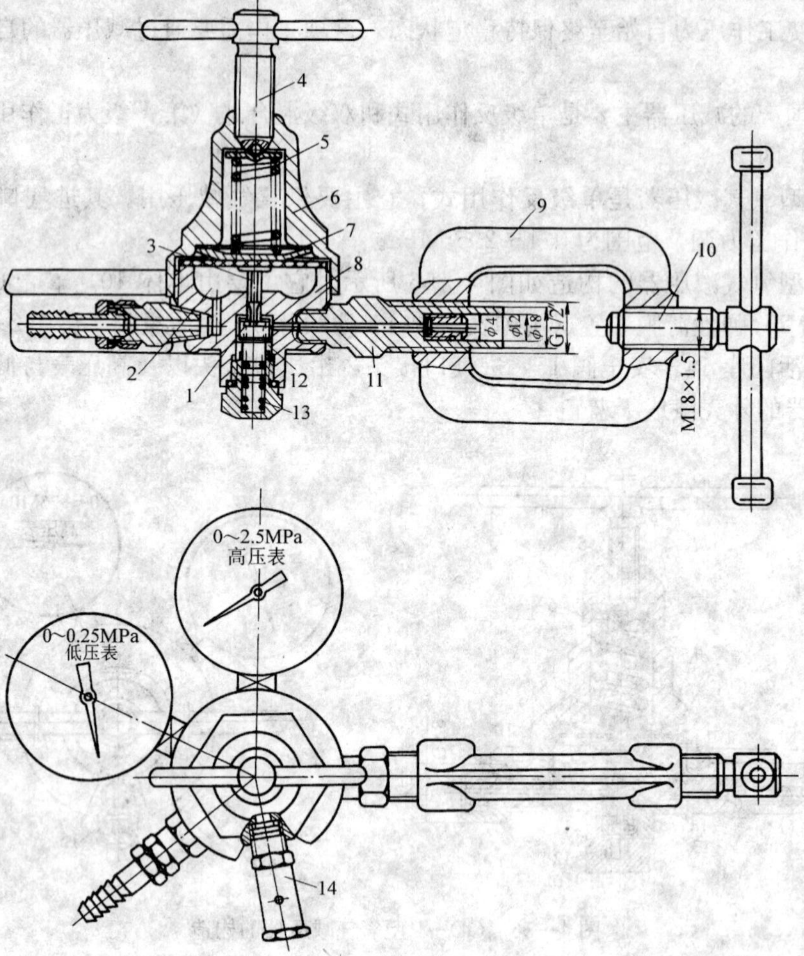

图 4—57　QD—20 型乙炔减压器的构造

1—减压活门　2—低压气室　3—活门顶杆　4—调压螺钉　5—调压弹簧　6—罩壳　7—弹性薄膜装置　8—本体　9—夹环　10—紧固螺钉　11—过滤接头　12—高压气室　13—副弹簧　14—安全阀

乙炔减压器上也装有安全阀 14，它在输出压力大于 0.18 MPa 时开始泄气，在输出压力达到 0.24 MPa 时完全打开。减压器工作压力为 0.15 MPa 时，通过直径 4 mm 喷口的最大流量为 9 m^3/h。

减压器的本体 8 上装有 0～2.5 MPa 的高压乙炔表和 0～0.25 MPa 的低压乙炔表。乙炔减压器的外壳漆成白色，在减压器的压力表上均有指示该压力表最大许可工作压力的红线，以便使用时严格控制。

(4) 焊炬。焊炬又称焊枪，是气焊的主要工具。它的作用是将可燃气体和氧气按一定的比例均匀地混合，并以一定的速度从焊嘴喷出，形成一定比率、一定成分、适合焊接要求和燃烧稳定的火焰。

焊炬的好坏直接影响焊接质量，因此，要求焊炬应有良好的调节和保持氧气与可燃气体的比例及火焰大小的性能，并使混合气体喷出速度等于或大于燃烧速度，以使火焰稳定地燃烧，同时，焊炬的质量要轻，使用时应安全可靠。

等压式焊炬燃烧气体的压力和氧气的压力是相等的，因此称为等压式。它的优点是不易发生回火。

目前，国产的焊炬均为射吸式，它不但适用于低压乙炔（低压乙炔发生器供气），也适用于中压乙炔（中压乙炔发生器供气）和溶解乙炔瓶装的乙炔。而等压式焊炬由于不能用于低压乙炔，因此限制了它的使用范围，目前等压式焊炬已很少应用。

H01—6 型焊炬属于射吸式焊炬，能焊接 1～6 mm 厚的低碳钢板材。焊炬备有 5 个焊嘴，可根据不同的板厚进行选用。H01—6 型焊炬的构造如图 4—58 所示。它主要有主体 12、乙炔调节阀 5、氧气调节阀 11、喷嘴 15、射吸管 3、混合气管 2、焊嘴 1、手柄 10、乙炔管接头 7 及氧气管接头 8 等部分组成。

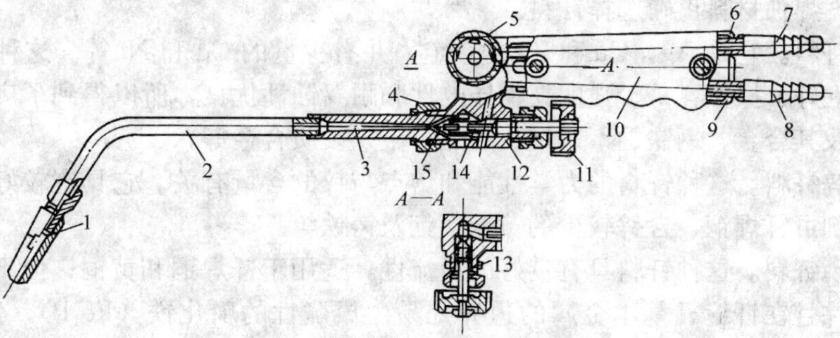

图 4—58　H01—6 型焊炬的构造

1—焊嘴　2—混合气管　3—射吸管　4—射吸管螺母　5—乙炔调节阀　6—乙炔进气管　7—乙炔管接头　8—氧气管接头　9—氧气进气管　10—手柄　11—氧气调节阀　12—主体　13—乙炔阀针　14—氧气阀针　15—喷嘴

喷嘴是根据射吸式原理，将氧气与乙炔按一定的比例混合，并以一定的流速从射吸管 3 射出，进入混合气管 2 再从焊嘴 1 喷出。射吸管用的射吸管螺母 4 紧固在焊炬主体的左侧，焊嘴靠螺纹旋紧在混合气管的左端，而混合气管的右端与射吸管采用银钎料钎焊。

H01—6 型焊炬的工作原理：打开氧气调节阀 11，氧气即从喷嘴快速射出，并在喷嘴外围形成真空造成负压（吸力）；再打开乙炔调节阀 5，乙炔即聚集在喷嘴的外围。由于氧射流负压的作用，聚集在喷嘴外围的乙炔很快被氧气吸入射吸管 3 和混合气管 2，并从焊嘴 1 喷出。射吸式焊炬的特点是利用喷嘴的射吸作用，使高压氧气（0.1～0.8 MPa）与压力较低的乙炔（0.001～0.1 MPa）均匀地按一定比例（体积比为 1∶1）混合，并以相当高的流速喷出。所以不论是低压乙炔还是中压乙炔，都能保证焊炬的正常工作。

三、焊条与焊剂

1. 电焊条

电焊条由焊芯和药皮组成。焊芯是焊条中的钢芯。焊芯在电弧的高温作用下与母材熔化在一起形成焊缝。焊缝金属的合金成分主要是从焊芯中过渡来的，因此焊芯的成分对焊缝质量有很大的影响。焊芯的牌号用“H”表示，后面的数字表示碳质量分数，质量水平不同的焊芯在最后标以一定符号以示区别。如 H08 表示碳质量分数为 0.08%～0.10%的低碳钢焊芯；H08A 中的“A”表示优质钢，其 S，P 的质量分数均不超过 0.03%；H08E 中的“E”表示特优质钢，其 S，P 的质量分数均不超过 0.025%。

常用焊芯的直径为 2.0，2.5，3.2，4.0，5.0 和 5.8 mm。焊条的规格均用焊芯的直径表示。焊条的长度取决于焊芯直径、材料和焊条药皮类型等。

2. 钎料

用于火焰钎焊的硬钎料主要是银钎料、铜锌钎料和铜磷钎料等，为了有效地保证焊接质量，应根据焊件材料正确选择钎料。

(1) 银钎料。它是 Ag，Cu 和 Zn 的合金，并有少量的 Cd 和 Ni 等。这种钎料由于熔点低、润湿性好、操作容易、强度高、导电性和耐腐蚀性优良，所以得到了广泛应用。它可以钎焊铜及其合金、钢铁、不锈钢、耐热合金、硬质合金等。

(2) 铜锌钎料。这种钎料的力学性能和熔点与锌的含量有关。它具有较好的耐腐蚀性能，配合钎剂可钎焊铜、含锌较少的黄铜、钢及铸铁等。

(3) 铜磷钎料。这种钎料具有良好的漫流性，适用于钎焊铜和黄铜；但不能钎焊黑色金属表面，并且在钎缝靠基本金属的边界处易生成脆性的磷化铁（Fe_3P），使钎缝变脆。这种钎料钎焊的接头能很好地在拉伸状态下工作，并且有良好的导电性。但钎缝塑性差，故处于弯曲、冲击状态下工作的接头不宜采用。紫铜管之间用铜磷钎料进行焊接，而且不需要焊剂。

3. 焊剂

气焊过程中，被加热后的熔化金属极易与周围空气中的氧或火焰中的氧化合生成氧化物，使焊缝中产生气孔和夹渣等缺陷。为了防止金属的氧化及消除已经形成的氧化物，在焊接有色金属、铸铁以及不锈钢等材料时，通常必须采用气焊熔剂。

气焊熔剂按所起作用的不同，可分为化学反应熔剂和物理溶解熔剂两大类。由于不同的金属在焊接时会出现不同的氧化物，故必须选择相应的熔剂。

(1) 化学反应熔剂。这类熔剂由一种或几种酸性氧化物或碱性氧化物所组成，所以又称为酸性熔剂或碱性熔剂。

1）酸性熔剂。如硼酸、硼砂以及二氧化硅等，主要用做焊接铜及其合金、合金钢等。由于焊接时形成的氧化亚铜、氧化锌和氧化铁等是碱性氧化物，因此，应采用酸性的硼砂和硼酸熔剂。

2）碱性熔剂。如碳酸钾和碳酸钠等，主要用于焊接铸铁。由于熔池内形成了高熔点酸性的二氧化硅（熔点约 1 350℃），所以应采用碱性熔剂。

（2）物理溶解熔剂。这类熔剂有氯化钾、氯化钠、氯化锂、氟化钾、氟化钠、硫酸氢钠等，主要用于焊接铝及其合金。

四、氧气、乙炔气等使用安全知识

1. 氧气瓶的使用

（1）氧气瓶一般应直立放置，并必须安放稳固，防止倾倒。

（2）在压缩状态下的高压氧气与矿物油等油脂或易燃有机物质，如碳粉、纤维等接触时容易自燃，甚至引起火灾或爆炸。并且高速氧气流和金属微粒的碰撞能产生摩擦热，高速气流的静电火花放电，这些都有可能起火。因此，应严禁氧气瓶阀、氧气减压阀、焊炬、割炬、氧气胶管等沾染上易燃物质和油脂等。

（3）取瓶帽时，只能用手或扳手旋转取下，禁止用铁锤等铁器敲击。

（4）在瓶阀上安装减压器之前，应拧开瓶阀，吹掉出气口内杂质，并要轻轻地关闭阀门。装上减压器后要缓慢地开启阀门，以防止阀门开启得太快，高压氧气流速过急，产生静电火花而引起减压器燃烧或爆炸。

（5）在瓶阀上安装减压器时，和阀门连接的螺母至少要拧上三牙以上，以防止开气时脱落。人体要避开阀门喷射方向，并要缓慢地开启阀门。

（6）夏季使用氧气瓶时必须把氧气瓶放在凉棚内，以免强烈的阳光照射。冬季不要将氧气瓶放在距离火炉或暖气太近的地方，以免氧气受热膨胀，引起爆炸。

（7）冬季要防止氧气瓶冻结。如果氧气瓶已经冻结，只能用热水或蒸汽解冻，严禁用明火直接加热，也不准敲打，以免引起瓶阀断裂或在高压气流的冲击下发生意外事故。

（8）氧气瓶内的氧气不能全部用完，最后要留 0.1～0.2 MPa 的氧气，以便充氧时鉴别气体的性质和吹除瓶阀口的灰尘，以及避免混进其他气体。

（9）氧气瓶在运输时必须戴上瓶帽，并避免互相碰撞，不能与可燃气体的气瓶、油料以及其他可燃物同车运输。在厂内运输应使用专用小车，并固定牢。不能把氧气瓶放在地上滚动，以免发生事故。

（10）氧气瓶必须做定期检查，合格后才能继续使用。

2. 溶解乙炔瓶的使用

使用溶解乙炔瓶时，除必须遵守氧气瓶的使用要求外，还应严格遵守以下几点：

（1）溶解乙炔瓶不应遭受剧烈的振动和撞击，以免瓶内的多孔性填料下沉而形成空洞，影响乙炔的储存，引起溶解乙炔瓶的爆炸。

（2）溶解乙炔瓶在使用时应直立放置，因卧置时会使丙酮随乙炔流出，甚至会通过减压器而流入乙炔橡皮管和焊、割炬内，引起燃烧和爆炸。

（3）溶解乙炔瓶瓶体表面温度不应超过 30～40℃，因为温度高会降低丙酮对乙炔的溶解度，而使瓶内的乙炔压力急剧增高。

（4）乙炔减压器与溶解乙炔瓶的瓶阀连接必须可靠，严禁在漏气的情况下使用。否则会形成乙炔与空气的混合气体，一触明火就会发生爆炸事故。

（5）溶解乙炔瓶内的乙炔不能全部用完，当高压表读数为零，低压表读数为 0.01～0.03 MPa 时，应将瓶阀关紧，防止漏气。

（6）使用压力不得超过 0.15 MPa，输出流速不应超过 1.5～2.5 m^3/h，以免导致供气不足，甚至带走太多的丙酮。

3. 减压器的使用及故障排除

（1）安全使用规则

1）安装减压器之前，要略开氧气瓶阀门吹除污物，以防止将灰尘和水分带入减压器内，然后才能装上减压器。在开启气瓶阀时，瓶阀出气口不得对准操作者或其他人，以防止高压气体突然冲出而伤人。减压器出气口与气体橡皮管接头处必须用卡箍拧紧，以免送气后脱开伤人。

2）应预先将减压器调压螺钉旋松后才能打开氧气瓶阀，开启氧气瓶阀时要缓慢进行，不要用力过猛，以防高压气体损坏减压器及高压表。

3）开启氧气瓶阀后，检查各部位有无漏气现象，压力表工作是否正常。

4）调节工作压力时，应缓慢地旋转调压螺钉，以防高压气体冲坏弹性薄膜装置或使低压表损坏。

5）减压器上不得沾染油脂，如有油脂，必须擦拭干净后才能使用。

6）减压器在使用过程中如发现冻结，应用热水或蒸汽解冻，不许用明火烘烤。

7）停止工作时，应先松开减压器的调压螺钉，再关闭氧气瓶阀，并把减压器内的气体慢慢放尽，这样可以保护副弹簧和减压活门免受损坏。

8）减压器必须定期检修，压力表必须定期校验，以确保调压的可靠性和压力表读数的准确性。

9）氧气压力表和乙炔压力表不得调换使用。

（2）减压器的故障排除。减压器由于使用不当或其他因素会产生各种故障，其常见故障及其排除方法见表 4—12。

4. 焊炬的使用

（1）根据焊件的厚度选择适当的焊炬及焊嘴，并用扳手将焊嘴拧紧，直到不漏气为止。

（2）使用前应检查焊炬的射吸性能。检查时，应先接上氧气胶管，乙炔管暂不接。然后打开乙炔调节阀和氧气调节阀，当氧气从焊炬流出时，用手指按在乙炔进气管接头上，若手指上感到有足够的吸力，则表明焊炬射吸力是正常的；相反，如果没有吸力，甚至氧气从乙炔管接头中倒流出来，则说明射吸力不正常，必须进行修理，否则严禁使用。

表 4—12　　减压器的常见故障及其排除方法

故障特征	产生原因	排除方法
减压器连接部分漏气	1. 螺钉配合松动 2. 垫圈损坏	1. 把螺钉拧紧 2. 更换垫圈
安全阀漏气	活门垫料与弹簧产生变形	调整弹簧或更换活门垫料
减压器罩壳漏气	弹性薄膜装置中的薄膜片损坏	拆开，更换薄膜片
调压螺钉虽已旋松，但低压表有缓慢上升的自流现象（或称直风）	1. 减压活门或活门座上有污物 2. 减压活门或活门座损坏 3. 副弹簧损坏	1. 去除污物 2. 更换减压活门 3. 更换副弹簧
减压器使用时压力下降过大	减压活门密封不良或堵塞	去除堵塞并更换密封垫圈
工作过程中发现气体供应不足或压力表指针有较大摆动	1. 减压活门产生冻结现象 2. 氧气瓶阀开启不足	1. 用热水或蒸汽加热方法去消除，切不可用明火加热，以免发生事故 2. 加大瓶阀开启程度
高、低压力表指针不回到零值	压力表损坏	修理或调换后再使用

（3）将乙炔胶管接在乙炔管接头上，并和氧气胶管一起用卡子夹紧。

（4）关闭各气体调节阀，检查焊嘴及各气体调节阀处是否漏气。

（5）以上检查合格后开始点火。点火时先把氧气调节阀稍微打开，然后打开乙炔调节阀，再用点火枪点火，并随即调整火焰的大小和形状至正常状态。如果调整不正常或有灭火现象，应检查是否漏气或管道堵塞，并进行修理。

（6）使用过程中若发生回火，应迅速关闭乙炔调节阀，同时关闭氧气调节阀。等回火熄灭后，再打开氧气调节阀，吹除残留在焊炬内的余焰和烟灰，并将焊炬的手柄前部放在水中冷却。

（7）停止使用时，应先关闭乙炔调节阀，然后再关闭氧气调节阀，以防止发生回火或产生烟灰。

（8）焊炬的各气体通路均不许沾染油脂，以防氧气遇到油脂而燃烧爆炸。另外，焊嘴的配合面不能碰伤，以防止因漏气而影响使用。

（9）使用完毕后，应将焊炬挂在适当的地方，最好将胶管拆下，把焊炬放在工具箱内。

五、钎焊工艺和操作

1. 钎焊接头形式的选择

钎焊接头形式有对接、斜接、搭接、T 形接、卷接及套接等，如图 4—59 所示。对接形式焊接接头的强度比母材低，只适用于焊接不重要的低负荷的焊件；常用的是搭接、斜接、T 形接、卷接及套接等接头形式。这些接头的接触面积大，能够承受较大的负荷。钎焊接触面积的大小要根据焊件的厚度及工作条件来确定。

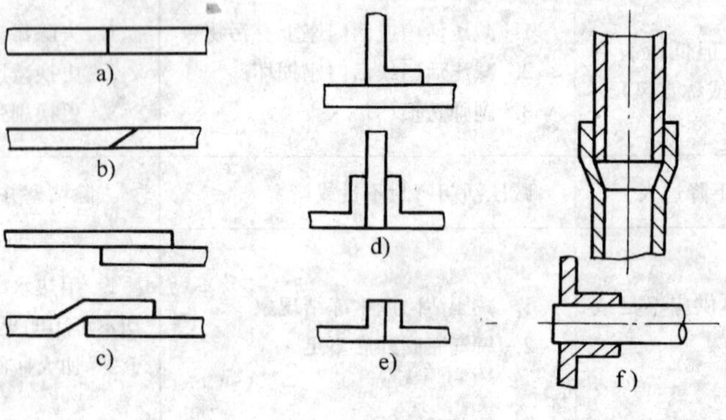

图 4—59　钎焊接头形式

a）对接　b）斜接　c）搭接　d）T 形接　e）卷接　f）套接

2. 钎焊接头间隙的选择

钎焊接头间隙的大小对钎缝的致密性和强度有着重要的影响。间隙过大，会破坏毛细管的作用；间隙过小，会妨碍液态钎料的流入，使钎料不能充满整个钎缝。

钎焊接头间隙的大小，与母材和所选用的钎料、钎剂的种类，以及钎焊方法、钎焊温度和钎料的安置方式有关。钎焊异种金属接头时，还应考虑金属膨胀系数的影响。常用金属材料钎焊接头的间隙见表 4—13。

表 4—13　常用金属材料钎焊接头的间隙　mm

母材	钎料	接头间隙
碳钢	铜钎料	0.02～0.05
	黄铜钎料	0.05～0.20
	银基钎料	0.05～0.15
	锡铅钎料	0.05～0.20

续表

母材	钎料	接头间隙
不锈钢	铜钎料 镍基钎料 银基钎料 锡铅钎料	0.02～0.15 0.05～0.20 0.05～0.15 0.05～0.20
铜及其合金	黄铜钎料 铜银钎料 银基钎料 锡铅钎料	0.05～0.13 0.02～0.15 0.05～0.15 0.05～0.20

3. 钎料和钎剂的选择

钎焊接头的性能和质量在很大程度上取决于所用的钎料和钎剂。因此，火焰钎焊时必须根据钎焊接头的使用要求和母材的种类来选用合适的钎料和钎剂。

选择钎料时，主要考虑钎焊接头的强度、耐腐蚀性、导电性、导热性、钎料对母材的润湿性、钎料与母材的相互作用以及工作温度等。

选择钎剂时，不仅要考虑钎焊金属的种类，而且还要考虑所用钎料的类型和钎焊的方法等。常用金属火焰钎焊时所选择的钎料和钎剂见表 4—14。

表 4—14　常用金属火焰钎焊时所选择的钎料和钎剂

焊接金属	钎　料	钎　剂
碳钢	铜锌钎料（如料 103）、银钎料（如料 303）	硼砂，或质量分数为 60％的硼砂＋质量分数为 40％的硼酸，或 QJ102
不锈钢	铜锌钎料（如料 103）、银钎料（如料 304）	QJ102 或硼砂，或质量分数为 60％的硼砂＋质量分数为 40％的硼酸
铸　铁	铜锌钎料（如料 103）、银钎料（如料 304）	硼砂，或质量分数为 60％的硼砂＋质量分数为 40％的硼酸，或 QJ102
硬质合金	铜锌钎料（如料 103）、银钎料（如料 304）	硼砂，或质量分数为 60％的硼砂＋质量分数为 40％的硼酸，或 QJ102
铜及其合金	铜磷焊料（如料 204）、铜锌钎料（如料 103）、银钎料（如料 303）	钎焊纯铜时不用钎剂，钎焊铜合金时可用硼砂，或质量分数为 60％的硼砂＋质量分数为 40％的硼酸，或 QJ102，或 QJ103

4. 焊前清理

钎焊前如果焊件清洗不干净，在钎缝处存有污物，就会产生钎料填不满钎缝或结合不良的缺陷，从而使钎焊接头强度下降，因此钎焊前必须将焊件清洗干净。焊件表面的油污可用丙酮、酒精、汽油或四氯化碳等有机溶剂清洗。此外，用热的碱溶液除油也可得到良好的效果。

焊件表面的锈斑及氧化皮通常用锉刀、砂布、砂轮、喷砂或化学浸蚀等方法清除。化学浸蚀主要使用酸或碱来溶解金属氧化物。化学浸蚀的方法适用于大批量生产，但使用时要防止焊件表面浸蚀过度。化学浸蚀后需立即进行中和处理，然后在冷水或热水中冲洗干净，并加以干燥。

5. 氧—乙炔钎焊

（1）焊接火焰的分类。焊接火焰是可燃气体或可燃液体蒸气与氧气混合燃烧而形成的。气焊要求焊接火焰有足够的温度，体积要小，焰心要直，热量要集中，还要其具有保护性，以防止空气中的氧、氮对熔滴和熔池氧化和污染。

乙炔与氧混合燃烧所形成的火焰称为氧—乙炔焰。氧—乙炔焰具有很高的温度（约为3 200℃），加热集中，是目前气焊中主要采用的火焰。根据氧气与乙炔的比值，燃烧的火焰按火焰的性质可分为中性焰、碳化焰、氧化焰 3 种形式，其结构与形状如图 4—60 所示。

1）中性焰。中性焰是氧气与乙炔混合比为 1.1～1.2 时燃烧所形成的火焰，在一次燃烧区既无过量氧又无游离碳。当氧气与丙烷的混合比值（O_2/C_3H_8）为 3.5 时，也可得到中性焰。

中性焰由焰心、内焰和外焰 3 部分组成，如图 4—60a 所示。焰心呈尖锥形，色白而明亮，轮廓清晰。焰心虽然很亮，但温度只有 800～1 200℃，这是由于乙炔分解而吸收了部分热量的缘故。内焰呈蓝白色，有深蓝色线条。温度最高可达到 3 100～3 200℃，一般利用这个温度区域进行焊接。内焰的外面是外焰，它和内焰没有明显的界限，只能从颜色上略加区别。外焰的颜色从里向外由淡紫色变为橙黄色。外焰温度为 1 200～2 500℃。

2）碳化焰。氧气与乙炔的混合比小于 1.1 时燃烧所形成的火焰称为碳化焰。火焰中含有游离碳，具有较强的还原作用，也有一定的渗碳作用。碳化焰可明显地分为焰心、内焰和外焰 3 部分，如图 4—60b 所示。

碳化焰的焰心呈蓝白色，内焰呈淡白色，外焰呈橙黄色。碳化焰的最高温度为 2 700～3 000℃。

3）氧化焰。氧化焰是氧气与乙炔混合比大于 1.2 时燃烧所形成的火焰。氧化焰中有过量的氧，在尖形焰心外面形成了一个有氧化性的富氧区，如图 4—60c 所示。

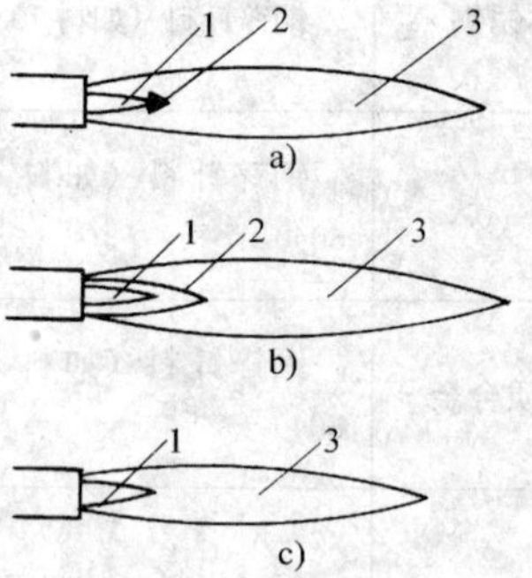

图 4—60 氧—乙炔焰的结构与形状

a）中性焰 b）碳化焰 c）氧化焰

1—焰心 2—内焰 3—外焰

氧化焰的焰心呈淡紫蓝色，轮廓不太明显。由于氧化焰在燃烧过程中氧的浓度极大，化反应进行得非常激烈，所以焰心和外焰都缩短了。外焰呈蓝紫色，火焰挺直，燃烧时发出急剧的“嘶嘶”声。氧化焰的大小取决于氧的压力和火焰中氧的比例。氧的比例越大，则整个火焰越短，噪声也越大。氧化焰的最高温度可达 3 100～3 300℃。

(2) 氧—乙炔钎焊操作技术

1）先用碳化焰的外焰加热焊件，焰心距焊件表面 15～20 mm，以增大加热面积。

2）当钎焊处被加热到接近熔化温度时，可立即涂上钎剂，并用外焰加热使其熔化。

3）待钎剂熔化后，立即将钎料与被加热到高温的焊件接触，并使其熔化渗入到钎缝的间隙中。当液态钎料流入间隙后，火焰焰心与焊件的距离应加大到 35～40 mm，以防止钎料过热。

4）为了增加母材和钎料之间的溶解和扩散能力，应适当提高钎焊温度。但温度过高会引起钎焊接头过烧，故钎焊温度一般以高于钎料熔点 30～40℃为宜。同时还应根据焊件的尺寸大小适当控制加热持续的时间。

5）对钎焊后易出现裂纹的焊件，钎焊后应立即进行保温缓冷或做低温回火处理。

6）钎焊后应迅速将钎剂和熔渣清除干净，以防腐蚀焊件。

(3) 操作注意事项。原则上，焊接紫铜和紫铜管时应使用磷铜焊条。在进行焊接修理工作时，对制冷循环系统，可使用和原来同样的焊接材料。焊接前要对管道的内壁和外壁进行清洁。切割管道或除去毛刺时，要注意不要让铜屑或灰尘进入管道内，避免堵塞管道。在更换干燥剂时要注意管道插入尺寸，避免破坏滤网或堵塞管道。另外，不可在管道存有制冷剂气体压力的情况下进行管道的补漏焊接。

六、制冷设备焊接的要求

制冷设备维修、焊接的要求和安全值如下：

冷库为 1.6～1.8 MPa；家用电冰箱为 0.6～0.8 MPa；空调器为 2.1～2.3 MPa。

要掌握以上焊接要求，对制冷管道系统的焊接一定要规范。在焊接前先进行管道的相关加工，如割管、锉管、弯管、扩管、胀管等。

管道加工好后（胀管后），首先要对被焊管道进行预热。预热时焊炬火焰焰心的尖端离工件约 2～4 mm，并垂直于管道，这里的温度最高，加热时要对准管道焊接的结合部位全长均匀加热。加热时间不宜过长，以免结合部位氧化。加热的同时在焊接处涂上焊剂，当钢管（管道）的颜色呈暗红色时，焊剂被熔化成透明液体，均匀地润湿在焊接处，这时将涂上焊剂的焊料放在焊接处继续加热，直到焊料充分熔化，流向两管间隙处，并牢固地附着在管道上时，移去火焰，焊接完毕。

焊接时，焊料没有完全凝固时，绝对不可使铜管动摇或振动，否则焊接部位会产生裂缝，使管路泄漏。焊接后必须将管口残留的焊剂或熔渣清除干净，焊口表面应整齐、美观、圆滑，无凹凸不平，并无气泡和夹渣现象。最关键的是没有泄漏，这需要通过试压检漏去判断。

1. 相同管径铜管的对焊

相同管径铜管的对焊应采用插入式的焊接结构，如图 4—61 所示为相同管径的对接结构。紫铜管的一端用扩管器扩成圆柱形口，接口部分外表面用砂布清整擦亮，不可有毛刺、锈蚀或凹凸不平。另一根紫铜管也按此方法清理干净，然后插入扩口内压紧，以免焊接时焊料从间隙流进管内。

插焊时要注意紫铜管插入圆柱形口的深度和间隙。扩圆柱形口要扩足深度。紫铜管焊接插入深度和配合间隙见表 4—15。

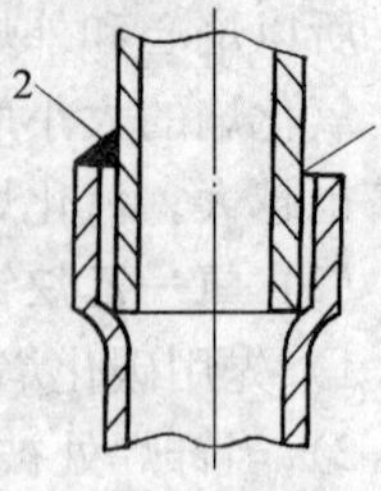

图 4—61 相同管径的对接结构
1—焊接前 2—焊接后

表 4—15 紫铜管焊接插入深度和配合间隙 mm

接管外径	5～8	8～12	12～16	16～25	25～35	35～45
插入深度	6	7	8	10	12	14
配合间隙	0.05～0.35	0.05～0.35	0.05～0.45	0.05～0.45	0.05～0.55	0.05～0.55

2. 压缩机工艺管与制冷剂管的焊接结构

制冷剂管插入压缩机工艺管的深度必须大于 10 mm。在加热时插入管易变位（向外移动），导致焊料堵塞管口。

电冰箱、空调器的制冷剂管插入压缩机工艺管的间隙要掌握在 0.05～0.20 mm。间隙过大，焊料难以均匀地渗入，出现气孔，导致漏气；间隙过小，则流进间隙的焊料太少，造成强度不够或虚焊。

3. 毛细管与干燥过滤器焊接结构

焊接时要特别注意毛细管的插入深度，一般为 15 mm，毛细管插入端面距过滤网端面为 5 mm，如插入过深，会触及过滤网，杂质容易进入过滤网，增大堵塞的可能性；如插入过浅，焊料会流进毛细管端部，使阻力加大，造成堵塞，如图 4—62 所示为毛细管与过滤器焊接结构。

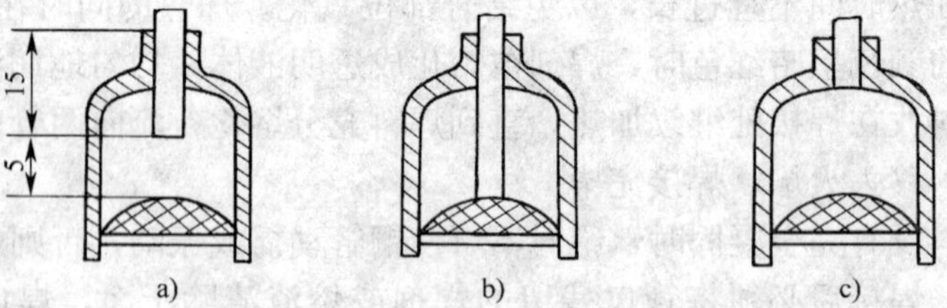

图 4—62 毛细管与过滤器焊接结构
a) 正确位置 b)，c) 错误位置

全部焊接完后，再检查一下是否有遗漏接头未焊，确定全部焊接后进行试压、查漏点，用肥皂水检查各个焊点或封口及扁紧处有无泄漏，确定无泄漏方可加液。

第四节 安全技术

一、安全用电

1. 我国的供电制

世界各国均有自己的工业用电标准，总结起来，主要有以下两类：

（1）大多数国家（包括我国）采用工频为 50 Hz 的交流电，相电压为 220～240 V。

（2）少数国家（如美国、日本等）采用工频为 60 Hz 的交流电，相电压为 110～127 V。

在我国，电制采用 50 Hz 的三相正弦交流电。除了少量的大功率电动机使用 3 kV 和 6 kV交流电源外，绝大多数工业、农业和日常生活中都使用低压三相四线制交流电源，额定电压是 380/220 V。

2. 接地和接零

为了人身安全和电力系统工作的需要，要求电气设备采取接地措施。按接地目的的不同，主要可分为工作接地、保护接地和保护接零 3 种，如图 4—63 所示。图中的接地体是埋入地中并且直接与大地接触的金属导体。

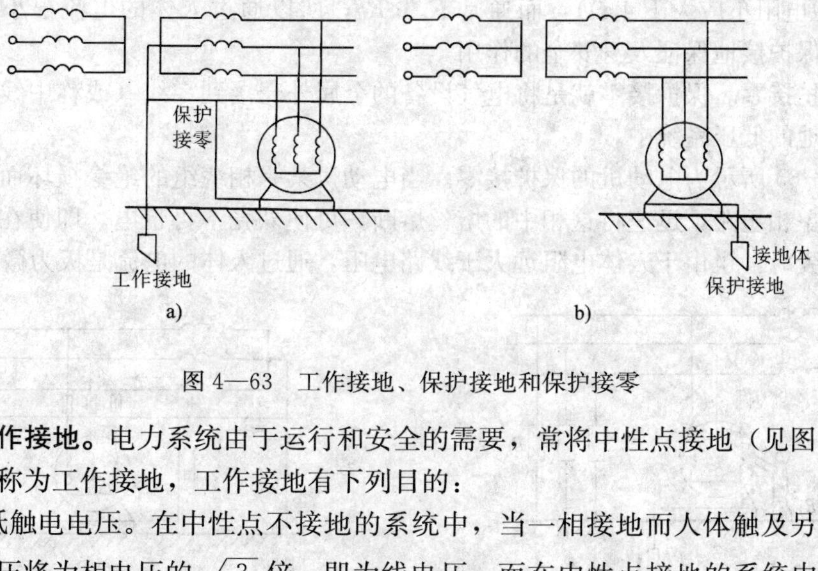

图 4—63　工作接地、保护接地和保护接零

（1）工作接地。电力系统由于运行和安全的需要，常将中性点接地（见图 4—63），这种接地方式称为工作接地，工作接地有下列目的：

1）降低触电电压。在中性点不接地的系统中，当一相接地而人体触及另外两相之一时，触电电压将为相电压的 $\sqrt{3}$ 倍，即为线电压。而在中性点接地的系统中，则在上述情况下，触电电压就降低到等于或接近相电压。

2）迅速切断故障设备。在中性点不接地的系统中，当一相接地时，接地电流很小

(因为导线和地面间存在电容和绝缘电阻，也可构成电流的通路)，不足以使保护装置动作而切断电源，接地故障不易被发现，将长时间持续下去，对人身不安全。而在中性点接地的系统中，一相接地后的接地电流较大（接近单相短路)，保护装置可迅速动作，断开故障点。

3）降低电气设备对地的绝缘水平。在中性点不接地的系统中，一相接地时将使另外两相的对地电压升高到线电压。而在中性点接地的系统中，则接近于相电压，故可降低电气设备和输电线的绝缘水平，节省投资。

但是，中性点不接地也有好处。第一，一相接地往往是瞬时的，能自动消除，在中性点不接地的系统中，不会因跳闸而发生停电事故；第二，一相接地故障可以允许短时存在，这样便于寻找故障和进行修复。

(2）保护接地。保护接地就是将电气设备的金属外壳（正常情况下是不带电的）接地，宜用于中性点不接地的低压系统中，如图 4—64 所示。

中性点不接地而当一相接地后，似乎不能构成回路，但是由于每相导线对地有绝缘电阻 R'（见图 4—64)，对地还有电容 C'（图 4—64 中未示出)，因此，接地的一相通过 R' 和 C' 与另外两相可以构成回路。

在电动机某一相绕组的绝缘损坏而使外壳带电且外壳未接地的情况下，人体触及外壳，相当于单相触电。这时接地电流 I_e（经过故障点流入地中的电流）的大小取决于人体电阻 R_b 和绝缘电阻 R'。当系统的绝缘性能下降时，就有触电的危险。

而在外壳接地的情况下，人体触及外壳时，由于人体的电阻 R_b 与接地电阻 R_0 并联（按规定接地电阻不应大于 4 Ω)，而通常 $R_b \gg R_0$，所以通过人体的电流很小，不会有危险。这就是保护接地保证人身安全的作用。

(3）保护接零。保护接零就是将电气设备的金属外壳接到零线（或称中线）上，适用于中性点接地的低压系统中。

如图 4—65 所示为电动机的保护接零。当电动机某一相绕组的绝缘损坏而与外壳相接时，就形成单相短路，迅速将这相中的熔丝熔断，可使外壳不再带电。即使在熔丝熔断前人体触及外壳时，也由于人体电阻远大于线路电阻，通过人体的电流是极为微小的。

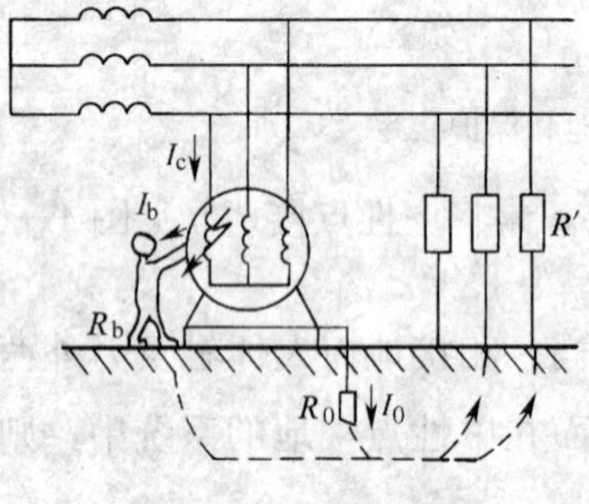

图 4—64 保护接地

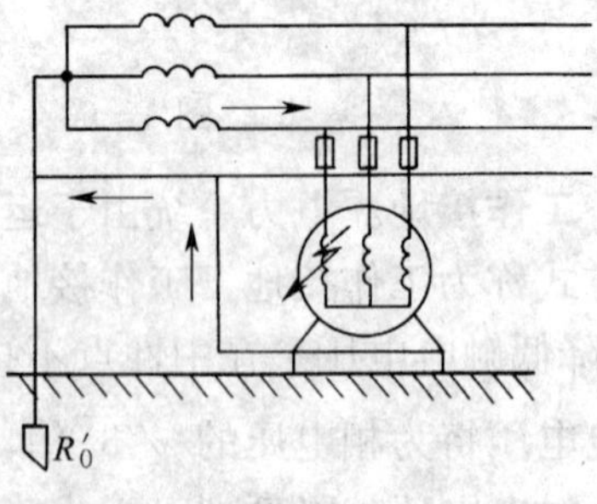

图 4—65 电动机的保护接零

为什么在中性点接地的系统中不采用保护接地呢？设相电压为 220 V，R_0 和 R'_0 分别是保护接地和工作接地的接地电阻，按 4 Ω 考虑，大地电阻为零。当采用保护接地而绝缘损坏使相线碰电机机外壳时，其接地电流为：

$$I_e=\frac{U_p}{R_0+R'_0}=\frac{220}{4+4}=27.5\ \text{A}$$

这个电流不一定能使线路中熔断器的熔体熔断。因为要使保护装置可靠地动作，接地短路电流一般不应小于自动开关整定电流的 1.25 倍，或熔断器额定电流的 3 倍。如果用电气设备电流较大，则保护电器的动作电流亦大。若熔断器的额定电流是 12 A，则使它动作的电流应为 36 A，故 27.5 A 的电流就不能使其熔断。此时机壳电压为 110 V，足以使人触电。

(4) 家用电器的接地和接零。随着家用电器使用的日益广泛，防止家用电器设备因漏电而出现触电事故非常重要。若三相四线电源中性点不接地，家用电器应采用接地保护措施；若三相四线电源中性点接地，则采用接零保护。

家用电器一般都是单相供电（即一根相线和一根零线），单相家用电器应使用三角插头和三眼插座才安全。正确的接法是把家用电器的外壳用线接在粗的插脚上，并通过插座与中线相连，如图 4—66 所示为家用电器的接零。绝不容许直接在家用电器的连线上接中线，这样会造成不应有的触电危险。从图 4—66 中不难看出因接法错误而引起的触电危险。

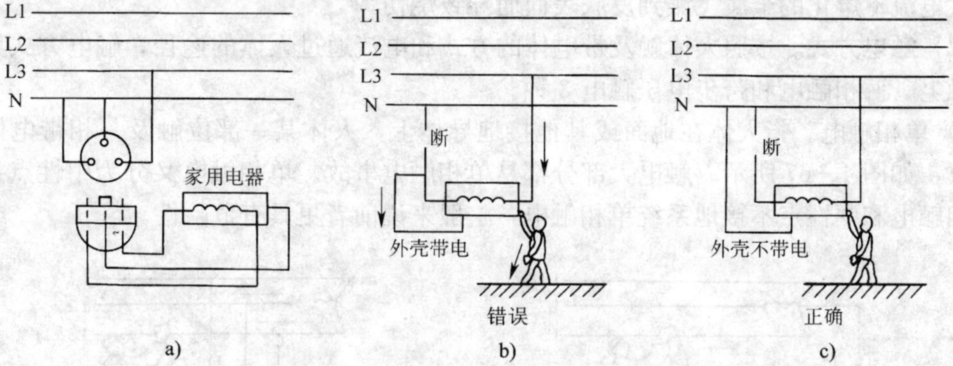

图 4—66　家用电器的接零

3. 安全操作及触电急救

为了安全、有效地使用电能，除了认识和掌握电的性能及其客观规律外，还必须了解安全用电知识、技术及措施。对于电能及其电气设备使用不合理、安装不妥当、维修不及时或违反电气操作规程等，都可能造成停电、停产，损坏设备，引起火灾，甚至导致人身伤亡等严重事故。因此，必须十分重视和掌握安全用电知识和安全用电措施。

(1) 电流对人体的危害。电流对人体的危害分为电击和电伤两类。

1）电击。电击是指电流通过人体内部器官时所产生的对人体的伤害。电击是非常危险的，当有一定强度的电流通过人体时，会使肌肉剧烈收缩，细胞组织受到严重损害，甚至会使心脏停止跳动或呼吸停止，使人窒息而死。通常所说的触电事故基本上是指电击。

电击的危险与通过人体电流的大小、时间长短、电流通过人体的路径（以流经心脏为最危险）以及电流的频率等因素有关。一般来说，当 100 mA 电流经过人体时即能致命；30～50 mA 电流通过人体心脏只要很短的时间，就会让心脏停止跳动，使人窒息。实践表明，25～300 Hz 的交流电比其他频率的电流更具有危险性。

触电时，通过人体的电流大小与接触电压和人体电阻的大小有关。当人体皮肤处于干燥、清洁和无损的情况下，人体电阻可达 4～10 kΩ，而当处于潮湿或皮肤破损时，人体电阻只有 1 kΩ 左右。

例如，在三相四线制、中性点接地的 380/220 V 低压配电线路中，若人站在地上触及一根火线，设人体电阻为 1 000 Ω 时，通过人体电流即为

$$I=\frac{U}{R_{人体}}=\frac{220}{1\ 000}=220\ \mathrm{mA}$$

这远远超过使人致死的电流，由此可见，即使是 220 V 的低压，也能够造成触电死亡。

在实际工作中，我们确定安全界限时，常不以电流，而是以电压来区分。一般 36 V 以下的电压不会造成人员伤亡，故称 36 V 为安全电压。

2）电伤。电伤是指人体外部因电而受伤，如电弧灼伤，与带电体接触后皮肤红肿以及在大电流下熔化的金属飞溅到皮肤表面而导致烧伤。

（2）触电方式。按照人体触及带电体的方式和电流通过人体的途径，触电方式大致有单相触电、两相触电和跨步电压触电 3 种。

1）单相触电。指人体在地面或其他接地导体上，人体某一部位触及一相带电体的触电事故，如图 4—67 所示。触电大部分都是单相触电事故。单相触电又分为中性点接地系统单相触电和中性点不接地系统单相触电，一般来说前者更具有危险性。

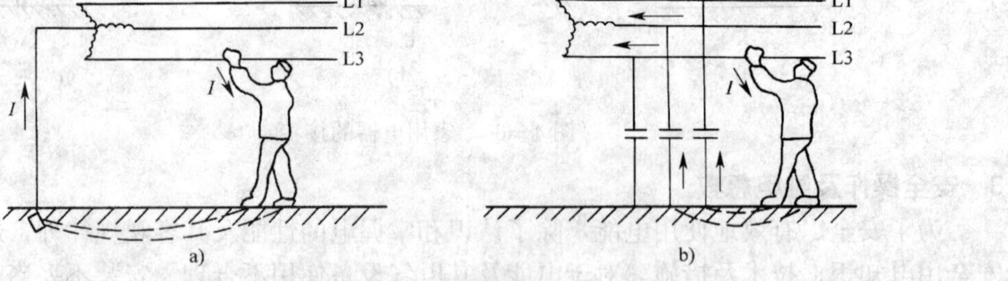

图 4—67　单相触电

a）中性点接地单相触电　b）中性点不接地单相触电

2）两相触电。是指人体两处同时触及两带电体的触电事故，如图 4—68 所示。这种触电方式人体承受的电压更高（线电压），是最危险的触电方式。

3）跨步电压触电。如图 4—69 所示，当高压电气设备绝缘损坏，或当输电线路发生一根导线断线故障而使导线接地时，导线中仍然有电流通过，并会在导线周围的地面上形成一个以导线为中心的相当强的电场。离中心点越近，电位越高；离中心点越远，电位越低。当人体两脚跨入这一地面时，前后两脚之间的地面存在着电位差，在两脚上所承受的电压就是跨步电压。人体受到跨步电压的作用，电流便会通过人体的下半身造成跨步电压触电。若跨步电压较高或触电者倒在地上，则有触电死亡的危险。

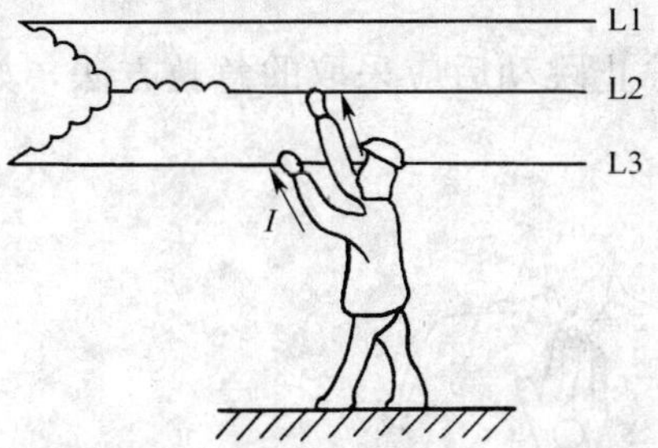

图 4—68　两相触电

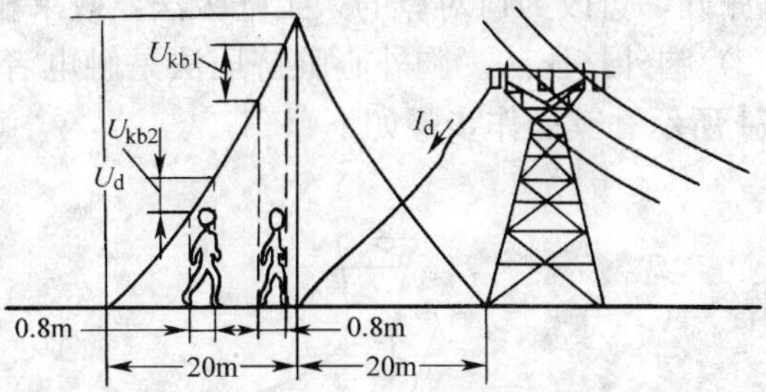

图 4—69　跨步电压触电

(3) 触电急救。当发现有人触电时，应当及时抢救。首先是迅速切断电源，或用绝缘物品（干木棒、干衣服等）使电源线立即断开，让触电者迅速脱离电源。其次，应迅速根据具体情况对症进行人工紧急抢救并及时报告医务部门。

当触电者还未失去知觉，神志清醒，但有心慌、四肢发麻、全身无力等症状时，应将他抬到空气流通、温度适宜的地方安静休息，不要走动，注意观察，尽快就医。

当触电者已失去知觉，但心脏跳动、呼吸微弱时，除注意空气流通、温度适宜外，还应进行口对口的人工呼吸抢救，并迅速联系就医。

当触电者呼吸停止、心脏停跳时，应立即同时用人工呼吸法和胸外挤压法进行抢救，且应尽快就医。应当注意：抢救一定要迅速，人工呼吸和胸外挤压不能间断，直到医生宣布停止为止。

1）人工呼吸法。人工呼吸法是触电者停止呼吸后应采用的急救方法，这里只介绍口对口人工呼吸法，如图 4—70 所示。其操作步骤如下：

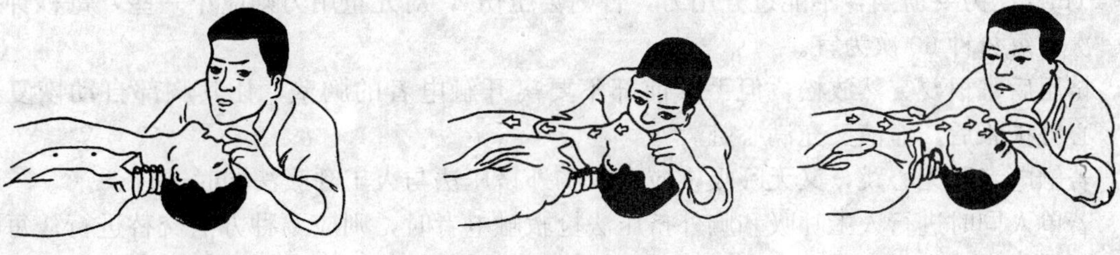

a)　b)　c)

图 4—70　口对口人工呼吸法

a）捏鼻托后颈　b）吹气　c）换气

迅速解开触电者的衣领、裤带，使胸部能自由扩张，清除触电者口内异物，如食物、假牙、血块等，以免阻塞呼吸道。救护人员用一只手捏紧触电者的鼻孔，另一只手将其下颌拉向前下方（或托住其后颈），使其嘴能张开。救护人员深吸一口气后，紧贴触电者的嘴向内吹气，时间约为 2 s。吹气完毕换气时，立即离开触电者的嘴，并松开触电者的鼻孔，让他自行呼气，自行呼气约为 3 s。

对儿童施行此法时，鼻子不必捏紧，任其自然漏气，以免肺泡破裂。如无法使触电者的嘴张开，可改为口对鼻的人工呼吸法，效果相仿。

2）胸外挤压法。胸外心脏挤压法是触电者心脏停止跳动后应采取的急救方法，如图 4—71 所示。其操作步骤如下：

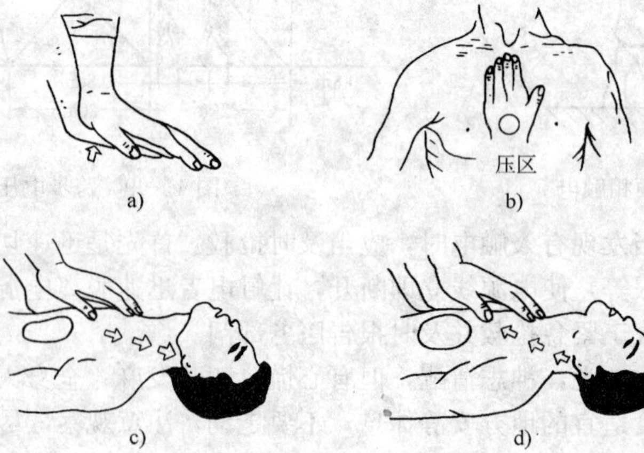

图 4—71　胸外挤压法

a）叠手姿势　b）正确压点　c）挤压　d）放松

使触电者仰卧，松开衣服，清除口内异物，触电者后背着地处应是硬地或木板。

救护者位于触电者的一侧，也可跨骑在髂骨两侧。两手相叠，将掌根放在触电者胸骨下 1/3 部位处，即把中指指尖放在其颈部凹陷的下边缘处，手掌的根部就是正确压点。

找到正确压点后，掌根用力垂直向下挤压，压出心脏里面的血液。对成年人可压下 3～4 cm（压力要适当，不能过分用力，否则会压伤），对儿童用力则应小一些，每秒钟挤压一次，每分钟 60 次为宜。

挤压后掌根要突然放松，但手掌前部不要离开触电者的胸壁，让其胸部自动恢复原状，心脏扩张后，血液又充满心脏。

若触电者既无心跳，又无呼吸，应采取胸外挤压法与人工呼吸法同时进行。

若单人同时进行人工呼吸和胸外挤压法抢救触电者时，则应两种方法交替进行；每吹气 2～3 次，应挤压 10～15 次，而且吹气和挤压的速度都应当提高一些。双人操作时则可两者同时进行，如图 4—72 所示。

a)　　b)

图 4—72　人工呼吸和胸外挤压同时进行

a）单人操作　b）双人操作

触电事故是突发性事故，在很短的时间内能造成极为严重的后果，这是必须认真注意、尽量防止的。导致触电事故的原因很多，如电气设备质量不合格、电气线路或电气设备安装不符合要求、电气设备运行管理不当、绝缘损坏、非电工专业人员处理电气事务、错误操作和违章操作、用电现场混乱等，都可能引发触电事故。因此，应建立严格的安全用电制度和有效的安全保护措施，定期进行电气安全检查并进行经常的、群众性的安全教育等。

二、明火作业的安全规程

建立明火作业许可制度。明火作业是指在正常作业场所外点火（如切割）或产生火花（如焊接、磨削），并能点燃可燃物料。作业前应调查并识别危险的明火作业区，防止此区域出现明火，导致爆炸或火灾。危险区域通常包括存放易燃、易爆物品的区域，危险区域应设警告标志，如：“未经许可，不得使用明火”。明火作业前应使用特殊防护措施，如防火布等，遮盖一些不能移走的设备或区域，并控制火花及熔渣落入其他区域；明火作业时，应由安全检查人员负责，确保不会引发火灾，并按火灾危险程度在明火作业完毕后逗留 30～60 min，观察作业现场遗留情况，应随时准备好适当的消防设施以备及时之需。

三、焊接作业的安全生产要求

1. 对生产组织管理者的要求

（1）严格执行明火作业安全规定，杜绝违章指挥和违章作业现象。

（2）合理编制工艺流程和作业计划。在布置生产任务时要明确交接焊割作业要求和注意事项，切实做到“五同时”，即：同时计划、同时布置、同时检查、同时总结、同时评比。

（3）加强现场检查，组织并监督安全卫生技术措施与事故隐患整改措施的落实。

（4）按禁火区用火管理规定办理用火审批手续，全面落实防火防爆措施。

（5）编制重大事故应急救援预案。

2. 焊割安全要求

（1）焊割作业的基本要求

1）作业前的准备

①明确工艺要求和安全卫生注意事项。

②检查并正确使用个人防护用品。

③检查设备、工具及附件，确认正常后方可使用。

④仔细观察、检查作业部位和周围环境，确保焊割作业安全。

⑤常用检查方法是“问、看、听、测”。

问——向生产组织管理者及作业现场的有关人员询问作业现场的情况。

看——对作业地点和周围环境及设施的安全状况进行查看，检查设备、防护用品是否完好，绝缘是否良好。

听——听焊机及其附属设备声音是否正常。

测——对作业场所易燃、易爆、有毒气体进行测定，确认无火灾、爆炸、中毒或窒息的危险后方可作业。

2）作业中的安全要求

①严格执行“十不焊割”的规定：

- 无操作证，又没有正式焊工在场指导，不准焊割。
- 凡需办理用火审批手续范围的作业，未经审批并办理明火作业手续，不准焊割。
- 不了解作业现场及周围情况，不准焊割。
- 不了解焊割物内部情况，不准焊割。
- 盛装过易燃、易爆、有毒物质的各种容器、管道，未经彻底清洗置换，不准焊割。
- 用可燃材料作为保温层的部位及设备未采取可靠的安全措施，不准焊割。
- 有压力或密封的容器、管道，不准焊割。
- 附近堆有易燃、易爆物品，在未彻底清理或采取有效措施前，不准焊割。
- 作业点与外单位相连，在未弄清焊割对外单位或区域有无影响，或明知危险而未采取有效的安全措施，不准焊割。
- 作业场所及附近有与明火相抵触的工作，不准焊割。

②凡在禁火区域用火，应按规定办理审批手续，并采取安全可靠的防护措施。

③登高作业应严格执行“登高作业安全规定”，做到“四个必有，六个不准，十不登高”。

四个必有：有洞必有盖；有边必有栏；洞、边无盖无栏必有网；电梯口必有门锁。

六个不准：不准往下乱抛物件；不准背向下扶梯；不准穿凉鞋、拖鞋、高跟鞋；不准嬉戏打闹、睡觉；不准身体依靠临时扶手或栏杆；不准在安全带未挂牢或低挂高用时作业。

十不登高：患有禁忌症者不登高；未经认可或审批的不登高；未戴好安全帽、未系安全带者不登高；脚手板、跳板、梯子不符合安全要求不登高；无攀爬脚手架、设备不登高；穿易滑鞋、携带笨重物件不登高；石棉瓦、玻璃钢瓦上无垫脚板不登高；高压线旁无可靠隔离安全措施不登高；酒后不登高；照明不足不登高。

④在有限空间内作业时，应加强通风，严格执行监护制度。

⑤严禁用氧气通风、降温和吹扫。

⑥焊炬、割炬及氧、乙炔胶管应随人进出狭小空间、容器、管道、舱室。在平台上时，不准将焊炬、割炬插在平台孔内。

⑦在有吊装作业时，要选择正确的站位并注意吊物运行方向。

⑧为防止乙炔气体聚集发生爆炸，平台底部应保持通风，并经常清除平台的熔渣物。

⑨暂停工作或作业后，应可靠地切断电源和气源。

3）作业后的安全检查

①认真检查焊接质量，防止因焊接质量问题引起事故。

②仔细检查作业部位和周围是否有火种遗留，清除隐患。

③清理现场，做到“工完、料清、场地清”。

（2）焊割场地安全组织措施

1）焊割场地要保持通道畅通（车辆通道宽度不小于 3 m、人行通道宽度不小于 1.5 m)，设备、工具材料不得乱堆乱放，应排列整齐。

2）气焊胶管、焊接电缆等不得互相缠绕，用完的气瓶应及时移出工作场地，不得随便乱放。

3）焊工作业面积一般不小于 4 m^2，光照度应为 50～100 lx。

4）在作业点 10 m 范围内，不得存放可燃、易爆物品。

5）室内等工作场地应保持通风良好，不使可燃、易爆、有害气体及烟尘滞留。

6）室外焊割作业场地的登高作业、起重吊运等应有序密切配合。

7）在地沟、坑道、井、管道及有限空间内作业时，应先判明其中有无爆炸和中毒危险。

8）在多点焊割作业或有其他工种混合作业时，各工位间应设防护屏。

（3）应遵守中华人民共和国焊接与切割作业标准《焊接与切割安全》（GB 9448—1999）的相关要求。

3. 严防爆炸

（1）严防设备带压用火（经批准的带压不置换用火除外）。带压设备在用火前先要卸压并敞开所有孔盖。常压而密闭的设备、高精尖设备亦不准随便用火。

（2）未经清洗的设备严禁用火。严防设备内部或零件沾有爆炸物，以免遇到焊割火焰发生爆炸。

（3）严防混合气体（如空气和乙炔、煤气与空气混合物），或粉尘（如铝尘、锌尘）和空气的混合物遇焊割明火发生爆炸。

4. 一般用火安全措施

一般用火应采取以下主要安全措施：

（1）搬迁。尽量将工件拆、搬至安全地带用火，避免在有易燃、易爆物质的场所用火，以防发生火灾和爆炸事故。

（2）隔离。将需要用火的设备、工件与其他易燃、易爆物质和设备安全隔离开。

（3）置换。将惰性气体（如氮气等）或清洁水注入有易燃、易爆气体的设备或管道中，置换出其中的易燃、易爆或有毒气体，并经测定无易燃、易爆、有毒物质，且氧含量合格方可用火。

（4）清洗。用热水、蒸汽或酸、碱液等介质清洗设备、管道中的易燃易爆或有毒污物，对无法溶解或熔化的污物，必须另外采取其他措施加以清除。

（5）移去危险物品。将易燃、易爆、有毒物质移至安全地点。

（6）敞开。卸去余压，敞开设备，开启全部入（门）孔和阀门，全面通风。

（7）通风排毒。落实通风排毒措施，预防中毒、中暑事故。

（8）准备器材。准备合适的灭火器材，做好灭火准备。

四、制冷剂使用注意事项

1. 各种制冷剂的物理和化学性能各不相同，在不同的温度下，都有不同的饱和压力。在常温下，有的压力高，有的压力低。一般所用的制冷剂都是储存在专用的钢瓶内，所用的钢瓶都必须定期做耐压试验，如储存氨液的钢瓶事先是以 60 个大气压（表压）进行水压试验。储存不同制冷剂的钢瓶其检验压力也不同，并且瓶上刷以不同的颜色，以示区别（氨瓶黄色，氟瓶为银灰色），同时注明缩写代号或名称，防止用错。

2. 储存不同制冷剂的钢瓶不能互相调换使用。存放制冷剂的钢瓶切勿放在太阳下曝晒或靠近火焰及高温的地方。在运输过程中要防止钢瓶相互碰撞，以免造成爆炸的危险。

3. 钢瓶上的控制阀常用一个帽盖或铁罩加以保护，使用后须注意把卸下的帽盖或铁罩重新装上，以防止控制阀在搬运中受撞击而损坏。

4. 钢瓶中制冷剂用完时，应立即关闭控制阀，装上帽盖，以免漏入空气或水汽。

5. 制冷剂应避免触及皮肤，更不能触及眼睛。

6. 发现制冷剂有大量渗漏时，必须把门窗打开，否则会使人窒息。

7. 从系统中将制冷剂抽出压入钢瓶时，钢瓶应得到充分的冷却，而且制冷剂的充注量只能占钢瓶容积的 60%左右为宜，让其在常温下膨胀有一定的余地。

五、常用消防设备的使用

预防火灾就是要消除产生燃烧的条件，防止产生燃烧，从而达到防火的目的。预防火灾的基本措施有：

第一，控制可燃物。控制可燃物的具体方法有：控制可燃物品的储存量；以难燃或不燃材料代替易燃或可燃材料；用防火涂料浸涂可燃材料，提高其耐火极限；保持可燃物处于良好的通风状态，从而降低可燃气体、蒸汽和粉尘的浓度，使它们的浓度控制在爆炸下限以内。

第二，隔绝助燃物。隔绝助燃物就是破坏燃烧的助燃条件。具体措施有：将易燃、易爆物的生产置于密闭的设备中进行；对容易自燃的物品隔绝空气存放；变压器充惰性气体时进行防火保护；关闭防火门窗，切断空气的对流；用沙土覆盖可燃油液等。

第三，消除着火源。消除着火源就是破坏燃烧的热能源。具体措施有：安装防雷、防爆装置；采取控温、遮阳等措施阻隔热源；在建筑物间构筑防火墙，在同一大厦不同楼层之间及同一楼层的不同区域安装防火卷帘等。

常用消防设备或物质有以下几种：

1. 灭火器

（1）化学泡沫灭火器。用途：用于扑救一般固体物，如木材、丝棉织品等的火灾，但不适用于扑救油脂类及带电的电气设备火灾。使用方法：机筒倒置，稍加摇动使筒内的酸碱充分混合发生化学反应。

（2）干粉灭火器。干粉灭火器是目前各类物业配备最多、使用范围最广、比较适合作业现场使用的灭火器，可用于扑灭带电低于 5 000 V·A 液体火灾、气体火灾、固体火灾等。干粉灭火器存放时不能日晒或靠近热源，防止因热膨胀自喷，还要注意防潮结块。

干粉灭火器的使用步骤如下：

第一步，喷射前将灭火器颠倒并摇动几次，使筒内的干粉松动。

第二步，在保证人身安全的情况下尽可能接近火源，此时拉出保险销，按动手把，另一只手掌握软管对准着火点根部喷射。注意不能倒置灭火器喷射。

第三步，灭液体火灾（油或酒精等）时，不能直接喷射液面，要由近而远，在液面上 10 cm 左右摆动，覆盖燃烧面，切断火焰。

（3）二氧化碳灭火器。用途：用于固体、液体及带电设备的灭火，如用于扑救贵重仪器和设备、档案资料、电器及油类等火灾。不能用于扑救金属钾、钠、镁、铝等物质的火灾。使用方法：拔去保险插销，一手持喷筒把手，并压紧压把，气体即自动喷出。使用过程中，因二氧化碳气体易使人窒息，使用人员应站在上风侧，手应握住灭火器手柄，防止干冰接触人体造成冻伤。

（4）1211 灭火器。用途：用于扑救各种油类、电气设备、化工化纤原料等初起火灾。使用方法：拔掉铅封横销，手握阀门用力压下压把，灭火剂即可喷出。

（5）水。水是一种廉价的、最常用的灭火剂，水有很好的冷却效果，但不能用于带电及遇水会引起化学反应的物品灭火；也不能对密度较小的油类物质灭火，以防油火漂浮水面蔓延扩大。

消火栓是消防灭火中主要的水源。使用消火栓时应注意：消防水管一定要严格按标准形式存放，消防水管、阀门接头必须保持容易开启状态（经常试用）。

（6）干沙。用于覆盖燃烧物，吸热、降温并使燃烧物与空气隔离，特别适用于扑灭油类和其他燃烧液体的火灾，但禁止用于给旋转电动机灭火，以免损坏电气绝缘和轴承。

2. 常用的防火装置

（1）火灾自动报警系统装置。主要包括烟感火灾探测器、温感火灾探测器、可燃气体火灾探测器和光感火灾探测器。

（2）自动喷淋灭火系统装置。当喷淋头所在位置达到临界温度（60～90℃）时，喷淋头上焊锡点熔化，水即自动喷出进行灭火，同时还发出火灾警报。

（3）消火栓系统。发生火灾时，通过击碎玻璃报警，消防中心接报后会自动启动消防水泵，消防人员接上消防水管，打开水龙头即可灭火。

（4）防排烟系统。发生火灾时会产生大量有毒烟气，因而，在安全通道附近都安装有排烟装置。

（5）加压送风系统。发生火灾时，为防止烟雾、毒气进入疏散通道及消防电梯，疏散楼梯及消防电梯应安装加压送风系统，以供给充足的新鲜空气。

（6）安全通道与消防电梯。当发生火灾时，人员可通过安全通道进行紧急疏散，直达室外或其他安全处。消防电梯是供消防灭火、抢救伤员、运输消防器材的专用电梯。

总之，要结合所扑救的火灾种类使用灭火工具，使用人员必须知道工作范围内灭火工具的作用和使用方法。在某些性质环境下，使用错误的方法和工具灭火是更危险的事情。

六、呼吸保护器具的应用

呼吸保护器具包括空气呼吸器、氧气呼吸器及防毒面具等。其中，空气呼吸器因受污染环境影响小而在毒气成分复杂、毒气浓度高的救援场合得到最为广泛的应用。但空气呼吸器使用时间较短（有效时间为 40 min 左右）、质量大，使其在需要长时间作业或重负荷作业场合使用受到限制。氧气呼吸器有效使用时间为 220 min 左右，且质量较轻，适用于重毒区长时间、较大负荷的救援作业，但目前我国消防队只有少量配备。防毒面具具有质量轻（50 g 左右）、使用方便等特点，使用时基本不影响救援作业，但必须在毒气成分及浓度已知、合理选择相应防毒盒的情况下用于有较轻污染的救援场合。

氧气呼吸器是一种自给、密闭式呼吸保护器具。可以用于煤矿、地铁、石油化工等行业部门，为抢险救援人员提供长时间的呼吸防护。由于氧气是助燃气体，因此，氧气呼吸器一般不应用在火场上的抢险救援作业。氧气呼吸器的储气瓶容积常用的为 1 L 和 2 L，体积小、质量轻、防护时间长，一般防护时间可达 2 h 和 4 h，防护时间远远长于空气呼吸器和防毒面具的防护时间。

但是，氧气呼吸器的结构相对复杂，维修不方便；在使用过程中，有些人对高浓度氧（大于 21%）不适应；而且氧气呼吸器的使用受到温度的限制，一般要求环境温度不能超过 60℃，其主要原因是吸收二氧化碳的反应为放热反应，如果外界环境温度很高，致使佩戴者呼吸的气体温度过高，从而造成对呼吸器官的伤害。氧气呼吸器在储存和使用过程中严禁沾染油脂，防止油脂遇高压氧气后发生爆炸。

氧气呼吸器的有效使用时间主要取决于钢瓶内氧气储量和人员的劳动强度。钢瓶储气量根据气瓶的压力和气瓶容积确定。氧气储气量（L）＝氧气瓶的容积（L）×压力值（MPa）/0.098（MPa）。由于使用前需做几次深呼吸，用氧气冲淡气囊，还要保证必要的余压。佩戴者在不同劳动强度下所需的氧气量见表 4—16。

表 4—16　　佩戴者在不同劳动强度下所需的氧气量　　L/min

劳动强度	所需的氧气量	呼出二氧化碳量
相对静止	0.3	0.27
中等劳动强度	1.2	1.1
较重劳动强度	1.75	1.5
重劳动强度	2.7	2.43

第五节　其他常用工具和仪表的操作

一、常用工具的使用

1. 方榫扳手

方榫扳手又称棘轮扳手，如图 4—73 所示。扳手的一头是可调方榫孔，它的外圆是一个棘轮，旁边有一个撑牙，由弹簧支撑着，以使扳孔只能单向调节。使用时，只需将方榫孔套在阀杆顶部的方榫杆上，将方榫扳手一正一反地连续摆动，就能把阀杆旋动而开启。若要关闭阀门，需将扳手拔出，翻一面再套上阀杆做一正一反的摆动。旋转时，可听到扳手有“咯啦、咯啦”的声响。扳手的另一端有一大一小的固定方榫孔，可用来调节膨胀阀的阀杆。

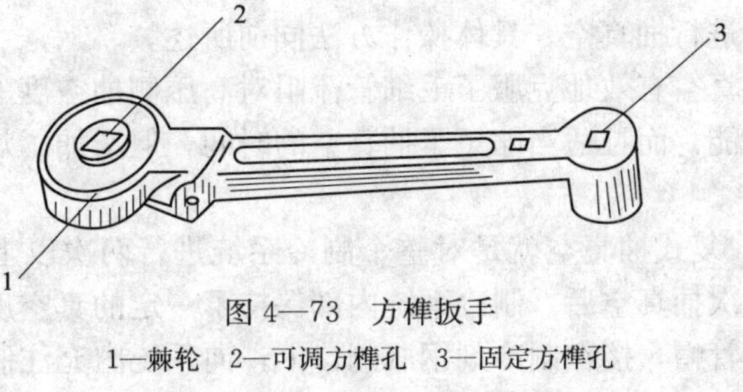

图 4—73　方榫扳手

1—棘轮　2—可调方榫孔　3—固定方榫孔

2. 真空泵

(1) 真空泵的结构。真空泵是抽取制冷系统里的气体以获得真空的专用设备，其基本结构如图 4—74 所示。

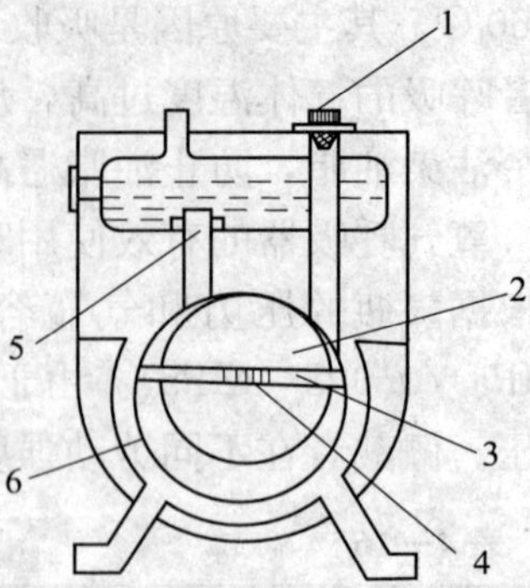

图 4—74　真空泵的基本结构

1—进气口　2—偏心转子　3—旋片

4—弹簧　5—排气口　6—泵体

检修制冷设备时常用的真空泵为旋片式结构，利用镶有两块滑动旋片的转子，偏心地装在定子腔内，旋片分割了进、排气口。旋片在弹簧的作用下时刻与定子腔壁紧密接触，从而把定子腔分割成了两个室。一方面偏心转子在电动机的拖动下带动旋片在定子腔内旋转，使进气口方面的腔室逐渐扩大容积，吸入气体；另一方面对已吸入的气体压缩，由排气阀排出，从而抽取气体使制冷系统获得真空。

制冷系统抽真空的目的：将系统内部残存的气体抽出；排出内部的湿气和不凝缩气体，保持干燥；对制冷系统进行检漏。若在抽真空过程中系统一直达不到所要求的真空度，则表明系统有泄漏。在充注卤代烃之前必须对整个系统抽真空，使系统内的真空度低于 133 Pa。

(2) 抽真空的方法。制冷系统抽真空的方法主要有以下 3 种：

1）低压单侧抽真空。这种方法工艺简单，容易操作。

确定系统内的制冷剂基本放空后，将真空泵的抽气口用一根耐压胶管与带有真空压力表的直通阀连接，然后先关闭直通阀的开关，启动真空泵，随即再缓慢打开直通阀开关开始抽真空，30 min 后关闭阀门，观察真空压力表指针的变化，如系统没有泄漏，继续抽真空 3～4 h。停止抽真空时，应先关闭直通阀的开关，然后再切断真空泵电源。

低压单侧抽真空的方法简单易行，但由于仅在低压一侧抽真空，高压侧的气体受到毛细管流阻的影响，使高压侧的真空度比低压侧低 10 倍左右，因此，需用较长时间才能达到所要求的真空度。

2）高、低压双侧抽真空。为了克服低压单侧抽真空的缺点，可以采用高、低压双侧抽真空。在干燥过滤器的工艺管上焊接一根铜管，通过直通阀与压缩机修理管并联在一台真空泵上，然后同时进行抽真空。具体操作方法同前所述。

高、低压双侧抽真空有效地克服了毛细管流阻对高压侧抽空度的不利影响，提高了整个制冷系统的制冷性能，而且适当缩短了抽真空的时间，但增加了焊接点，提高了工艺要求，操作也较复杂。

3）复式抽真空。复式抽真空就是对整个制冷系统进行两次以上的抽真空，以获得理想的真空度。经过一次抽真空后，制冷系统内部保持了一定的真空度。此时，拧下真空泵抽气口上的耐压胶管管帽，接在制冷剂钢瓶阀口上，向系统内充注制冷剂，启动压缩机运转数分钟，使系统内残存的气体与制冷剂混合，再开启真空泵进行第二次抽真空，抽真空时间至少在 30 min 以上。这样不只一次地反复抽真空，能使系统内的气体进一步减少，以达到规定的真空度。

复式抽真空的方法比单侧抽真空的效果好，但增加了制冷剂的损耗。因此，维修中一般多采用高、低压双侧抽真空的方法。

(3) 使用真空泵的注意事项。放置真空泵的场地周围要干燥、通风、清洁。真空泵与制冷系统连接的耐压胶管要短，而且要避免出现折弯。启动真空泵前要仔细检查各连接处及焊口处是否完好，泵的排气口胶塞是否打开。瞬间启动真空泵，观察泵的电动机旋转方向是否与V带轮上的箭头方向一致。停止抽真空时要首先关闭直通阀的开关，使制冷系统与真空泵分离。不使用真空泵时要用胶塞封闭进、排气口，以避免灰尘和污物进入泵内影响真空泵的内腔精度。要经常保持真空泵整洁，随时观察油窗上的制冷润滑机油标志，加强对真空泵的日常保养，提高设备的完好率。

3. 直通阀

直通阀又称二通截阀，是最简单的修理阀，常在抽真空及灌氟时使用，如图4—75所示。

直通阀共有3个连接口：与阀门开关平行的连接口多与设备的修理管相连接。与阀门开关垂直的两个连接口，一个常固定装上真空压力表，另外一个在抽真空时接真空泵的抽气口，充注制冷剂时接钢瓶。直通阀的结构简单，使用不太方便。

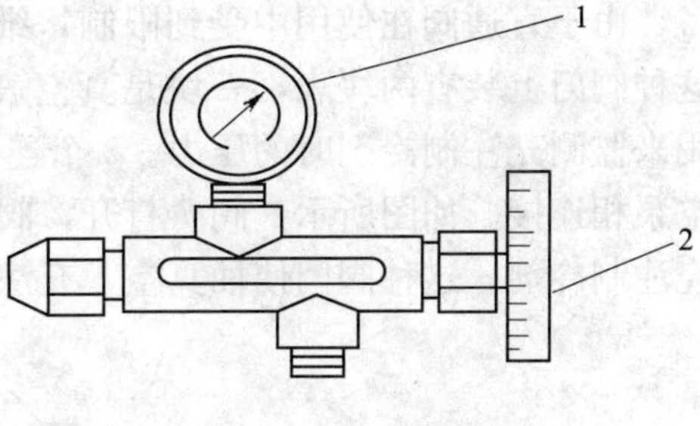

图4—75　直通阀

1—压力表　2—阀门开关

4. 顶针式开关阀

从制冷系统中收回制冷剂时经常要使用专用阀门，这种阀门称为顶针式开关阀，如图4—76所示。其使用方法如下：

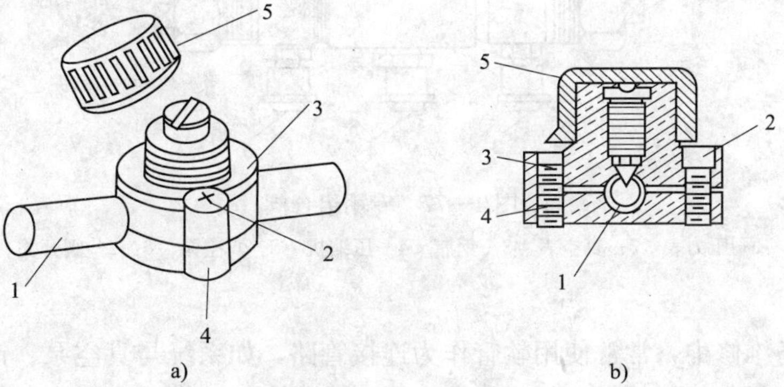

图4—76　顶针式开关阀

1—制冷剂管道　2—紧固螺钉　3—上瓣　4—下瓣　5—阀帽

(1) 卸下连接上、下瓣的紧固螺钉，扣合在将要接阀的管道上，然后拧紧紧固螺钉。

(2) 打开顶针开关阀的阀帽，装上专用检修阀，使检修阀的阀杆刀口插在开关阀上部的槽口内，然后将检修阀的阀帽拧紧。

（3）顺时针旋转检修阀阀柄，开关阀的阀顶（顶针）随即也被旋进管道内，使管道的管壁顶压出一个锥形圆孔。

（4）逆时针旋转检修阀，开关阀的阀尖退出关闭圆孔，制冷剂随即喷出，沿着检修阀的接口流入制冷剂容器中。

在现场维修时使用这种阀门十分方便，并且也可以用在制冷系统的抽真空、充氟等工序中，从而省掉了焊接操作。需要注意的是：操作完毕后，顺时针旋转检修阀，使开关阀的顶尖关闭所开的圆孔，然后卸下检修阀，拧紧开关阀阀帽，整个顶针式开关阀便永久保留在系统管道中。

5. 专用组合阀

由于直通阀在使用中受到限制，维修中应用较多的是专用组合阀，如图 4—77 所示。这种阀门上装有两块表，一块是真空表，用来监测抽真空时的真空压力；一块是压力表，用来监测充注制冷剂时的压力。3 个连接口分别与卤代烃钢瓶或定量充注器、压缩机、真空泵相连接。如图所示：阀 7 打开，阀 6 关闭，进行抽真空；阀 6 打开，阀 7 关闭，进行充注制冷剂。这种阀门使抽真空、充注制冷剂连续进行，使用起来比较方便。

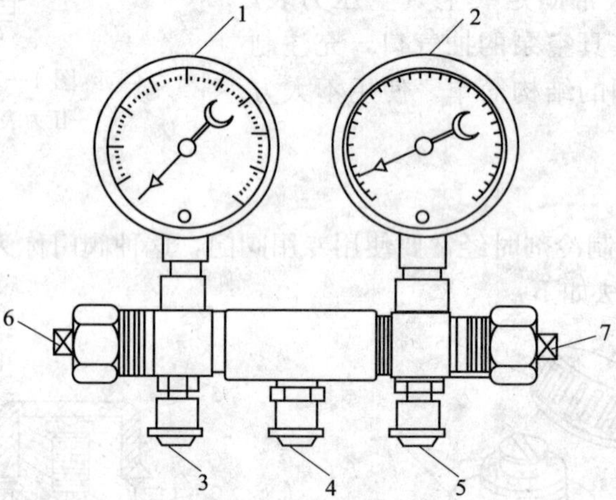

图 4—77　专用组合阀

1—压力表　2—真空表　3—钢瓶　4—压缩机　5—真空泵　6，7—阀开关

6. 耐压软管

在制冷设备维修中，常常使用软管作为连接管路，如系统与真空泵、钢瓶、定量加液器的连接，检测仪表阀门与设备的连接等。用于连接的软管大多是耐高压的橡胶软管，长度为 500～800 mm，软管的两端制成带螺纹的管帽，便于连接后的密封。充注制冷剂的软管也有用透明聚氯乙烯制作的，主要是为了便于观察制冷剂的充注情况。选择连接软管的长度时以短为宜，并且要经常保持软管的干燥和清洁，避免沾上油污或接近锐器。

7. 定量加液器

定量加液器是专用的定量充注制冷剂的容器。筒身前后各有一块透明的玻璃（或有机玻璃），上面标注有刻度。可先将制冷剂钢瓶里的制冷剂充入加液器，记下刻度，由于刻度可直接表示制冷剂的质量，故可根据液面高低来判断制冷剂的充注量。但在分装过程中，由于加液器上部存在制冷剂的饱和气体，制冷剂液体难以充入，这时可微微打开加液器的出气阀门，在压差的作用下，制冷剂便可进入加液器中。而加液器向系统充注时，注意应将系统同加液器的下端出口相连。

8. 封口钳

封口钳主要用于电冰箱、空调器等修理及测试符合要求后封闭修理管口时使用，其结构如图4—78所示。

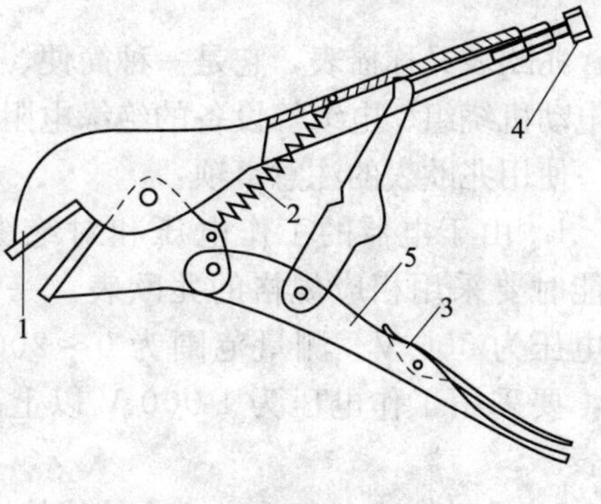

图4—78　封口钳的结构

1—钳口　2—开启弹簧　3—开启手柄　4—调节螺钉　5—手柄

实际操作中首先要根据管壁的厚度调整钳柄尾部的螺钉，使钳口的间隙小于铜管壁厚的两倍，过大时封闭不严，过小时易将铜管夹断。调整后将铜管夹于钳口的中间，合掌用力紧握封口钳的两个手柄，钳口便把铜管夹扁，而铜管的内孔也随即被侧壁挤死，起到封闭的作用。封口后拨动开启手柄，在开启弹簧的作用下，钳口自动打开。检修工作结束后，可以将铜管夹扁部分放入复圆孔中，慢慢旋紧螺钉，使夹扁部分逐渐恢复圆形，内部管路重新畅通。

手动夹扁钳的腭口呈半圆形，不能夹断管路，只能将管口夹扁。夹扁后，仍须采用其他方法封口。

二、万用表的使用

万用表是一个多用途、多量程的电工测量仪表，常用的为50型和500型。

1. 测量交流、直流电压

先把转换开关旋到$\underset{-}{\mathrm{V}}$或$\underset{\sim}{\mathrm{V}}$挡范围内的适当量程上，如测量220 V交流电压，只要把转换开关旋到$\underset{\sim}{\mathrm{V}}$挡，并使量程在250 V范围，然后把红、黑表笔一端插入“+”“−”插孔内，红、黑表笔另一端插入被测插座孔内，表针即会指到220 V处。如果被测量的是直流电压，则事先必须弄清电流方向，以防表笔的方向与电路电流方向接错而将表针打坏。

2. 测量直流电流

先将转换开关旋到mA挡范围内的适当量程上，按电流从正到负的方向，将表笔串联在被测电路中，表笔方向不能接错，否则会使表针急速反转而损坏。这里要特别注意，当用万用表测量的直流电流值很小时（如数毫安或数百毫安），要防止转换开关在此挡时将两表笔直接并联到电源上，这样会烧毁表内线圈。

3. 测量直流电阻

把转换开关旋到Ω挡范围内的适当量程上，先将两支表笔短路，旋动“Ω调零电位器”，使表针指在电阻刻度的零上，然后把被测的电阻接在两表笔间，此时指针指出的数值乘上转换开关的倍率数，即为被测电阻值。

三、兆欧表的使用

兆欧表又称摇表，它是一种简便、常用的测量高电阻的直读式电工仪表，一般用来测量电动机绕组、电缆等设备的绝缘电阻。

使用兆欧表的注意事项：

1. 由于电器的工作电压和对绝缘电阻的要求不同，因此，测量不同电器的绝缘性能时要采用相应规格的兆欧表。一般情况，测量民用电器的绝缘性能时，可采用工作电压为500 V、测量范围为0～200 MΩ的兆欧表。若需要测量高压电器的绝缘性能，要采用工作电压为1 000 V以上、测量范围为1～2 000 MΩ或测量范围更大的兆欧表。

2. 兆欧表上一般设有3个接线柱，在接线柱的附近分别标有（E）（接地）、（L）（线路）、（G）（保护环）记号，（E）和（L）接线柱分别接上测试棒。使用兆欧表时，要对兆欧表进行一次开路和短路实验，检查兆欧表是否良好。两根测试棒开路时，摇动发电机手柄，指针应指向表面刻度的无穷大；两根测试棒短接时，摇动手柄，指针应指向零欧姆处，否则兆欧表有故障。

3. 测量电器及电路对大地的绝缘电阻时，被测电路接（L）测试棒，大地接（E）测试棒。测量电动机、变压器等电气设备的绝缘电阻时，（L）测试棒接电动机、变压器线圈的导线，（E）测试棒接电动机、变压器的金属外壳。

4. 测量电缆缆芯对缆壳的绝缘电阻时，除将（L）和（E）测试棒分别接缆芯、缆壳上外，还需将电缆壳及电缆芯之间的绝缘物接到兆欧表的保护环（G）接线柱上，以消除测量中引起的误差。测量电缆各芯线间的绝缘电阻时，将（L）和（E）测试棒分别接到两根芯线上，保护环接线柱（G）接到任何一根被测芯线的绝缘物上。

5. 使用兆欧表测量电气设备的绝缘电阻时，要先切断电气设备的电源，以保障设备及人身安全。

6. 转动兆欧表的手柄时要保持一定的转速，要求每分钟转动120转，最少不低于90转，最多不超过150转。

7. 测量电器的绝缘电阻时，若兆欧表的指针已指向零欧姆，这时就不能再继续摇动手柄，以免损坏表内线圈。

四、钳形表的使用

钳形电流表简称钳形表，它是测量交流电流的专用电工仪表。用钳形表测量交流电流时，只要把被测导线置于钳形表的钳形窗口内，不需要将钳形表接入电路就能测出导线中电流的数值。使用时的注意事项：

1. 使用钳形表应先估计被测电流的大小，选择合适的量程。一般要先选择较大的量程，再视被测电流的大小，调整到合适量程。

2. 为使钳形表的读数正确，导线夹入钳口中后，钳口铁心的两个面应很好地吻合。

3. 一般钳形表的最小量程为 5 A，测量较小电流时，指针读数会有较大误差，为能得到正确读数，可将通电导线在钳形铁心上绕几圈后再测量，但是实际读数应该是指针读数除以放入钳口内的导线圈数。

4. 钳形表的钳口内只能夹一根导线，若将两根导线同时夹入，将测不出导线中的电流。

5. 钳形表每次测量完毕后，量程转换开关应放在最大量程位置，以免他人未经量程选择就使用仪表而使仪表损坏。

五、卤素检漏灯与电子卤素检漏仪的应用与操作

1. 卤素检漏灯

卤素检漏灯是用来检测卤代烃泄漏的工具，如图 4—79 所示。检漏时，可在系统内充入少量的卤代烃气体，使系统内压力达到 0.2～0.3 MPa，然后开始检漏。

卤素检漏灯具体使用时，先将底盘卸下，加满乙醇或甲醇。再将底盘盖旋紧，把灯放在平地上，向黄铜烧杯内注入乙醇并把它点燃，以加热灯体和喷嘴，将热量传给灯筒并加热筒中的乙醇，使乙醇汽化，压力升高。待盘内乙醇快烧光时，要微开阀杆，让乙醇蒸气从喷嘴喷出，让蒸气连续燃烧。喷嘴的上面有一个旁通孔接上吸气管，由于喷嘴的高速喷射，使喷射区内的压力低于大气压，空气就经旁通管被吸入。若被检查的空气中含有卤代烃蒸气，当其与喷灯火焰接触时便化合成氟化铜（$Cu+Cl_2 \rightarrow CuCl_2$），这时火焰的颜色将随空气中含卤代烃的多少而变化。卤素检漏灯的操作如图 4—80 所示。卤素检漏灯火焰的颜色与泄漏量的关系见表 4—17。

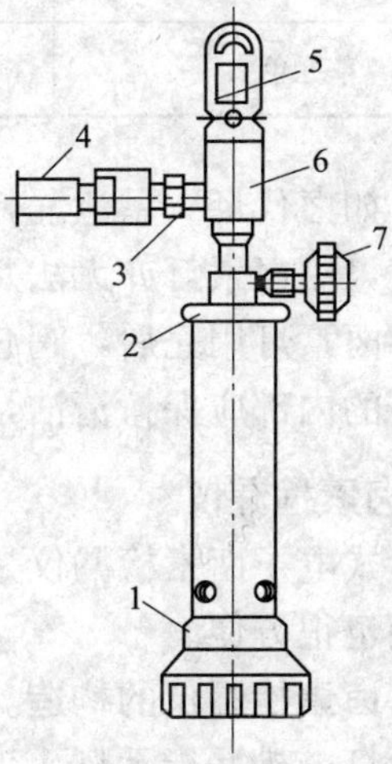

图 4—79　卤素检漏灯
1—底盘　2—酒精杯
3—吸气管接头　4—塑料管
5—火焰圈　6—吸风罩　7—手轮

在使用卤素检漏灯查漏时要注意以下几点：

（1）查漏工作要认真、仔细。

（2）在查漏过程中，如突然发现火焰变绿，不要急于判断，而应把卤素灯移远，待火焰恢复蓝色后，再移近至刚才检查位置的四周仔细查一遍，看在哪里火焰变绿程度最大，则漏处就在那里。

（3）查漏时，吸气软管不要碰到管壁，否则管口堵塞，使吸入空气量减少，造成燃烧不完全，引起火焰变色，以至出现判断错误。

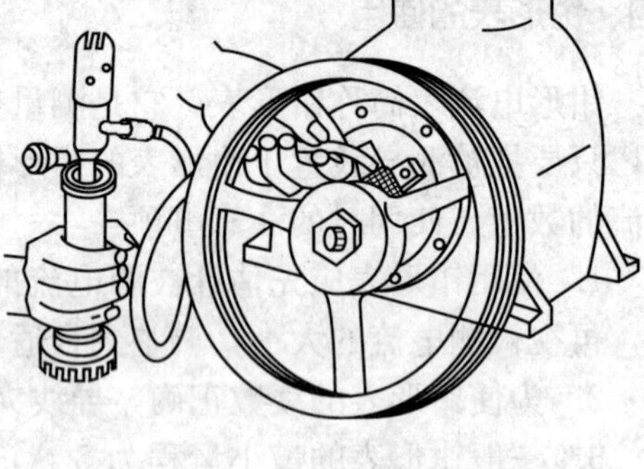

图 4—80　卤素检漏灯的操作

表 4—17　　卤素检漏灯火焰的颜色与泄漏量的关系

卤素检漏灯火焰的颜色	R12 的浓度（%）（以容积计）	卤素检漏灯火焰的颜色	R12 的浓度（%）（以容积计）
橙红色	0	绿色兼微紫	0.044
于暗处时微绿色	0.004	绿紫色	0.070
于明处时淡绿色	0.006	紫绿色	0.120
草绿色	0.013	紫色（气体分解）	0.600

（4）如卤代烃大量泄漏，则不宜用卤素灯检漏，避免引起光气中毒，同时，因卤代烃散布较广，用卤素灯亦无法判断泄漏位置。碰到这种情况应配合肥皂水查漏。

（5）卤素灯用完后，阀芯旋钮不可关得很紧，以防熄火后冷却收缩造成阀座和阀芯的损坏。灯的内部应保持清洁，以免脏物堵塞喷嘴。

2. 电子卤素检漏仪

袖珍式电子卤素检漏仪是检查制冷设备卤代烃制冷剂有无泄漏的专用工具，其灵敏度高，使用也很方便。

（1）卤素检漏仪的构造。电子卤素检漏仪如图 4—81 所示，卤素检漏仪由电源开关、电源指示灯、检漏指示灯、工作状态调节旋钮、报警喇叭等组成。

（2）袖珍卤素检漏仪的使用与维护

1）在检漏前对仪器工作点进行调整。开通电源后慢慢转动工作状态调节旋钮，使检漏指示灯微微发亮，报警喇叭发出清晰、慢速的“滴答”声。

2）将传感器探头靠近被检部位慢慢移动。一旦探头接近漏源，泄漏的卤代烃被吸入探头，报警喇叭的滴答声频率就会加快，检漏指示灯逐渐变亮，随着被检气体浓度的增大，喇叭声频率增高，以喇叭声频最高处为漏源。

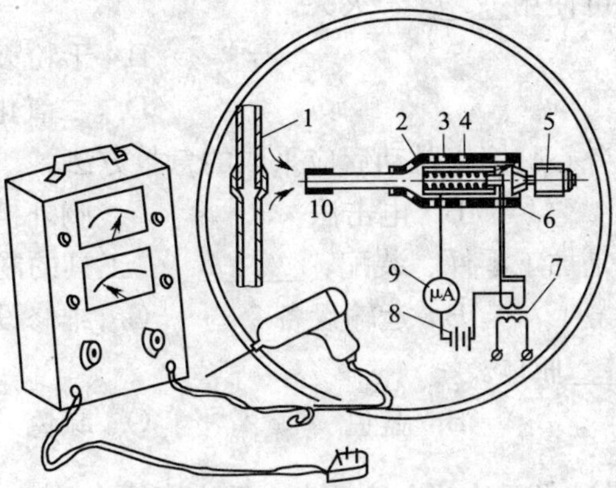

图 4—81 电子卤素检漏仪

1—被检管道 2—电离管外壳 3—阴极 4—铂阳极 5—吸入空气风扇
6—加热灯丝 7—变压器 8—高压直流电源 9—电流表 10—探头

3）应保持传感器洁净，避免灰尘、油污，不要撞击传感器头部，更不要随意拆卸。

4）用电子卤素检漏仪进行检漏时，电子卤素检漏仪的探头应距检测处 5 mm，并以 50 mm/s 的速度通过。如检漏感度大于 0.5 g/年，或蜂鸣器报警，即表示该处泄漏。

单元测试题

一、单项选择题（下列每题的选项中，只有 1 个是正确的，请将其代号填在横线空白处）

1. 用于焊接和切割的氧气的纯度要在________以上。
   A. 80％　B. 75％　C. 90％　D. 99.5％
2. 氧气是一种活泼的助燃气体，是________。
   A. 弱氧化剂　B. 强氧化剂　C. 强还原剂　D. 增强剂
3. 气焊、气割常用的气体是________。
   A. 丙烷　B. 乙炔　C. 煤气　D. 天然气
4. 高空焊接必须戴________和手套及其他防护用品。
   A. 运动帽　B. 防寒帽　C. 安全帽　D. 工作帽
5. 高空作业必须背工具包，带________。
   A. 电线　B. 塑料绳　C. 安全绳　D. 铅丝
6. 焊接时防火距离不应小于________ m。
   A. 3　B. 5　C. 8　D. 10

7. 扑灭油类火灾不可使用________灭火。

A. 1211 灭火器　　B. 干粉灭火器

C. 清水　　D. 二氧化碳灭火器

8. ________是触电者心脏停止跳动后应采取的急救方法。

A. 人工呼吸法　　B. 电击法　　C. 胸外挤压法　　D. 口鼻注气法

9. 钳工的主要任务是加工零件、装配、________、工具的制造和修理。

A. 清洁设备　　B. 运输设备　　C. 维修设备　　D. 对设备涂漆

10. 乙炔瓶是________瓶体。

A. 红色　　B. 蓝色　　C. 绿色　　D. 白色

二、多项选择题（下列每题的多个选项中，至少有 2 个是正确的，请将其代号填在横线空白处）

1. 钳工常用工具有________等。

A. 锤子　　B. 万用表　　C. 錾子

D. 刮刀　　E. 扳手

2. 游标卡尺是一种中等精度的量具。它可以直接量出工件的________等。

A. 表面粗糙度　　B. 孔距　　C. 内径

D. 深度　　E. 外径

3. 气焊设备由________、乙炔瓶、乙炔减压器、回火保险器、焊炬和胶管等组成。

A. 氧气瓶　　B. 氨气瓶　　C. 制冷剂瓶

D. 氮气瓶　　E. 氧气减压器

4. ________与乙炔混合，爆炸性将大大增加。

A. 空气　　B. 水蒸气　　C. 氮气

D. 卤代烃气体　　E. 氧气

三、判断题（下列判断正确的请打“√”，错误的打“×”）

1. 扳手有时可以当做锤子使用。（　）

2. 在制冷系统中使用的阀门大多属于低压阀和中压阀范畴。（　）

3. 气割主要是利用乙炔燃烧产生的热量来熔化钢板。（　）

4. 钳形电流表简称钳形表，它是测量交流电流的专用电工仪表。（　）

5. 按照人体触及带电体的方式和电流通过人体的途径，触电方式大致有单相触电、两相触电和三相触电 3 种。（　）

6. 为防止烫伤事故，当管道表面温度达 70～90℃且经常有人员活动的场所，须进行隔热处理。（　）

7. 制作铜管喇叭口可使用专用工具——扩口器。（　）

8. 研磨分手工和机械两种方式，一般研磨均采用湿研磨。（　）

9. 兆欧表又称万用表，它是一种简便、常用的测量高电阻的直读式电工仪表。（ ）

10. 保护接零就是将电气设备的金属外壳接到零线（或称中线）上。（ ）

单元测试题答案

一、单项选择题

1. D　2. B　3. B　4. C　5. C　6. D　7. C　8. C　9. C　10. D

二、多项选择题

1. ACDE　2. BCDE　3. AE　4. AE

三、判断题

1. ×　2. √　3. ×　4. √　5. ×　6. √　7. √　8. √　9. ×　10. √

《制冷工》(国家职业资格五级) 考试简介

一、鉴定模式：非一体化

二、操作技能鉴定组卷方案

项目名称 \ 鉴定方式	鉴定方式	题库量	鉴定题量	配分	鉴定时间（min）
制冷电气	操作	12	2	20	40
制冷设备	操作	12	2	40	40
制冷系统	操作	12	2	40	40
合计	—	36	6	100	120

三、理论知识鉴定组卷方案（90 min）

题型 \ 鉴定方式	鉴定方式	题库量	鉴定题量	分值	配分
判断题	（机考）（笔试）	254	40	1 分/题	40
单项选择题		290	40	1 分/题	40
多项选择题		96	10	2 分/题	20
小计	—	640	90	—	100

知识考核模拟试卷

一、单项选择题（下列每题的选项中，只有1个是正确的，请将其代号填在横线空白处；每题1分，共40分）

1. 在国际单位制中，电流的单位用符号________表示。

A. I　　B. V　　C. A　　D. F

2. 描述电路中电流大小的参量叫________。

A. 安培　　B. 伏特　　C. 库仑　　D. 电流强度

3. 测量设备的绝缘电阻时应该用________。

A. 欧姆表　　B. 万用表　　C. 兆欧表　　D. 电桥

4. 导体中________运动的方向为电流的方向。

A. 电子　　B. 正电荷　　C. 负电荷　　D. 离子

5. 在电阻电路中，通过电阻的电流与电阻两端的电压成________关系。

A. 正比　　B. 反比　　C. 对数　　D. 指数

6. 一个100 Ω的电阻流过0.5 A的电流时，此电阻两端的电压是________V。

A. 200　　B. 5　　C. 50　　D. 20

7. 阻值分别为1 Ω和4 Ω的电阻并联后的总阻值为________Ω。

A. 0.8　　B. 1.25　　C. 2.5　　D. 5

8. 对平板电容器来说，其极板间的距离越小，电容量________。

A. 越大　　B. 越恒定

C. 越小　　D. 越不稳定

9. 照明电压220 V是指交流电的________。

A. 瞬时值　　B. 最大值　　C. 平均值　　D. 有效值

10. 用万用表$R\times100\ \Omega$挡测硅材料稳压二极管反向电阻，应为________。

A. 越大越好　　B. 越小越好　　C. 某一确定值　　D. 无穷大

11. 单相桥式整流电路需要________只二极管。

A. 2　　B. 4　　C. 3　　D. 6

12. 交流电经过整流后得到________。

A. 脉动直流电　　B. 理想直流电

C. 直流电　　D. 稳定的直流电

13. 接到任何违反电气安全工作规程的命令时应________。

A. 考虑执行　　B. 部分执行

C. 拒绝执行　　D. 经领导同意后执行

14. 如果线路上有人工作，停电作业时应在线路开关和刀闸操作手柄上挂________的标志牌。

A. 止步、高压危险　B. 禁止合闸　C. 在此工作　D. 停电

15. 为了保障人身安全，在正常情况下，电气设备的安全电压规定为________V以下。

A. 12　B. 36　C. 48　D. 6

16. 在下列量具中精度最高的是________。

A. 钢直尺　B. 钢卷尺　C. 游标卡尺　D. 千分尺

17. 三相电动机启动时，电动机不转且有嗡嗡声，可能是由于________。

A. 一相断路　B. 两相断路　C. 三相断路　D. 电压过高

18. 为保证采用油泵供油的制冷压缩机的正常润滑，设________是必要的。

A. 高压控制器　B. 热保护继电器

C. 油压差控制器　D. 低压控制器

19. 控制电路的顺序控制主要由________完成。

A. 中间继电器　B. 时间继电器　C. 交流接触器　D. 热继电器

20. 4F10 型制冷压缩机中 10 表示________。

A. 制冷剂代号　B. 汽缸容积　C. 汽缸直径　D. 制冷量

21. 活塞在汽缸内往返一次，则汽缸中的制冷剂蒸气有 4 种变化过程，它们是________、吸气、压缩、排气。

A. 沸腾　B. 膨胀　C. 过热　D. 绝热

22. 润滑油颜色变深，________降低，说明润滑油性能下降。

A. 透明度　B. 油温　C. 油压　D. 含水量

23. 套管式冷凝器的冷却水与制冷剂呈________，以增强传热效果。

A. 顺流　B. 横流　C. 逆流　D. 错流

24. 高压储液器的出液口应伸入筒身________。

A. 内　B. 上部　C. 中部　D. 底部

25. 制作铜弯管时，不要低于________。

A. 最小半径　B. 温度限制　C. 环境限制　D. 质量限制

26. 室内装配式冷库大多数采用________，拆装比较方便。

A. 粘接装配　B. 焊接装配　C. 免拆装结构　D. 可拆装结构

27. 装配式冷库隔热夹芯板若采用玻璃钢板，其厚度为________mm。

A. 1.2～2　B. 3～4　C. 5～6　D. 7～8

28. 单向阀按工作原理分类有________和导阀式两类。

A. 直接作用式　B. 间接作用式　C. 脉冲式　D. 球阀式

29. ________是触电者心脏停止跳动后应采取的急救方法。

A. 人工呼吸法　B. 电击法　C. 胸外挤压法　D. 口鼻注气法

30. 钳工的主要任务是加工零件、装配、________、工具的制造和修理。

A. 清洁设备　　B. 运输设备　　C. 维修设备　　D. 对设备涂漆

31. 一个大气压约等于________ m 水柱的压力。

A. 1　　B. 7.6　　C. 10　　D. 100

32. 摄氏温度 0℃相当于华氏温度________℉。

A. 0　　B. 32　　C. 5/9　　D. 180

33. 高空焊接必须戴________和手套及其他防护用品。

A. 运动帽　　B. 防寒帽　　C. 安全帽　　D. 工作帽

34. 高空作业必须背工具包，带________。

A. 电线　　B. 塑料绳　　C. 安全绳　　D. 铅丝

35. 四氟乙烷制冷剂的代号是________。

A. R142　　B. R114　　C. R123　　D. R134a

36. 用于焊接和切割的氧气的纯度要在________%以上。

A. 80　　B. 75　　C. 90　　D. 99.5

37. 对大部分食品，最大冰晶生成带的范围为________℃。

A. 0～5　　B. −1～−5　　C. 5～10　　D. −5～−10

38. 制冷剂________可作为 R12 的替代品。

A. R123　　B. R115　　C. R134a　　D. R500

39. 酶是由生物活细胞所生成的，具有________的特殊蛋白质。

A. 水解作用　　B. 氧化作用　　C. 催化作用　　D. 分解作用

40. 水果、蔬菜等植物性食品属于________，因此能控制机体内酶的作用，并对外界微生物的侵入有一定的抵抗能力。

A. 活体食品　　B. 非活体食品　　C. 有机体　　D. 无机体

二、多项选择题（下列每题的多个选项中，至少有 2 个是正确的，请将其代号填在横线空白处；每题 2 分，共 20 分）

1. 变压器在负载运行时，一次、二次绕组内的电流之比近似等于________。

A. 绕组匝数比　　B. 匝数比的倒数　　C. 匝数比的平方

D. 电压比的倒数　　E. 电压比

2. 在发生了电气火灾而又必须带电灭火时，应使用________。

A. 水流喷射　　B. 泡沫灭火器　　C. 二氧化碳灭火器

D. 干粉灭火器　　E. 四氯化碳灭火器

3. 开启式活塞式制冷压缩机的轴封采用________密封。

A. 摩擦环式　　B. 波纹管式　　C. 组合式

D. 石墨环式　　E. 动摩擦环式

4. 活塞在汽缸内往返一次，则汽缸中的制冷剂有 4 种变化过程，它们依次是

________。

A. 膨胀　　B. 绝热　　C. 吸气

D. 排气　　E. 压缩

5. 大、中型制冷压缩机油泵的形式有________几种。

A. 吸油管　　B. 离心式　　C. 月牙形内啮合齿轮油泵

D. 转子式内啮合油泵　　E. 外啮合齿轮油泵

6. 制冷压缩机排气温度过高，与________有直接关系。

A. 制冷负荷过大　　B. 外部环境湿度过高　　C. 蒸发器风量过大

D. 冷凝器结垢　　E. 膨胀阀感温包漏气

7. 冷凝器按冷却介质的不同可分为________、________和空气冷却式 3 种。

A. 水冷式　　B. 沉浸式　　C. 淋水式

D. 蒸发式　　E. 混合式　　F. 套管式

8. 钳工的主要任务是________、装配、工具的制造和修理。

A. 加工零件　　B. 验收设备　　C. 运输零件

D. 维修设备　　E. 对设备涂漆

9. 不是温度的单位有________。

A. ℃　　B. K　　C. ℉　　D. kg　　E. MPa

10. 引起食品变质的因素主要有________等。

A. 微生物　　B. 酶　　C. 非酶反应

D. 空间　　E. 食品多少

三、判断题（下列判断正确的请打"√"，错误的打"×"；每题 1 分，共 40 分）

1. 用万用表测电阻时，每改一次量程都要进行机械调零。（　）
2. 只要导体两端存在电压，导体中就一定有电流通过。（　）
3. 在三相四线制的供电线路中，相与相之间的电压叫相电压。（　）
4. 交流电动机额定电压是指电动机在额定工作运行时定子绕组规定使用的线电压。（　）
5. 电容滤波电路带负载的能力比电感滤波电路强。（　）
6. 熔断器的作用主要是保护用电设备。（　）
7. 电烙铁的保护接线端可以接线也可不接线。（　）
8. 触电的危险程度取决于通过人体的电流大小。（　）
9. 活塞式制冷压缩机可以同时压缩气体或气液混合物。（　）
10. 主轴承与主轴颈间隙过大引起汽缸中有敲击声。（　）
11. 蒸发式冷凝器是以空气为冷却介质的。（　）
12. 干燥过滤器在氨制冷系统中应用比较广泛。（　）
13. 回热器又称为气液热交换器。（　）

14. 额定电压为 380 V 的电磁阀线圈使用 220 V 电压也可救急工作。 ( )

15. 气焊、气割所用的气体分为两类，即助燃气体和可燃气体。 ( )

16. R717 制冷剂实际上就是氨水。 ( )

17. 以 R22 为制冷剂的蒸发器的前面应接热力膨胀阀。 ( )

18. 从生产到消费之间的连续低温处理叫做冷藏链。 ( )

19. 因为水的冰点为 0℃，所以食品的冻结点为 0℃。 ( )

20. 低温只能阻止微生物的繁殖，不能将其杀死，一旦温度升高，微生物的繁殖又将逐渐旺盛。 ( )

21. 焊接火焰是可燃气体或可燃液体蒸气与氧气混合燃烧而形成的。 ( )

22. 钻削时，钻头是在半封闭状态下进行切削的，钻孔属于精加工。 ( )

23. 根据工作原理的不同，制冷压缩机可以分为容积型和速度型两大类。 ( )

24. 国产系列高速多缸制冷压缩机的机体几乎全部都是整体式。 ( )

25. 活塞组合包括活塞、活塞销及连杆等。 ( )

26. 冷库中应用最多的蒸发管为冷却排管，按其安装位置的不同可分为墙排管、顶排管和搁架排管。 ( )

27. 排液桶是接纳从冷凝器冷凝下来的液体制冷剂的容器。 ( )

28. 水冷却系统由水泵、风机、水管、水池及凉水塔组合而成。 ( )

29. 节流过程是一个绝热膨胀过程，它是不可逆过程。 ( )

30. 过滤器用来清除制冷剂中的机械杂质和水分，如金属屑、焊渣、氧化皮等。 ( )

31. 按使用条件不同，热力膨胀阀可分为内平衡式与外平衡式。 ( )

32. 装配式冷库的名义设计环境温度为 32℃，相对湿度为 55%，冷却水温度为 30℃。 ( )

33. 热力学温标，也称绝对温标，是国际单位制（SI）的基本温标。 ( )

34. 热是能量的唯一形式。 ( )

35. 对物质进行加热或冷却时，物质的相态不发生变化，物质的温度发生变化，此时物质所吸收或放出的热量称为显热。 ( )

36. 氨的主要缺点是毒性大，有强烈的刺激性气味，易燃、易爆。 ( )

37. 水的冰点是 0℃，温度较高，所以不可以作为载冷剂。 ( )

38. 蒸气压缩式、吸收式、喷射式和吸附式制冷都属于液体汽化制冷方式。 ( )

39. 冷库按库体结构及建造方式不同，可分为土建库和装配库两类。 ( )

40. 冷却是将食品的温度快速降低到指定的温度，但应高于食品汁液的冻结点。 ( )

知识考核模拟试卷答案

一、单项选择题

1. C　2. D　3. C　4. B　5. A　6. C　7. A　8. A　9. D
10. D　11. B　12. A　13. C　14. B　15. B　16. D　17. A
18. C　19. B　20. C　21. B　22. A　23. C　24. D　25. A
26. D　27. A　28. A　29. C　30. C　31. C　32. B　33. C
34. C　35. D　36. D　37. B　38. C　39. C　40. A

二、多项选择题

1. BD　2. CDE　3. AB　4. ACED　5. CDE　6. AD　7. AE
8. AD　9. DE　10. AB

三、判断题

1. ×　2. √　3. ×　4. ×　5. ×　6. ×　7. ×　8. √
9. ×　10. ×　11. ×　12. ×　13. √　14. ×　15. √　16. ×
17. √　18. √　19. ×　20. √　21. √　22. ×　23. √　24. √
25. ×　26. √　27. ×　28. √　29. √　30. ×　31. √　32. ×
33. √　34. ×　35. √　36. √　37. ×　38. √　39. ×　40. √

技能考核模拟试卷

试题一：制冷电气部分（每题 10 分，共 20 分）

试题代码：1.1.1

试题名称：兆欧表的正确使用

规定用时：20 min

1. 操作条件

(1) 兆欧表 1 只。

(2) 被测物。

2. 操作内容

(1) 选择所需的仪表。

(2) 选择所需挡位与自检。

(3) 与被测物的连接。

(4) 进行检测与测量。

(5) 善后工作。

3. 操作要求

(1) 能够正确选择测量仪表。

(2) 能够正确选择仪表所需的挡位并进行自检。

(3) 能够正确与被测物连接。

(4) 能够进行检测与测量。

(5) 善后工作完全、正确。

试题代码：1.1.2

试题名称：熔断器的正确使用与检测

规定用时：20 min

1. 操作条件

(1) 熔断器 2 只。

(2) 万用表 1 只。

2. 操作内容

(1) 选择所需的仪表。

(2) 选择所需挡位与自检。

(3) 与被测物的连接。

(4) 进行检测与测量。

（5）善后工作。

3. 操作要求

（1）能够正确选择测量仪表。

（2）能够正确选择仪表所需的挡位并进行自检。

（3）能够正确与被测物连接。

（4）能够进行检测与测量。

（5）善后工作完全、正确。

试题一评分表

考生姓名：　　　　　　　　准考证号：

试题评分表

试题名称编号		1.1 制冷电气部分			鉴定时限				20 min
评价要素		配分	等级	评分细则	评定等级				得分
					A	B	C	D	
1	按试卷要求从具有干扰性的元器件中挑选欲使用的仪表	1	A	选择完全正确					
			B	选择有错误，能及时更正					
			C	选择错误，能及时更正					
			D	选择错误，不能及时更正					
2	按要求正确选择所需的挡位与自检	2	A	正确选择所需挡位					
			B	选择所需挡位基本正确					
			C	选择所需挡位错误，能及时更正					
			D	选择所需挡位错误，不能及时更正					
3	正确与被测物连接	3	A	检测方法、检测操作完全正确					
			B	检测方法、检测操作基本正确					
			C	检测方法、检测操作有错，能及时更正					
			D	检测方法、检测操作有错，不能及时更正					
4	正确进行检测与测量	3	A	一次检测完全正确					
			B	检测有错，能及时更正；其他操作基本正确					
			C	检测正确，仪表使用有不当处；能及时更正					
			D	检测有错或仪表使用有错，不能及时更正					

续表

试题名称编号		1.1 制冷电气部分		鉴定时限				20 min
评价要素	配分	等级	评分细则	评定等级				得分
				A	B	C	D	
5 做好善后工作，包括设备的复位及清洁场地等	1	A	善后工作完全、正确					
		B	经提醒，善后工作完全、正确					
		C	经提醒，善后工作不完善					
		D	善后工作不完全、不正确或没做					
合计配分	10		合计得分					

考评员（签名）：

等级	A（优）	B（良）	C（尚可）	D（差）
比值	1.0	0.8	0.6	0

“评价要素”得分＝配分×等级比值

试题二：制冷设备部分（每题 20 分，共 40 分）

试题代码：2.1.1

试题名称：制冷压缩机活塞销与活塞的识别、清洗与更换

规定用时：20 min

1. 操作条件

（1）制冷压缩机活塞销与活塞 1 套。

（2）清洗液：汽油、煤油、酒精。

（3）组套工具 1 套。

2. 操作内容

（1）选择所需的工具。

（2）按规范要求选择制冷压缩机活塞销与活塞。

（3）识别制冷压缩机的主要零部件并写出其作用。

（4）对制冷压缩机的主要零部件进行清洗和更换。

（5）善后工作包括设备的复位及清洁场地等。

3. 操作要求

（1）能够正确选择所需的工具。

（2）能够按规范选择制冷压缩机活塞销与活塞。

（3）正确记录零部件名称与作用。

（4）能够对制冷压缩机的主要零部件进行清洗和更换。

（5）做好各项善后工作。

试题代码：2.1.2

试题名称：节流装置结构的识别与作用

规定用时：20 min

1. 操作条件

（1）节流装置。

（2）组套工具 1 套。

2. 操作内容

（1）选择节流装置安装的位置。

（2）识别节流装置的型号、规格。

（3）指出节流装置结构的名称。

（4）指出节流装置结构的作用。

（5）善后工作包括设备的复位及清洁场地等。

3. 操作要求

（1）能够正确选择节流装置安装的位置。

（2）能够正确识别节流装置的型号、规格。

（3）能够正确写出节流装置结构的名称。

（4）能够正确写出节流装置结构的作用。

（5）做好各项善后工作。

试题二评分表

考生姓名：　　　　　　准考证号：

试题评分表

试题名称编号		2.1 制冷设备部分			鉴定时限				20 min
评价要素		配分	等级	评分细则	评定等级				得分
					A	B	C	D	
1	正确阐述制冷设备安装的位置	2	A	制冷设备安装的位置阐述正确					
			B	制冷设备安装的位置阐述有错误，能及时更正					
			C	制冷设备安装的位置阐述错误，能及时更正					
			D	制冷设备安装的位置阐述错误，不能及时更正					
2	正确识别制冷设备的型号、规格	2	A	识别制冷设备的型号、规格完全正确					
			B	识别制冷设备的型号、规格有错误，能及时更正					
			C	识别制冷设备的型号、规格错误，能及时更正					
			D	识别制冷设备的型号、规格错误，不能及时更正					
3	正确写出制冷设备结构的名称	7	A	对结构名称阐述完全正确					
			B	对结构名称阐述有错误，但能及时更正					
			C	对结构名称阐述错误，但能及时更正					
			D	对结构名称阐述错误，不能及时更正					
4	正确写出制冷设备结构的作用	7	A	对结构作用阐述完全正确					
			B	对结构作用阐述有错误，但能及时更正					
			C	对结构作用阐述错误，但能及时更正					
			D	对结构作用阐述错误，不能及时更正					
5	善后工作，包括设备的复位及清洁场地等	2	A	善后工作完全、正确					
			B	经提醒，善后工作完全、正确					
			C	经提醒，善后工作不完善					
			D	善后工作不完全、不正确或没做					
合计配分		20	合计得分						

考评员（签名）：

等级	A（优）	B（良）	C（尚可）	D（差）
比值	1.0	0.8	0.6	0

"评价要素"得分＝配分×等级比值

试题三：制冷系统部分（每题 20 分，共 40 分）

试题代码：3.1.1

试题名称：单级压缩制冷系统启动、停运的操作

规定用时：20 min

1. 操作条件

(1) 500 t 以上的冷库制冷系统现场。

(2) 组套工具 1 套。

2. 操作内容

(1) 按试卷要求选择考核的制冷系统。

(2) 制冷系统启动前的操作。

(3) 制冷系统运行的观测和记录。

(4) 制冷系统停运的操作。

(5) 善后工作包括设备的复位及清洁场地等。

3. 操作要求

(1) 能够正确选择考核的制冷系统。

(2) 能够正确完成制冷系统启动前的操作。

(3) 能够正确进行制冷系统运行的观测和记录。

(4) 能够正确完成制冷系统停运的操作。

(5) 做好各项善后工作。

试题代码：3.1.2

试题名称：氧气呼吸器的应用操作

规定用时：20 min

1. 操作条件

氧气呼吸器 1 套。

2. 操作内容

(1) 按试卷要求选择考核所需的氧气呼吸器。

(2) 利用压缩机自身添加润滑油启动前的操作。

(3) 制冷系统运行的观测和记录。

(4) 压缩机自身添加润滑油停运的操作。

(5) 善后工作包括设备的复位及清洁场地等。

3. 操作要求

(1) 能够正确选择考核所需的制冷系统。

(2) 能够正确完成利用压缩机自身添加润滑油启动前的操作。

(3) 能够正确进行制冷系统运行的观测和记录。

(4) 能够正确完成利用压缩机自身添加润滑油停运的操作。

（5）做好各项善后工作。

试题三评分表

考生姓名：　　　　　　　　　准考证号：

试题评分表

<table>
<tr><td colspan="2">试题名称编号</td><td colspan="3">3.1 制冷系统部分</td><td colspan="4">鉴定时限</td><td>20 min</td></tr>
<tr><td colspan="2" rowspan="2">评价要素</td><td rowspan="2">配分</td><td rowspan="2">等级</td><td rowspan="2">评 分 细 则</td><td colspan="4">评定等级</td><td rowspan="2">得分</td></tr>
<tr><td>A</td><td>B</td><td>C</td><td>D</td></tr>
<tr><td rowspan="4">1</td><td rowspan="4">按试卷要求选择考核的制冷系统</td><td rowspan="4">2</td><td>A</td><td>选择考核的制冷系统完全正确</td><td rowspan="4"></td><td rowspan="4"></td><td rowspan="4"></td><td rowspan="4"></td><td rowspan="4"></td></tr>
<tr><td>B</td><td>选择考核的制冷系统出现 1 次错误，能及时更正</td></tr>
<tr><td>C</td><td>选择考核的制冷系统出现 2 次错误，能及时更正</td></tr>
<tr><td>D</td><td>选择考核的制冷系统错误超过 2 次，或有错误而不能及时更正</td></tr>
<tr><td rowspan="4">2</td><td rowspan="4">制冷系统启动前的操作</td><td rowspan="4">2</td><td>A</td><td>启动前的操作完全正确</td><td rowspan="4"></td><td rowspan="4"></td><td rowspan="4"></td><td rowspan="4"></td><td rowspan="4"></td></tr>
<tr><td>B</td><td>启动前的操作出现 1 次错误，能及时更正</td></tr>
<tr><td>C</td><td>启动前的操作出现 2 次错误，能及时更正</td></tr>
<tr><td>D</td><td>启动前的操作错误超过 2 次，或有错误而不能及时更正</td></tr>
<tr><td rowspan="4">3</td><td rowspan="4">制冷系统运行的观测和记录</td><td rowspan="4">7</td><td>A</td><td>观测和记录完全正确</td><td rowspan="4"></td><td rowspan="4"></td><td rowspan="4"></td><td rowspan="4"></td><td rowspan="4"></td></tr>
<tr><td>B</td><td>观测和记录出现 1 次错误，能及时更正</td></tr>
<tr><td>C</td><td>观测和记录出现 2 次错误，能及时更正</td></tr>
<tr><td>D</td><td>观测和纪录错误超过 2 次，或有错误而不能及时更正</td></tr>
<tr><td rowspan="4">4</td><td rowspan="4">制冷系统停运的操作</td><td rowspan="4">7</td><td>A</td><td>停运的操作完全正确</td><td rowspan="4"></td><td rowspan="4"></td><td rowspan="4"></td><td rowspan="4"></td><td rowspan="4"></td></tr>
<tr><td>B</td><td>停运的操作出现 1 次错误，能及时更正</td></tr>
<tr><td>C</td><td>停运的操作出现 2 次错误，能及时更正</td></tr>
<tr><td>D</td><td>停运的操作错误超过 2 次，或有错误而不能及时更正</td></tr>
</table>

续表

试题名称编号		3.1 制冷系统部分			鉴定时限				20 min
评价要素		配分	等级	评分细则	评定等级				得分
					A	B	C	D	
5	做好善后工作，包括设备的复位及清洁场地等	2	A	善后工作完全、正确					
			B	经提醒，善后工作完全、正确					
			C	经提醒，善后工作不完善					
			D	善后工作不完全、不正确或没做					
合计配分		20		合计得分					

考评员（签名）：

等级	A（优）	B（良）	C（尚可）	D（差）
比值	1.0	0.8	0.6	0

“评价要素”得分＝配分×等级比值